Wettbewerbsvorteile durch Integration in Produktionsunternehmen

Referate des Münchener Kolloquiums '88
Institut für Werkzeugmaschinen
und Betriebswissenschaften
Technische Universität München
24./25. März 1988

Herausgegeben von Prof. Dr.-Ing. J. Milberg

Springer-Verlag Berlin Heidelberg GmbH 1988

Dr.-Ing. Joachim Milberg
o. Professor an der Technischen Universität München
Institut für Werkzeugmaschinen und Betriebswissenschaften

ISBN 978-3-540-19033-2 ISBN 978-3-662-10932-8 (eBook)
DOI 10.1007/978-3-662-10932-8

Gesamtherstellung: drucken + binden GmbH, München
2362/3020-543210

Vorwort

Der Produktion kommt beim Aufbau von Wettbewerbsvorteilen eine immer größere Bedeutung zu. Rationalisierungs- und Automatisierungsmaßnahmen in Produktionsunternehmen werden zunehmend komplexer. Während in der Vergangenheit die Optimierung von Einzelfunktionen im Mittelpunkt stand, muß in Zukunft die Gesamtoptimierung bei der Abwicklung von Aufträgen angestrebt werden. Neben den Fertigungskosten und der Produktqualität werden für jedes Unternehmen die Reaktionszeit auf Marktänderungen und die Durchlaufzeit immer wichtiger für die Verbesserung der eigenen Wettbewerbssituation.

Im Bereich der Teilefertigung ist in den letzten Jahrzehnten die Produktivität erheblich gesteigert worden. Das trifft für die Montage und die der Fertigung vorgelagerten Bereiche, wie Entwicklung und Konstruktion sowie Arbeitsplanung und Arbeitssteuerung nicht in gleichem Maße zu. Die Rationalisierungsreserven haben sich deshalb in die Montage und die der Fertigung vorgelagerten Bereiche verschoben. Außerdem wird mit dem Vorhaben den häufig stockenden Materialfluß zum Fließen zu bringen, das Logistikkonzept der Unternehmen und damit auch das Zusammenspiel mit Kunden und Zulieferern immer wichtiger.

Bei der Umsetzung von zukunftsorientierten Organisations- und Produktionskonzepten sind zum Teil erhebliche Hemmnisse zu überwinden. Die Engpässe ergeben sich jedoch häufig nicht primär auf der Anlagen- und Rechner-, sondern auf der Personalseite. Das Ziel dieses Kolloquiums ist es, den Entwicklungsstand der Integrationsbestrebungen in Produktionsunternehmen darzustellen, Lösungsmöglichkeiten aufzuzeigen und bestehende Hemmnisse und deren Überwindung zu erörtern. Außerdem soll deutlich werden, daß individuelle Lösungen zwar situationsabhängig sind, die Methoden sich jedoch übertragen und verallgemeinern lassen.

Joachim Milberg

Inhalt

MÜNCHENER KOLLOQUIUM '88
WETTBEWERBSVORTEILE DURCH INTEGRATION
IN PRODUKTIONSUNTERNEHMEN
24. UND 25. MÄRZ 1988
MÜNCHEN

WETTBEWERBSVORTEILE DURCH STÄRKUNG DER INTEGRATION

Prof. Dr.-Ing. Joachim Milberg
Technische Universität München

TECHNISCHE UNIVERSITÄT MÜNCHEN
INSTITUT FÜR WERKZEUGMASCHINEN
UND BETRIEBSWISSENSCHAFTEN

Wettbewerbsvorteile durch Stärkung der Integration

---

1. Produktion als Potential für Wettbewerbsvorteile
2. Zusammenspiel von Konstruktion und Produktion
3. Zusammenspiel von Produktion und Logistik
4. Die gemeinsame Verantwortung von Kaufleuten und Ingenieuren
5. Zusammenfassung und Ausblick

1. Produktion als Potential für Wettbewerbsvorteile

Beim Aufbau von Wettbewerbsvorteilen kommt der Produktionsstrategie eine immer größere Bedeutung zu. Es ist zu erkennen, daß sich neben der Kostenstruktur und der Produktqualität der Zeitfaktor zu einem immer entscheidenderen Wettbewerbsfaktor entwickelt und mit ansteigendem Technologieniveau auch noch an Bedeutung gewinnen wird. Der optimale Einsatz der Produktionsfaktoren muß sich an diesen neuen, in der Zukunft entscheidenden Bedingungen orientieren und stärker als bisher das Zeitsparen in den Vordergrund stellen (*Bild 1*).

Das Unternehmen mit der kürzesten Produktdurchlaufzeit von der Produktidee bis zum lieferbaren Produkt wird entscheidende Wettbewerbsvorteile erringen. Dieser Effekt läßt sich vereinfacht an der Erfahrungskurve verdeutlichen, die besagt, daß sich die Kosten bei jeder Verdoppelung der Menge (kumulierte Erfahrung) um ca. 20 bis 30 % senken lassen (*Bild 2*). Die Wettbewerber jagen sich in aller Regel entlang der Kostenkurve. Wenn ein Wettbewerber mit einem vergleichbaren Produkt früher auf dem Markt ist als andere Wettbewerber, kann er diesen Zeitvorteil über die früher einsetzende kumulierte Erfahrung in einen Kostenvorteil umsetzen. Wenn der andere Wettbewerber jedoch schneller wächst, kann sich die relative Kostensituation wieder umkehren. Zeitsparen verbessert also die Wettbewerbssituation und zwar hinsichtlich möglicher Marktanteile und auch hinsichtlich der Kostensituation.

Vergleicht man anhand von betriebswirtschaftlichen Kennzahlen die Industriezweige Maschinenbau (Kleinserie), Fahrzeugbau (Großserie) und Chemische Industrie (Fließprozeß) (*Bild 3*), so erkennt man, daß der Maschinenbau am personalintensivsten arbeitet und der Anteil der Anlageinvestitionen am Umsatz am geringsten ist. Der Maschinenbau weist darüber hinaus den größten Anteil des in Vorräten gebundenen Kapitals auf und erwirtschaftet im Verhältnis zum Umsatz den geringsten Gewinn. Hier wird deutlich, welchen Wert die Verkürzung der Produktionsdurchlaufzeit und die Verringerung der Bestände haben. Das Ziel muß darin bestehen, auch bei kleineren Serien das Material besser zum Fließen zu bringen, damit eine schnelle Reaktion auf sich verändernde Marktanforderungen erfolgen kann, ohne zusätzlich Kosten durch Vorratshaltung der Endprodukte zu verursachen.

Analysiert man die derzeitige Auftragsabwicklung im Hinblick auf die gestellten Forderungen, so erkennt man eine Reihe von Schwachstellen und Mängeln, die lange Durchlaufzeiten und hohe Bestände nach sich ziehen. Z.B. führen hohe Arbeitsteiligkeit und mangelnde Synchronisation der Vorgänge zu erheblichen Effektivitäts- und Zeitverlusten. Die Funktionen der Auftragsabwicklung sind meist strikt voneinander abgegrenzt, wodurch eine optimale Synchronisation aller Schritte der Auftragsabwicklung erschwert wird. Grunddaten werden in Konstruktion, Arbeitsplanung und Arbeitssteuerung wiederholt generiert. Die Arbeitsplanung beginnt häufig erst dann, wenn alle Zeichnungen und Änderungen in der Konstruktion fertiggestellt sind. In den Werkstattbereichen werden Aufträge losweise abgearbeitet. Das Fertigungslos wird in der Regel erst dann zur nächsten Station befördert, wenn es von der vorherigen komplett bearbeitet worden ist (*Bild 4*).

Außerdem fällt auf, daß der Automatisierungsgrad in den einzelnen Bereichen der Auftragsabwicklung sehr unterschiedlich ist. Im Fertigungsbereich ist durch Mechanisierung und Automatisierung in den letzten Jahrzehnten die Produktivität Jahr für Jahr gesteigert worden. In den Bürobereichen wie Konstruktion, Arbeitsplanung und Arbeitssteuerung sowie in der Montage hat sich dagegen die Produktivität vergleichsweise nur wenig erhöht. Diese Entwicklung hat dazu geführt, daß sich Kostenanteile und damit auch Rationalisierungsreserven von der Fertigung in die Montage und die der Fertigung vorgelagerten Bereiche verschoben haben.

Um Zeit zu sparen, und zwar sowohl hinsichtlich der Produktentwicklungszeit als auch der Produktionsdurchlaufzeit, muß man zum einen die Einzelzeiten und die Übergangszeiten zwischen den verschiedenen Schritten verkürzen und zum anderen aber auch in stärkerem Maße das Parallelschalten von Zeiten über die Funktionsgrenzen hinaus realisieren. Der Schwerpunkt der Verkürzung der Einzelzeiten liegt sicher in den Bereichen, die bisher einen relativ niedrigen Automatisierungsgrad aufweisen. Die Verkürzung der Übergangszeiten und das Parallelschalten von Zeiten über die einzelnen Funktionsgrenzen hinaus muß durch eine bessere Integration der betrieblichen Aktivitäten und Funktionen in Verbindung mit aufbau- und ablauforganisatorischen Maßnahmen erreicht werden. Dabei spielt auch die überbetriebliche Zusammenarbeit mit Kunden und Zulieferern eine immer größere Rolle. Aus diesen Überlegungen läßt sich die zukünftige Entwicklung der Produktionstechnik in folgenden Punkten zusammenfassen:

- Der Produktion kommt beim Aufbau von Wettbewerbsvorteilen eine immer größere Bedeutung zu.

- Während in der Vergangenheit das Optimum der Einzelfunktion im Mittelpunkt stand, muß in der Zukunft eine gesamtheitliche Betrachtungsweise der Produktionsabläufe im Vordergrund stehen. Rationalisierungs- und Automatisierungsmaßnahmen werden dadurch immer komplexer.

- Optimale Ergebnisse sind nur unter gleichzeitiger Beachtung konstruktiver, produktionsorientierter, logistischer, betriebswirtschaftlicher und personeller Aspekte zu erwarten.

- Mit dem Vorhaben, den häufig stockenden Materialfluß zum Fließen zu bringen, wird das Logistikkonzept der Unternehmen und damit auch das Zusammenspiel mit Kunden und Zulieferern immer wichtiger.

- Im Bereich der Teilefertigung ist in den letzten Jahrzehnten die Produktivität erheblich gesteigert worden, wodurch sich die Rationalisierungsreserven stärker in die Montage und in die der Fertigung vorgelagerten Bereiche verlagert haben.

Vor diesem Hintergrund wurde das Münchener Kolloquium '88 unter dem Motto: "Wettbewerbsvorteile durch Integration in Produktionsunternehmen" geplant. Ein Ziel dieses Kolloquiums ist es, den Entwicklungsstand der Integration in Produktionsunternehmen darzustellen und Lösungsmöglichkeiten aufzuzeigen. Die einzelnen Lösungsbeispiele sind zwar situationsabhängig, die Methoden lassen sich jedoch weitgehend unabhängig von der Unternehmensgröße übertragen und verallgemeinern. Ein weiteres Ziel ist es, bestehende Hemmnisse und deren Überwindung bei der Umsetzung von zukunftsorientierten Organisations- und Produktionskonzepten zu erörtern. Die entscheidenden Engpässe ergeben sich häufig nicht auf der Anlagen- und Rechner-, sondern auf der Personalseite.

2. Zusammenspiel von Konstruktion und Produktion

Die Bereiche Konstruktion und Arbeitsplanung sind bei der Auftragsabwicklung in aller Regel strikt voneinander abgegrenzt und in Reihe geschaltet. Die Arbeitsplanung nimmt ihre Arbeit häufig erst auf, wenn die Konstruktion alle Unterlagen fertiggestellt hat. Maßnahmen der Qualitätssicherung werden häufig erst dann festgelegt, wenn die Planung der Teilefertigung und der Montage abgeschlossen ist, obwohl sie bereits in der Konstruktion einsetzen sollten. Diese Vorgehensweise führt zu relativ langen Durchlaufzeiten im Fertigungsvorfeld; die anteilige Durchlaufzeit in diesem Bereich liegt häufig bei 50 %. Die Reihenschaltung von Zeitanteilen führt außerdem zu einer geringeren Produktivität und auch zu einer verminderten Arbeitsqualität, da ein Wissensrückfluß und eine Kumulierung der Erfahrung weitgehend verhindert bzw. zumindest nicht unterstützt wird.

Zu dieser Zeitbetrachtung kommt bei einer sachlichen Analyse der Aufgaben hinzu, daß Planungs- und Konstruktionsvorgang sich nicht sinnvoll in einem einfachen Ablaufdiagramm darstellen lassen. Die Arbeit von Konstruktion und Arbeitsplanung stellt sich als vernetzte Struktur dar, in der Produkt und Produktion gemeinsam und parallel entwickelt werden müssen. Dieser Tatsache wird bislang nicht in ausreichendem Maße Rechnung getragen. Optimale Systemlösungen können aber nur bei paralleler Betrachtung von Produkt und Produktionsprozeß gefunden werden. Zwischen Planung und Konstruktion ist damit ein zuverlässiger und schneller Informationsaustausch mit geeigneten Mitteln zu fordern (*Bild 5*).

Zukünftiges Ziel muß es also sein, durch ein besseres Zusammenspiel von Konstruktion und Arbeitsplanung die Durchlaufzeit in den der Fertigung vorgelagerten Bereichen zu verkürzen und gleichzeitig die Qualität und die Produktivität der Konstruktions- und Planungsarbeit zu verbessern. Anzustreben sind kürzere Bearbeitungs- und Übergangszeiten für die einzelnen Teilfunktionen und eine weitestgehende Parallelschaltung von Konstruktions- und Planungsaktivitäten. Hierzu müssen einerseits geeignete aufbau- und ablauforganisatorische Maßnahmen geplant und durchgesetzt werden. Andererseits müssen geeignete Hilfsmittel und Werkzeuge zur Verbesserung der Erfahrungskumulation und der Wissensverarbeitung entwickelt bzw. eingesetzt werden. Da sich die weiteren Vorträge schwerpunktmäßig mit ablauf- und aufbauorganisatorischen Überlegungen befassen werden, sollen in dem Mittelpunkt meiner weiteren Ausführungen Hilfsmittel und Werkzeuge stehen, mit denen die angesprochenen Ziele wirkungsvoll unterstützt werden können.

Konstruktion und Arbeitsplanung müssen als wechselwirkender vernetzter Prozeß aufgefaßt werden. Das bedeutet, daß Produkt- und Produktionswissen parallel entstehen und Schritt für Schritt verfeinert werden. Dazu müssen Hilfsmittel geschaffen und bereitgestellt werden, die die begrenzte Vorstellungswelt des Menschen wirkungsvoll unterstützen, ohne daß erst aufwendige Prototypen oder reale Modelle aufgebaut werden. Bei komplizierten Gestaltungs- und Planungsaufgaben lassen sich durch Einsatz von Rechen- und Optimierverfahren die Arbeitsqualität und auch die Arbeitsproduktivität erheblich steigern. Im Mittelpunkt dieser Methoden stehen Hilfsmittel der graphischen Datenverarbeitung, wie z.B. CAD-Systeme und graphische Simulationssysteme (*Bild 6*).

Ein entscheidender Punkt ist in diesem Zusammenhang auch die Verbesserung der Wissensverarbeitung im Sinne einer gezielten Erfassung, Aufbereitung und Bereitstellung von vorhandenem Erfahrungswissen. Dabei muß man nicht zwangsläufig und auch nicht in erster Linie an Rechnereinsatz und KI-Methoden denken, wenngleich in Zukunft gerade auf diesem Gebiet erhebliche Fortschritte in der Unterstützung im Konstruktions- und Planungsbereich erwartet werden können. Es ist vorstellbar, daß Konstrukteure und Planer in Zukunft mit Hilfe einer entsprechenden Entwicklungsumgebung auf eine gemeinsame Wissensbasis zugreifen und so zeitlich parallel Produkt- und Prozeßgestaltung vornehmen können.

Diese Überlegungen sollen am Beispiel der Simulation vertieft werden. Heutzutage entsteht das Layout einer Montage- oder Fertigungszelle meist ohne rechnerunterstützte Hilfsmittel. Aufgrund der komplexen Fertigungs- und Handhabungsvorgänge ist das Vorstellungsvermögen des Arbeitsplaners häufig überfordert. Eine Folge davon ist, daß oftmals kosten- und zeitintensive Versuchsaufbauten erstellt werden müssen oder daß ein neues NC- oder Roboterprogramm mit hohem Zeitaufwand in der Werkstatt bei stillstehendem Betriebsmittel optimiert werden muß. Hilfestellung können moderne Simulationssysteme leisten, die zwischenzeitlich einen hohen Entwicklungsstand erreicht haben. Sie unterstützen die Geräteauswahl, den Zellenentwurf, die Programmerstellung für die Gerätesteuerung oder für den Zellenrechner, und sie erlauben in Verbindung mit der Bewegungssimulation eine

Kollisionskontrolle, so daß eine hohe Planungsproduktivität und Planungssicherheit erreicht werden können. Die verfügbaren Simulationssysteme benutzen in aller Regel für die Geometriemodellierung marktgängige CAD-Systeme. Über existierende Schnittstellen lassen sich die Geometriedaten aus den Konstruktionsabteilungen übernehmen (*Bild 7*).

Ob es möglich ist, ein Produkt unter wirtschaftlichen Bedingungen automatisch zu montieren, wird in der Regel bereits in der Produktentwicklung entschieden, doch leider ist dies allen Beteiligten heute noch viel zu wenig bewußt. Montagegerecht konstruieren heißt, durch Gestaltungsmaßnahmen am Produkt den Montageprozeß gezielt zu beeinflussen. Die Produktgestaltung muß demzufolge auf einen Montageprozeß und eine Montageanlage abgestimmt werden, die zum Zeitpunkt der Konstruktion noch nicht feststehen - eine Forderung, die kaum erfüllbar ist, wenn Produktkonstruktion und Montageplanung getrennt und zeitlich nacheinander erfolgen. Deshalb müssen die Produktkonstruktion, die Montageplanung und die Betriebsmittelkonstruktion in einem gemeinsamen Optimierungsprozeß erfolgen. Das Finden und Optimieren geeigneter automatisierter Füge- und Handhabungsprinzipien fordert höchste Kreativität und Sachkenntnis vom Planer. Häufig müssen denkbare Automatisierungskonzepte mit Versuchsaufbauten überprüft werden. Diese Vorgehensweise ist zeit- und kostenaufwendig. Verbesserungsmöglichkeiten können auch hier Simulationsverfahren für Füge- und Handhabungsprozesse erbringen (*Bild 8*).

Die Auswahl geeigneter Handhabungsgeräte, Transportsysteme oder Magazine sowie deren Konfiguration zu einem Zellen- oder Anlagenlayout kann wesentlich durch graphische Simulationsprogramme unterstützt werden. Für komplexe Gestaltungsaufgaben im Produkt- wie im Produktionsbereich sind graphische Bewegungssimulationen unerläßlich, wenn eine ausreichend hohe Planungssicherheit gewährleistet sein soll. Erst mit diesen Hilfsmitteln lassen sich aufwendige Versuchsaufbauten und "Planungsruinen" im Zusammenhang mit dem damit verbundenen Zeitverlust vermeiden. Die Zusammenhänge zwischen komplizierter Bauteilgeometrie, geeigneter Fügebewegung und Komplexität sowie Aufwand der Montageanlage können damit bereits im Vorfeld erkannt werden.

Ähnliche Überlegungen gelten auch für die Teilefertigung. Der Trend geht dahin, Bearbeitungszellen in zunehmendem Maße mit Handhabungseinrichtungen für Werkstücke, Werkzeuge, Spann- und Meßmittel auszustatten. Darüber hinaus werden zur Verkürzung der Hauptzeiten Mehrachsbearbeitungen angewendet. Im Bereich der Fertigungsprozesse versucht man also, durch Parallelschaltung von Haupt- und Nebenzeiten die Durchlaufzeit zu vermindern und die Effektivität zu erhöhen. Diese Prinzipien müssen natürlich auch auf die Planung der Fertigung übertragen werden. Aufgrund der dargestellten Entwicklung wird die Programmierung der Fertigungszellen immer aufwendiger und komplizierter. Der Aufwand für das Einfahren der ersten Programme an der Maschine nimmt beträchtlich zu, was sich negativ auf die Rüstzeiten auswirkt und damit die wirtschaftliche Fertigung sehr kleiner Losgrößen in Frage stellt. Abhilfe kann auch hier der Einsatz von umfassenden 3-D-Simulationssystemen leisten (*Bild 9*). Mit derartigen NC-Simulationssystemen läßt sich das Festlegen der Spannsituation und die Kollisionsprüfung auch bei komplizierten Gehäuseteilen und bei komplexen Fertigungssystemen sehr wirkungsvoll unterstützen.

3. Zusammenspiel von Produktion und Logistik

Die betriebswirtschaftlichen Kennzahlen zeigen, welche Bedeutung das Vorratsvermögen für den wirtschaftlichen Erfolg eines Unternehmens hat. Durch Verbesserung der Produktionsdurchlaufzeit lassen sich einerseits erhebliche Kostenvorteile durch die Verringerung des Vorratsvermögens andererseits aber auch erhebliche Zeitvorteile und damit eine Verbesserung der Lieferbereitschaft erreichen. Die Beschleunigung des Produktionsdurchlaufs ist also ein erheblicher Wettbewerbsvorteil. Dieses Ziel läßt sich aber optimal nur erreichen, wenn die Prozesse in der Vorfertigung und in der Montage mit der Arbeitssteuerung und dem Materialfluß intensiv verzahnt sind. Außerdem wird mit dem Vorhaben, den häufig stockenden Materialfluß zum Fließen zu bringen, das Logistikkonzept der Unternehmen und damit auch das Zusammenspiel zwischen Zulieferern und Kunden immer wichtiger (*Bild 10*).

Die innerbetriebliche Integration von Produktionsprozessen und Materialfluß durch die Arbeitssteuerung muß folgende Zielsetzungen erfüllen:

- Jedes Erzeugnis mit minimalen Liegezeiten kundenauftragsorientiert durch die Produktion zu führen,

- die Möglichkeiten - insbesondere die Flexibilität - der Fertigungsmittel und des gesamten Produktionssystems durch eine flexible, situationsgerechte Planung zu nutzen,

- Störungen der Betriebsmittel und Fehler im Produktionsprozeß in ihren Auswirkungen für den gesamten Auftragsbestand zu beurteilen und rechtzeitig Gegenmaßnahmen zu ergreifen.

Hauptaufgabe der Produktionslogistik im Sinne von Zeitsparen und damit auch von Kostensparen ist es, einen kontinuierlichen Materialfluß zu erzielen. Eine ganz wesentliche Voraussetzung dafür besteht darin, daß es auch gelingt, die Informationen, die zur Materialflußsteuerung notwendig sind, in geeigneter Weise zum Fließen zu bringen. Dabei ist der Werkstückfluß im Gegensatz zum Betriebsmittelfluß in aller Regel unidirektional. Der Informationsfluß muß aber in beiden Richtungen funktionieren, wobei gerade die rückfließenden Informationen von ganz besonderer Bedeutung sind und häufig die wesentliche Schwachstelle darstellen (*Bild 11*).

Gegenwärtig sind Arbeits- und Materialleitsysteme in der Regel als zentrale Steuerungssysteme aufgebaut. Das überwiegend zentrale Steuerungsprinzip bedingt zum einen große Datenmengen sowie aufgrund der mangelnden Entkopplung ein hohes Maß an Unübersichtlichkeit, zum anderen führt das ausschließliche Steuerungsprinzip dazu, daß eine permanente Anpassung des Auftragsdurchlaufs entsprechend den aktuellen Ereignissen nur schwer erfolgen kann. Häufig sind nicht einmal die Folgen eines Ausfalls oder einer terminlichen Abweichung auf den weiteren Verlauf (Termine, Stückzahl) eines Kundenauftrags erkennbar, weil der Auftragsbezug in den Daten fehlt. Dadurch fehlt auf Werkstattebene die Möglichkeit, bei Änderungen der Maschinenbelegung, die Auswirkungen für den weiteren Materialfluß (z.B. auch durch Simulation) zu beurteilen. Je weiter der Produktionsprozeß fortgeschritten ist, desto teurer wird jede Verzögerung im Auftragsdurchlauf, die durch fehlende oder fehlerhafte Teile entsteht. Das Verfahren in solchen

Fällen, durch Eil- oder Sonderaufträge die fehlenden Teile zu beschaffen - häufig auf informellem Wege an dem Leitsystem vorbei - führt zur Verzögerung anderer Aufträge, so daß hier die gleiche Situation von neuem auftritt.

Die derzeitigen Probleme lassen sich wie folgt zusammenfassen:

- Die überwiegend zentralen Steuerungssysteme reagieren träge auf Veränderungen des Systemzustandes,

- die Zentralisierung bedingt hohe Datenmengen, geringe Datentransparenz und geringe Planungsaktualität,

- die Handlungsalternativen und Konsequenzen dieser Handlungsalternativen sind unüberschaubar.

Arbeits- und Materialflußleitsysteme sollten in der Zukunft nicht mehr nur als Steuerungssysteme verstanden werden, sondern vielmehr als Regler für die Optimierung des Auftragsdurchlaufs und damit auch des Materialflusses (*Bild 12*). Dies setzt voraus, daß ein Leitsystem in der Lage ist, Planungen prozeßschritthaltend durchzuführen und die Auswirkungen auf den gesamten Auftragsbestand zu beurteilen. Die operative Durchführung einzelner Fertigungsschritte sollte dabei zunehmend von autonomen Fertigungszellen übernommen werden, die selbständig die notwendigen Abläufe an den einzelnen Fertigungsmitteln festlegen und durchführen, so daß die Kernaufgabe von Leitsystemen die Generierung optimaler und ausführbarer Auftragsverteilungen ist.

Zukunftsorientierte Lösungen müssen stärker von einem Regelungsprinzip als von einem Steuerungsprinzip ausgehen. Die damit verbundene Komplexität zwingt dazu, in stärkerem Maße autonome regelnde Einheiten zu installieren und damit das gesamte Leitsystem stärker dezentral zu strukturieren. Ein weiteres wichtiges Ziel ist in diesem Zusammenhang, daß zum Ausgleich von Störungen und Fehlern in Zukunft in stärkerem Maße Simulationssysteme eingesetzt werden, um Handlungsalternativen im Vorfeld aufzuzeigen und besser zu bewerten sowie die sich daraus ergebenden Konsequenzen besser abschätzen zu können.

Für diese Zielsetzung wird zur Zeit am IWB eine Lösung erarbeitet, die durch einen hierarchischen Aufbau des Leitsystems in Elemente – entsprechend der Struktur eines Produktionssystems – eine Verteilung der Gesamtaufgabe anstrebt (*Bild 13*). Der Grundaufbau eines jeden Elements kann dabei identisch aus einer Aufgaben-, Abwicklungs- und Kommunikationsebene erfolgen. Die Aufgabenebene übernimmt die Planung und Umplanung der Vorgaben für die einzelnen Subsysteme, sie generiert aufgrund des aktuellen Zustands die Soll-Werte. Die Abwicklungsebene trifft Entscheidungen bei Abweichungen und Störungen, die keinen Eingriff in die Planung erfordern, d. h. sie agiert mit dem durch die Planung vorbereiteten Wissen (z.B. Prioritäten, Reihenfolgekriterien). Die Kommunikationsebene führt den Datentransfer mit den Subsystemen durch. Für die Umsetzung dieses Regelungsgedankens in Verbindung mit mehr Autonomie und einer besseren Strukturierung der Abläufe ist die Rechnerintegration ganz sicher sehr hilfreich, aber nicht zwingend notwendig. Die Umsetzung dieser Überlegungen bringt auch bei manuellen Abläufen eine Verbesserung der Entkopplung einzelner Prozesse und eine Verbesserung des gesamten Ablaufs.

Ein besonderes Problem ergibt sich in diesem Zusammenhang aus der Losgrößenfrage. Die Losgröße ist keine primäre Größe, sondern eine aus dem Bedarf unter dem Gesichtspunkt der Kostenminimierung abgeleitete Größe. Dabei wird in der Regel ein Kostenoptimum zwischen den anteiligen fixen Loskosten (Rüstkosten und Auflegekosten) und den Lagerkosten gesucht. Der Einfluß der Losgrößen auf die Flexibilität des Arbeits- und Materialflusses bleibt jedoch allzuoft unberücksichtigt. Unter diesem Gesichtspunkt ergeben sich zwei Abhängigkeiten (*Bild 14*): Je größer die Flexibilität der Produktionsabläufe und der Produktionseinrichtungen ist, desto geringer ergibt sich die optimale wirtschaftliche Losgröße. Der andere Zusammenhang ist aber ebenso bedeutend: Je größer die Losgröße bei vorgegebenen Produktionsabläufen gewählt wird, desto unflexibler wird die Arbeits- und Materialflußsteuerung hinsichtlich möglicher oder notwendiger Änderungen. In diesem Zusammenhang wird mit der Realisierung von Fließfertigungskonzepten auch bei variantenreichen Produkten immer häufiger die Forderung nach der Losgröße 1 gestellt. Daraus ergibt sich für zukünftige Überlegungen, daß bei der Ermittlung der optimalen Losgröße nicht nur einmalige Loskosten und Lagerkosten zu berücksichtigen sind, sondern daß ebenso die Verkürzung der Durchlaufzeit unter dem Gesichtspunkt der Verringerung der Bestände sowie unter dem Gesichtspunkt der besseren Marktpräsenz einzubeziehen sind.

4. Die gemeinsame Verantwortung von Kaufleuten und Ingenieuren

Die Investitionsentscheidung bei konventionellen Einzelmaschinen ist zum großen Teil eine taktische Entscheidung, bei der die Ingenieure die Wirtschaftlichkeitsrechnung für eine isoliert betrachtete Maschine durchführen, die Kaufleute die Plausibilität der Wirtschaftlichkeitsrechnung überprüfen, und die Maschine als ein Vorschlag im Auswahlprozeß konkurrierender Investitionsalternativen berücksichtigt wird. Die strategische Entscheidungskomponente besteht in der Auswahl und dem Abgleich der anstehenden Investitionsprojekte mit dem Investitionsbudget. Die einzelnen Investitionen sind überwiegend voneinander unabhängige, einzeln bewertbare Projekte.

Demgegenüber läßt sich der Entscheidungsprozeß für flexibel automatisierte Produktionssysteme nicht so einfach in taktische und strategische Komponenten untergliedern. Beide Komponenten weisen stark gegenseitige Abhängigkeiten auf. Eine Arbeitsteilung der Investitionsbeurteilung zwischen Kaufleuten und Ingenieuren, so wie sie bei Einzelmaschinen häufig praktiziert wird, ist nicht sinnvoll. Der Beurteilungsprozeß wird durch Synergieeffekte erheblich kompliziert, denn der Nutzen des Gesamtsystems soll die Summe der Nutzen aller isoliert betrachteten Einzelbausteine deutlich überwiegen. Damit läßt sich auch die Gesamtinvestitionsentscheidung nicht einfach aufgliedern in einzelne, voneinander unabhängige Beurteilungen einzelner Automatisierungsbausteine. Strategische und taktische Investitionsentscheidungen sind in diesem Fall eng miteinander verzahnt (*Bild 15*).

Bei der Beurteilung von Investitionen besteht die Neigung, die Neuinvestition mit der bestehenden Anlage zu vergleichen, meistens unter der stillschweigend zugrunde gelegten Annahme einer gleichbleibenden Wettbewerbssituation. Weiterentwicklungen bei Wettbewerbern, höhere Ansprüche der Kunden bezüglich der Qualität, kürzere Lieferzeiten, höhere Produktänderungshäufigkeit und geringere Bestellosgrößen finden in der Investitionsrechnung kaum Berücksichtigung, sind aber entscheidende Wettbewerbsfaktoren. Jeder Wirtschaftlichkeitsrechnung liegt eine Absatz- und Umsatzprognose zugrunde. Sie werden oft durch Extrapolation von Vergangenheitswerten oder durch grobe Schätzung bestimmt. Dabei wird meistens übersehen, daß sich im Absatz und Umsatz des Unternehmens seine Wettbewerbssituation und damit auch die Konkurrenzfähigkeit seiner Produktionsanlagen wiederspiegelt. Die Produktionstechnologie eines Unternehmens hat entscheidenden Einfluß auf seine Wettbewerbsposition, sein Umsatz ist von der Wettbewerbsposition abhängig.

Zur Beurteilung von flexiblen Produktionssystemen darf die Wirtschaftlichkeitsrechnung nicht auf den gegenwärtigen Zeitpunkt bezogen sein. Sie muß, da die Investition eine Risikominderung für die Zukunft erbringen soll, auch zukunftsorientiert sein. Während bei kurzfristigen Beurteilungszeiträumen und bei Investitionen mit vergleichbaren Ausgangssituationen die statische Investitionsrechnung hinreichend genaue Ergebnisse liefern kann, ist bei Bausteinen flexibler Produktionssysteme durch längerfristige Beurteilungszeiträume der Zeitwert der Geldströme mit zu berücksichtigen, so daß Methoden der dynamischen Investitionsrechnung anzuwenden sind. Während Gesamtrisiken durch erhöhte Diskontierungszinssätze in der dynamischen Investitionsrechnung berücksichtigt werden können, läßt sich die Risikostruktur mit Methoden der Sensitivitätsanalyse, Wahrscheinlichkeitsrechnung oder mit Sicherheitsäquivalenten verdeutlichen. Die Zusammenführung von qualitativen und quantitativen Daten läßt sich mit einer Nutzwertanalyse vollziehen, die eine anschauliche Darstellung, Gewichtung und Reduzierung auf die wesentlichen Entscheidungskriterien ermöglicht (*Bild 16*).

Die Eignung von integrierten Produktionsstrukturen hinsichtlich der bestehenden Unternehmensziele ist von einer Vielzahl Faktoren abhängig. Durch Quantifizierung und Zusammenfassung dieser Faktoren muß eine Gesamtaussage über die Aufwand-Nutzen-Relation abgeleitet werden. Zur systematischen Erfassung und Bewertung von Investitionen für die integrierte Produktion wird deshalb ein mehrdimensionaler und mehrstufiger Beurteilungsprozeß über drei Beurteilungsebenen vorgeschlagen. Die drei Beurteilungsebenen sind die Funktionsebene, die Produktionsebene und die Unternehmensebene. Jede Beurteilungsebene ist weiter unterteilt in Beurteilungsbereiche. Für jeden Beurteilungsbereich wird eine Nutzenanalyse und soweit wie möglich auch eine monetäre Bewertung in Form einer Wirtschaftlichkeitsrechnung vorgenommen (*Bild 17*).

Die unterste Beurteilungsebene bilden die Funktionsbereiche. Sie umfassen alle unmittelbar am Wertschöpfungsprozeß beteiligten Bereiche der technischen Auftragsabwicklung wie Konstruktion, Arbeitsplanung, Arbeitssteuerung, Fertigung und Montage. Für jeden Bereich wird eine Kosten- und Leistungsanalyse durchgeführt. Die Produktionsebene bildet die mittlere Beurteilungsebene. Es werden die Zentralbereiche der Produktion, z.B. Auftragsdurchlauf und Qualitätssicherung, beurteilt. Die oberste Beurteilungsebene ist die Unternehmensebene. In ihr werden auch strategische Entscheidungskriterien berücksichtigt. Weiterhin werden die Schnittstellen zwischen technischer und kaufmännischer Auftragsabwicklung, das unternehmerische Risiko und die Auswirkungen auf die Wettbewerbssituation analysiert.

Die zukünftige Entwicklung in der Produktionstechnik ist durch eine zunehmende Integration der verschiedenen Produktionsstufen gekennzeichnet. Während in der Vergangenheit das Optimum der Einzelfunktionen im Mittelpunkt stand, muß in Zukunft eine mehr und mehr gesamtheitliche Betrachtungsweise der Produktionsabläufe im Vordergrund stehen. Optimale Ergebnisse sind in Zukunft nur unter gleichzeitiger Beachtung technischer und betriebswirtschaftlicher Aspekte zu erwarten. Rationalisierungs- und Automatisierungsmaßnahmen im Unternehmen werden durch die gesamtheitliche Betrachtungsweise der Produktionsabläufe immer komplexer und der Anteil strategischer Überlegungen bei der Investitionsentscheidung wird immer wichtiger. Die unternehmerische Verantwortung bei Investitionen in die moderne, risikobehaftete Produktionstechnik ist also zwischen Kaufmann und Ingenieur nicht teilbar, sie muß gemeinsam wahrgenommen werden (*Bild 18*).

5. Zusammenfassung und Ausblick

Durch Verbesserung der Integration in Produktionsunternehmen lassen sich erhebliche Wettbewerbsvorteile erzielen. Im Fertigungsvorfeld steht die Verbesserung der Integration zwischen Konstruktion und Arbeitsplanung und in Fertigung und Montage die Verbesserung des Materialflusses im Vordergrund mit dem Ziel, Zeit und Kosten zu sparen. Der aus diesen Maßnahmen ableitbare komplexe Nutzen erfordert einen komplexen Entscheidungsprozeß auch bei der Investitionsentscheidung. Dabei müssen sich in Zukunft Kaufleute und Ingenieure ihrer gemeinsamen Verantwortung stärker bewußt werden.

Die Umsetzung der Ideen zu einer Verbesserung der Integration in Produktionsunternehmen muß aber durch Menschen, die Mitarbeiter der Unternehmen, erfolgen. In diesem Zusammenhang spielt auch die Frage der Übertragbarkeit der verschiedenen Fallbeispiele eine wichtige Rolle. Die einzelnen Lösungsbeispiele sind in aller Regel situations- oder unternehmensabhängig. Die Methoden sind jedoch in hohem Maße unabhängig von den Einzelbeispielen und damit übertragbar. In welchem Maße diese Übertragbarkeit und das Umsetzen auf neue Situationen gelingt, hängt auch in entscheidendem Maße von Ausbildungsstand und Qualifikation der Mitarbeiter ab.

Rechnerhard- und -software, Simulationssysteme und wissensverarbeitende Systeme können dabei wertvolle Hilfsmittel sein. Entscheidend für den Erfolg ist jedoch, daß die Menschen die Prinzipien als richtig erkennen, aufnehmen und umsetzen. Der Engpaß zukünftiger Entwicklungen in der Produktionstechnik wird demzufolge auch nicht primär auf der Anlagen- und Rechnerseite, sondern auf der Personalseite zu finden sein. Nur durch rechtzeitige Aus- und Weiterbildungsmaßnahmen wird es gelingen, die Möglichkeiten, die sich aus den neuen Produktionstechnologien ergeben, in Wettbewerbsvorteile für das Unternehmen umzusetzen.

Literatur:

/1/ Barthelmeß, P.: Montagegerechtes Konstruieren durch die Integration von Produkt- und Montageprozeßgestaltung. Dissertation TU München, Springer-Verlag, Berlin, Heidelberg, New York, Tokyo, 1987

/2/ Bürstner, H.: Investitionsentscheidung in der rechnerintegrierten Produktion. Dissertation TU München, Springer-Verlag, Berlin, Heidelberg, New York, Tokyo, 1988

/3/ Diess, H.: Rechnerunterstützte Entwicklung flexibel automatisierter Montageprozesse. Dissertation TU München, Springer-Verlag, Berlin, Heidelberg, New York, Tokyo, 1988

/4/ Groha, A.: Universelles Zellenrechnerkonzept für flexible Fertigungssysteme. Dissertation TU München, Springer-Verlag, Berlin, Heidelberg, New York, Tokyo, 1988

/5/ Lutz, P.: Hierarchische Leitsysteme für die rechnerintegrierte Auftragsabwicklung. Dissertation TU München, Springer-Verlag, Berlin, Heidelberg, New York, Tokyo, 1988

/6/ Reinhart, G.: Flexible Automatisierung der Konstruktion und Fertigung elektrischer Leitungssätze. Dissertation TU München, Springer-Verlag, Berlin, Heidelberg, New York, Tokyo, 1988

/7/ Riese, K.: Klipsmontage mit Industrierobotern. Dissertation TU München, Springer-Verlag, Berlin, Heidelberg, New York, Tokyo, 1988

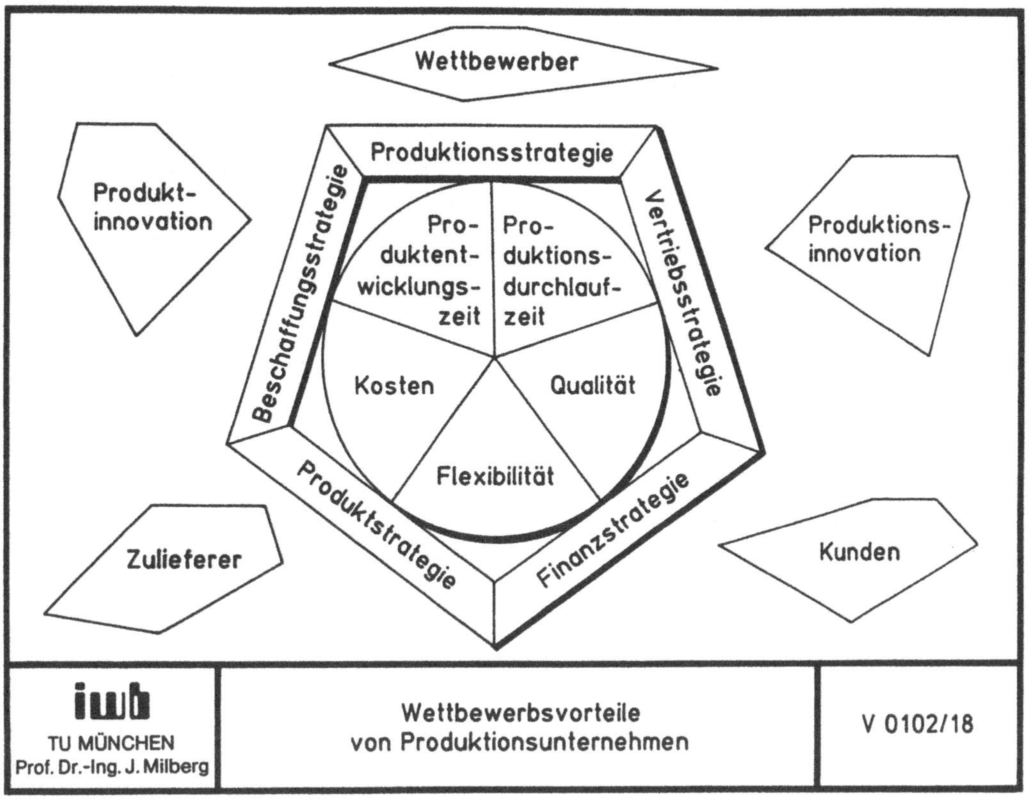
Wettbewerber
Produktionsstrategie
Produkt-
innovation
Beschaffungsstrategie
Pro-
duktent-
wicklungs-
zeit
Pro-
duktions-
durchlauf-
zeit
Vertriebsstrategie
Produktions-
innovation
Kosten
Qualität
Flexibilität
Produktstrategie
Finanzstrategie
Zulieferer
Kunden
iwb
TU MÜNCHEN
Prof. Dr.-Ing. J. Milberg
Wettbewerbsvorteile
von Produktionsunternehmen
V 0102/18

Bild 1

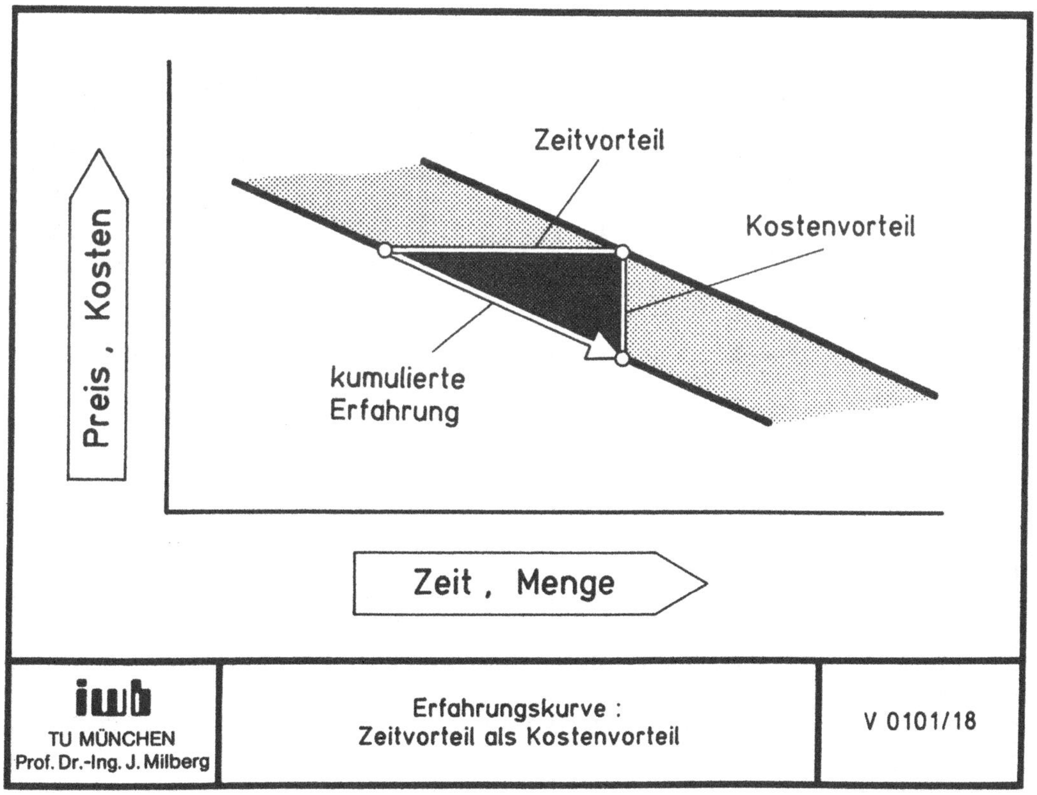
Zeitvorteil
Kostenvorteil
Preis , Kosten
kumulierte
Erfahrung
Zeit , Menge
iwb
TU MÜNCHEN
Prof. Dr.-Ing. J. Milberg
Erfahrungskurve :
Zeitvorteil als Kostenvorteil
V 0101/18

Bild 2

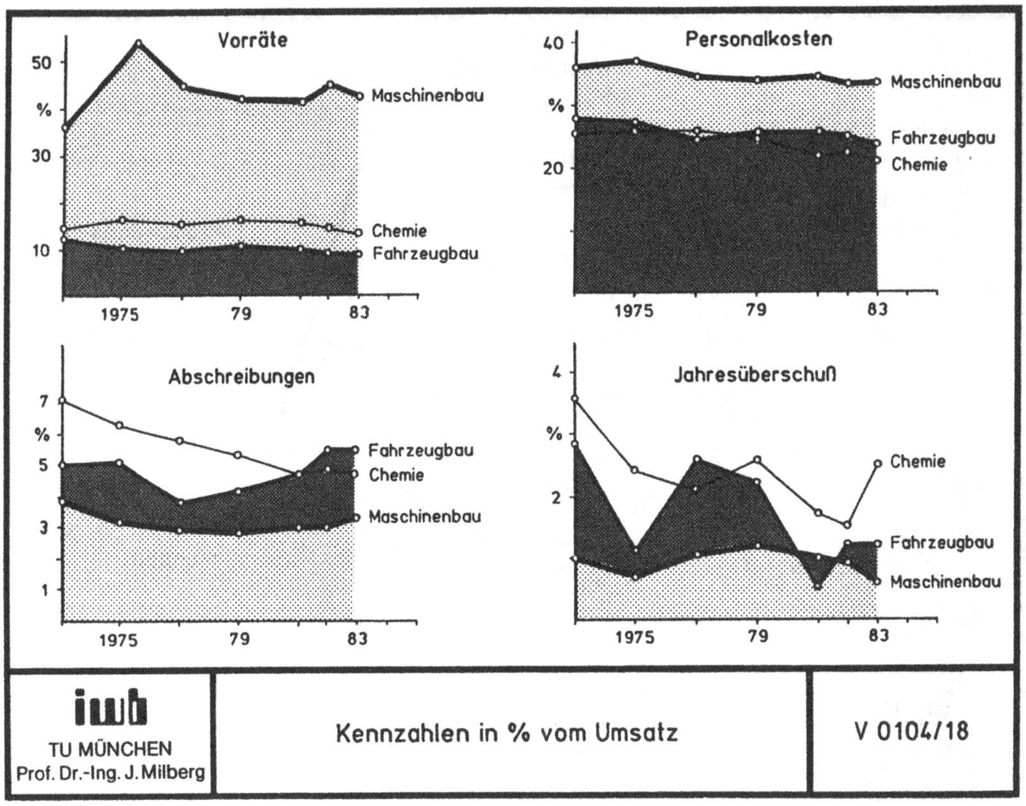
Vorräte
50
%
30
10
Maschinenbau
Chemie
Fahrzeugbau
1975
79
83
Personalkosten
40
%
20
Maschinenbau
Fahrzeugbau
Chemie
1975
79
83
Abschreibungen
7
%
5
3
1
Fahrzeugbau
Chemie
Maschinenbau
1975
79
83
Jahresüberschuß
4
%
2
Chemie
Fahrzeugbau
Maschinenbau
1975
79
83
iwb
TU MÜNCHEN
Prof. Dr.-Ing. J. Milberg
Kennzahlen in % vom Umsatz
V 0104/18

Bild 3

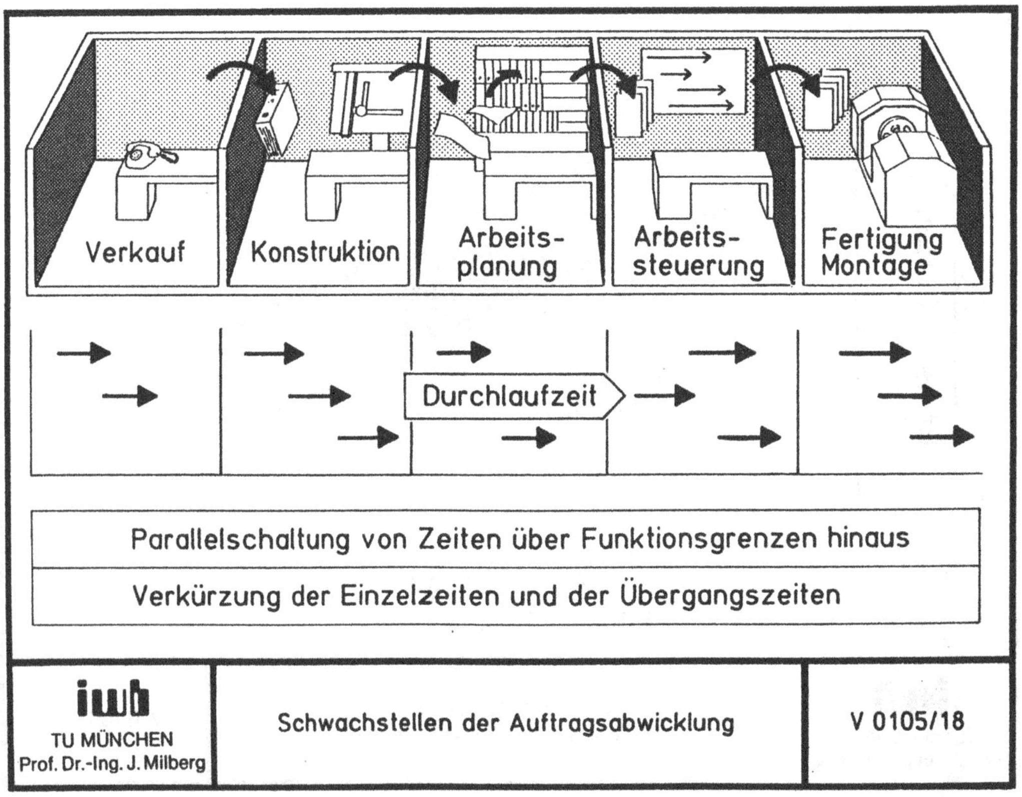
Verkauf
Konstruktion
Arbeits-
planung
Arbeits-
steuerung
Fertigung
Montage
Durchlaufzeit
Parallelschaltung von Zeiten über Funktionsgrenzen hinaus
Verkürzung der Einzelzeiten und der Übergangszeiten
iwb
TU MÜNCHEN
Prof. Dr.-Ing. J. Milberg
Schwachstellen der Auftragsabwicklung
V 0105/18

Bild 4

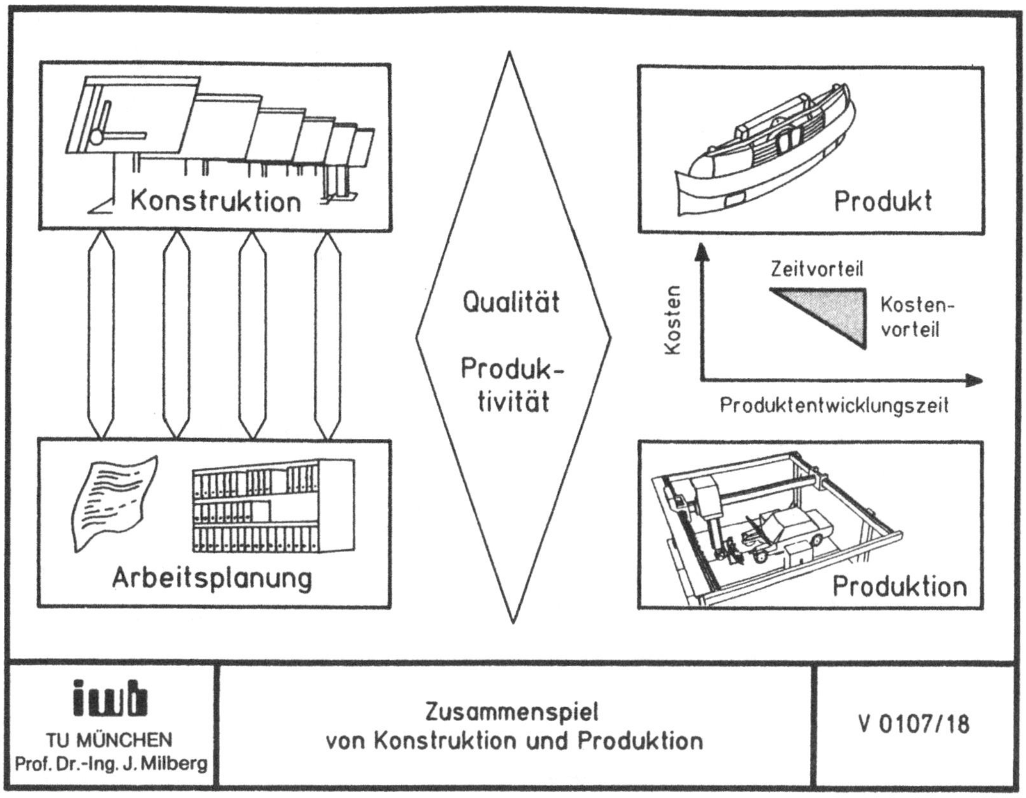
Konstruktion
Produkt
Qualität
Produk-
tivität
Zeitvorteil
Kosten
Kosten-
vorteil
Produktentwicklungszeit
Arbeitsplanung
Produktion
iwb
TU MÜNCHEN
Prof. Dr.-Ing. J. Milberg
Zusammenspiel
von Konstruktion und Produktion
V 0107/18

Bild 5

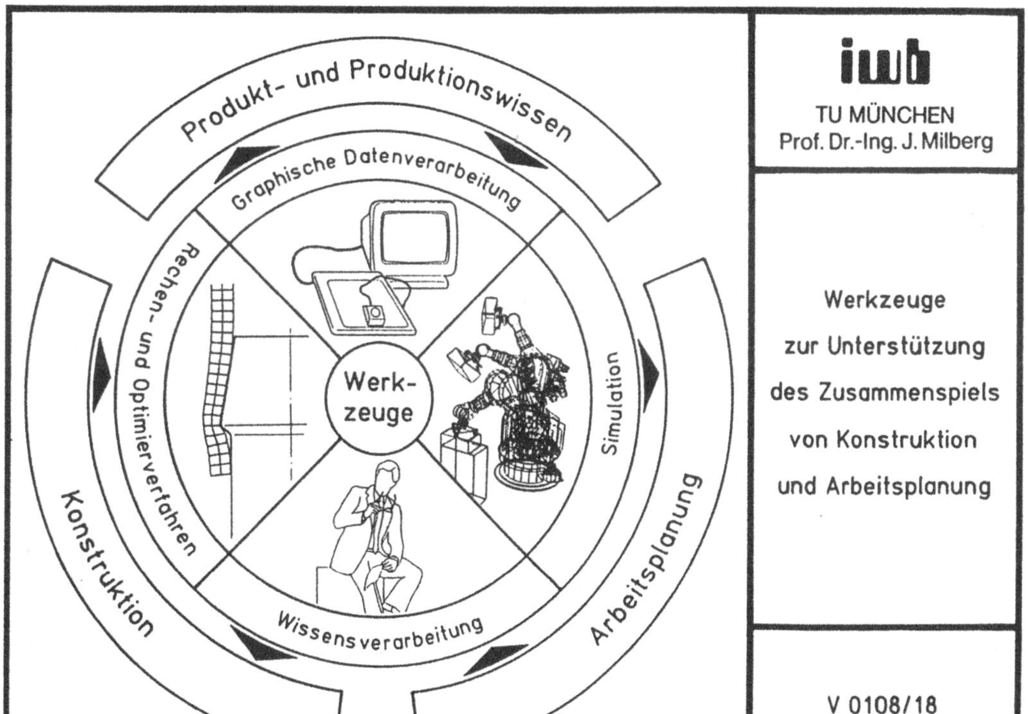
Produkt- und Produktionswissen
Graphische Datenverarbeitung
Rechen- und Optimierverfahren
Simulation
Werk-
zeuge
Wissensverarbeitung
Konstruktion
Arbeitsplanung
iwb
TU MÜNCHEN
Prof. Dr.-Ing. J. Milberg
Werkzeuge
zur Unterstützung
des Zusammenspiels
von Konstruktion
und Arbeitsplanung
V 0108/18

Bild 6

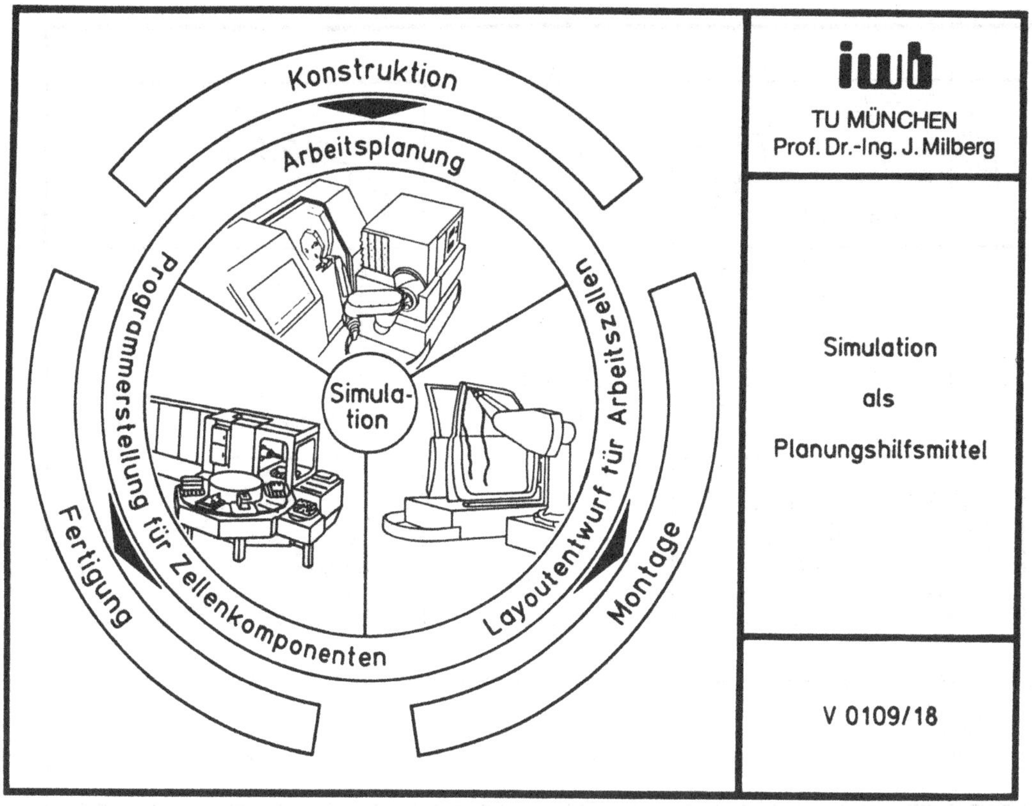
Konstruktion
Arbeitsplanung
Programmerstellung für Zellenkomponenten
Layoutentwurf für Arbeitszellen
Simula-
tion
Fertigung
Montage
iwb
TU MÜNCHEN
Prof. Dr.-Ing. J. Milberg
Simulation
als
Planungshilfsmittel
V 0109/18

Bild 7

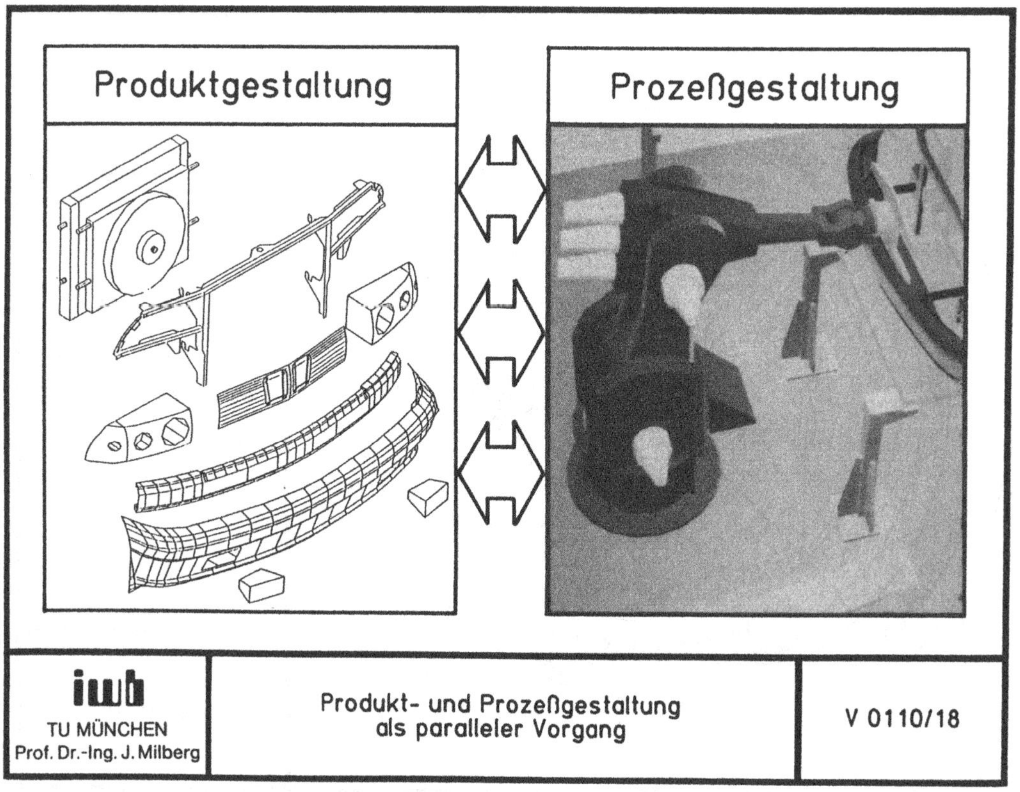
Produktgestaltung
Prozeßgestaltung
iwb
TU MÜNCHEN
Prof. Dr.-Ing. J. Milberg
Produkt- und Prozeßgestaltung
als paralleler Vorgang
V 0110/18

Bild 8

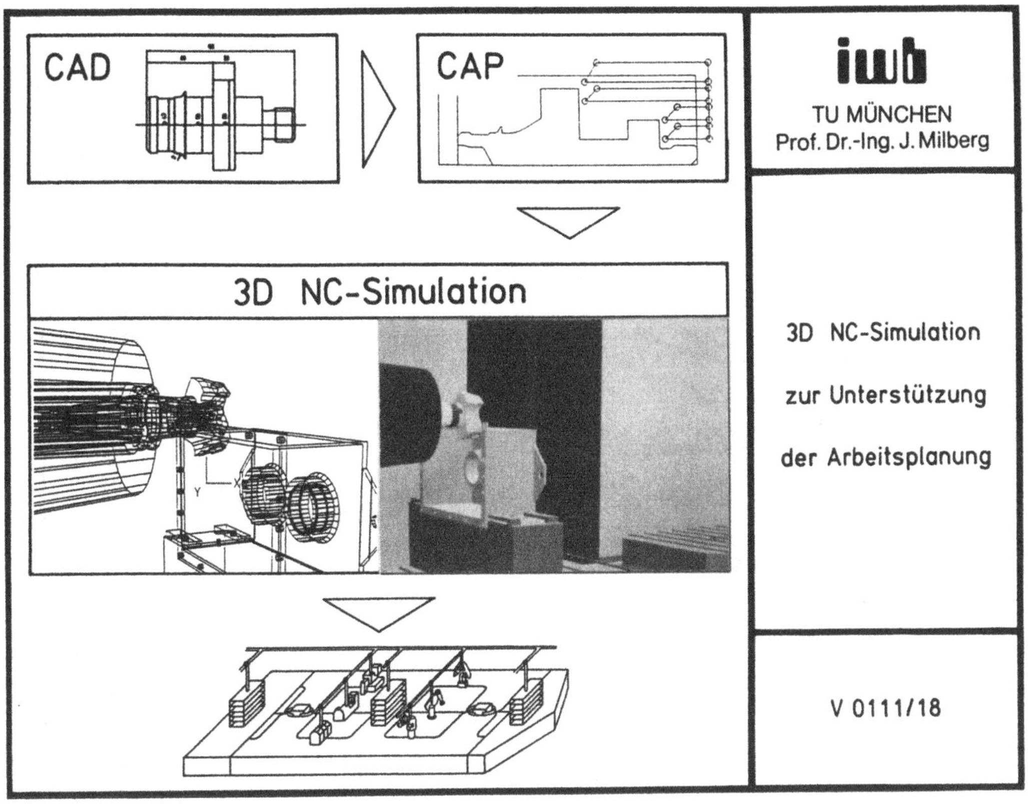

Bild 9

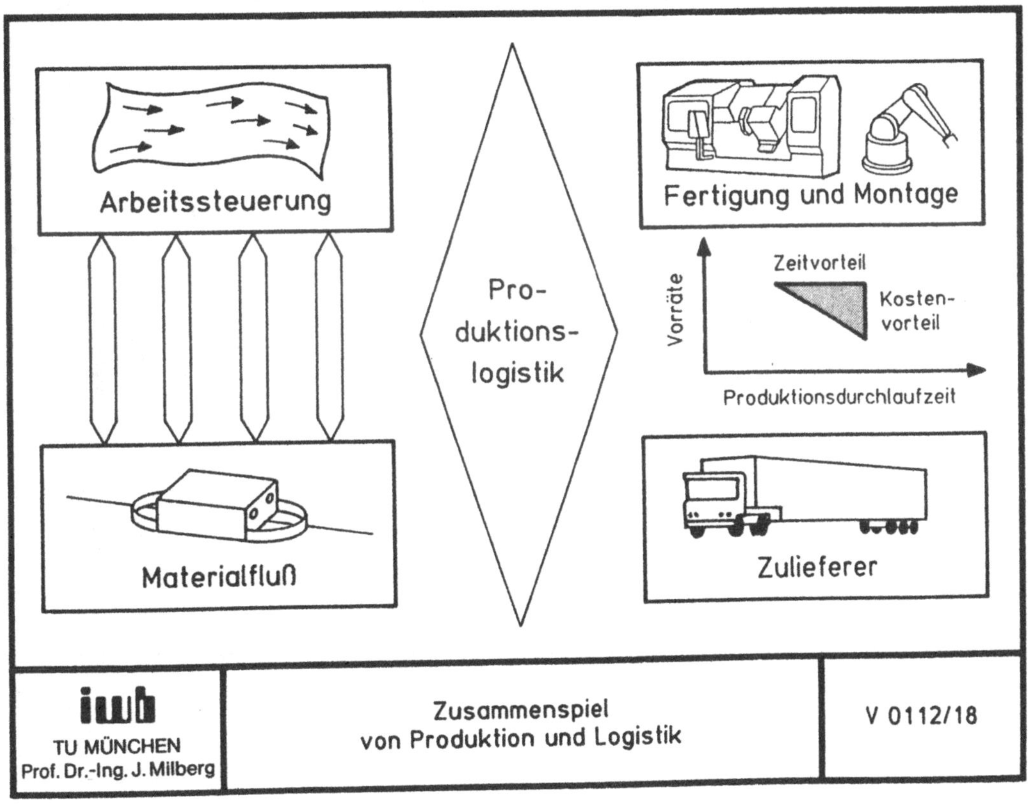

Bild 10

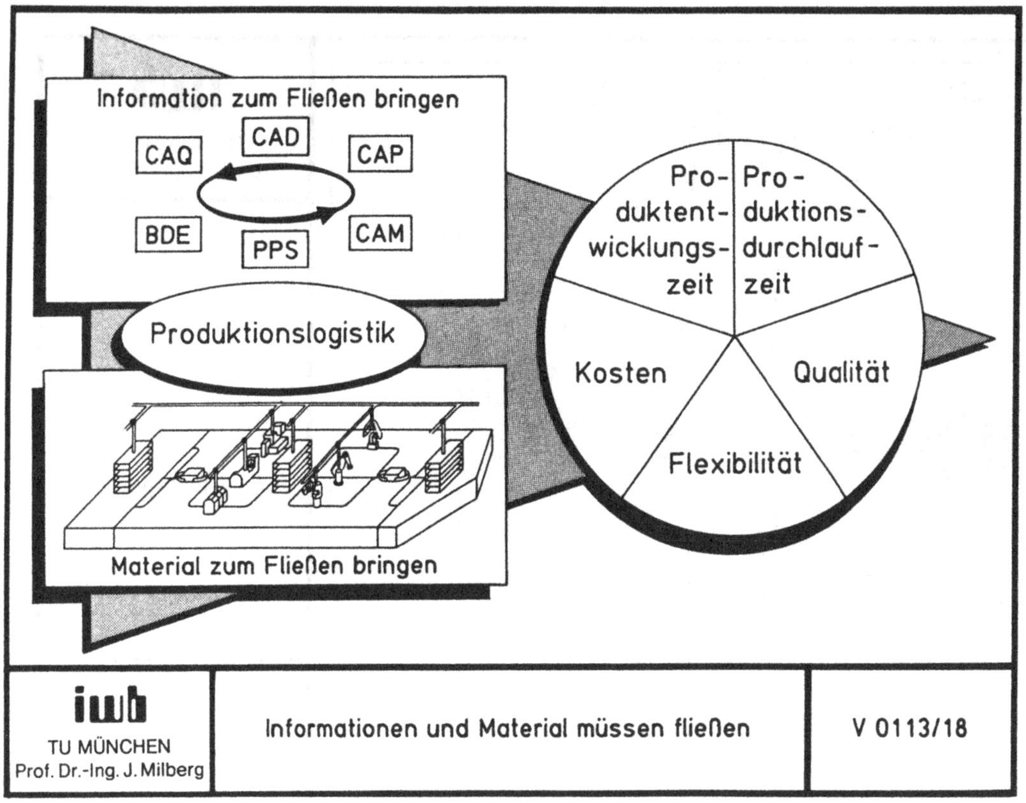

Bild 11

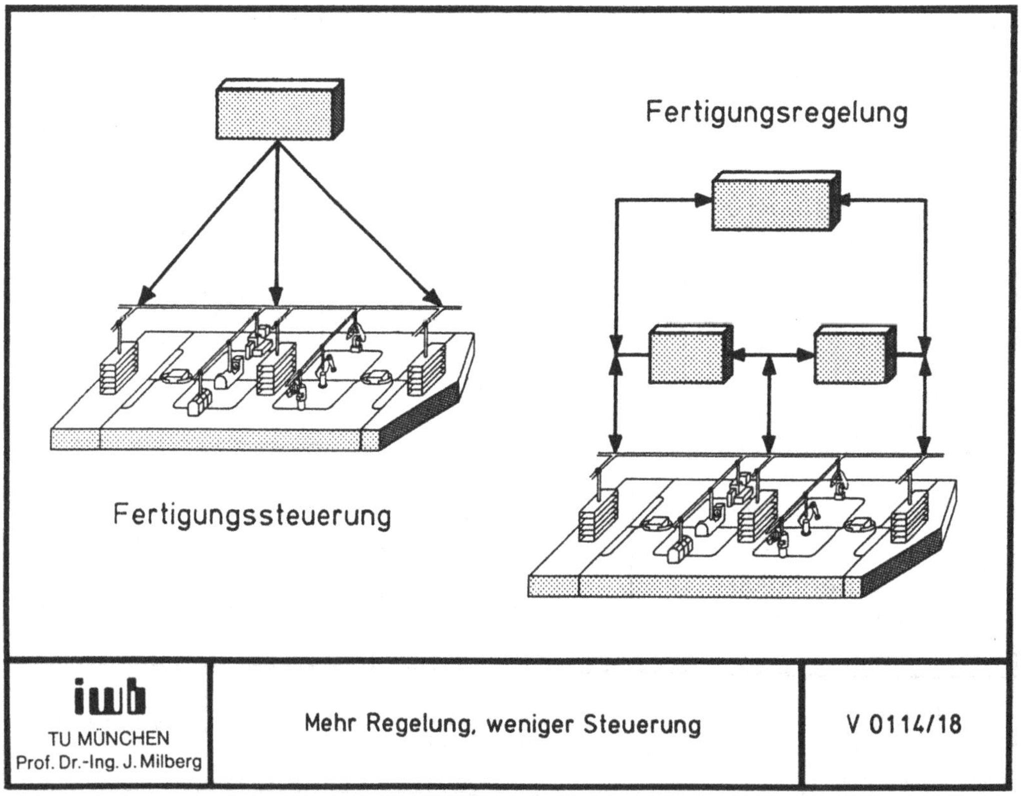

Bild 12

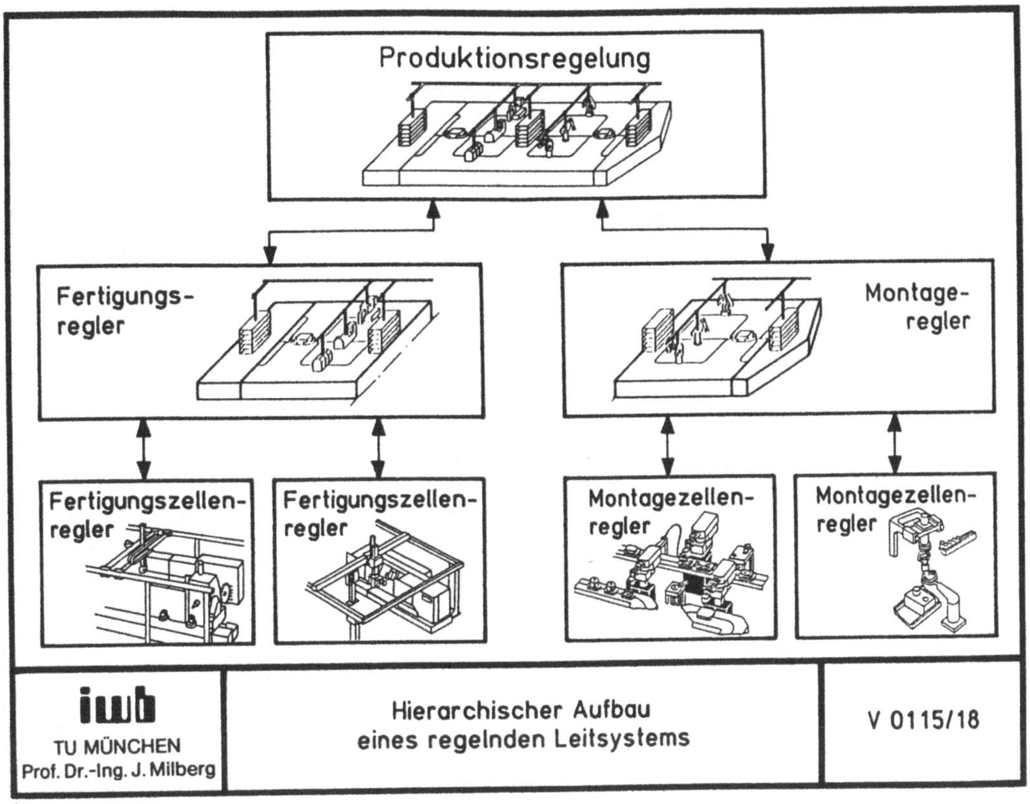

Bild 13

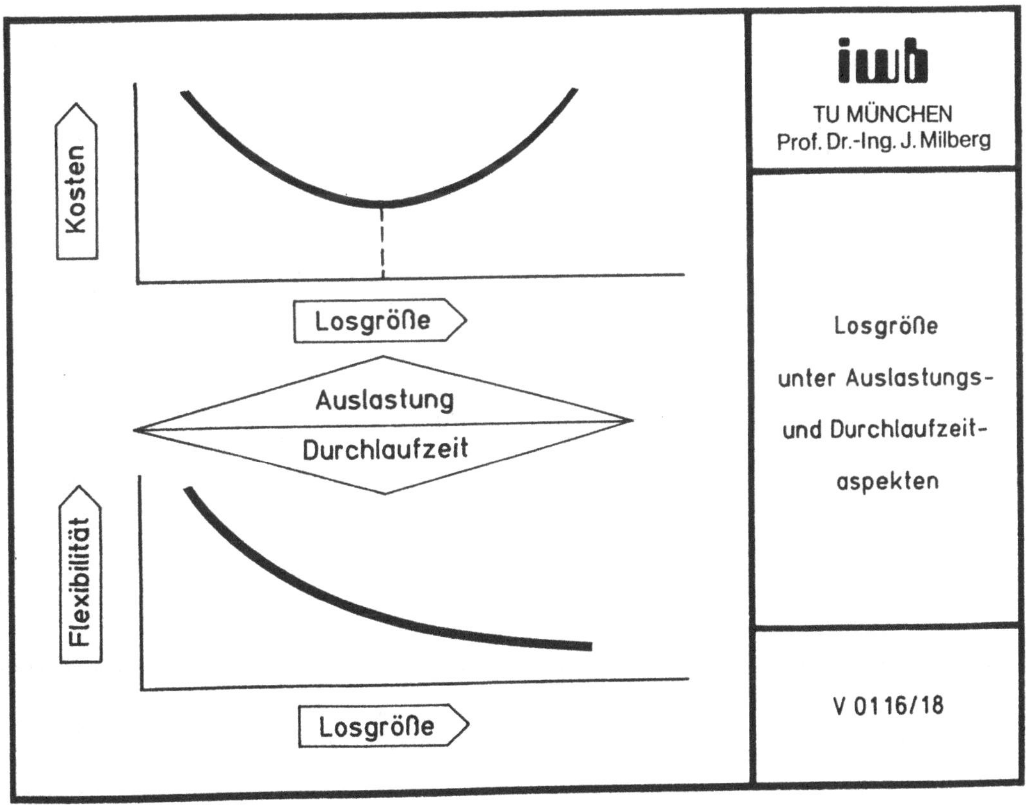

Bild 14

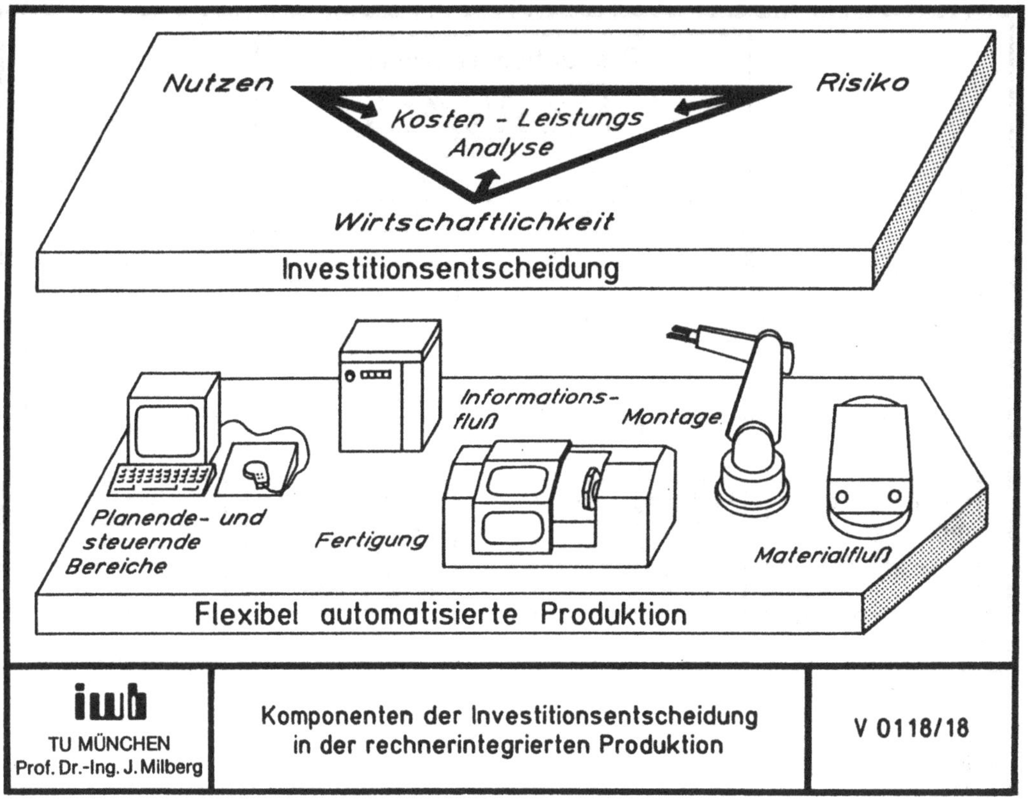

Bild 15

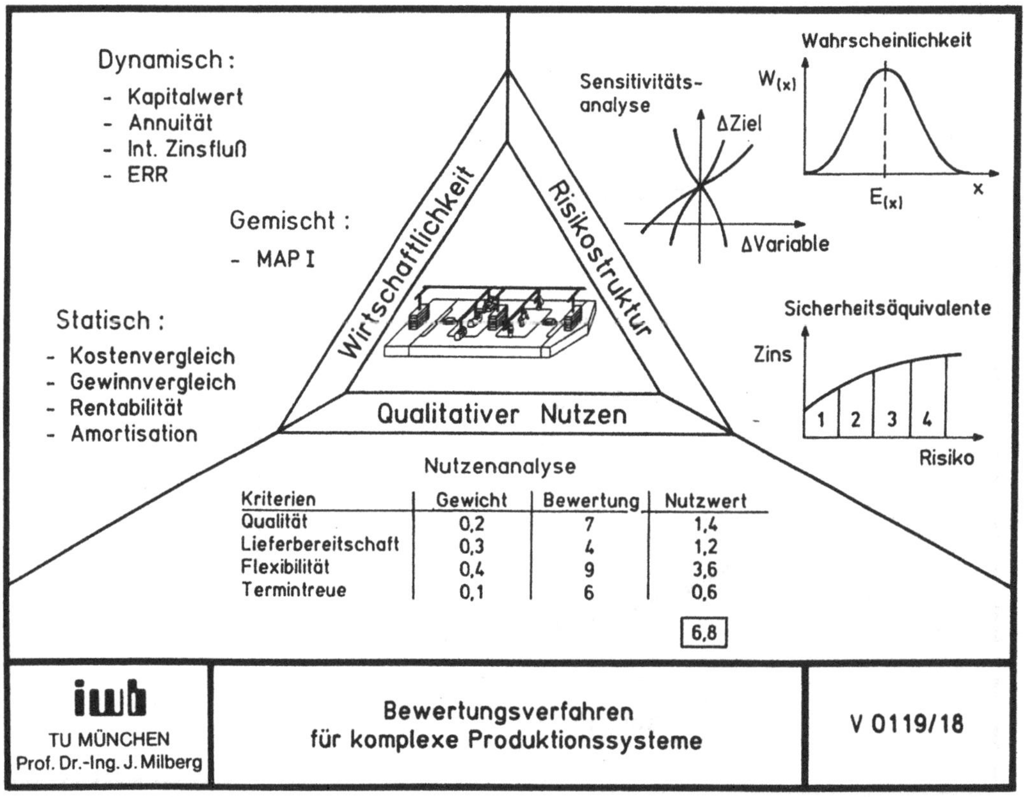

Bild 16

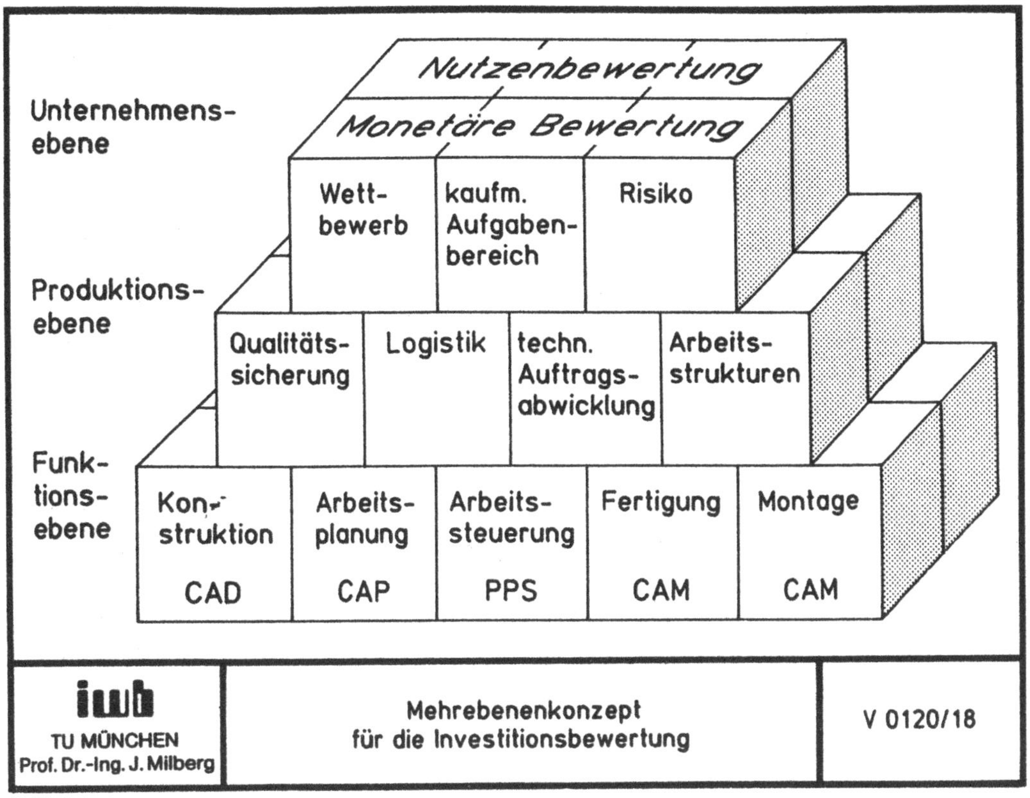

Bild 17

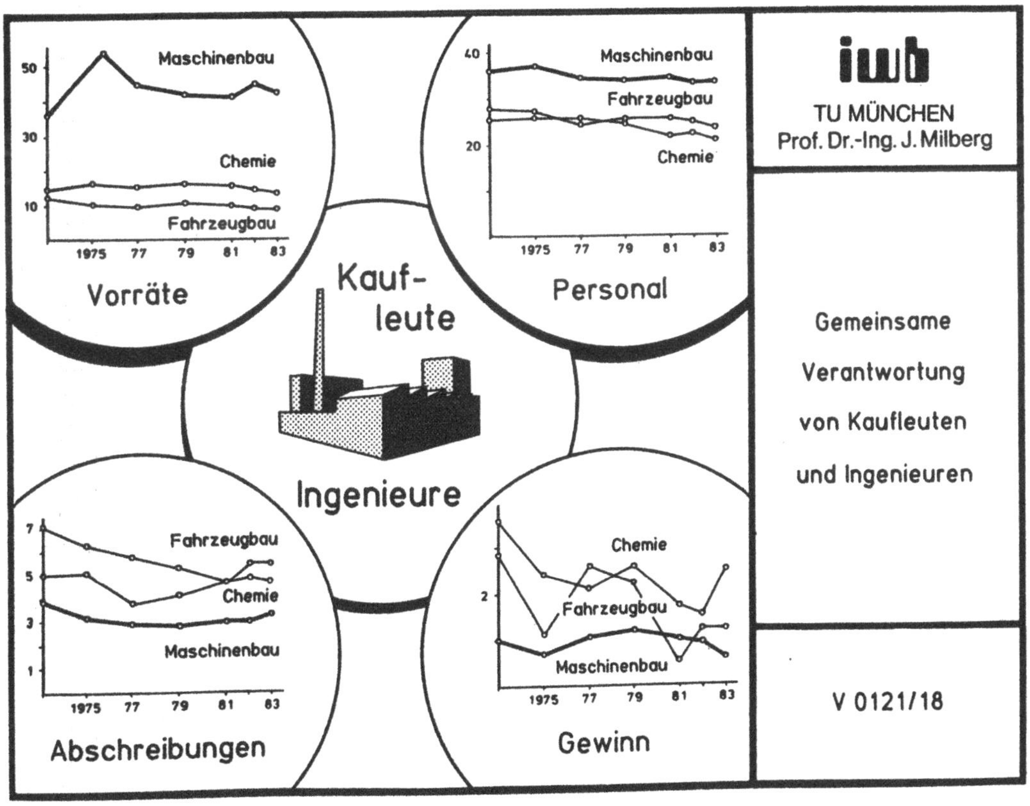

Bild 18

MÜNCHENER KOLLOQUIUM '88

WETTBEWERBSVORTEILE DURCH INTEGRATION IN PRODUKTIONSUNTERNEHMEN

24. UND 25. MÄRZ 1988

MÜNCHEN

INTEGRATION IN PRODUKTIONSUNTERNEHMEN ERFORDERT NEUE ORGANISATIONSFORMEN

Prof. Dr.-Ing. E.h. Werner Niefer

Daimler Benz AG

TECHNISCHE UNIVERSITÄT MÜNCHEN

INSTITUT FÜR WERKZEUGMASCHINEN UND BETRIEBSWISSENSCHAFTEN

Integration in Produktionsunternehmen erfordert neue Organisationsformen

---

1. Einleitung
2. Rahmenbedingungen
3. Konsequenzen für langfristige Wettbewerbsfähigkeit
4. Schritte auf dem Weg zur Integration
5. Sich wandelnde Aufgaben der Organisation
6. Ausblick

1. Einleitung

Das verstärkte Nachdenken in Produktionsunternehmen über Konzepte zur Integration mit dem Ziel der Erhöhung der internationalen Wettbewerbsfähigkeit ist eine Reaktion auf die Erfordernisse, die durch den Markt vorgegeben sind. Je größer ein Unternehmen ist und je internationaler es operiert, desto genauer müssen die sich weltweit wandelnden Bedingungen beobachtet werden, um darauf zu reagieren.

Für das Haus Daimler-Benz als größtes Unternehmen der Bundesrepublik mit rund 66 Mrd DM Umsatz im Jahr 1987 und als zwölftgrößter Konzern der Erde gilt dies in verstärktem Maße, nicht nur aus wirtschaftlichen Überlegungen heraus, sondern auch aus der sozialen Verpflichtung gegenüber 325.000 Mitarbeitern sowie den Mitarbeitern unserer Lieferanten. Es gilt den langfristigen Erfolg unseres Unternehmens zu sichern und so auch den Industriestandort Bundesrepublik Deutschland zu verteidigen.

Der langfristige Erfolg kann nur sichergestellt werden, wenn die äußeren Rahmenbedingungen bekannt sind und die daraus gewonnenen Erkenntnisse in kurz-, mittel- und langfristige Strategien umgesetzt werden.

2. Rahmenbedingungen

Im Jahr 1987 hat die Bundesrepublik Waren im Wert von 290 Mrd US-Dollar ausgeführt, wobei die Automobilindustrie als größter Exporteur mit rund 100 Mrd DM, d.h. mit ca. 20 % zu diesem Ergebnis beigetragen hat. Vier Millionen Arbeitsplätze sind direkt oder indirekt vom Automobil abhängig, damit ist fast jeder sechste von insgesamt 25,8 Millionen Erwerbstätigen vom weiteren Erfolg der Produkte dieses Industriezweigs abhängig.

An diesen Zahlen wird die herausragende Bedeutung der deutschen Automobilindustrie deutlich.

Die bisher insgesamt erfreuliche Bilanz wird aber getrübt, wenn man an den berühmt-berüchtigten 19. Oktober 1987 denkt, dessen kurz- und mittelfristige Auswirkungen noch nicht vollständig absehbar sind. Das Wort von der Verunsicherung der Märkte macht seither die Runde mit allen Konsequenzen für die Absatzentwicklung der gesamten deutschen Industrie im allgemeinen und der deutschen Automobilbranche im besonderen. Es wird deutlich, wie empfindlich eine weltweit operierende Industrie gerade wie die bundesrepublikanische vom allgemeinen Finanzklima abhängig sein kann und wie sich durch politische Signale eine solche Lage zur Krise verschärfen oder auch zur Konsolidierung stabilisieren kann.

Gerade deshalb gilt es besondere Anstrengungen zu unternehmen, um den langfristigen Erfolg zu sichern. Es müssen die über die Tagesaktualität hinausgehenden Schwächen und Stärken laufend neu analysiert und Wege gefunden werden, die Schwächen abzubauen und gleichzeitig die Stärken auszubauen.

Als **Schwächen** sind zu nennen:

- sinkende Bevölkerungszahl bei überproportionalem Rückgang des erwerbstätigen Bevölkerungsanteiles
- kaum Rohstoffe
- im internationalen Vergleich hohe Lohnkosten und geringe Jahresarbeitszeit führen zu hohen Produktionskosten
- hohe Unternehmensbesteuerung
- Quantitatives Wachstum stößt an Grenzen
- neue Mitbewerber aus Schwellenländern drängen gerade auch in der Automobilbranche auf den Weltmarkt, wie z.B. Korea, Taiwan, Mexiko, Brasilien und in Zukunft verstärkt auch die Ostblockländer.

  Diese Anbieter produzieren bevorzugt kleine und billige Fahrzeuge, die ursprünglich eine Domäne der Japanischen Produzenten gewesen sind. Diese sind dadurch gezwungen in die Mittel- und sogar in die Oberklasse vorzustoßen, d.h. in die bevorzugten Klassen der europäischen und vor allem deutschen Anbieter.

- wachsende politische Einflußnahme auf den Welthandel mit der Tendenz zu Importrestriktionen, die letztlich nur Verlierer kennen wird und für exportorientierte Staaten besonders schmerzhaft sind.
- extreme Verschuldung der Länder der Dritten Welt vor allem durch den Verfall der Rohstoffpreise.

Trotz der oben gebotenen Auswahl an nachteiligen Faktoren wird die Bundesrepublik als Industriestandort relativ gut beurteilt und liegt im internationalen Wettbewerbsvergleich auf Platz vier hinter Japan, USA und der Schweiz.

Der Erfolg basiert auf den **Stärken**:

- hohe Innovationsraten
- weltweite Marktorientierung
- hohe Finanzkraft
- Einhaltung von Lieferfristen
- zuverlässiger Service
- hervorragende Qualität der Produkte

  und vor allem
- mit der Technologie vertraute Bevölkerung und
- auf langer Tradition beruhendes Know-How.

3. Konsequenzen für langfristige Wettbewerbsfähigkeit

Um den Industriestandort Bundesrepublik langfristig im internationalen Wettbewerb zu verteidigen, muß die einheimische Industrie in der Lage sein, ständig hochwertigste und auch einmalige Produkte anzubieten. Voraussetzung hierfür sind die Anwendung hochwertigster Produkt- und Fertigungstechnologien sowie die Nutzung des trotz neuester Technologien wichtigsten Unternehmenskapitals, nämlich der Mitarbeiter.

Nur solche Erzeugnisse werden Erfolg haben, die in einer Qualität produziert werden, die höchsten Ansprüchen genügt, damit lassen sich dann am Markt auch diejenigen Preise erzielen, die zur Deckung der vergleichsweise hohen Produktionskosten notwendig sind.

3.1 Hochwertigste Produkttechnologie

Einige wenige Beispiele für weltweit anerkannte, hochwertigste Produkttechnologie aus Deutschland:

- die Fahrzeuge des Hauses Daimler-Benz; vorbildlich in der Ausgewogenheit der Konzeption, führend in Qualität, Komfort, Wirtschaftlichkeit und Sicherheit.
  Gerade zur Erreichung eines Höchstmaßes an Sicherheit sind in jüngster Zeit große Fortschritte erzielt worden.
  Alle Mercedes Personenwagen sind serienmäßig mit Gurtstraffern für die Sicherheitsgurte auf den Vordersitzen ausgerüstet und das Crashverhalten der Fahrzeuge ist speziell auf die häufigste Unfallart - den seitlich versetzten Frontalaufprall - ausgelegt.
  Zusammen mit dem Airbag für Fahrer und Beifahrer wird ein Insassenschutz geboten, den derzeit weltweit kein anderer Hersteller so umfassend bieten kann;
- die Berliner Magnetbahn, die unter maßgeblicher Beteiligung der AEG entstanden ist;
- die zukunftsweisende Entwicklung der Hochtemperatur-Dampfphase-Elektrolyse (Hot Elly) für die energiewirtschaftlich vorteilhafte Erzeugung von Wasserstoff durch Dornier;
- die führende Wettbewerbsposition beim Flugzeug-Triebwerkbau durch MTU, die aus einer Spitzenstellung in der Materialforschung erwächst, insbesondere bei der Keramikanwendung und beim zukünftigen Einsatz von Ein-Kristall-Guß für Teile der Turbinentriebwerke.

Um die o.g. technologischen Spitzenerzeugnisse zu produzieren, müssen hochwertigste Fertigungstechnologien zur Anwendung gelangen.

3.2 Hochwertigste Fertigungstechnologien

Als Beispiele für fortschrittliche Fertigungstechnologien gelten:

- Fügen
  - Laser-Schweißen; Roboter-Schutzgasschweißen; Reibschweißen; Diffusionsschweißen, -verbinden; Streckgrenzgesteuertes Verschrauben; Industrieroboter-Montage;

- Trennen
  - Laser-, Plasma-Trennen; Roboter-Entgraten; EC-Abtragen; Verzahnungsschleifen; Spanen mit CBN (Cubisch-Bor-Nitrit), PKD (Poly-Kristallin-Diamant), Keramik; Ultraschallreinigen;

- Ur- und Umformen
  - Kaltwalzen; Rundkneten; Isotherm-Schmieden; Superplastisch Umformen; Heißisostatpressen;

- Beschichten
  - Thermisches Spritzen; Roboter-Lackieren; Heißspritzen von Lacken; Niederdruckplasma-Spritzen; Chemisch und Elektrochemisch Spritzen; Sputtern; PVD (Physikal Vapour Deposition); CVD (Chemical Vapour Deposition);

- Stoffeigenschaften ändern
  - Induktions-Härten; Laser-Härten; Verfestigungsstrahlen; Elektro-Chemisches Bearbeiten

Die Anwendung vieler dieser innovativen Fertigungstechnologien setzt die Beherrschung hochwertiger Steuerungsprozesse voraus, die ebenfalls erst durch die Weiterentwicklung der Datenverarbeitung ermöglicht worden sind.

Die Einführung dieser Fertigungstechnologien tragen zur Verbesserung der Wettbewerbsfähigkeit bei, sind organisatorisch aber unkritisch, da der Produktionsprozeß vom Ablauf her nicht berührt wird.

Anders sieht es bei den folgenden Beispielen für hochwertigste Fertigungstechnologien aus:

- CAx-Komponenten-Einsatz
  - CAE für Produktentwurf;
  - CAD für Konstruktion;
  - CAP für Arbeitsplanung und NC-Programmierung;
  - CAQ für Qualitätssicherung;
  - CAM als Integrationselement für CAQ, CAP und zur Steuerung von NC-, CNC-, DNC-Maschinen, Robotern, Transport z.B. mit FTS-Fahrzeugen, Lagersteuerung z.B. mit Hochregallagern, Montagesteuerung, Instandhaltung u.s.w.;

- PPS als betriebswirtschaftliche Komponente für
  - Auftragssteuerung, Kalkulation, Kapazitätsplanung und -terminierung, Materialwirtschaft, Fertigungssteuerung, Betriebsdatenerfassung und umfassenden Kontrollfunktionen;

- CIM
  - als zukunftsgerichtetes Integrationsinstrument, ein weiteres Werkzeug zur Erhöhung der Flexibilität und Kostenreduktion.

    Gerade unter dem Begriff Computer Integrated Manufacturing verbirgt sich eine Technologie, deren vollständigen großindustriellen Verwirklichung noch einige zu lösende Probleme im Wege stehen.

    Höchste Priorität hat in diesem Zusammenhang die Suche zur Lösung der Frage, die sich aus der technischen Verknüpfung der einzelnen schon realisierten CA-Inseln im Moment noch ergibt (Stichwort MAP).

    Eine weitere Aufgabe auf dem Weg zur Verwirklichung des Konzeptes einer umfassenden Integration des betrieblichen Wertschöpfungsprozesses ist das Einbeziehen der "Außenwelt" des Unternehmens, z.B. der Lieferanten.

Die primär technischen Fragestellungen sind überall in Bearbeitung und werden in näherer Zukunft vollständig gelöst sein.

Es ist davon auszugehen, daß diese Technologien zunehmend breiter eingesetzt und weiterentwickelt werden, um auch in der Zukunft die deutschen Produktionsbetriebe auf neuestem technischen Stand zu halten.

Problematischer ist die organisatorische Umsetzung der Möglichkeiten dieser Technologien.

3.3 Die wertvollste Ressource des Unternehmens, die Mitarbeiter

Unsere Mitarbeiter sind die Basis unseres bisherigen Erfolges, und das seit nunmehr 102 Jahren.

Ihre Erfahrungen, ihre sorgfältige und präzise Arbeit und ihre Kreativität sind das Potential, das wir benötigen, um den über Generationen hinweg erarbeiteten Vorsprung in Innovation, Technik und Qualität nicht nur zu halten, sondern weiter auszubauen. Es ist unsere Aufgabe und unsere Herausforderung, das Automobil ständig zu verbessern und neuen Anforderungen anzupassen.

Die Menschen sind in allen Phasen der Entstehung eines Fahrzeuges von der ersten Idee bis zur Betreuung des Kunden nach Auslieferung aus dem Werk beteiligt und damit für das Endprodukt verantwortlich. Innerhalb der PKW-Division der Daimler-Benz AG sind es im Inland über 90.000 Mitarbeiter, die sich in 750 Berufsfeldern betätigen.

Moderne Fertigungstechnologie kann in allen Phasen ds Entstehungsprozesses "nur" unterstützend wirken als Verfeinerung der menschlichen Sinne, der mechanischen Fähigkeiten und der Vergrößerung der Erkenntnisse. Die geschickte Kombination der ebengenannten Komponenten ergibt ein Produkt, das angereichert ist mit dem, was man mit dem Begriff "Know-How" umschreiben kann. Und gerade diese Kombination ist die Basis für den entscheidenden internationalen Wettbewerbsvorsprung, denn moderne Produktions- und Fertigungstechnologie ist weltweit kauf- und damit verfügbar, nicht zuletzt bei der leistungsfähigen deutschen Maschinenbauindustrie.

Da sich aber auch die anderen Mitbewerber auf dem internationalen Markt im Laufe der Zeit ebenfalls weiterentwickeln und durch die weltweite Kommunikation und dem damit verbundenen Technologietransfer den mühsam bei uns in kleinen Schritten erarbeiteten technologische Fortschritt schneller aufholen, muß der noch vorhandene Vorsprung durch neue Methoden ausgebaut und gesichert werden.

Eine für diesen Zweck außerordentlich wichtige Methode ist die Integration, die in unserem Verständnis nicht nur das ist, was mit dem Schlagwort CIM umschrieben wird. Vielmehr wird neben den technologischen und betriebswirtschaftlichen zu erwartenden Fortschritten, die sich positiv auf die Kostenseite auswirken werden, verstärkt das Zusammenbringen des Wissens und der Erfahrungen unserer Mitarbeiter innerhalb des Gesamtkonzerns Daimler-Benz betrieben.

Die Hauptaufgabe dabei ist die zielorientierte Nutzung des vorhandenen Wissenspotentials, was auch eine entsprechende Organisationsform voraussetzt.

4. Schritte auf dem Weg zur Integration

Die Integration ist wie o.g. ein Werkzeug zur Verbesserung der internationalen Wettbewerbsfähigkeit. Diese Verbesserung wird nicht nur durch modernste Produkt- und Fertigungstechnologie erreicht - diese sind Voraussetzung für Wettbewerbsfähigkeit -, sondern primär durch Förderung des bei den Mitarbeitern 'schlummernden' Innovations-Potentials. Innovation ist eng verbunden mit Kreativität und Kreativität wiederum erwächst aus Wissen, Beobachtung, Erfahrung und sonstigen geistigen Fähigkeiten der Menschen. Voraussetzung für alles ist jedoch die Information. Aus diesem Zusammenhang erklärt sich auch die Aussage, daß Information als Produktionsfaktor anzusehen ist.

In einem schöpferischen Prozeß werden die unterschiedlichsten Informationen aus verschiedenen Wissensgebieten zu einer neuen Idee oder Erkenntnis verbunden. Diese Aussage wird durch vielfältige geschichtliche Beispiele gestützt:

- Verknüpfung von Architektur und Mechanik
  -> Ermöglichung von Bauwerken wie die Pyramiden mit Hilfe von Hebelwirkung und schiefer Ebene
- Verknüpfung von Medizin und Optik
  -> Erfindung der Brille
- Verknüpfung von Kutschentechnik und Verbrennungsmotor
  -> Erfindung des Autos durch Gottlieb Daimler und Carl Benz
- Verknüpfung von Satelliten- mit Automobiltechnologie
  -> ARTHUR, ein automatisches Notfunksystem zur Warnung vor Gefahrensituationen im Autoverkehr und Alarmierung von Rettungsdiensten

und als Ausblick:

- Verknüpfung von Elektronik und Biologie
  -> Entwicklung von Biochips

Diese wenigen Beispiele verdeutlichen auch eine Tendenz:

Wirklich revolutionäre Ideen, die die Welt verändern - wie die Erfindung des Automobils - werden seltener. Der heutige Fortschritt vollzieht sich vielmehr permanent in kleinen Schritten und ist gemeinhin extrem aufwendig realisierbar. Aus den evolutionären Weiterentwicklungen entwickeln sich Schlüsseltechnologien der Zukunft.

Unabdingbare Voraussetzung für die Realisierung von neuen Erkenntnissen ist auch eine hohe Finanzkraft der Unternehmen und Schaffung von entsprechenden Innovationspotentialen, die durch Konzerne wie Daimler-Benz mit ihren Töchtern gegeben ist und auch durch Kooperation zwischen Unternehmen mit Hochschulen und anderen Forschungsgemeinschaften.

Analog muß sich "die" Integration mit den sich erweiternden Möglichkeiten der Datenverarbeitungstechnologie evolutionär weiterentwickeln.

Die Verbesserung der Methoden und Verfahren zur Planung und Steuerung der Produktion, die Steigerung der Flexibilität von Fertigungssystemen sowie der Fortschritt in der Kommunikationstechnik und die gestiegenen Computerleistungen führen bei der Zielsetzung einer schnellen und umfassenden Informationsverarbeitung zu einer zunehmenden Integration der bisherigen Informationssysteme untereinander.

Z.B. ist CIM eine konsequente Evolution aus der Entwicklung der technischen und kaufmännischen Datenverarbeitung heraus.

In der Vergangenheit sind mit zunehmendem Fortschritt der Datenverarbeitung immer mehr Funktionen aus den Unternehmen verselbständigt worden, was konsequenterweise auch zu den teilweise sehr komplexen Systeminseln geführt hat. Damit ist aber auch der Kontakt zum Betriebsgeschehen immer mehr verloren gegangen, begleitet durch betontes Bereichsdenken.

Trotzdem zeichnet sich inzwischen ein Wandel ab; innerhalb der Systeminseln hat sich die Kommunikation durch Einsatz der Datenverarbeitungstechnologie verstärkt.

Als konkretes Beispiel hierfür steht in unserem Haus die organisatorische Zusammenfassung von Modell- und Betriebsmittelbau, die beide mit dem gleichen Zahlenmaterial arbeiten und durch Vernetzung mittels der Datenverarbeitungstechnologie nun effizienter und damit kostengünstiger arbeiten.

Die Integration innerhalb der Systeminseln wird als

Integration 1. Grades

verstanden (*Bild 1*).

Durch weitere Fortschritte in der Datenverarbeitungstechnologie, begleitet durch Preissenkungen bei der Hardware, wird es mit Hilfe intelligenter Terminals und kleineren Rechnereinheiten ermöglicht, fast jeden Arbeitsplatz an ein vernetztes Gesamt-Kommunikationsnetz des Unternehmens anzuschließen.

Damit eröffnet sich die Perspektive, Sachbearbeiter wie Führungskräfte "online" in die betriebliche Kommunikation einzubinden, um die für ihn relevanten Vorgänge direkt parat zur Bearbeitung zu haben. Im Rahmen dieser Integration ist daher die notwendige Information überall im Unternehmen verfügbar und durch diese Informationsdurchdringung wachsen

- die Konstruktion mit CAD,
- die Planungs- und Steuerungsbereiche mit CAP bzw. der PPS-Systemumwelt
- die Fertigung mit CAM,
- die Qualitätskontrolle mit CAQ

zu einem automatisierten Informations- und Materialfluß zusammen.

Die Realisierung des Konzeptes erfolgt sowohl:

TOP-DOWN
in Sinne eines abgestimmten, übergreifenden Informationsnetzes mit Systemketten

als auch

BOTTOM-UP
durch schrittweise Integration von "CIM-Zellen", auf der Basis einer abgestimmten Datenverarbeitungs-Technologie und Datenkommunikation

Dies entspricht der

Integration 2. Grades.

Durch die gemeinsame, stets aktuelle Datenbasis, auf die jeder zugangsberechtigte Mitarbeiter auf allen Ebenen zugreifen kann, wird ein erheblicher Effektivitätsgewinn erzielt werden.

Insbesondere wird an jeder Stelle und zu jeder Zeit von demselben Informationsstand ausgegangen.

Auf notwendige Änderungen kann schnellstens reagiert und die sich daraus ergebenden Konsequenzen für alle vor- und nachgelagerten Bereiche transparent nachvollzogen werden.

Ein weiterer großer Vorteil daran ist auch die "Einordnungfähigkeit" der eigenen Leistungen des Mitarbeiters innerhalb des Gesamtprozesses; d.h. durch diese Transparenz wird jedem deutlich, wo seine Arbeit "aufgehängt" und wie wertvoll sein individueller Beitrag zum Endprodukt ist. Jedem einzelnen wird dadurch der

Erfolg aber auch der Mißerfolg des Produktes oder der Dienstleistung bewußt. Der Mitarbeiter kann durch die verfügbaren Informationen bewußt stolz auf seine individuelle Leistung sein bzw. sich Gedanken über Verbesserungen machen (*Bild 2*).

Die in unserem Haus letztlich angestrebte

Integration 3. Grades

umfaßt nicht nur den Bereich der Daimler-Benz AG, sondern durch die Möglichkeiten der modernen Kommunikations-Technologie auch die Tochterunternehmen AEG, Dornier und MTU. Übergeordnetes Ziel ist die Erkennung und Nutzung von **Synergie-Effekten**.

Voraussetzung ist hierbei die konzernweite Vernetzung mit Nutzungsmöglichkeit einer umfassenden Konzern-Datenbank. Zusätzlich muß jeder zugangsberechtigte Mitarbeiter auch in die Lage versetzt werden, von seinem Terminal auf die inzwischen immer weiter ausgebauten Datenbanken der Welt zuzugreifen.

Gerade im Hinblick auf anzustrebende Synergie-Effekte ist der Aufbau eines solch umfassenden Informationssystems hilfreich.

Ein Mitarbeiter, der ein Problem lösen muß, könnte sich online bei den Kollegen der anderen Tochterunternehmen erkundigen, ob eine ähnliche Aufgabenstellung dort schon gelöst worden ist, die auf den aktuellen Fall des Automobilbereichs übertragbar sein könnte. Zusätzlich kann sich daraus auch ein Anstoß für einen neuen, originelleren Lösungsansatz ergeben, da die Kollegen die Aufgaben von 'ihrem' Blickwinkel aus angehen und von den - sich vom Automobilbau unterscheidenden - Anforderungen ausgehen, die sich z.B. im Triebwerkbau bei MTU stellen.

Der heutige, konventionelle Aufwand zur Informationsbeschaffung ist im allgemeinen zu hoch, was durch die Möglichkeiten der Informationsvernetzung und der Datenverarbeitungstechnologie erheblich vereinfacht werden kann.

Es sei hier auch noch auf den immer mehr an Bedeutung gewinnenden Einsatz von Expertensystemen hingewiesen, die die Möglichkeit erschließen, neue Problemlösungen unter zu Hilfenahme möglichst vieler in Datenverarbeitungssystemen festgehaltenen "Erfahrungen" anzugehen (*Bild 3*).

5. Sich wandelnde Aufgaben der Organisation

Die sich international ändernden Rahmenbedingungen, der sich verschärfende Wettbewerb und auch der sich durch fortschreitenden Technologieeinsatz eingeleitete Umgestaltungsprozeß des Alltags in den Produktionsunternehmen muß auch seinen Niederschlag in den zukünftigen Organisationsformen finden.

5.1 Bisherige Aufgaben der Organisation

Die unterschiedlichen Organisationsformen haben die Aufgabe, die Arbeit der Menschen zu einer zielgerichteten, arbeitsteilig-koordinierten Tätigkeit zusammenzufassen.

Die bisher gültigen Formen basieren überwiegend auf den Grundüberlegungen von Frederick Winslow Taylor (geb. 20.03.1856, gest. 21.03.1915), der ein naturwissenschaftlich-technisches System zur Steigerung der Arbeitsproduktivität geschaffen hat.

Dabei wird davon ausgegangen, daß der Arbeitsprozeß in optimal kleine Arbeitsabschnitte eingeteilt wird, wobei der Arbeitnehmer ein eng begrenztes Aufgabengebiet zu bewältigen hat. Durch diese Einengung konnte die Arbeitsproduktivität im Vergleich zu historisch älteren Organisationsformen tatsächlich beträchtlich erhöht und damit die Kostenbelastung vermindert werden. Den ersten Beweis der Richtigkeit des "Taylorismus" in großem Stil hat Henry Ford mit der Einführung der Bandfertigung des Ford-T-Modells geliefert, mit die Voraussetzung für den weltweiten Siegeszug des Automobils. Die Vorteile der Arbeitsteilung sind sehr bald auch von der Produktion auf andere Bereiche übertragen worden, z.B. auf die Büroarbeit der Sachbearbeiterebene.

Nachteile der stark arbeitsteiligen Methode sind primär die immer wiederkehrenden Routinetätigkeiten und ein verminderter Überblick des Mitarbeiters, wie sein zu leistender Einzelbeitrag in das fertige Produkt bzw. in die Dienstleistung hineinpaßt.

Diese Nachteile des praktizierten Taylorismus sind der Kreativität und der Zufriedenheit vieler Mitarbeiter abträglich und zwar um so mehr, als der heutzutage beobachtbare gesellschaftliche Wandel neue Normen und Ansprüche an das Arbeits- und Freizeitleben hervorbringt. Die Arbeitsleistung wird zwar immer noch primär als Lebensunterhalt verstanden, aber die Selbstverwirklichung in der Arbeit erhält zunehmendes Gewicht. Eine durchaus verständliche und sogar begrüßenswerte Entwicklung, denn Menschen, die Zufriedenheit in ihrer Arbeit finden, sind allgemeinen höher motiviert und zu besseren Leistungen befähigt.

Die mit dem Taylorismus verbundenen o.g. Nachteile können durch Einsatz moderner Technologie abgemildert oder sogar vermieden werden.

5.2 Anforderungen an zukünftige Organisationsformen

Die Anforderungen werden grundsätzlich höher, denn:

1. Integration höherer Grade erfordert die Durchgängigkeit der Informationsströme sowohl in vertikaler als auch in horizontaler Richtung. Die Aufbauorganisation konventioneller Art verliert den bisherigen, herausragenden Stellenwert.

Bei vollständiger Realisierung der Gestaltung eines solchen Integrations-Konzeptes wirken die heute vorhandenen Organisationsstrukturen durchaus hindernd, da sie noch nach der funktionalen Arbeitsteilung ausgerichtet sind. Das durch den Taylorismus vorgegebene Konfliktpotential durch die Forderung nach bereichsübergreifenden Problemlösungen und interdisziplinäre Zusammenarbeit muß vor allem organisatorisch beseitigt werden, damit die Kommunikation schnittstellenübergreifend und unter Ausschluß von Hierarchie- und Interessensdenken aufgebaut werden kann.

Demnach müssen gewachsene Verhaltensmuster und traditionelle Denkschablonen abgebaut und durch neue Arbeits- und Organisationsstrukturen ersetzt werden.

2. Die internationale Wettbewerbssituation erfordert die stärkere organisatorische Berücksichtigung der Anforderungen an eine strategische Unternehmensführung.

Erst recht nach der unter dem Aspekt der Zukunftssicherung aufgenommenen Tochtergesellschaften ist deshalb der Daimler-Benz Konzern neu strukturiert worden.

Ein strategische geführtes Unternehmen zeichnet sich u.a. durch Flexibilität und Marktnähe aus.

Bei großen Unternehmen fällt die Erfüllung derartiger Anforderungen naturgemäß schwerer als bei kleineren und auch mittleren Unternehmen.

Mit aus diesem Grund ist deshalb eine PKW-Division eingeführt worden, eine ergebnisverantwortliche strategische Geschäftseinheit, die wiederum weiter untergliedert ist in vier Bereiche, zuständig für Entwicklung, Produktion, Vertrieb und kaufmännische Fragen, jeweils weltweit.

Mit dieser Einteilung ist die Grundstruktur zur Nutzung von Integrationsfortschritten geschaffen worden.

Durch die Finanzkraft und den sonstigen Ressourcen, die innerhalb des Konzerns gegeben sind, können auch Entwicklungen voran getrieben werden, die kleineren Unternehmen verwehrt sind.

Eine herausfordernde Aufgabe der zukünftigen Unternehmensformen dabei ist es, das unternehmerische Denken der leitenden Führungskräfte stärker zu fördern und zu nutzen und sie auch mit den entsprechenden Befugnissen auszustatten um ergebnisverantwortlich handeln zu können.

3. Es ist notwendig die Führungskräfte anzuhalten, eigenverantwortlich die potentiell vorhandenen Synergieeffekte gezielt zu suchen und mit den anderen Einheiten so auszunutzen, daß diese Koordination ein größeres Gesamtergebnis einbringt als die Summe der einzelnen Teilergebnisse.

Das Unternehmen wird auf diese Weise zu einem Zusammenschluß von Unternehmern. Aus diesem Grund kommt der Auswahl, Schulung und Weiterentwicklung der Mitarbeiter und insbesondere den Führungskräften eine immer größere Bedeutung zu. Hierbei befinden wir uns auf dem Weg zu einem flexiblen, dezentralen System mit vielen ergebnisverantwortlichen, kleinen Geschäftseinheiten - durchschlagskräftig und effizient.

Erfolg kann nur durch Zusammenarbeit zwischen den einzelnen Bereichen erreicht werden, Kooperation ist unabdingbar und Bestandteil der eigenen Ergebnisverantwortung.

Auch muß es erlaubt sein, den Umkehrschluß zu erwähnen: Mißerfolg durch mangelnde Kooperationsbereitschaft kann entsprechende Konsequenzen nach sich ziehen. Der Schaden durch Unwilligkeit zur Zusammenarbeit ist für das Unternehmen in Anbetracht der Standortnachteile so groß, daß der langfristige Erfolg für die Arbeitsplätze der Zukunft gefährdet erscheint. Und der Erfolg von morgen wird **heute** gelegt.

6. Ausblick

Wettbewerbsvorteile durch Integration im Unternehmen erfordern neue, an den Wandel angepaßte Organisationsformen.

Die Integration wird durch die weitgehenden Informationsmöglichkeiten mit Hilfe der modernen Kommunikationstechnologie die Arbeitsinhalte verändern. Für den zukünftigen Erfolg ist es von entscheidender Bedeutung "über den Tellerrand" des eigenen Bereiches zu blicken. Die heutigen Organisationformen sind noch zu stark an der funktionalen Gliederung angepaßt. Die sich abzeichnenden Organisationsumstellungen müssen ausgewogen und für die Mitarbeiter nachvollziehbar sein. Daraus ergibt sich auch, daß Engpässe bei der Umsetzung von Integrationskonzepten sich primär nicht auf der Rechner- und Anlagenseite, sondern auf der Personalseite ergeben. Durch die gebotene Informationsvielfalt und das Eingebundensein in ein bereichsübergreifendes System ist es ermöglicht, lebenslang sein Wissen den sich wandelnden Herausforderungen und Erkenntnissen anzupassen. Voraussetzung ist Kooperation und Integration.

Der Mensch steht im Mittelpunkt und ist unser wichtigstes Kapital. Die Möglichkeiten moderner Technologie bietet die Chance zur Verstärkung dieses Faktors.

Künftige Organisationsformen haben dies zu berücksichtigen, dabei ist wieder der alte Grundsatz zu beachten:

Die Organisation muß den Menschen folgen und nicht umgekehrt.

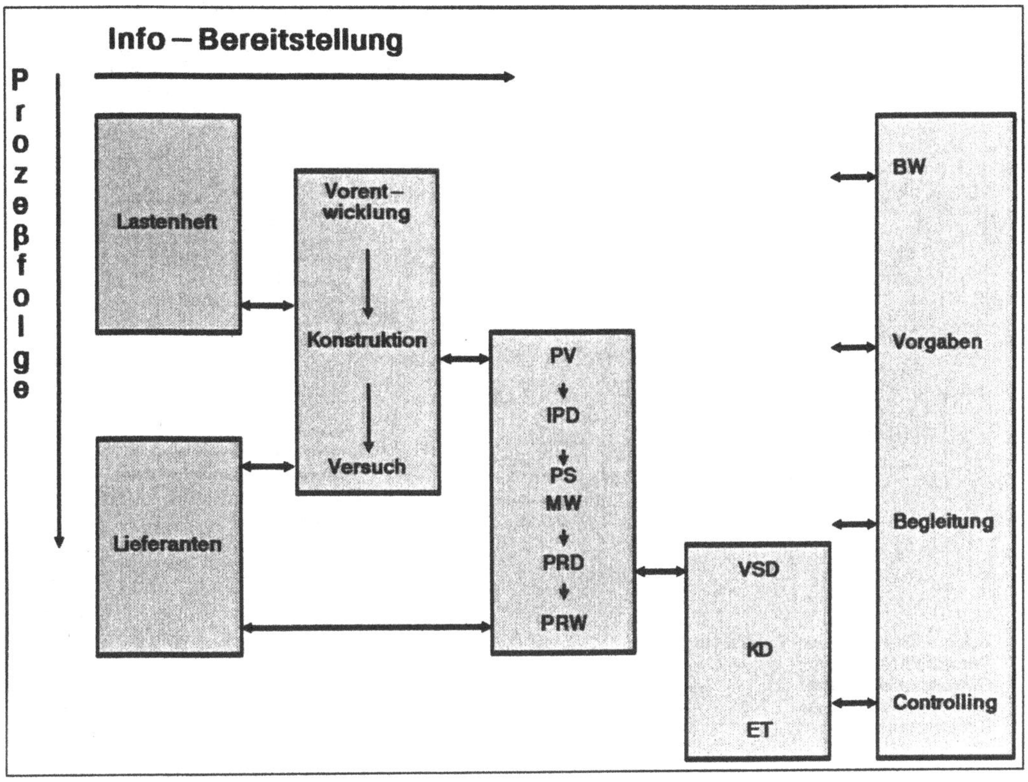

Bild 1 Integration 1. Grades (*)

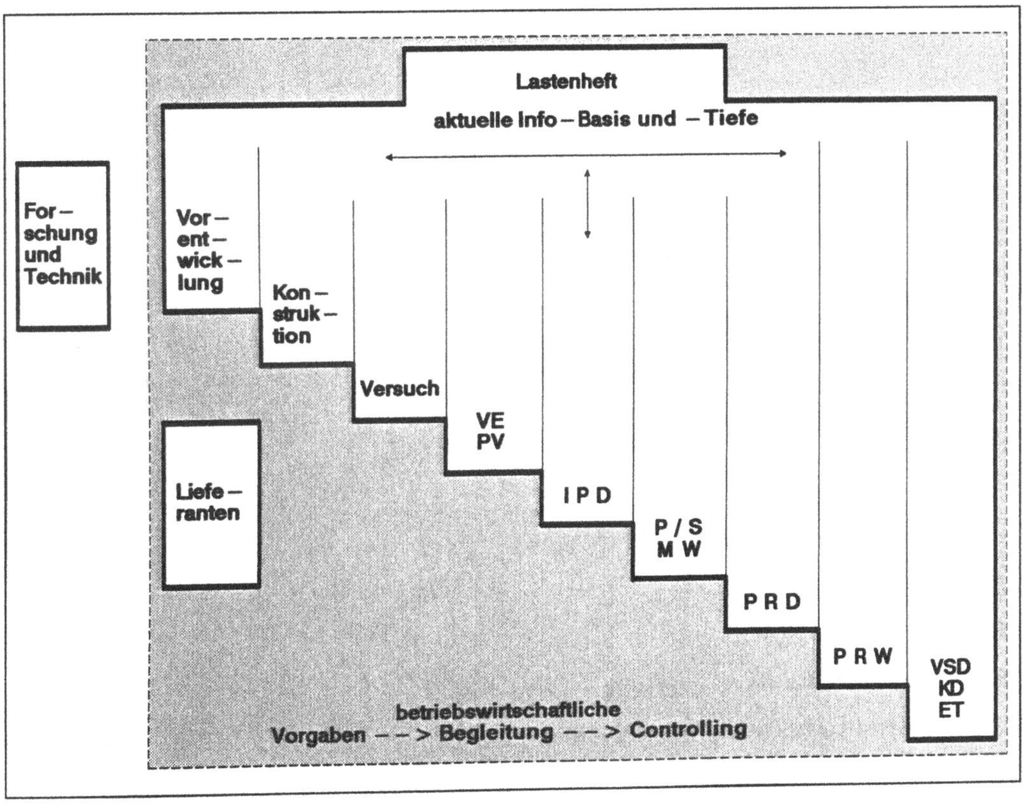

Bild 2 Integration 2. Grades (*)

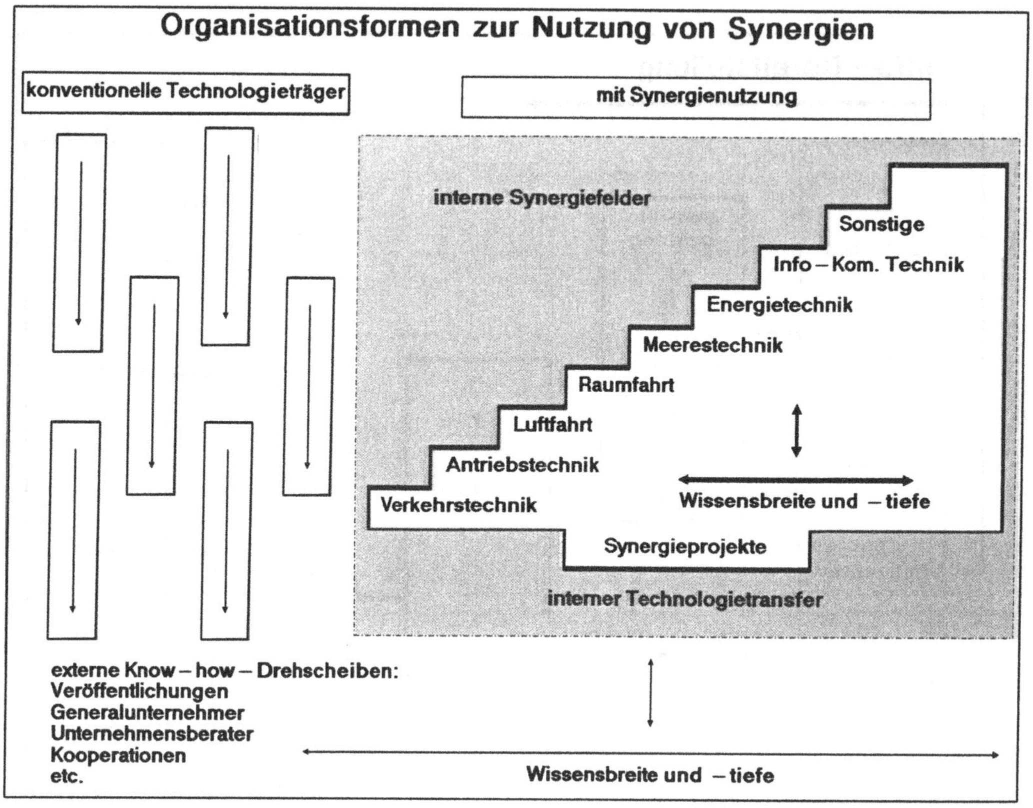

Bild 3 Integration 3. Grades

(*) Legende:

ET	->	Ersatzteillager
IPD	->	Indirekte Produktion und Dienstleistung
KD	->	Kundendienst
MW	->	Materialwirtschaft
PRD	->	Produktion
PRW	->	Prüfwesen
PS	->	Produktionssteuerung
PV	->	Produktionsvorbereitung
VE	->	Verfahrensentwicklung
VSD	->	Vertriebsdienste

MÜNCHENER KOLLOQUIUM '88

WETTBEWERBSVORTEILE DURCH INTEGRATION

IN PRODUKTIONSUNTERNEHMEN

24. UND 25. MÄRZ 1988

MÜNCHEN

CIM
AUCH IN
MITTELSTÄNDISCHEN UNTERNEHMEN

Dipl.-Ing. Berthold Leibinger

Trumpf GmbH & Co.

TECHNISCHE UNIVERSITÄT MÜNCHEN

INSTITUT FÜR WERKZEUGMASCHINEN

UND BETRIEBSWISSENSCHAFTEN

CIM
auch in mittelständischen Unternehmen

---

1. Einleitung
2. CIM
3. CIM im mittelständichen Unternehmen
4. Beispiele aus der Praxis
5. TRUMPF-Produkte für die flexible Fertigung
6. Schlußbetrachtung
7. Zusammenfassung

1. Einleitung

Die deutsche Werkzeugmaschinenindustrie beschäftigt ca. 95.000 Personen. 1987 hat sie rund DM 13 Milliarden umgesetzt. Die Industrie umfaßt ungefähr 400 Betriebe; die durchschnittliche Betriebsgröße liegt also bei 250 Mitarbeitern (*Bild 1*).

Dies ist jedoch keine Zahl, die nur statistische Bedeutung hat - in der Tat liegt das Schwergewicht dieser Industrie bei Betrieben dieser Größenordnung. Nur 12 Betriebe beschäftigen mehr als 1.000 Mitarbeiter.

Die Firma TRUMPF ist mit rund 2.200 Mitarbeitern und mit DM 460 Mio. Umsatz unter den 5 größten Werkzeugmaschinenherstellern in der Bundesrepublik Deutschland zu finden. Sie ist aber in der Struktur und aufgrund der Konzentration auf die Fertigung weniger Produkte ein mittelständisches Unternehmen.

Die Einfuhren in die Bundesrepublik Deutschland betrugen 1987 knapp DM 3 Mrd. Seit vielen Jahren ist die Schweiz der größte Importeur von Werkzeugmaschinen in die Bundesrepublik Deutschland (*Bild 2*). Rund ein Drittel unserer Binneneinfuhren entfallen auf dieses Land. Japan hat den zweiten Platz bei unseren Importeuren erreichen können, dicht gefolgt von den Italienern, die als Industrie in den letzten fünf Jahren einen deutlichen Aufschwung genommen haben.

Aus unserer Importstatistik könnte man schließen, daß die deutsche Werkzeugmaschinenindustrie vielleicht doch nicht so stark sei, wenn ein so hoher Prozentsatz importiert wird. Dabei ist aber anzumerken, daß die Spezialisierung bei uns außerordentlich weit geht, und daß z.B. im Schweizer Angebot Maschinen enthalten sind, die von der deutschen Werkzeugmaschinenindustrie traditionell nicht hergestellt werden.

Für die deutsche Industrie als Abnehmer der deutschen Werkzeugmaschinenindustrie ist es wichtig zu wissen, daß das Angebot hierzulande den höchsten technischen Anforderungen entspricht. Dabei geht es nicht nur um Genauigkeit und Vielseitigkeit der von uns angebotenen Maschinen, sondern auch um ihre Preiswürdigkeit.

Die Werkzeugmaschinenhersteller der Bundesrepublik Deutschland exportierten im vergangenen Jahr 55 % ihrer Produktion. Dies liegt um 3 - 5 Punkte unter dem langjährigen Durchschnitt. Der Rückgang im Export ist auf eine sehr gute Binnenkonjunktur zurückzuführen. Außerdem ist der Absatz in den USA bedingt durch die Wechselkurssituation für unsere Industrie deutlich zurückgegangen.

Daß es um unsere internationale Wettbewerbsfähigkeit dennoch gut steht, zeigt die Tatsache, daß die deutsche Industrie die japanische im Weltmarktanteil im Export 1985 wieder überholt hat (*Bild 3*). Wir sind also der größte Werkzeugmaschinenexporteur der Welt, was für jede Industrie unseres Landes eine beachtliche Leistung ist, wenn man die Größe der Bundesrepublik berücksichtigt.

Die Japaner sind unsere größten Konkurrenten. Dabei hat die japanische Industrie die Attacke auf den Weltmarkt mit zwei strategischen Grundgedanken geführt:

Erstens wurde konsequent auf die numerisch gesteuerte Maschine gesetzt, zweitens konzentrierte sich das Angebot auf wenige Standardmaschinen, die man in großen Stückzahlen und damit kostengünstig herstellte.

Die deutsche Werkzeugmaschinenindustrie kann sich dieser Herausforderung nur mit einem Angebot stellen, das vielseitiger ist, das die traditionelle Fähigkeit zur Erzeugung stabiler, hochgenauer Produkte ausnutzt und das gleichzeitig von den Möglichkeiten moderner Elektronik in vollem Umfang Gebrauch macht. Die größere Vielseitigkeit im Angebot und die mechanische Qualität kann nur erreicht werden, weil in den Betrieben einerseits eine Vielzahl gut ausgebildeter Facharbeiter vorhanden ist und weil andererseits neue Fertigungstechnologien den Bau kleiner und kleinster Serien in immer neuen Konfigurationen ermöglichen.

2. CIM

Die wichtigste Erfindung für die Werkzeugmaschinenindustrie in den letzten Jahrzehnten war die vor 30 Jahren erstmals verwirklichte numerische Steuerung. Begonnen wurde mit einer Mehr-Achsen-Fräsmaschine, die Teile für die amerikanische Luftwaffe ohne Vorrichtungen herstellen sollte. Die hohen Investitionen in feste Werkzeuge sollten reduziert und eine schnelle Anpassung an sich ändernde Waffensysteme ermöglicht werden. Der Gedanke der Flexibilität tauchte also schon am Anfang der numerischen Steuerung auf. Der Durchbruch der numerischen Steuerung gelang jedoch erst in den 70er Jahren, nachdem einfach formulierte Maschinenkonzepte für NC-Maschinen angeboten wurden.

Das NC-Bearbeitungszentrum verwirklichte erstmals überzeugend die automatische Bewegung und Führung des Werkstücks sowie die automatische Wahl des Werkzeugs.

Bei der Weiterentwicklung des Bearbeitungszentrums wurden Werkstückspeicher vorgesehen und Einrichtungen geschaffen, die einen automatischen Werkstückwechsel ermöglichten. Der vollautomatische Betrieb über einen längeren Zeiteraum wurde durch die so entstandene flexible Fertigungszelle möglich. Auch die Entkopplung von Mensch und Maschine ist mit der flexiblen Fertigungszelle weitgehend vollzogen worden.

Die Verknüpfung flexibler Bearbeitungszellen durch ein automatisiertes Materialflußsystem und der Einsatz eines Rechnersystems zur Verwaltung der Daten aus der Fertigungsplanung und -steuerung sowie zur Werkstück- und Werkzeugverwaltung führte schließlich zum flexiblen Fertigungssystem. In solch einem mehrstufigen komplexen Produktionssystem können unterschiedliche Werkstücke fast vollständig bearbeitet werden. Die verschiedenen Werkstücke können das System auf verschiedenen Pfaden und die einzelnen Stationen in frei wählbarer Reihenfolge durchlaufen.

Die Rechneranwendung bleibt in der letzten Stufe keinesfalls bei der Maschine und ihrer unmittelbaren Peripherie stehen. Die gesamte Struktur eines Betriebes wird durchdrungen. Es geht um die Steuerung ganzer Fabriken mit völlig flexibler Anpassung an den Marktbedarf bei gleichzeitig minimaler Bindung von Kapital in fertigen Erzeugnissen.

Die moderne Fabrik wird durch das CIM-Kreuz bestimmt, von der Konstruktion zur Fertigung und von der Angebotserstellung über die Qualitätskontrolle zur Auslieferung (*Bild 4*).

Vieles davon ist zum gegenwärtigen Zeitpunkt noch nicht durchgängig realisiert. Die ersten Schritte sind aber durchaus getan.

3. CIM im mittelständischen Unternehmen

Das Rückgrat der deutschen Industrie ist der mittelständische Betrieb.

Allein im Maschinenbau gibt es über 5000 Betriebe, die ein Exportvolumen von ungefähr DM 90 Mrd. erwirtschaften. Mehr als 50 % der Produktion des Maschinenbaus wird exportiert. In der Konkurrenzfähigkeit im Weltmarkt entscheidet sich also das wirtschaftliche Schicksal dieser Firmen. Der "Industriestandort Deutschland" - um eine aktuelle Terminologie anzuwenden - ist durch sehr hohe Kosten, keinesfalls nur durch sehr hohe Lohnkosten, geprägt. Wenn man die Summe aller Kosten, die für Unternehmen relevant sind, berücksichtigt, kann man ohne zu überziehen vom teuersten Produktionsstandort der Welt sprechen.

Dies verlangt auch von mittelständischen Unternehmen eine sehr große Produktvielfalt und rasche Veränderung. Flexibilität ist also - gerade auch in mittelständischen Unternehmen - das Gebot der Stunde. Die rechnergeführte Maschine und die vom Computer dirigierte Fabrik erfüllen die Forderungen nach Flexibilität, und dies ist auch in kleinem Rahmen realisierbar.

Für die Einführung der Rechnerintegrierten Fertigung gibt es kein allgemein gültiges, unmittelbar einsetzbares Konzept. Spätestens beim Versuch, die CIM-Idee in die Praxis umzusetzen, wird dies deutlich. Die Einführung muß in Stufen erfolgen. In erster Linie muß die Technologie beherrscht werden, d.h. die entsprechenden Kenntnisse in der Zerspantechnik, in der Programmierung und in der Organisation der Fertigungssteuerung sind notwendig.

In Unternehmen kleinerer und mittlerer Größe findet sich häufig eine "gewachsene Fertigung". D.h., es werden unterschiedliche Maschinentypen in unterschiedlichen Automatisierungsstufen, mit maschinenspezifischen Werkstückpaletten und mit unterschiedlichen Steuerungen eingesetzt. Die Kapitalkraft reicht in den meisten Fällen nich für den Aufbau einer völlig neuen Fabrik. Eine komplette Automatisierung der Fertigung wird also nicht sofort möglich sein. Die einzelnen Anlagen müssen zuerst in Bezug auf die Automatisierung auf einen einheitlichen Stand gebracht werden. Danach muß entschieden werden, welche Maschinen direkt an das Transportsystem, z.B. FTS, angegliedert werden können und welche Anpassungen dazu notwendig sind.

Ein weiteres Problem sind die unterschiedlichen Schnittstellen zum Leitrechnersystem, bedingt durch die verschiedenen Anlagensteuerungen.

Die Erfahrungen, die bei der Auseinandersetzung mit den genannten Problemen zwangsläufig gewonnen werden, fließen jedoch relativ schnell in die Planung für zukünftige Beschaffungen von Fertigungsanlagen ein.

Die Verbesserung oder Neuorganisation des Materialflusses und der Materiallagerung ist eine Forderung, die sich fast zwangsläufig bei der Planung der CIM-Struktur ergibt.

Darüberhinaus müssen natürlich gezielte Modifikationen der Ablauforganisation vorgenommen werden. Die Informationsverarbeitung muß mit einem PPS-System in Verbindung mit anderen CA-Techniken den Bedürfnissen der rechnergesteuerten Fertigung angepaßt werden. Dies erfordert im allgemeinen eine meist EDV-gestützte Verbesserung und Rationalisierung der Gesamtauftragsabwicklung.

Die Einführung der rechnerintegrierten Fertigung ist verbunden mit hohen Investitionen und einem großen zeitlichen Aufwand. Daneben ergeben sich völlig neue Anforderungen an das betriebliche Umfeld solcher Systeme. Die Betriebsorganisation und die Qualifikation der mit diesen Systemen beschäftigten Mitarbeiter müssen den neuen Anforderungen angepaßt werden.

Die Änderung in der Organisation ist in einem mittelständischen Unternehmen wohl leichter durchzuführen, als in Großunternehmen mit meist eingefahrenen komplizierten Strukturen. Zumindest ist die Anpassung überschaubarer, die Definition der Aufgaben einfacher.

Es ist unbestritten, daß besonders im süddeutschen Raum ein Mangel an Fachkräften herrscht. Ein Schwerpunkt der Unternehmenspolitik muß deshalb heute die Berufsausbildung und die Weiterbildung im Betrieb sein.

Bei TRUMPF ist die Anzahl der Auszubildenden sowohl im gewerblichen als auch im Angestelltenbereich parallel zum Umsatz und zur Mitarbeiterzahl gestiegen.

Daneben hat sich das "Dominoprinzip" in der Weiterbildung der Mitarbeiter bewährt. Unter diesem Begriff versteht man die Höherqualifizierung auf allen Ebenen des Unternehmens. Durch inner- und außerbetriebliche Schulung wird zum Beispiel ein Maschinenbediener zum Programmierer ausgebildet, wodurch wiederum einem Programmierer ermöglicht wird, eine höhere Qualifikation zu erlangen. Die Forderung nach Höherqualifikation wirkt sich aber auch auf die Personalstruktur aus. So stieg bei TRUMPF in Deutschland in den vergangenen 10 Jahren die Anzahl der gewerblichen Mitarbeiter um 77 %, die der Angestellten dagegen um 143 %.

Wie bereits oben angesprochen, ist die Einführung des CIM-Gedankens mit hohen Investitionen verbunden. Hier stellt sich automatisch die Frage nach der Wirtschaftlichkeit solcher komplexen Systeme. Die Methoden und Philosophien, mit denen bisher Einzelmaschinen oder Einzelsysteme bewertet wurden, können und dürfen bei flexiblen Fertigungssystemen nicht angewendet werden. Die Anlagen sind auf Flexibilität und somit auf eine langfristige Nutzung ausgelegt, so daß eine Bewertung ausschließlich nach der Amortisationszeit nicht mehr genügt. Es müssen neue Bewertungsverfahren entwickelt werden, die neben den Kosten für Installation, Peripherie, Schulung auch nicht quantifizierbare Einflußgrößen berücksichtigen. Vorteile wie Reduzierung der Durchlaufzeiten und damit Fertigungskosten, Verringerung der Lagerbestände aufgrund der verbesserten termingerechten Lieferbereitschaft und eine Verbesserung der Qualität müssen in die Wirtschaftlichkeitsrechnung einfließen. Der entscheidende Faktor aber ist der Wettbewerbsvorteil am Markt, der durch die rasche Einführung neuer Produkte erlangt werden kann.

4. Beispiele aus der Praxis

Vor 50 Jahren herrschte in unseren Fabriken meist eine beängstigende Enge und ein optisches Chaos (*Bild 5*). Jeder Arbeitstakt an jeder Maschine wurde unmittelbar durch den Menschen ausgelöst oder ausgeführt.

Heute ist die Fabrik vor allem in der zweiten und in der dritten Schicht fast menschenleer (*Bild 6*).

In der spanenden Fertigung bei TRUMPF werden rund 18.000 verschiedene Teile hergestellt. 90 % der eingesetzten Maschinen sind NC-Maschinen. Gefertigt wird in 3 Schichten. In der dritten Schicht arbeiten 12 ganz unterschiedliche Maschinensysteme vom Drehen und Fräsen bis zum Außen- und Innenrundschleifen vollautomatisch, wobei nur zwei Mitarbeiter, die weitgehend Überwachungsfunktionen ausüben, anwesend sind.

Die Einführung der flexiblen Fertigung im Dreischichtbetrieb erforderte die Hinwendung zur NC-Maschine. Die Altersstruktur der eingesetzten Werkzeugmaschinen zeigt, daß fast die Hälfte der Anlagen nicht älter als drei Jahre ist (*Bild 7*). Ein wichtiger Grund für diese günstige Struktur ist das starke Wachstum in den vergangenen Jahren, das zur Modernisierung der Fertigung zwingt, damit gleichzeitig die Wettbewerbsfähigkeit erhalten bleibt.

In der Fertigungshalle, also in unmittelbarer Nähe der Bearbeitungszentren, befindet sich ein Hochregallager mit einer Kapazität von 310 Fächern (*Bild 8*). Das Lagergut besteht aus Rohlingen und teilbearbeiteten Werkstücken für die spanende Fertigung. Es muß noch betont werden, daß es sich hierbei schon um auftragsbezogen eingelagerte Teile handelt.

Die Verweildauer beträgt heute insgesamt durchschnittlich 10 Tage pro Teil, nach der vollständigen Realisierung des CIM-Konzeptes soll die Verweilzeit nicht mehr als drei Tage betragen. Das Hochregallager hat 2 Einlagerstationen und 2 Stationen zur automatischen Übergabe der Paletten an die fahrerlosen Transportsysteme. Vor dem Lager befinden sich 14 Bereitstellplätze, auf denen die Maschinenpaletten für die Bearbeitungszentren gerüstet und bereitgestellt werden. Durch diese Einrichtung konnte bei einigen der Fertigungszentren auf die großen und teuren Palettenbahnhöfe verzichtet werden. Diese Fertigungszellen sind lediglich mit einem Palettenwechsler mit drei Stationen versehen, auf denen das nächste zu bearbeitende Werkstück vorgelagert und das fertige Teil zur Abholung bereitgestellt wird, während die Maschine ein drittes Teil bearbeitet. Die eingesparte Fläche kann für weitere Fertigungsanlagen genutzt werden. Gleichzeitig ermöglicht die Bereitstellung vor dem Lager, die Einführung von "Störstrategien". Bei Ausfall eines Bearbeitungszentrums muß nicht erst der Palettenbahnhof abgeräumt werden, die Werkstückpaletten können von der Bereitstellstation von dem Lager aus umgeleitet werden. Das Lager ist mit einer eigenen Steuerung versehen. Die Anwahl der Lagerfächer erfolgt zur Zeit noch manuell. Der Ablauf der Ein- und Auslagerung ist automatisiert. Über eine Schnittstelle wird die Lagerverwaltung in Zukunft durch einen übergeordneten Materialflußrechner erfolgen.

Mit Hilfe des zentralen Lagers wurden die Transportwege und -zeiten wesentlich reduziert und die Zwischenlagerung nahe am Fertigungsort ermöglicht.

Der Materialtransport in der Fertigung wird von zwei fahrerlosen Transportsystemen ausgeführt (*Bild 9*). Eines der Fahrzeuge ist speziell für die Aufnahme der Werkstückpaletten konzipiert. Da in der spanenden Fertigung bei TRUMPF Maschinen verschiedener Hersteller und somit unterschiedliche Werkstückträger eingesetzt werden, war die Auswahl des Fahrzeugs nicht unproblematisch. Es mußte schließlich ein Gerät entwickelt werden, das vier unterschiedliche Werkstückpaletten aufnehmen und sich der Übergabehöhe der verschiedenen Bearbeitungszentren anpassen konnte. Die Sonderausführung ist ca. viermal so teuer wie das Standardfahrzeug.

Eine der im CIM-Konzept integrierten Anlagen ist ein flexibles Fertigungssystem der Fa. Deckel (*Bild 10*). Dies ist übrigens unser ältestes Fertigungssystem - es ist seit 1980 im Einsatz. Das System besteht aus 2 Bearbeitungszentren, einem Palettenbahnhof für 20 Paletten und zwei Waschstationen. 70 verschiedene Werkstücke werden im 3-Schichtbetrieb gefertigt. Die Losgrößen betragen 5 - 50 Teile, 60 - 80 Werkstücke werden pro Tag bearbeitet. Der für diese Anlage zuständige Bediener betreut noch weitere Maschinen.

Die Rohlinge werden auf Lagerpaletten angeliefert und an einem dem System angegliederten Rüstplatz auf den Werkstückträger gespannt. Danach wird die Werkstückpalette vom Palettenspeicher übernommen. Auf diesem Fertigungssystem kann eine interne Störstrategie gefahren werden, indem die Bearbeitung der Werkstücke automatisch von der zweiten Maschine übernommen wird oder indem andere Werkstücke vorgezogen werden. Die Durchlaufzeit konnte durch die Umstellung von konventioneller Fertigung auf das Bearbeitungszentrum um 30 - 40 % reduziert werden. Der Einführungsaufwand betrug ca. 1 Mannjahr. Zur Zeit wird die informationstechnische Anbindung an den Leitrechner realisiert.

Daß nicht nur Fertigungseinrichtungen zur spanenden Bearbeitung wie Drehen, Bohren und Fräsen zu flexiblen Systemen ausgebaut werden können, zeigt das Beispiel der flexiblen Schleifzelle (*Bild 11*).

Diese Anlage wird zum Innenrundschleifen von präzisen Rotations- und kubischen Werkstücken eingesetzt. Insgesamt können 20 - 30 unterschiedliche Teile in Losgrößen von 200 - 300 Stück gefertigt werden.

Ein Industrieroboter übernimmt die Umrüstarbeiten, wie z.B. Schleifradwechsel, die vor der Fertigung einer neuen Teileserie notwendig sind.

Während der Bearbeitung einer Serie wird der Werkstückwechsel vom Industrieroboter ausgeführt, der mit einem Doppelgreifer, anpaßbar an unterschiedliche Werkstückdurchmesser, ausgerüstet ist. Die entnommenen Werkstücke werden automatisch an eine Meßstation übergeben und, nach Gutteil b.z.w. Ausschuß sortiert, abgelegt. Die Meßergebnisse werden zusätzlich protokolliert. Das Umsetzen der abgearbeiteten Werkstückpaletten wird ebenfalls vom Industrieroboter ausgeführt.

Bedingt durch den dreischichtigen Einsatz der Schleifzelle und aufgrund des hohen Automatisierungsgrades konnte die Durchlaufzeit der Werkstücke reduziert bzw. die umlaufende Ware verringert werden.

Die mehrfach angesprochene Rechnersteuerung der kompletten spanenden Fertigung wird momentan, in Einzelschritten aufbauend, eingeführt (*Bild 12*). Von der Planungsebene, bestehend aus dem PPS-System und dem Rechnersystem für die Programmierung, werden dem Leitrechner der spanenden Fertigung die benötigten Daten, z.B. Fertigungsplan und NC-Programme, zur Verfügung gestellt. Der Fertigungsleitrechner wiederum übernimmt die Koordinierung von drei Bereichen:

Zum einen die Werkzeugverwaltung, die über ein eigenes Rechnersystem abgewickelt wird - die Zustandsdaten der wichtigsten Werkzeuge können hier jederzeit abgerufen werden.

Der zweite Bereich beinhaltet die Lagerverwaltung und die Materialflußsteuerung, die ebenfalls über ein eigenes Rechnersystem abgewickelt wird.

Der dritte und größte Bereich umfaßt die einzelnen Maschinen und Systeme der Fertigung. Einige der Anlagen werden von Zellenrechnern gesteuert, die wiederum mit dem Fertigungsleitrechner verbunden sind.

Vom Fertigungsleitrechner werden die Daten der drei Bereiche verarbeitet und in die Planungsebene zurückgemeldet sowie die Bereitstellung des Materials bzw. der Werkzeuge, der Materialfluß und die Maschinenbelegung koordiniert.

Für den Bereich der Blechteilefertigung ist die rechnergesteuerte Fertigung bereits realisiert worden (*Bild 13*). In der Blechfertigung werden u.a. zwei vollautomatische CNC-Blechbearbeitungszentren eingesetzt, die mit automatischen Be- und Entladeeinrichtungen ausgerüstet sind. Bei den beiden Anlagen handelt es sich um Maschinen, bei denen die Stanztechnik mit der thermischen Schneidtechnik, also Laser- bzw. Plasmabearbeitung, kombiniert ist.

Neben diesen beiden Systemen besteht die Blechfertigung aus einer CNC-Stanz- und Nibbelmaschine sowie weiteren Bearbeitungsstationen wie Richtmaschine, Entgratmaschine, Abkantpresse, Roboter-Schweiß-Platz und Handschweißplätzen. 40 Mitarbeiter arbeiten zum Teil im Zweischichtbetrieb, während die beiden Bearbeitungszentren dreischichtig betrieben werden. 3.500 verschiedene Werkstücke in Losgrößen von durchschnittlich 30 Stück werden gefertigt. Der Blechumsatz beträgt ca. 1.000 Tonnen pro Jahr.

Um auch in diesem Bereich ein ablauforganisatorisches Optimum zu erreichen, wird der Leitrechner eingesetzt. Er schafft die informationstechnische Verbindung zwischen dem Produktionsplanungs- und -steuerungssystem sowie dem Entwicklungssystem für die NC-Programme und den Fertigungseinrichtungen.

Für die Fertigung der Blechteile übernimmt das Leitsystem täglich die Aufträge vom PPS-System und steuert ihre termingerechte Freigabe für jede Bearbeitungsstation. Die Zuordnung der Aufträge zu den Maschinen erfolgt in optimaler Reihenfolge nach dem Kriterium minimaler Rüstzeiten.

Vom Leitrechner werden die Materialentnahmen aus dem Hochregallager ausgelöst (*Bild 14*). Die Transportzyklen werden über die Materialflußsteuerung generiert und die Bestandsdaten des Lagers durch den zugehörigen Verwaltungsrechner fortgeschrieben. Der Transport des Materials erfolgt mit Hilfe eines fahrerlosen Transportsystems.

Nach Abschluß der vorbereitenden Maßnahmen wird bei den vollautomatisierten TRUMATIC-Zentren die Bearbeitung automatisch gestartet (*Bild 15*). Die Beladung der Anlagen sowie die Entnahme der Teile erfolgt wie bereits erwähnt ebenfalls automatisch. Bei den übrigen Arbeitsstationen ruft der Maschinenbediener am BDE-Terminal das benötigte NC-Programm vom Leitrechner ab.

Die Ablaufsteuerung des Fertigungsleitsystems erfaßt Betriebsdaten wie Bearbeitungszeit, gefertigte Menge, Beginn und Ende der Auftragsbearbeitung. An den herkömmlichen Arbeitsplätzen werden diese Informationen über BDE-Terminals eingegeben. Aufgrund der Fertigungsmeldungen für die einzelnen Aufträge und aufgrund der entsprechenden Rückmeldungen an das PPS-System wird dort die Auftragsplanung aktualisiert. Die bisherigen praktischen Erfahrungen mit der rechnergesteuerten spanenden Fertigung und der rechnergesteuerten Blechteilefertigung haben die prognostizierten Vorteile wie höhere Verfügbarkeit, Verringerung der Durchlaufzeit, höhere Termintreue, geringere Materialbestände und bessere Anlagennutzung bestätigt.

5. TRUMPF-Produkte für die flexible Fertigung

Die Erfahrungen aus dem Einsatz der flexiblen Fertigung werden auf die eigenen Produkte übertragen und umgekehrt.

Grundbausteine sind CNC-Stanz- und Nibbelmaschinen. Sie sind zur Erweiterung der Flexibilität mit einer dritten Achse, d.h. mit einer drehbaren Werkzeugaufnahme versehen, so daß Formwerkzeuge in jeder beliebigen Winkellage eingesetzt werden können (*Bild 16*). Zusätzlich ist der Anbau von Laser- oder Plasmaschneideinrichtungen möglich, wodurch die Stanztechnik durch ein flexibles Werkzeug - für das Ausschneiden von komplizierten Konturen ohne Umrüstaufwand - ergänzt wird.

Die Erweiterung mit automatischem Werkzeugwechsler bzw. Werkzeughandhabungssystem für bis zu 200 Werkzeuge sowie mit automatischen Be- und Entladesystemen führt zur flexiblen Fertigungszelle (*Bild 17*). Der Anbau eines Kompaktlagers für die Lagerung von Blechtafeln direkt an der Maschine ermöglicht schließlich einen mehrschichtigen, mannarmen Einsatz des Bearbeitungszentrums (*Bild 18*).

Die Anbindung mehrerer Blechbearbeitungszentren an ein Regallager mit Hilfe fahrerloser Transportsysteme und die Installation der Leittechnik führt schließlich zum flexiblen Fertigungssystem (*Bild 19*).

Ein Werkzeug, das in den nächsten Jahren nicht nur die Flexibilität von Stanz- und Nibbelmaschinen, sondern auch die von Maschinen zur spanenden Fertigung beeinflussen wird, ist der Laserstrahl. Er kann außer zum Schneiden von Werkstoffen auch zur Oberflächenbehandlung und zum Schweißen eingesetzt werden. Es ergeben sich eine Vielzahl von Möglichkeiten zum kombinierten Einsatz von Werkzeugmaschinen, so daß Komplettbearbeitungen, z.B. spanende Bearbeitung und Härten, sowie eventuell Schweißen, auf <u>einer</u> Maschine in <u>einer</u> Aufspannung durchgeführt werden können (*Bild 21 und 22*). Das flexible Werkzeug Laser bringt uns der Realisierung der vollständig flexiblen Fertigungsanlage einen Schritt näher.

Die Laserresonatoren der neuen Generation sind dem Einsatz in der Industrie gewachsen und sehr zuverlässig (*Bild 22*). Der Trend zu kleinbauenden, leistungsstarken, aber auch billigeren Einheiten ist erkennbar.

6. Schlußbetrachtung

Die rechnergesteuerte, flexible Fertigung kann nicht innerhalb von Wochen oder Monaten und nicht ohne Kosten realisiert werden. Mit Hilfe dieser neuen Technologie ist es jedoch möglich, schnell und flexibel auf die Anforderungen des Kunden zu reagieren und gleichzeitig die Fertigungskosten gering zu halten. Deshalb ist CIM eine Möglichkeit für die mittelständische Industrie, die Wettbewerbsfähigkeit auf dem Weltmarkt zu erhalten.

Die Werkzeugmaschinenindustrie wird eine wichtige Führungsrolle bei der Optimierung des Fertigungsbereiches übernehmen. Nur aus den Erfahrungen der Fertigungstechnologie heraus können die Anregungen für die Organisationsstruktur der Produktion kommen. Die Hard- und Softwarehersteller sind dann aufgerufen, die entsprechenden Systeme für die Umsetzung der Konzepte zu entwickeln.

Die Auseinandersetzung mit neuen Technologien und deren Integration ist dabei ebenfalls wichtig, um nicht heute schon die veralteten Anlagen von Morgen zu produzieren, denn die Entwicklung des CIM-Konzepts ist noch nicht abgeschlossen.

7. Zusammenfassung

Der deutschen Werkzeugmaschinenindustrie ist es in den vergangenen Jahren gelungen, ihre Stellung auf dem Weltmarkt gegen die massiven Angriffe der fernöstlichen Industrienationen zu behaupten. Einer der Wege zu diesem Erfolg ist der Einsatz modernster Fertigungstechnologie, die es erlaubt, schnell und flexibel auf die Anforderungen des Kunden zu reagieren. Dies betrifft vor allem mittelständische Unternehmen, die meist nur kleine Serien oder Sonderprodukte herstellen. Eine Diskussion des Themas "Fertigungsautomatisierung" ist ohne das Stichwort CIM heute nicht mehr denkbar. Unter den gegebenen Umständen ist es jedoch falsch, wenn man davon ausgeht, daß diese neue Technologie nur den Großunternehmen vorbehalten ist.

Daß für die Einführung von CIM kein allgemein gültiges, unmittelbar einsetzbares Konzept existiert, wird spätestens beim Versuch, die CIM-Idee in die Fertigungspraxis umzusetzen, deutlich. Die Erfahrungen in einem mittelständischen Unternehmen zeigen, daß die Einführung nur stufenweise erfolgen kann. Vorrangig ist die Lösung von Einzelproblemen und die Beherrschung der Technologie.

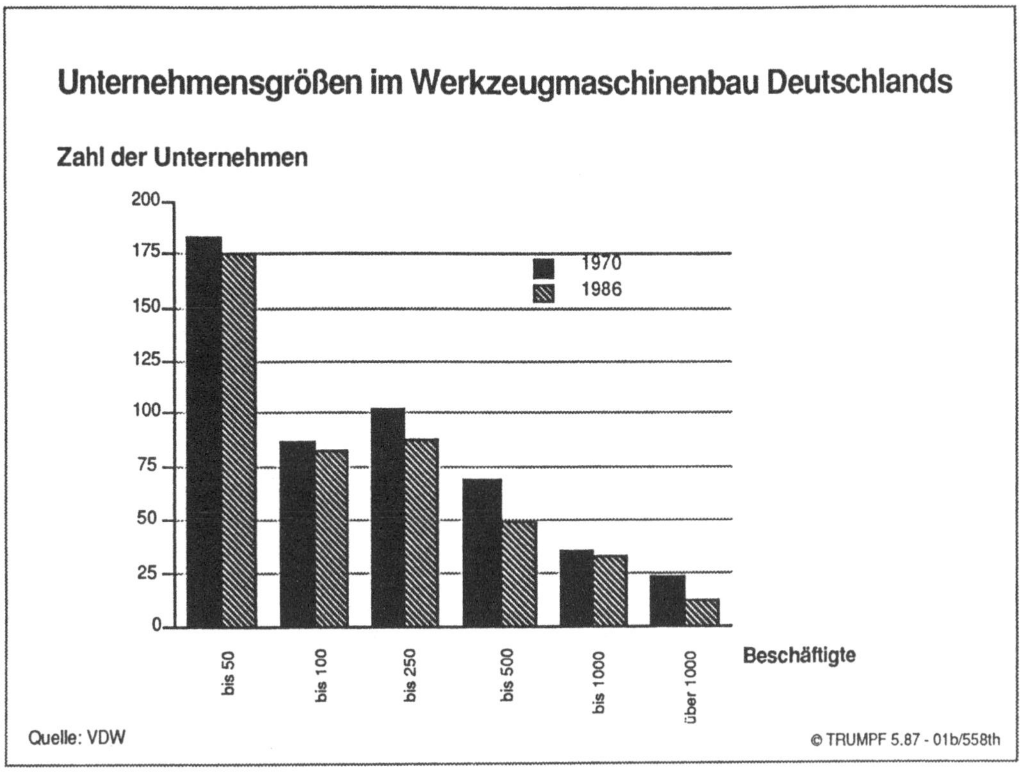

Bild 1 Unternehmensgrößen im Werkzeugmaschinenbau Deutschlands

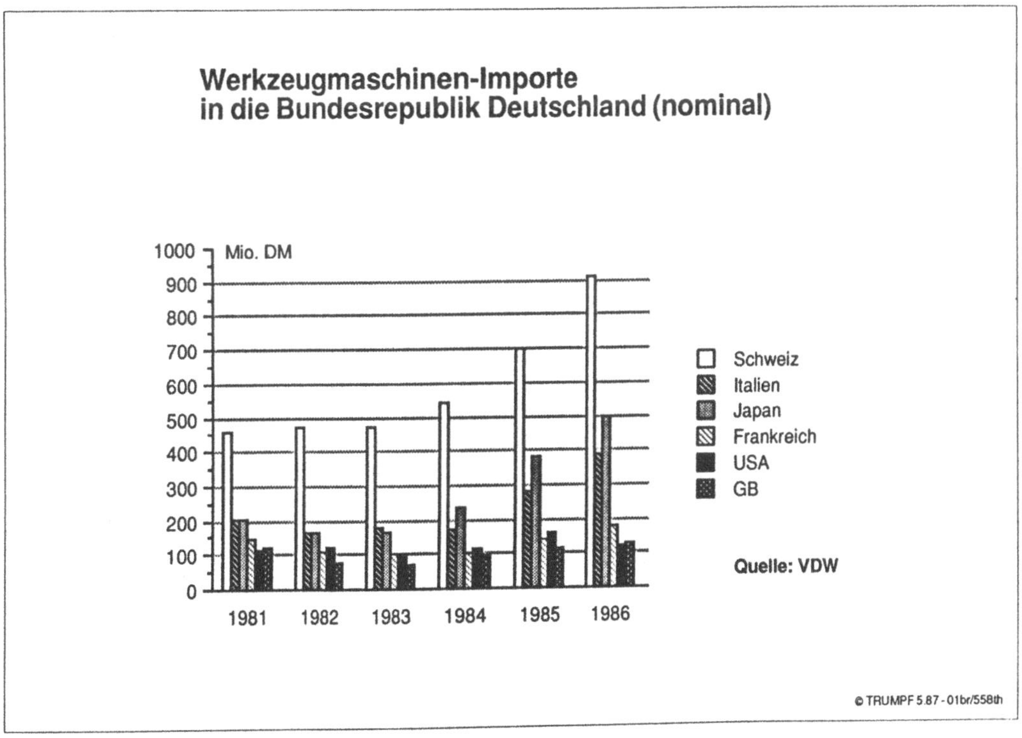

Bild 2 Werkzeugmaschinen-Importe in die Bundesrepublik (nominal)

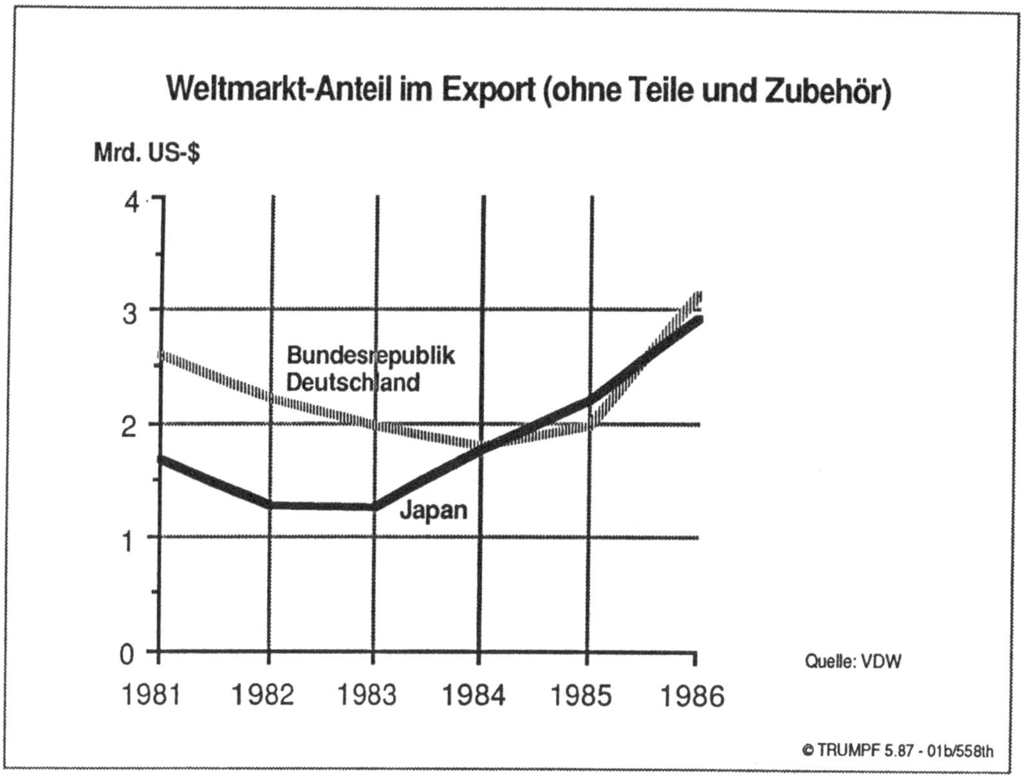

Bild 3 Weltmarkt-Anteil im Export (ohne Teile und Zubehör)

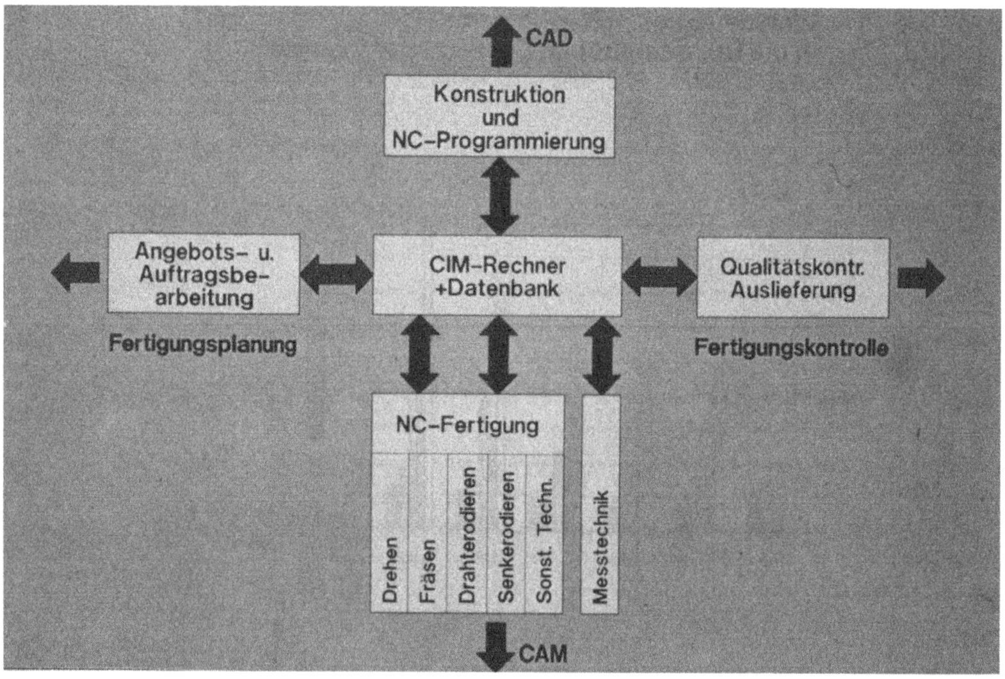

Bild 4 CIM-Kreuz

Bild 5 Fertigung vor 50 Jahren

Bild 6 Fertigung heute

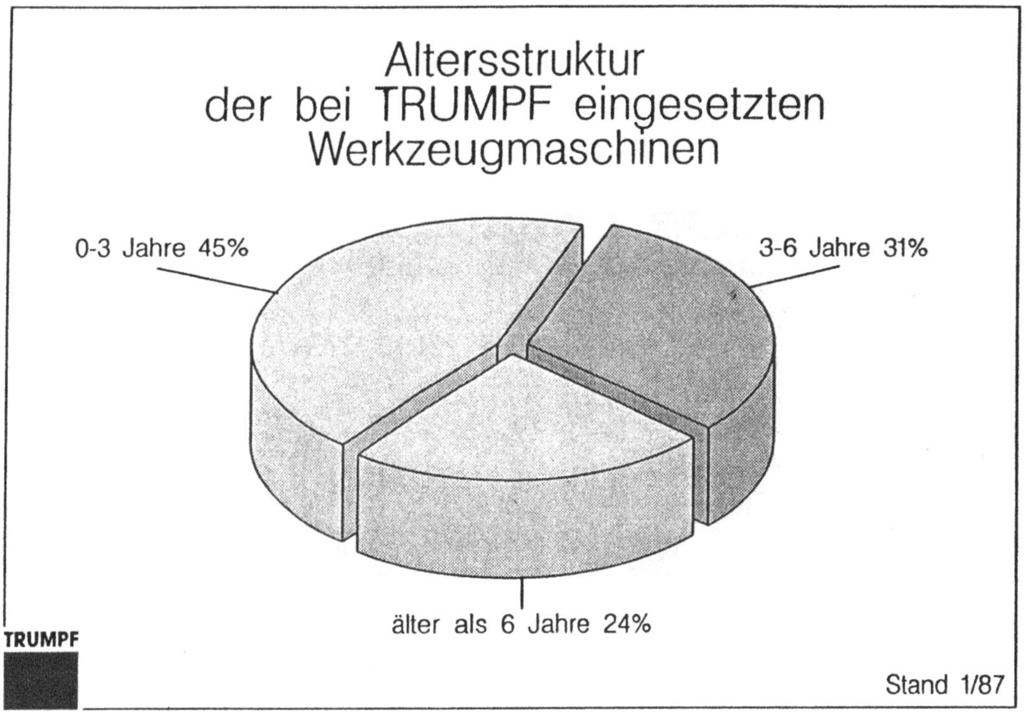

Bild 7 Altersstruktur der bei TRUMPF eingesetzten Maschinen

Bild 8 Hochregallager

Bild 9 Fahrerloses Transport-System

Bild 10 Flexibles Fertigungssystem

Bild 11 Flexible Schleifzelle

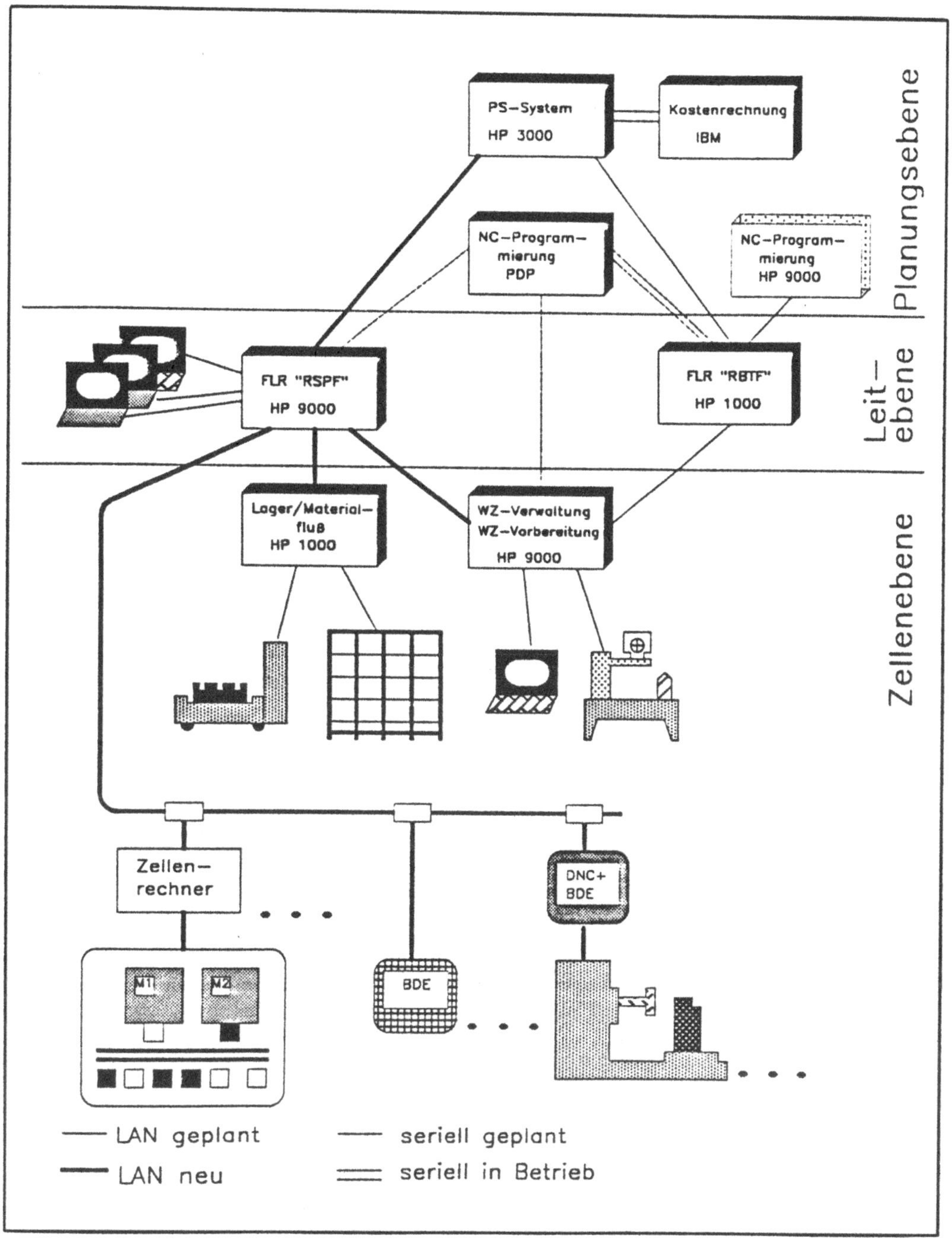

Bild 12 System-Konfiguration "rechnergesteuerte spanende Fertigung"

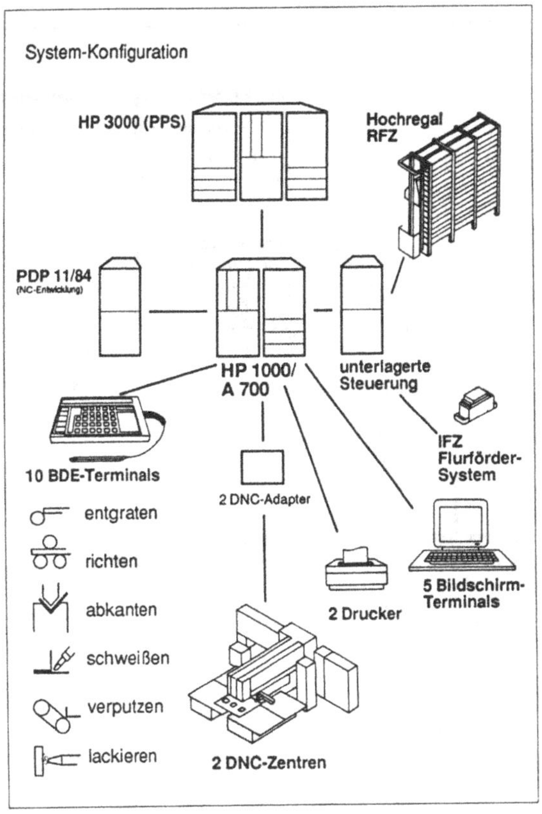

Bild 13 System–Konfiguration "rechnergesteuerte Blechteile–Fertigung"

Bild 14 Hochregal–Lager

Bild 15 Vollautomatische Blechbearbeitungszentren

Bild 16 Einsatz des drehbaren Werkzeugs

Bild 17 Werkzeughandhabungs-System

Bild 18 Flexible Fertigungszelle für die Blechbearbeitung

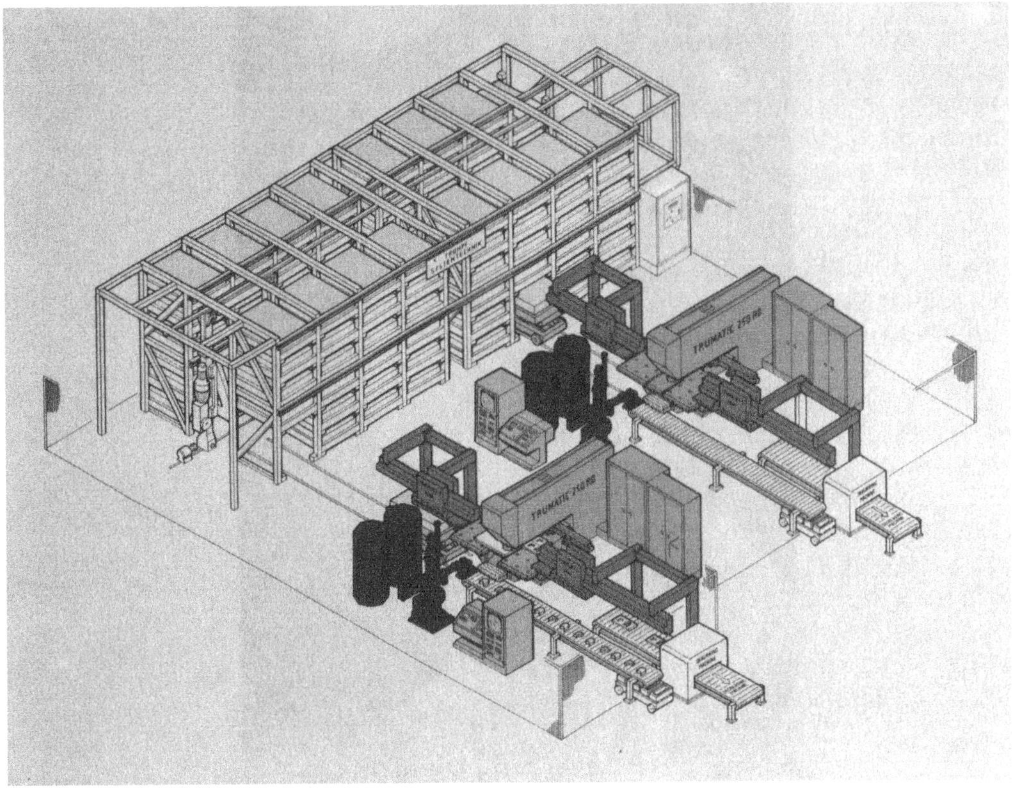

Bild 19 Flexibles Fertigungssystem (CIM)

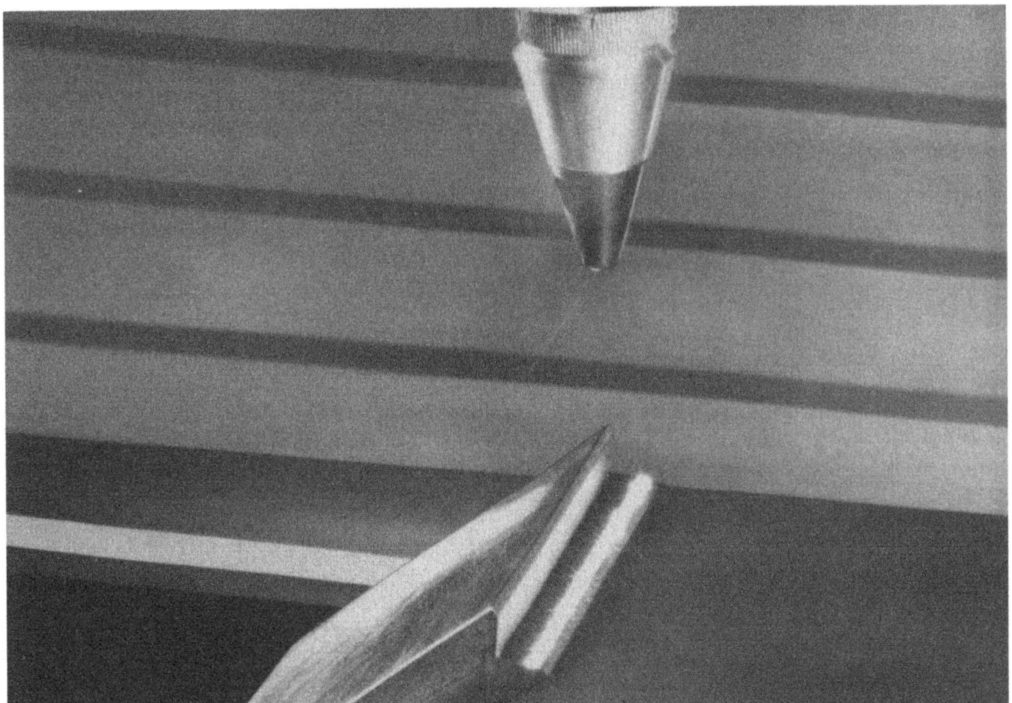

Bild 20 Laser–Härten

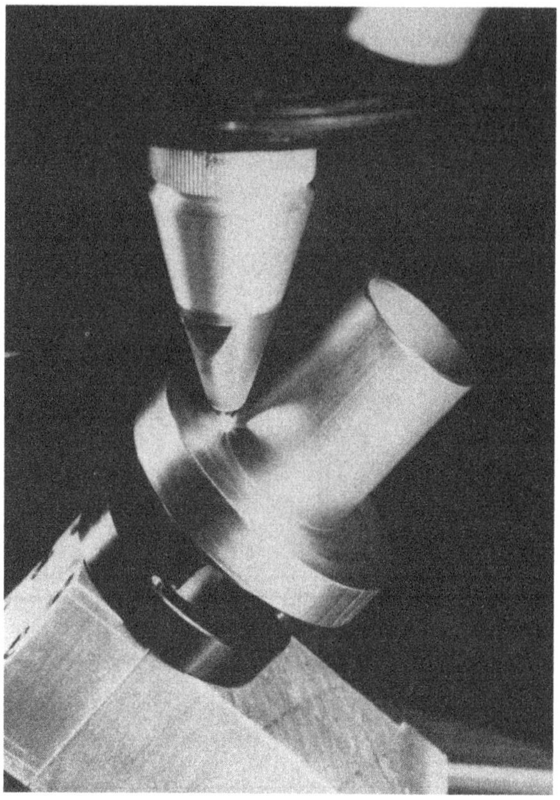

Bild 21 Laser-Schweißen

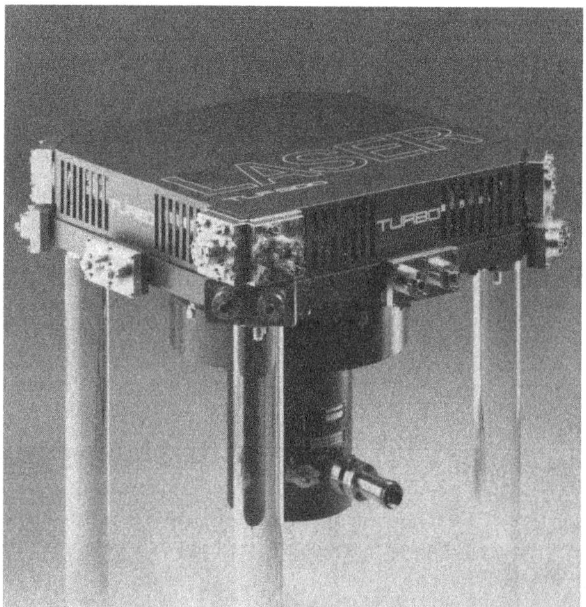

Bild 22 Laser-Resonator, 500 Watt

MÜNCHENER KOLLOQUIUM '88
WETTBEWERBSVORTEILE DURCH INTEGRATION
IN PRODUKTIONSUNTERNEHMEN
24. UND 25. MÄRZ 1988
MÜNCHEN

WETTBEWERBSVORTEILE DURCH INTEGRATION IM UNTERNEHMEN

Prof. Dr.-Ing. Hans-Jürgen Warnecke
Universität Stuttgart

TECHNISCHE UNIVERSITÄT MÜNCHEN
INSTITUT FÜR WERKZEUGMASCHINEN
UND BETRIEBSWISSENSCHAFTEN

Wettbewerbsvorteile durch Integration im Unternehmen

In den drei Vorträgen dieses Halbtags war die Rede von Strategien zur Erhaltung der Wettbewerbsfähigkeit, von der schrittweisen Verwirklichung von CIM-Konzepten auch in mittelständischen Unternehmen und den neuen Anforderungen an die Unternehmensorganisation aufgrund des Einsatzes der neuen Informationstechnologien.

Wir wollen versuchen den "roten Faden" aufzuzeigen, der sich durch diese drei Beiträge zieht und die sich daraus ergebende Botschaft abzuleiten.

- Die Wettbewerbsfähigkeit der Bundesrepublik Deutschland auf dem Weltmarkt ist momentan noch zufriedenstellend. Es bedarf jedoch ständiger Anstrengungen um den augenblicklichen Marktanteil zu halten, vor allem weil in Südostasien neue Konkurrenten in atemberaubender Geschwindigkeit große Produktionskapazitäten aufbauen und damit in den nächsten Jahren verstärkt auf den Weltmarkt drängen werden.

- Der Bundesrepublik Deutschland bleibt in Anbetracht dieser Situation - auch und gerade bei 2,5 Millionen Arbeitslosen - nur die "Flucht nach vorne", daß heißt zu erhöhter Produktivität und verbesserter Wirtschaftlichkeit. Nur so können die extrem hohen Produktionskosten des Industriestandortes Deutschland wenigstens teilweise wieder ausgeglichen und die vorhandenen Arbeitsplätze gesichert werden.

- Die Entwicklung auf dem Gebiet der Informationstechnologie bieten den Unternehmen vielfältige Rationalisierungsmöglichkeiten, die sich unter dem Schlagwort CIM zusammenfassen lassen.

- CIM-Konzepte lassen sich sowohl in großen, als auch in mittelständischen Unternehmen verwirklichen. Die Einführungsstrategien müssen allerdings an das jeweilige Unternehmen angepaßt sein. Allen Strategien gemeinsam ist die schrittweise Einführung; die Definition der sinnvollen Schrittlänge muß vom bzw. für das jeweilige Unternehmen erarbeitet werden. Die katastrophalen Rückschläge die General Motors in den USA erlitt, bei dem Versuch CIM auf einen Schlag zu verwirklichen, sind Warnung genug, und das geschah trotz nahezu unbegrenzter finanzieller Möglichkeiten.

- CIM ist nur zu einem Teil ein technologisches Problem. Viel wichtiger noch ist die damit verbundene organisatorische Komponente. Die CIM-gerechte Umstrukturierung des Unternehmens hat nach Ansicht vieler Unternehmen zu größeren Einsparungen geführt, als die anschließende technische Umsetzung eines CIM-Teilprojektes. Die Umstrukturierung der Organisation kann nur in Teilschritten über Jahre hinweg erfolgen. Daher sollen auch Unternehmen, denen noch die Liquidität zur Realisierung von CIM-Bausteinen fehlt, die organisatorische Vorbereitung eines CIM-Konzeptes im Auge behalten.

- Die wichtigsten Voraussetzungen zur Umstrukturierung des Unternehmens sind qualifizierte Mitarbeiter, die darauf vorbereitet sind, zusätzliche Verantwortung zu übernehmen und gleichzeitig den Umgang mit den neuen Technologien beherrschen. Schulungsmaßnahmen sollten daher nicht mehr als notwendiges Übel, sondern als Investition zur Steigerung der Produktivität betrachtet werden. Der Aufbau eigener Fortbildungskapazitäten ist in diesem Zusammenhang nicht nur für Großunternehmen sinnvoll.

- Für die Umstrukturierung der Unternehmensorganisation gibt es keine fertigen Lösungen. Dennoch zeichnen sich bei Unternehmen, die dabei sind CIM zu verwirklichen, gewisse Trends ab, die wohl auf alle Unternehmen übertragbar sind. Diese Trends können daher gewissermaßen als Prüfstein dienen, für jeden der organisatorische Änderungen plant.

Diese vier Leitlinien lassen sich wie folgt zusammenfassen, *Bild 1*:

- Vereinfachen von Produktionsstrukturen, sowie containerisierten Materialfluß für wirtschaftliche Automatisierung.

- Reduzieren von Informationsmengen durch beherrschte Abläufe und Prozesse zum Senken von Zugriffszeit und DV-Kapazität.

- Dezentralisieren von Informationen, Entscheidungen und Verantwortung für beherrschbare und schnelle Regelkreise zum Steigern von Verfügbarkeit und Reaktionsgeschwindigkeit.

- Integrieren von Aufgaben und Funktionen für ganzheitliche Lösungen zum Senken von Schnittstellen und Gemeinkosten.

Die eben genannten Entwicklungen ermöglichen bzw. bewirken ein stärkeres Zusammenwachsen aller Unternehmensbereiche im Sinne der von Herrn Niefer angesprochenen, dreistufigen Integration. Ein weitergehenderes Ziel ist die Einbindung der Zulieferer und der Kunden in die Informationsstruktur des Unternehmens. Durch die Verbesserung der Informationsaufbereitung und -weitergabe werden schnellere Reaktionen auf Veränderungen und Störungen aller Art möglich. So wird das Unternehmen flexibler, termintreuer und damit wettbewerbsfähiger.

Ein Problem in diesem Zusammenhang ist der Mangel an geeigneten Verfahren zur Kostenrechnung. Die wirtschaftlichen Vor- und Nachteile von Schritten in Richtung CIM sind nur schwer nachzuweisen und einzelnen Maßnahmen zuzuordnen. Sicher ist nur, daß die beiden Extreme, der völlige Verzicht auf EDV und die 100%-ige CIM-Realisierung mit heutigen Mitteln, nicht wirtschaftlich sind, *Bild 2*.

Die Lage des Optimums ist für jedes Unternehmen verschieden und obendrein ständig in Bewegung. Wenn auch die Betriebswirtschaft hier künftig Lösungen anbieten mag, so bleibt doch die auf Erfahrung und einer qualifizierten Ausbildung basierende Intuition des Managements ausschlaggebed für den Erfolg.

IFF-IPA STUTTGART

VEREINFACHEN	**von Produkt- und Produktionsstrukturen, sowie containerisierten Materialfluß für wirtschaftliche Automatisierung.**
REDUZIEREN	**von Informationsmengen durch beherrschte Abläufe und Prozesse zum Senken von Zugriffszeit und DV-Kapazität.**
DEZENTRALISIEREN	**von Informationen, Entscheidungen und Verantwortung für beherrschbare und schnelle Regelkreise zum Steigern von Verfügbarkeit und Reaktionsgeschwindigkeit.**
INTEGRIEREN	**von Aufgaben und Funktionen für ganzheitliche Lösungen zum Senken von Schnittstellen und Gemeinkosten.**

LEITLINIEN ZUM GESTALTEN DER PRODUKTION

69 795
WA/UZ

Bild 1

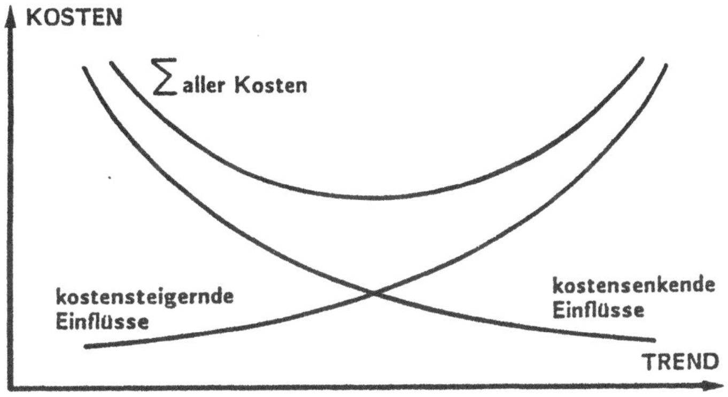

TREND	KOSTENSENKUNG	KOSTENSTEIGERUNG
Vereinfachung	Betriebsmittel Instandhaltung Nutzungsgrad Termintreue	Förderhilfsmittel Konstruktion Modulstruktur Planung
Reduzierung	Zugriffszeit Speicherplatz Informationsbereitstellung	Software-Erstellung Software-Wartung
Dezentralisierung	Indirektes Personal Verwaltungsaufwand Reaktionsfähigkeit	Kommunikationsnetz Mitarbeiterqualifizierung Kontrollinstrumentarium
Integration	Qualitätssicherung Verwaltungsaufwand Durchlaufzeit	Informationsinfrastruktur Schulung Mengenteilung

IFF-IPA STUTTGART

Betrachtungen zu neuen Fertigungsstrategien

69 907
WA/CM

Bild 2

MÜNCHENER KOLLOQUIUM '88
WETTBEWERBSVORTEILE DURCH INTEGRATION
IN PRODUKTIONSUNTERNEHMEN
24. UND 25. MÄRZ 1988
MÜNCHEN

ENTWICKLUNG UND FERTIGUNG – KONFRONTATION ODER KOOPERATION?

BEITRÄGE DER ENTWICKLUNG IM HINBLICK AUF BEHERRSCHBARE UND WIRTSCHAFTLICHE FERTIGUNGSPROZESSE

Dr.-Ing. Wolfgang Reitzle
BMW AG

TECHNISCHE UNIVERSITÄT MÜNCHEN
INSTITUT FÜR WERKZEUGMASCHINEN
UND BETRIEBSWISSENSCHAFTEN

Entwicklung und Fertigung - Konfrontation oder Kooperation?
Beiträge der Entwicklung im Hinblick
auf beherrschbare und wirtschaftliche Fertigungsprozesse

---

1. Anforderungen - Komplexität - Zielkonflikte
2. Dualismus Entwicklung - Fertigung
   - eine nicht nur unlösbare Konfliktsituation
3. Das Forschungs- und Ingenieurzentrum
   - die BMW Lösung für die Kooperation "unter einem Dach"
4. Schlußfolgerungen

1. Anforderungen – Komplexität – Zielkonflikte

Fertigung als der auf die Produktentwicklung direkt folgende, nächste Schritt industrieller Tätigkeit – wie ist da die Frage "Konfrontation oder Kooperation?" zu verstehen?

Ein grundsätzlicher Zielkonflikt wird jedoch bald erkennbar, wenn man bedenkt, daß

- der Konstrukteur durchweg ein funktional hochstehendes und damit meist auch kompliziertes Produkt verwirklichen möchte,

- andererseits der Fertigungstechniker in der Großserie keine Risiken eingehen und deshalb leicht beherrschbare Werkstoffe und Verfahren einsetzen, sowie Produkte aus nicht zu vielen und komplizierten Einzelteilen und mit möglichst einfachen Montagevorgängen herstellen möchte.

Das Automobil, das sich aus einfachsten Anfängen heraus inzwischen zu einem hochkomplexen System entwickelt hat, erscheint zur Darstellung dieser Problematik besonders geeignet.

Die in Zukunft weiter steigenden Anforderungen (*Bild 1*), insbesondere hinsichtlich

- Kraftstoffwirtschaftlichkeit
- Sicherheit
- Umweltschutz
- Komfort

ohne Nachteile, ja ebenfalls Vorteilen bei

- Zuverlässigkeit, Qualität
- Wirtschaftlichkeit

sowie nicht zuletzt bei den übergeordneten Anforderungen

- Ressourcenschonung, Recycling

stellen damit eine große Herausforderung an alle Disziplinen der Technik dar. Es steht außer Zweifel, daß künftige Fahrzeugkonzepte noch mehr als bisher

- neue Werkstoffe und Konstruktionsprinzipien zur Verbesserung der Basiseigenschaften des Automobils,
- Elektronik zur optimalen Anpassung des Gesamtfahrzeuges und seiner Teilsysteme an die jeweiligen Betriebsbedingungen

enthalten werden.

Hinzu kommt

- eine eher noch zunehmende Variantenvielfalt (*Bild 2*), um möglichst viele Kundenwünsche, auch in unterschiedlichen Märkten erfüllen zu können;
- eine noch stärkere Flexibilität, damit den attraktiven Gesamtkonzepten von heute durch Fortschritte bei Komponenten und Subsystemen auch für morgen eine Spitzenstellung gesichert wird.

2. Dualismus Entwicklung – Fertigung – eine nicht nur unlösbare Konfliktsituation

Im Vordergrund der Überlegungen des Konstrukteurs steht die umfassende **Funktionserfüllung** des Gesamtsystems und aller seiner Komponenten.

Einen durchaus notwendigen und oft auch heilsamen Zwang im Hinblick auf **Herstellbarkeit** und damit auf die **Kosten- und Termindisziplin** übt hier die Fertigung auf den Entwicklungsingenieur aus – auch wenn er diesem Zwang oft gerne ausweichen möchte. Die Fertigungsplanung als **kritischer Beurteiler** der Leistung der Entwicklung ist deshalb ein unverzichtbarer Partner, um das richtige Produkt auch zum richtigen Zeitpunkt zu realisieren und damit dem Unternehmen eine Spitzenstellung sichern zu können. Dazu muß die Fertigung so frühzeitig wie möglich nicht nur darüber informiert werden, was sie zu tun hat, sondern sie muß fertigungstechnisch beratend von Anfang an mit in den Produktentwicklungsprozeß eingebunden werden. Auf die nötigen Werkzeuge wie z. B. CIM-Systeme und organisatorische Maßnahmen, wird noch näher eingegangen werden.

Aber der Weg von der Entwicklung zur Fertigung ist keinesfalls nur Einbahnstraße. **Prozeßinnovationen** ermöglichen nämlich häufig erst **Produktinnovationen.** Neue Entwicklungen können nur dann in neue Produkte umgesetzt werden, wenn die Frage der Herstellbarkeit unter akzeptablen Bedingungen wie z. B. Qualitätssicherungs-, Wirtschaftlichkeits- und Umweltverträglichkeitsaspekten geklärt ist. Die Fertigung sollte aber nicht nur bestrebt sein, die vorgegebene Konstruktion der Entwicklung unter allen Umständen so zu fertigen wie von der Entwicklung vorgegeben, sondern sie muß auch ihrerseits aktiv nach immer neuen Fertigungsverfahren suchen und damit dem Konstrukteur neue Möglichkeiten zur Konstruktion eröffnen.

So sind beispielsweise speziell durch die Fortschritte in der Fügetechnik die Verbindungen unterschiedlicher Werkstoffe, z. B. durch Kleben, Punktschweißkleben, Clinchen, Laserschweißen (ein Beispiel hierzu in *Bild 3*) oder Slushen erst möglich geworden, und eröffnen dem Konstrukteur bedeutende Möglichkeiten, neue Werkstoffe einzusetzen bzw. deren Kombinationseigenschaften in einem Gesamtoptimum auszunutzen.

Wie geht nun die Entwicklung konkret vor, um der Fertigung auch in Zukunft "das Leben nicht zu schwer zu machen?"
Beispiele betreffen:

- Zunächst einmal frühzeitige Absicherung neuer Konstruktionsprinzipien in der Vorentwicklung, Berechnung und Prinziperprobung, zur Verringerung der Änderungswahrscheinlichkeit in der Serienentwicklung und Fertigung,

- frühzeitige gemeinsame Erprobungen von Entwicklung und Fertigungsplanung bei unkonventionellen, risikobehafteten Werkstoffen und Fertigungsverfahren, z. B. im Verfahrenstechnikum oder im Musterbau,

- Konstruktion des Fahrzeuges in einer beherrschbaren Anzahl funktional umfassender Vormontageeinheiten mit "hineinkonstruierten, einfachen Prüfbarkeiten" (Modulkonzepte) und damit Möglichkeiten zur flexiblen Automatisierung der Fertigung; Möglichkeit, unabhängig von der Bandgeschwindigkeit einfach und mit hohem Automatisierungsgrad zu montieren, Steigerung von Arbeitsinhalten, Arbeitsergonomie und letztlich Qualität,

- möglichst viele Gleichteile/Bauteilfamilien, wobei sich die Grenzen dort ergeben, wo der Nachteil der nur teilweise möglichen Typoptimierung z. B. bezüglich Gewicht, Raum und Kosten spürbar zum Tragen kommt,

- Konstruktion aller Komponenten im Hinblick auf einfache und damit automatisierbare Fertigungs- und Montagevorgänge, z. B. montagefreundlicher Motor, montagefreundlicher Dachhimmel, Montagefreundlichkeit des Kabelbaums, Korrosionsschutz, Lackierung, etc.,

- Übernahme von Konstruktionsprinzipien, Technologien und Know-how von der Vorentwicklung und Entwicklung zur Fertigungstechnik und umgekehrt wie z. B.:

  - tiefziehtechnische Beherrschung auch (funktional notwendiger) schwieriger Karosseriestrukturelemente

  - Slush-Verfahren mit Hinterschneidungen in Innenausstattungsteilen

  - fertigungsfreundliche, geometrisch verträgliche und damit wirtschaftliche Toleranzen, also konstruktive Lösungen, welche Toleranzen ausgleichen können wie z.B. möglichst "gutmütige" Dichtungen und Dichtsysteme (*Bild 4*),

- möglichst fertigungs- und fügefreundliche Werkstoffkombinationen,

- Verwendung von menschen- und umweltfreundlichen Werkstoffen und Technologien.

Andere Beispiele, die zeigen, daß die Fertigung auf absehbare Zeit auf kein wesentliches Entgegenkommen der Entwicklung rechnen kann sind dort gegeben, wo:

- die Funktion nicht anders zu erfüllen ist wie z. B. durch Sicken im Bodenblech aus schwingungstechnischen/akustischen Forderungen oder durch U-Profil-Träger mit Querschnittsverjüngung zur Gewichtsreduzierung,

- aus Funktionsgründen schwierige Montagevorgänge unvermeidlich sind wie z.B. das Verlegen von komplexen Leitungssystemen im Fahrzeug (Beispiel in *Bild 5*).

Aber auch hier, wo die Entwicklung in ihren Forderungen gegenüber der Fertigung relativ hart bleiben muß, wird um einen optimalen Kompromiß gerungen.

Die Vermeidung bzw. Milderung der negativen Aspekte dieses Dualismus führt neben der Einführung moderner Informationsverarbeitungstechniken (CIM) und anderer organisatorischer Maßnahmen wie z. B. dem Verbindungsingenieur zwingend zu neuen Lösungen der Zusammenarbeit.

3. Das Forschungs- und Ingenieurzentrum – die BMW Lösung für die Kooperation "unter einem Dach"

Das BMW Konzept der Intensivierung der Zusammenarbeit zwischen Entwicklung und Fertigung beinhaltet, daß die Funktionseinheiten, welche intensiv zusammenarbeiten, auch örtlich zusammengeführt sind. Durch die räumliche Zusammenfassung ergeben sich kürzere Wege, verbesserte persönliche Kontakte und damit letzlich effizientere Arbeitsabläufe.

Dies ist der Grundgedanke des, von BMW geplanten und weitgehend bereits errichteten und bezogenen **BMW Forschungs- und Ingenieurzentrums** (*Bild 6*). In diesem Komplex für rund 6.000 Ingenieure werden fast alle Mitarbeiter des Forschungs- und Entwicklungsressorts, der Fertigungsplanung und die Einkaufsabteilungen gemeinsam tätig sein. Dies ist gerade bei einem so komplexen technischen Produkt wie dem Automobil, bei dem das Ganze mehr ist als die Summe aller Teile, von ganz besonderer Bedeutung.

4. Schlußfolgerungen

Die **fertigungsgerechte Konstruktion** beinhaltet somit weit mehr, als nur die Berücksichtigung der Zielkonflikte, welche die Konstruktionszeichnung des aufwendigsten Konsumgutes unserer Zeit - des Automobils - auslöst, auch wenn diese Zeichnung bereits weitgehend Fertigungsbelange berücksichtigt. Unter Einsatz des gesamten heutigen Technik-know-hows und aller organisatorischer Möglichkeiten kann das Problem der fertigungsgerechten Konstruktion als weitgehend lösbar oder als sogar gelöst betrachtet werden. Der Dualismus Entwicklung - Fertigung eröffnet in seiner vollen Komplexität aber weitere, darunter vielfältige positive Facetten. Das Ziel von BMW ist es, zukünftig diese **positiven Aspekte** der Zusammenarbeit von Entwicklung und Fertigung verstärkt zu nutzen. Oft werden sie als so selbstverständlich hingenommen, daß sie gar nicht bemerkt oder gar gefördert werden. Meistens sind es sogar **bedeutende Werte**, welche die Entwicklung aus der Kooperation mit der Fertigung erhält, so z. B.

- das Kosten- und Termingewissen,
- den kritischen Urteiler und
- die Prozeßinnovationen, welche Produktinnovationen oft erst ermöglichen.

Da "Kostbarkeiten" pfleglich behandelt sein wollen, steht es außer Frage, daß in einem gut geführten Unternehmen die Entwicklung auf ihren Partner "Fertigung" besonders Rücksicht nimmt und möglichst eng mit ihm kooperiert. Das gemeinsame Haus "FIZ" ist somit eine elementare Investition in die Zukunft von BMW und ist für alle Mitarbeiter Idee, Mittel und Voraussetzung, die Unternehmensziele besser und schneller zu erreichen.

Damit mündet die im Titel gestellte Frage "Konfrontation oder Kooperation?" in die Aussage

"**Entwicklung und Fertigung** - Konfrontation **und** Kooperation"

Wichtige Anforderungen und Einflüsse auf ein Fahrzeugkonzept

Bild 1

Zunahme der Variantenvielfalt

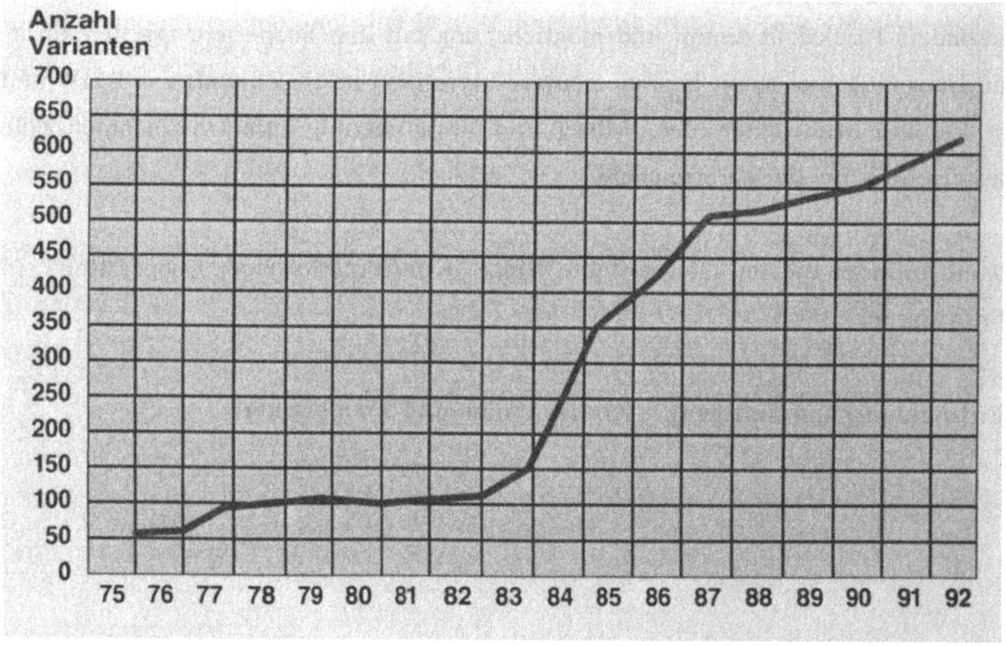

Bild 2

Verkürzung des Schweißflansches durch Einsatz der Laserschweißtechnik am Beispiel Radhaus BMW 5er Reihe

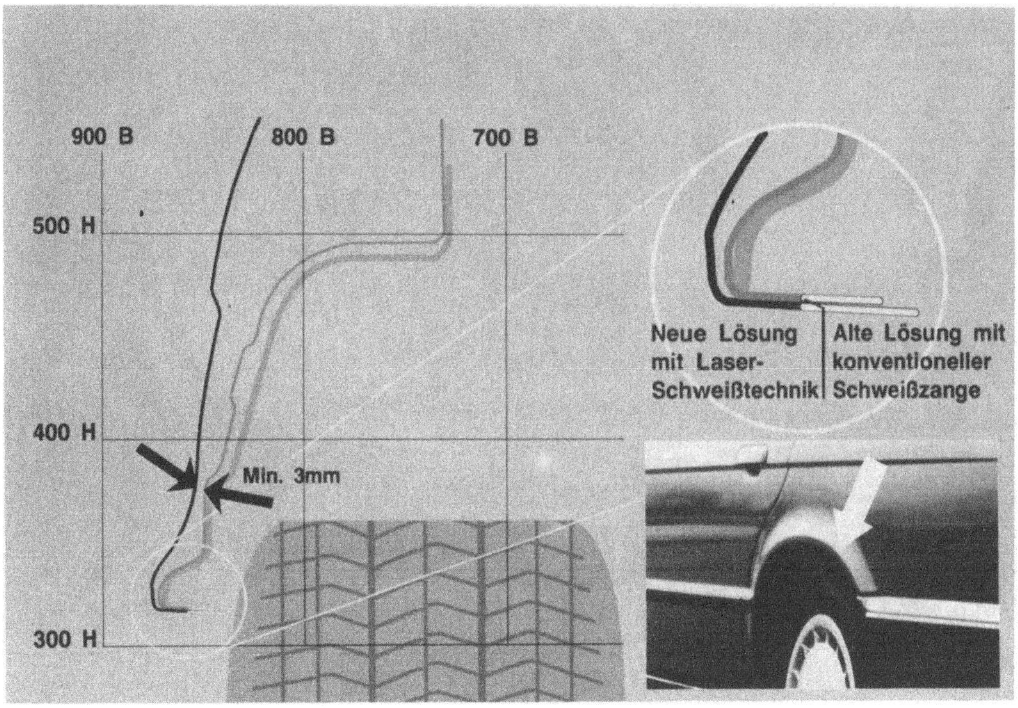

Bild 3

Dreifach Türdichtungen (BMW 5er Reihe)

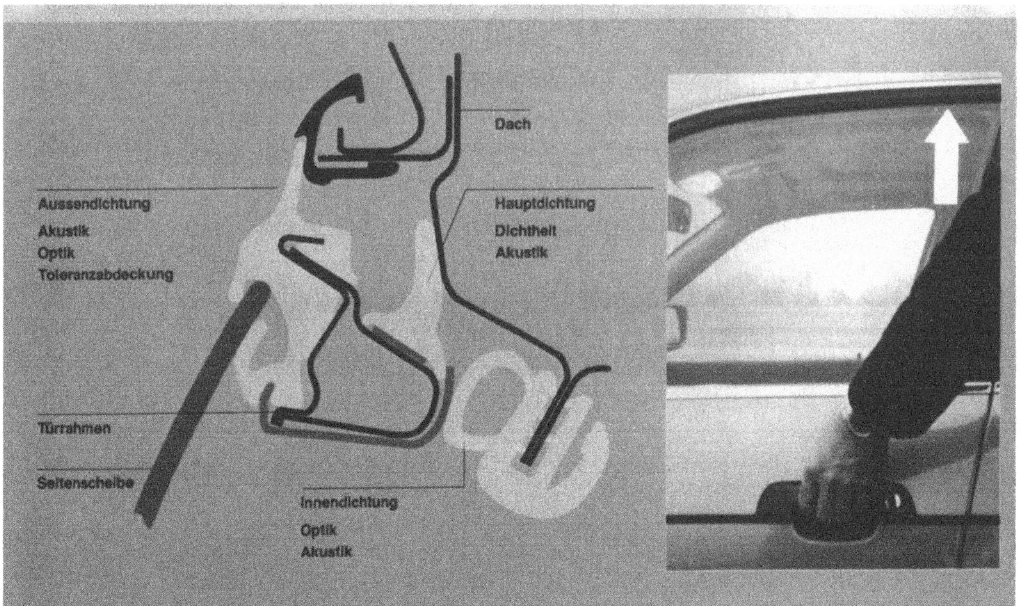

Bild 4

Grenzen der Montageautomatisierung, dargestellt am Beispiel des Kabelbaumes

Bild 5

Forschungs- und Ingenieur-Zentrum

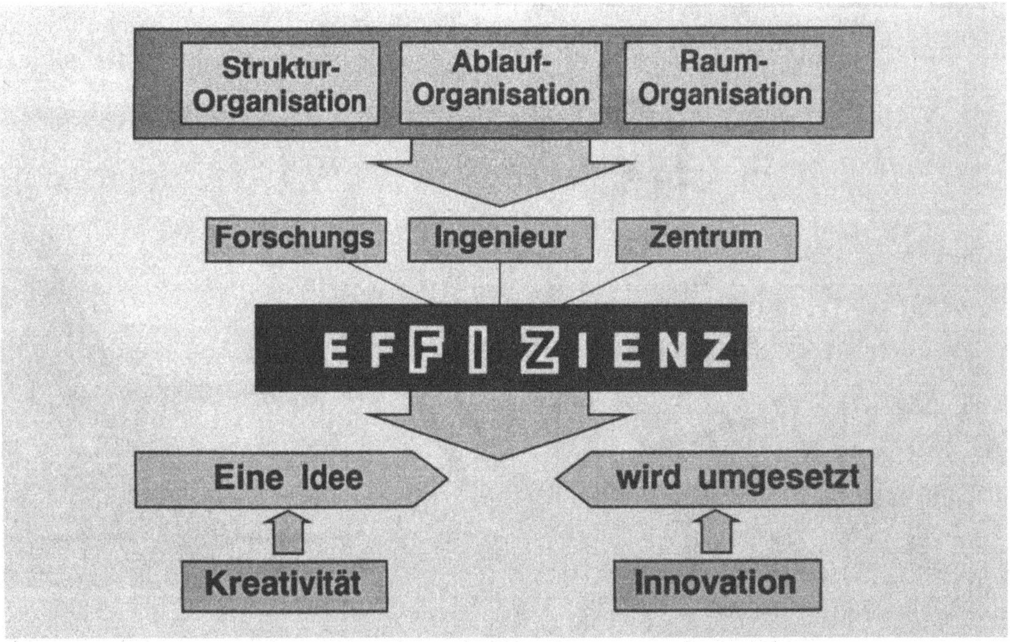

Bild 6

MÜNCHENER KOLLOQUIUM '88

WETTBEWERBSVORTEILE DURCH INTEGRATION IN PRODUKTIONSUNTERNEHMEN

24. UND 25. MÄRZ 1988

MÜNCHEN

ENTWICKLUNG UND FERTIGUNG – KONFRONTATION ODER KOOPERATION?

BEITRÄGE DER FERTIGUNG IM HINBLICK AUF ÜBERLEGENE PRODUKTEIGENSCHAFTEN

Dr.-Ing. E.h. Hans C. Koch
BMW AG

TECHNISCHE UNIVERSITÄT MÜNCHEN
INSTITUT FÜR WERKZEUGMASCHINEN
UND BETRIEBSWISSENSCHAFTEN

Entwicklung und Fertigung – Konfrontation oder Kooperation?
Beiträge der Fertigung im Hinblick auf überlegene Produkteigenschaften

---

1. Klassische Zielsetzungen für fortgeschrittene Fertigungstechnik
2. Zielsetzungen der Produktentwicklungen und
   daraus abzuleitende Zielkonflikte
3. Fertigungstechnik im Spannungsfeld konkurrierender Ziele
4. Lösungsansätze durch ressortübergreifende, integrierende Betrachtungsweise
5. Zusammenfassung

1. Klassische Zielsetzungen für fortgeschrittene Fertigungstechnik

Eine ständige Herausforderung an die Fertigungstechnik sind die klassischen Ziele:

- Minimierung des Produkterstellungsaufwandes durch Automatisierung, Gleichteilekonzepte, Entfeinerung von Toleranzen, Losgrößenoptimierung und DV-Einsatz,
- Absicherung eines gleichbleibenden, hohen Qualitätsniveaus,
- Materialflußoptimierung als integraler Bestandteil aller Planungen sowie
- Verminderung der Lärm, Wärme- und Schadstoffemissionen (d. h. das Unternehmen muß den ökologischen Grundwerten gerecht werden).

2. Zielsetzung der Produktentwicklung und daraus abzuleitende Zielkonflikte

Die Entwicklung konzentriert sich auf die Maximierung des Produktnutzens für den Kunden. In diesem Zusammenhang ist die kostengünstige Herstellbarkeit des Produktes ein sehr wichtiger Teilaspekt – aber eben nur ein Teilaspekt.

Andere Teilaspekte, resultierend aus den Konstruktionsfreiräumen des Entwicklers, bergen in sich Zielkonflikte zwischen Entwicklung und Fertigungstechnik:

- Das BMW-typische Weltmarktsegment ist gekennzeichnet durch individuelle, kundenspezifische Produkte sowie eine Vielzahl divergierender behördlicher Vorschriften. Daraus leiten sich höchste Anforderungen im Hinblick auf die Variantenfähigkeit ab. Dies steht im Widerspruch zur Herstellkostenminimierung.
- Das Entwicklungsziel einer stetigen Technologieanpassung in Form einer schrittweisen Weiterentwicklung mit überschaubarem Risiko läßt sich mit der wirtschaftlichen, langfristigen Nutzung komplexer Fertigungsanlagen nicht in Einklang bringen.

3. Fertigungsplanung im Spannungsfeld konkurrierender Ziele

Aus den Zielsetzungen

- Maximierung der Produktauslegung,
- Minimierung der Herstellkosten und
- Variantenfähigkeit der Fertigungsabläufe

entsteht ein Spannungsfeld ("Magisches Dreieck"), in dem diese drei Ziele nie zugleich erreicht werden. Ein oder zwei Ziele können erfüllt sein, das dritte Ziel "läuft aus dem Ruder".

- Werden z. B. bestmögliche Produkteigenschaften mit Produktvarianz gefordert, ergeben sich erhöhte Herstellkosten.

- Herstellkostenreduzierung als Primärziel verstanden (z. B. durch Automatisierung) führt im Verbund mit gleichbleibendem Produktnutzen im allgemeinen zu eingeschränkter Produktvarianz.

- Werden niedrige Herstellkosten mit hoher Produktvarianz kombiniert, muß entweder der Produktnutzen eingeschränkt werden oder eine Steigerung der Produktkosten in Kauf genommen werden.

4. Lösungsansätze durch ressortübergreifende, integrierte Betrachtungsweise

Die intensive Kommunikation zwischen den Entwicklungs- und Planungsabteilungen im Verlauf der Produktentwicklung ist die Bedingung für die Realisierung fertigungsgerechter Produkte. Dazu wurden organisatorische und informationstechnische Voraussetzungen geschaffen, die bis hin zur räumlichen Zusammenlegung ressortunterschiedlicher Bereiche gingen (FIZ-Gedanke).

4.1 Instrumente der Kommunikation während der Entwicklungs- und Anlaufzeit

Die effiziente Umsetzung von Entwicklungszielen erfordert im fertigungstechnischen Bereich geeignete Instrumente:

- Verbindungs-Ingenieure der Fertigungsplanung und der Entwicklung, um frühzeitig Arbeitsergebnisse für den jeweils anderen Bereich transparent zu machen,

- Projekt-Teams, die sich herausgelöst aus Planungs-Routinearbeiten ausschließlich mit neuen Produkten befassen (verstärkte Anwendung der Projektmanagementmethoden),

- Methodenuntersuchungen und Vorserienbau im Pilot-Werk unter Einbeziehung aller relevanten Bereiche einschließlich der Fertigung, um das Feed-Back aus der Serie sicherzustellen.

4.2 Alternative Werkstoffe

Die hohen langfristig angelegten Investitionen bedeuten ein großes Risiko der technischen Veralterung. Dem ist nur durch eine sorgfältige, weit vorausschauende Entwicklung der Fertigungstechniken gegenzusteuern. Ein besonderes Augenmerk muß die Fertigung auf die Verarbeitung alternativer Werkstoffe richten. Schwerpunkte liegen bei:

- Kunststoffen, speziell Thermoplasten im Außenhautbereich (Anwendung wie beim Z1) und faserverstärkten Kunststoffen im Antriebs- und Fahrwerkbereich,

- Aluminium für Fahrwerks- und Motorteile sowie

- hochfesten Stählen im Karosseriebau.

4.3 Zielführende neue Fertigungsstrukturen mit hoher Verfügbarkeit

In den vergangenen Jahren haben wir erhebliche Anstrengungen zur Automatisierung der Fertigungsbereiche unternommen. In Teilbereichen des Rohbaus und der Lackiererei sind Automatisierungsgrade von 90 % und mehr erreicht worden.

Das Automatisieren von Montagevorgängen bleibt bis heute auf vergleichsweise wenige Anwendungsfälle beschränkt. Selbst in diesen wenigen Fällen konnten so gut wie keine Kostenvorteile erreicht werden. Hier handelt es sich überwiegend um Projekte zur Arbeitserleichterung (Reserveradeinlegen und Fahrwerksmontage) sowie um Arbeitsabläufe, an die hohe Ansprüche an Präzision und Wiederholgenauigkeit gestellt werden (Kleberauftrag zum Scheibeneinbau).

Unseres Erachtens sind Wege zur Strukturoptimierung für eine variantenreiche, flexible Fertigung zielführender. Fahrerlose Transportsysteme (Motorenmontage im Werk Steyr, separate Türenmontage in allen Werken sowie FTS in der Nacharbeitszone im neuen Werk Regensburg), Schwenkgehängeeinsatz in der Unterflurmontage und besonders die Integration von Logistik und Fertigung unter einem Dach mit Direktanbindung von Zulieferwerken, mögen hierfür als Beispiel gelten.

4.4 Durchgängige Information–Vorbereitung auf CIM

Die wesentlichsten Innovationen im Fertigungsbereich werden in Zukunft von der Informationsverarbeitungstechnik ausgehen. Die Integration der Informationssysteme führt zu einem für die Entwicklungs- und Planungsbereiche gemeinsam nutzbaren Datenbestand mit den Vorteilen einer:

- sehr frühen Planung der Fergigungsprozesse und Fertigungsmittel,

- sehr frühen Optimierung von Geometrien gemeinsam durch Planer, Stylist und Konstrukteur sowie

- einer effizienten Entwicklungs- und Planungstätigkeit.

Aufgrund der CAD/CAM-Durchgängigkeit von 3D-Karosseriekonstruktionen wird heute bereits mit folgenden Vorteilen gearbeitet:

- zeitparallele Arbeit in Entwicklung und Modellbau,

- Fräsprogrammerstellung vor Fertigstellung des Urmodells,

- erhebliche Zeitersparnis für die Blechteile-Beschaffung durch Nutzung von Fluidzell-Technologie als Ersatz für Handfertigung von Prototypenteilen und Kleinserien,

- verbesserte und verkürzte Abstimmungsphasen,

- erhebliche Qualitätssteigerungen,

mit dem Ergebnis der schnelleren Modellüberarbeitung zur Variantenkonstruktion oder zu Face-lift-Überarbeitungen.

5. Zusammenfassung

Durch hohe Investitionen gibt die Fertigung den Rahmen vor, in dem sich Konstrukteure fertigungstechnisch zu bewegen haben. Technologieabbrüche sind teuer. Deshalb wird der technologische Entwicklungsrahmen langfristig gemeinsam abgesteckt. Dabei schafft innovative Fertigungstechnik auch Freiraum für innovative Produkttechnik.

Die Fertigungsplanung ist noch stärker gefordert, technologische Leitlinien zu ziehen; sie muß zur Informationsquelle für den Entwicklungsmitarbeiter werden. Durch die Diskussion produktionstechnischer Möglichkeiten werden Ideen angeregt, die auch den Produktnutzen erhöhen können.

Obwohl der Produktnutzen Priorität gegenüber der Fertigungsoptimierung hat, wird eine konsequente, fertigungsgerechte Konstruktion im Detail gefordert.

Im kreativen Spannungsfeld zwischen Entwicklung und Fertigungstechnik werden natürliche Konflikte aufgelöst durch gemeinsam getragene Lösungen, die dem sehr hohen Anspruch an Produkt und Qualität bei BMW gerecht werden müssen.

Entwicklung und Fertigung – Konfrontation oder und Kooperation!

MÜNCHENER KOLLOQUIUM '88
WETTBEWERBSVORTEILE DURCH INTEGRATION
IN PRODUKTIONSUNTERNEHMEN
24. UND 25. MÄRZ 1988
MÜNCHEN

PRODUKTIONSAUTOMATISIERUNG AUCH BEI KLEINEN LOSGRÖSSEN IM MASCHINENBAU

Dipl.-Ing. Wolfgang Bürgel
Mannesmann Demag Fördertechnik

TECHNISCHE UNIVERSITÄT MÜNCHEN
INSTITUT FÜR WERKZEUGMASCHINEN
UND BETRIEBSWISSENSCHAFTEN

Produktionsautomatisierung
auch bei kleinen Losgrößen im Maschinenbau

---

1. Wandel der Ausgangslage
2. Neue Ziele der Automation
3. Neue Mittel für die Automation
4. Neue Ertragspotentiale
5. Der "Dreispitz"
6. Produktgestaltung und Technologie
7. Produktgestaltung und Logistik
8. Logistik und Technologie
9. Logistik, Technologie und Produktgestaltung
10. Schlußbetrachtung

1. Wandel der Ausgangslage

Produktionsautomatisierung bei kleinen Losgrößen ist ein altes Ziel der Produktionstechnik, dem allzu schnell wirtschaftliche Grenzen gesetzt waren. Gegenwärtig erhält dieses Ziel neue Aktualität, weil sich neue Forderungen einerseits und neue Möglichkeiten andererseits ergeben.

Neu ist die Forderung, bei gleichgroßen Bedarfsmengen dennoch in kleinen Losgrößen zu fertigen, um Absatzrisiken zu minimieren und Produktumstellungen schneller realisieren zu können.

Neu sind aber auch die Möglichkeiten, mittels neuer Informationstechnik und neuerdings verfügbarer Arbeitstechnik Produktionsprozesse auch bei kleinen Losgrößen zu automatisieren (*Bild 1*).

Während einerseits das Ergebnispotential aus zusätzlichen Zielsetzungen sich erhöht hat, haben sich gleichzeitig die Aufwendungen für die Einrichtung zur Automatisierung reduziert. Dadurch haben sich die Möglichkeiten einer wirtschaftlichen Produktionsautomatisierung bei kleinen Losgrößen deutlich verbessert.

2. Neue Ziele der Automation

In der Vergangenheit konzentrierten sich die Betrachtungen bei der Automation auf Ziele, die natürlich auch heute noch ihr Gewicht haben:

- Personalkostenreduzierung,
- maximale Ausnutzung der teuren Anlagen für Automation,
- Humanisierung der Arbeitsbedingungen.

Zusätzlich traten neue Ziele hinzu oder treten in den Vordergrund:

- Reduzierung der Vorratshaltung,
- flexibleres Reagieren auf Marktschwankungen,
  nach der Menge - ohne Personalanpassung,
  nach der Art - ohne Probleme beim Umrüsten,
- schnellere Umstellung der Produktionseinrichtung auf neue Produkte,
- gleichförmige, gesicherte Qualität.

3. Neue Mittel für die Automation

Schnelleres Reagieren bedeutet schnelleres Übertragen von Informationen, schnellerer Zugriff zu gespeicherten Informationen, schnelleres Verarbeiten von Informationen auch bei komplexen Zusammenhängen.

Die neuen Mittel der Informationstechnik mit einem deutlich verbesserten Preis-Leistungs-Verhältnis bieten neue Lösungsansätze.

Schnelleres Reagieren bedeutet aber auch schnellere Ortsveränderung von Werkstücken, schnellere und sichere Handhabung, völlige Übersicht über den physischen Ablauf.

Neue Transport-, Lager- und Handhabungstechnik wie kombinierte Fertigungstechnik stehen zur Verfügung.

4. Neue Ertragspotentiale

Geht man von einer Kostenstruktur des Maschinenbaus aus mit einer gängigen Fertigungstiefe und Produktionsmenge je Artikel, so ergeben sich bei einer Bewertung der Ergebnisverbesserungsmöglichkeiten, gemessen in Prozentpunkten des Umsatzes, nach meiner Einschätzung folgende Potentiale (*Bild 2*).

Diese Potentiale lassen sich bei Wirtschaftlichkeitsbetrachtungen dann ansetzen, wenn geschlossene Einheiten erfaßt werden. Teilschritte können nur vor dem Hintergrund solcher geschlossenen Einheiten gesehen werden.

So beträchtlich diese Potentiale erscheinen mögen, da sie nur in einem Zeitraum von ca. 5 - 10 Jahren vollständig erschlossen werden können, weil Abwicklungskapazität und Investitionsvolumen begrenzt sind, müssen zum Erhalt der volkswirtschaftlichen Produktionssteigerungen zusätzlich Verbesserungen am Produkt einhergehen.

5. Der "Dreispitz"

Eine wirtschaftliche Produktionsautomatisierung kann nicht auf Basis status quo aufbauen. Es muß geprüft werden, ob die erreichbaren Einzelziele übereinstimmen mit der Unternehmensstrategie und den daraus abgeleiteten Konzepten für Produktgestaltung, Logistik und Technologie (*Bild 3*).

Die Erfahrung, daß der Markt dabei gern und schnell auf geänderte Angebote nicht nur die Produktgestaltung, sondern auch der Logistik reagiert, dürfen nicht außer acht gelassen werden.

Alle drei Gestaltungsfelder Produkt, Technologie und Logistik stehen in unmittelbarem Zusammenhang zueinander, werden vom Markt bestimmt und wirken auf den Markt ein. Der Einklang aller Gestaltungsfelder muß angestrebt werden.

Da eine Umsetzung der Informationen im notwendigen Rückkopplungsprozeß durch die Informationstechnik heute preiswert ermöglicht wird, wurde für diese Arbeitstechnik der Begriff "CIM" gewählt. Das "Baby" war längst geboren, man suchte nach einem Namen (*Bild 4*).

Die Produktionsautomatisierung, wie sie heute hier betrachtet werden soll, beschränkt sich auf die Fertigungstechnik und die Technik der Produktionslogistik, klammert die Techniken im Vorfeld aus. Die ausgewählten Beispiele sollen aber den Einfluß und die Abhängigkeit von Produktgestaltung und Logistikkonzept aufzeigen. Es sind Beispiele nicht zum Kopieren, sondern um Anregungen zu geben.

6. Produktgestaltung und Technologie

Ausgangssituation des Beispiels: Getriebegehäuse wurden in Quartalslosgrößen auf Sondermaschinen im Takt bearbeitet. Die Anlagen waren verschlissen, eine neue Produktgeneration sollte in wenigen Jahren folgen.

Bei der Abwägung der Alternativen Generalüberholung, Riskieren von großem Produktionsausfall mit Verlagerung oder Investition in flexible Lösung ergaben sich folgende Feststellungen:

Der spätere Einsatz von 2 Sondermaschinen mit Bohrplatten - wie bisher genutzt - würde die gleich Invvestitionssumme erfordern wie 3 BAZ mit automatischer Werkstückversorgung. Da das Werkstückhandhabungsgerät bei den Arbeitszeiten für Komplettbearbeitung nicht ausgelastet wäre, andererseits eine Aufteilung der Bearbeitung auf Spindeln und Bohren Zeit- und Investitionsvorteile bringen würde, ergab sich als Ziellösung der Einsatz von 2 Horizontal-BAZ und 1 Vertikal-Bohrzentrum mit einem Flächenportal (*Bild 5*).

Damit war erreicht

- eine wirtschaftliche Lösung im Endzustand,
- eine frühzeitige Lösung zur Vermeidung von hohen Aufwendungen in der Übergangszeit,
- ein Vorlauf der Abwicklungsarbeit zum Anlauf der neuen Produkte,
- eine flexible Lösung, die dem Konstrukteur Gestaltungsspielraum läßt bei allen Arbeitsinhalten, z. B. den Bohrbildern.

Darüber hinaus kann zunächst ein Horizontal-BAZ in der Beschaffung zurückgestellt werden und die verfügbare Kapazität des Vertikal-BAZ für andere Teile mit reiner Bohrarbeit genutzt werden.

Das Flächenpotential mit automatischem Greiferwechsel, geordneten Ladepaletten und integriertem Leitrechner läßt beliebige Auftragskombinationen zu. Definierte Bewegungskorridore lassen eine kombinierte automatische Beschickung und manuelle Bedienung zu. Die Werkzeugmagazine der BAZ reichen für alle Werkzeuge einschließlich Doppelwerkzeuge aus. Spannvorrichtungswechsel wurde nicht automatisiert, da die Losgröße zwar deutlich reduziert werden konnte auf ein Wochenlos je Artikel, das nunmehr durch die vorgelagerte Druckgußtechnik bestimmt wird, aber dennoch noch Laufzeiten je Los von ca. 8 Stunden ergibt.

So konnte eine weitgehend automatisierte flexible Lösung realisiert werden, deren Wirtschaftlichkeit sich sogar isoliert positiv darstellt. Sie ist zusätzlich eingebettet in ein geschlossenes Konzept für das Gesamtwerk. Diese Anlage läuft nach kurzer Anlaufzeit voll im 3-Schichtbetrieb (*Bild 6*).

Betreut wird der Betrieb der Anlage vom Bediener einer manuell bedienten Bohrmaschinengruppe.

7. Produktgestaltung und Logistik

In der Industrie sind Hebezeuge in kompakter Bauweise wie z. B. der DEMAG-Zug bekannt (*Bild 7*).

In der Vergangenheit versuchte man, durch Konzentration auf ausgewählte Ausführungen die Grundlage für wirtschaftliche Produktion zu sichern. Erhöhte differenzierte Anforderungen und Kostendruck machten es erforderlich, statt Einheitslösungen angepaßte, anwendungsbezogene Lösungen dem Markt zu bieten. Höhere Stückzahlen ließen sich nur noch für Komponenten der Hebezeuge sicherstellen und dies nur unter Verwendung des Baukastenprinzips.

Dadurch war ein Teil der Probleme gelöst. Es blieb die logistische Aufgabe, mit einer Lieferzeit von 1 - 2 Wochen weltweit beliebige Hebezeugkombinationen anzubieten. Zunächst mußte mit entsprechender Vorratshaltung in den Auslandsgesellschaften gearbeitet werden. Im Zuge einer Neukonstruktion wurde das Logistikkonzept geändert, das Produkt in Baugruppen so gegliedert, daß der europäische Raum auftragsbezogen aus der Bundesrepublik Deutschland beliefert werden kann. Die Ansatzmöglichkeiten aus dem Baukastenprinzip läßt *Bild 8* erkennen.

Ausgeschöpft werden konnten diese Möglichkeiten aber nur durch den Einsatz von Lager- und Kommissioniertechniken in Verbindung mit Rechnern, die eine Einzelkommissionierung mit automatischer Zuführung zur Endmontage ermöglichten (*Bild 9*).

Neben der Reduzierung von Vorräten in den Auslandsgesellschaften führte die unmittelbare Umsetzung der Information aus einem Kundenauftrag zu einer treffsicheren Prognose für die Lagernachschubfertigung von Bauteilen mit niedrigeren Sicherheitsbeständen in der Bundesrepublik Deutschland.

Die kompakte Bauweise des Hebezeuges führt bei Lagerung der Baugruppen zu erhöhtem Lagerbedarf. Daher wurde bei der Lagerung von Trommel und Rahmen auf eine Minimierung der Anzahl zu lagernder Rahmen verzichtet und Rahmen mit eingebauter Trommel gelagert. Dadurch wurde gleichzeitig ein Schutz der Trommel erreicht.

Produktgestaltung und Logistik haben im Zusammenwirken ihr Ziel voll erreicht: einer Investition von 14 Mio DM stehen Vorratsreduzierungen in mehrfacher Höhe gegenüber.

8. Logistik und Technologie

Ein Logistikkonzept mit einer kundenauftragsabhängigen Endmontage stellt die Fertigungstechnologie für diesen Vorgang vor schwere Aufgaben, wenn auch diese automatisiert werden sollen. Das verbliebene Ergebnisverbesserungspotential ist in der Regel gering.

Eine der letzten Arbeitsschritte kann die Farbgebung sein, ein Vorgang, der immer höhere Investition erforderlich macht. Eine bessere Auslastung durch Mehrschichtbetrieb und Anpassung an Bedarfsschwankungen kann wünschenswert sein. Um bei Auslastungsschwankungen unabhängig vom Personal zu sein und die Gefahr von Gesundheitsbeeinträchtigungen zu vermeiden, wird eine Automatisierung der Farbgebung auch bei verschiedenen Spritzprogrammen angestrebt.

In der Endmontage für Antriebe der MDFT fallen die unterschiedlichsten Konturen an (*Bild 10*).

Für den Transport durch die Farbspritz- und Trockenkabine boten sich alternativ ein Kettenförderer als Power und Free Förderer oder eine Hängebahn mit Einzelantrieben an. Die Wahl fiel auf die DSB, die einen eigenen kleinen Speicher je Fahrzeug besitzt, die Identifikation des übernommenen Antriebes speichern kann mit seinem kundenspezifischen Farbspritzprogramm, und an einen rechnergesteuerten Spritzroboter übergeben kann (*Bild 11*).

Die flexible Fördertechnik erlaubt beliebige Reihenfolge und Aufteilung auf verschiedene Förderstrecken sowie den späteren Anschluß an eine Förderstrecke zu den Versandstellen. Der Speicher für den Spritzroboter hält 240 Spritzprogramme bereit, die einzeln abgerufen werden können. Die Anlage steht kurz vor der Fertigstellung (*Bild 12*).

9. Logistik, Technologie und Produktgestaltung

Die Automationstechnik in der Montage des Maschinenbaus stellt hohe Ansprüche an das Zusammenspiel von Logistik, Montagetechnik und Produktgestaltung. Stellt die Logistik schon die Forderung an flexible Arbeitstechnik der hohen Varianz des Endproduktes wegen, so sollten wenigstens die Montagevorgänge - Fügen, Messen, Verschrauben usw. - durch die Produktgestaltung so gewählt werden können, daß Werkzeuge, Sensoren und Teile in einfach zugänglich räumlichen Anordnungen zusammenwirken können.

Anläßlich der Produktüberarbeitung von Verschiebeankermotoren wurde die Möglichkeit der automatischen Montage untersucht und in einem Teilbereich mit einer Pilotanlage am Institut für Montageautomatisierung in München erprobt. Das Bild der zu montierenden Einzelteile läßt zunächst eine einfache Aufgabenstellung vermuten (*Bild 13*).

Für den Wirkungsgrad des Motors ist jedoch eine enge und exakte Einstellung des Luftspalts zwischen Rotor und Stator einzuhalten (*Bild 14*).

Da die Maßkette mit ihren Summentoleranzen über erzielbare Einzeltoleranzen wirtschaftlich nicht darstellbar ist, muß über ein Ausgleichsglied "d" das Einstellmaß "s" sichergestellt werden. Die Automatisierung des Meßvorganges sowie des damit verbundenen Fügevorganges mit einer narrensicheren Spalteinstellung war eine schon anspruchsvollere Herausforderung für die Beteiligten.

In einem ersten Schritt (*Bild 15*) mußten die Einzelteile zu Baugruppeneinheiten zusammengestellt werden, die für die automatische Messung und das automatische Fügen geeignet sind.

Eine dabei notwendigerweise zu bildende Baueinheit stellt der Rotor mit Spiral- und Tellerfedern dar. Um hier eine wirtschaftlich handbare Montageuntergruppe zu bilden, mußte dabei konstruktiv ein zusätzliches Teil zur Aufnahme der Ferdern geschaffen werden (*Bild 16*). Dadurch wurde es möglich, Meßvorgänge und Fügevorgänge zu automatisieren. In *Bild 17* sind das Prinzip des Vermessens von Rotor einerseits und Ständer andererseits aufgezeigt, die Verarbeitung in der Robotersteuerung zur Aufnahme der jeweiligen Distanzstücke aus Magazinen und eine Darstellung der Roboteranlage. Dieses Gerät ist am Institut für Montageautomatisierung in München im Einsatz und soll anschließend in einem unserer Motorenwerke installiert werden.

Neben der Automatisierung des Meß- und Fügevorganges als solchen, mußte das Umfeld, insbesondere die Materialzuführung für die auftragsabhängige Montage automationsgerecht gestaltet werden.

Der grundsätzliche Ansatz war die bereits bewährte Kommissionierung von Einzelaufträgen auf Montagepaletten. Für die automatische Montage mußte die Ausführung der Montagepaletten eine höhere Lagegenauigkeit gewährleisten. *Bild 18* zeigt eine derartige Palette mit auswechselbaren Einsätzen zur Aufnahme der Einzelteile und in *Bild 19* dieselbe Palette mit den Vormontageeinheiten vor der Automatikstation.

Das Layout der Gesamtanlage einschließlich Lager und Kommissionierung ist in *Bild 20* dargestellt.

Diese Montagetechnik wurde mit der Kommissioniertechnik begonnen, wird nunmehr um die ersten automatisierten Montagevorgänge ergänzt und soll künftig weiter automatisiert werden. In diese Lösung sind beispielhaft Überlegungen der Logistik, der Automationstechnik und der Produktgestaltung in einer gemeinsamen Bemühung nutzbringend eingeflossen.

10. Schlußbetrachtung

Bei aller Hinwendung zu neuen Arbeitsmethoden sollte nicht vergessen werden, daß die alten Arbeitstechniken nach wie vor ihren Stellenwert zu einem beträchtlichen Teil behalten und daß Flexibikität in der Produktion nicht zu einer beliebigen ausdehnbaren Toleranz für die Produktgestaltung führt.

Es sollte auch beachtet werden, daß der Markt bei seinen Ansprüchen an die Flexibilität nicht wirtschaftlich Unvernünftiges erwarten soll und daß der Vertrieb nach wie vor bemüht sein sollte, vernünftige Bündelung von Varianten zu empfehlen.

Dennoch wird die Notwendigkeit zu verstärkter funktionsübergreifender Integration nicht zu leugnen sein. Im Zuge dieser Entwicklung wird auch die Strukturorganisation dieser Unternehmen zu überdenken sein und möglicherweise gleichfalls flexibler werden müssen.

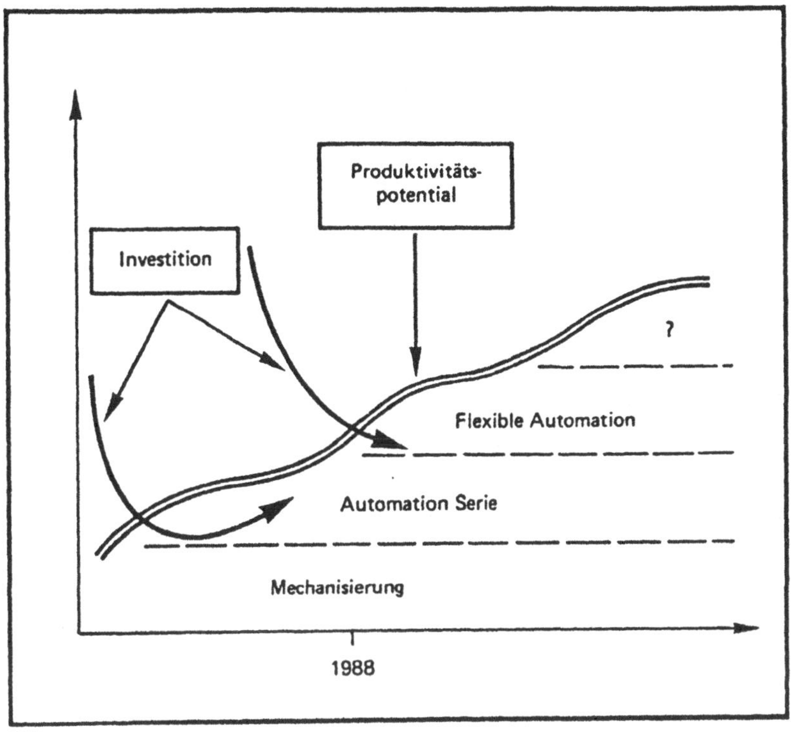

Bild 1 *1988 b.e. für flexible Automation?*

		% v. Umsatz
I	Automatisierung in der Teilefertigung	≈ 2,8
	mit flexibler Lösung	≈ 1,7
+	Auswirkung auf Mengenanpassung	≈ 1,2
		≈ 5,7
II	Kundenmontage mit gesteuerter Kommissionierung (Automation der Informationsverarbeitung)	≈ 3,8
III	Montagegerechte Produktgestaltung mit Automatisierung	≈ 3,5
IV	Produktflexible Automation	≈ 5,0

Bild 2 *Ausschöpfbares Potential durch zusammengefaßten Einsatz von mehreren Mitteln*

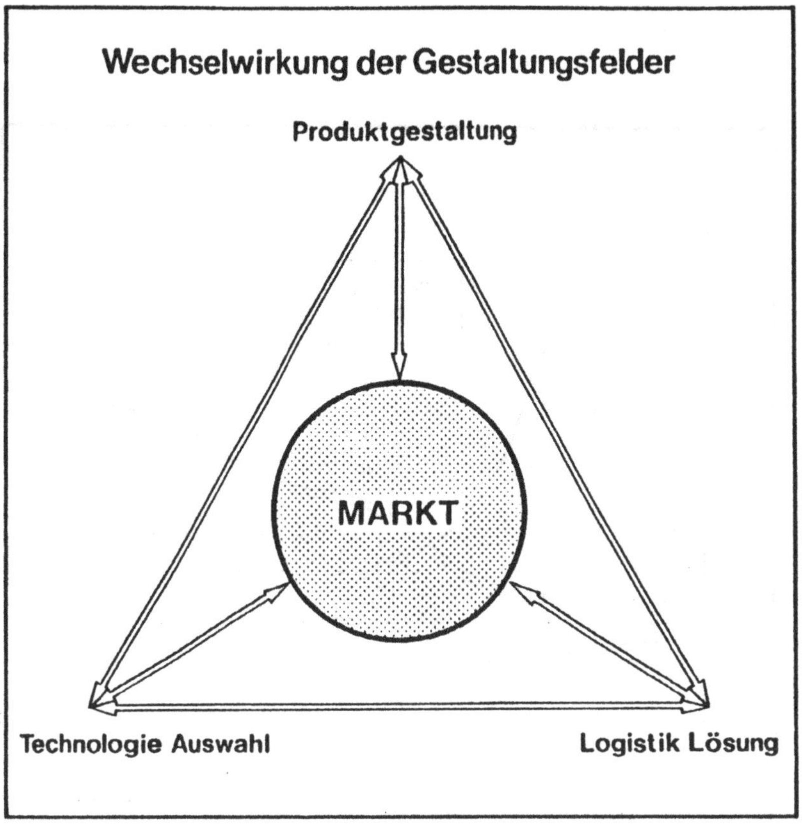

Bild 3 Wechselwirkung der Gestaltungsfelder

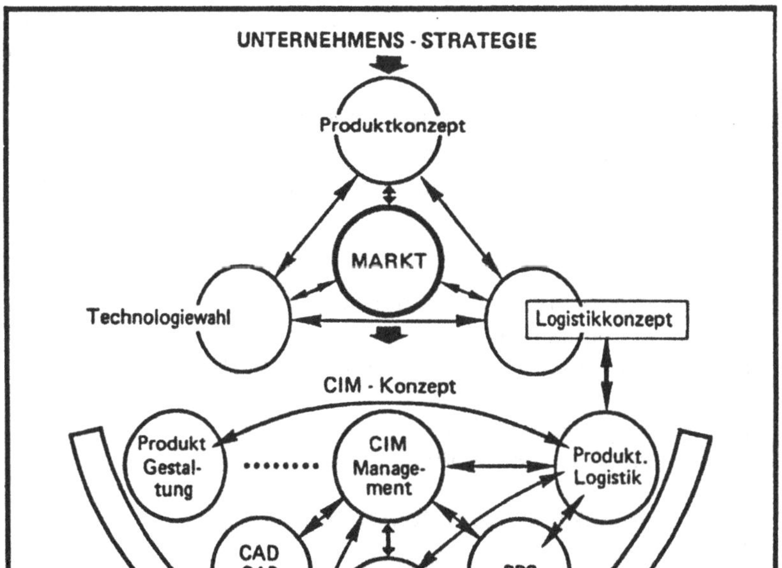

Bild 4 Produktionslogistik = Logistikkonzept + CIM-Konzept

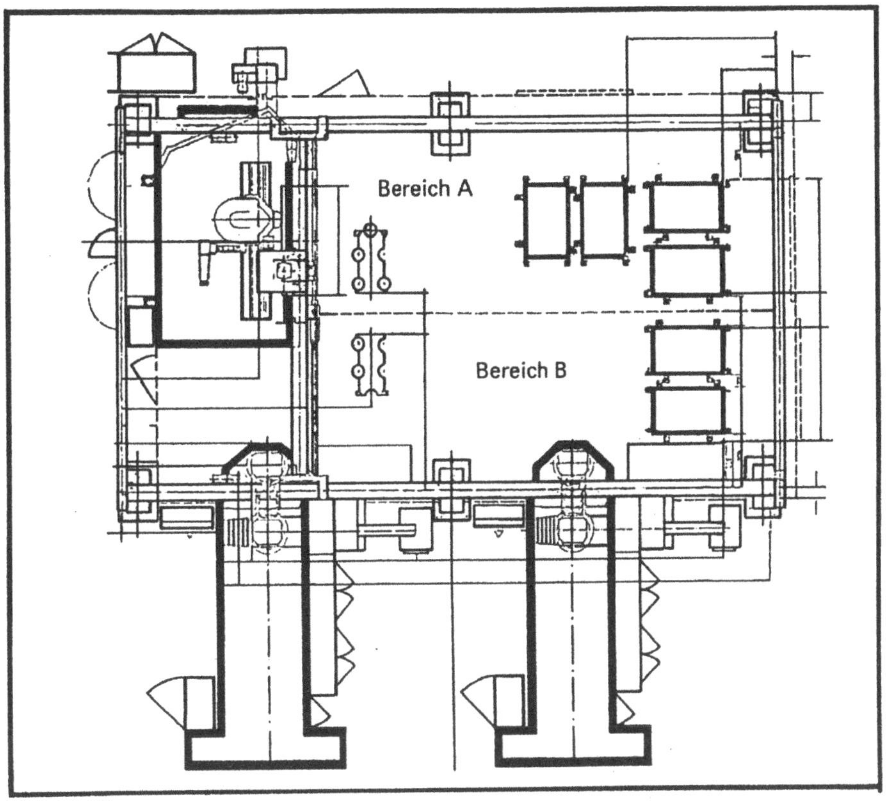

Bild 5 Flexible Fertigungszelle

Bild 6 Flexible Fertigungszelle

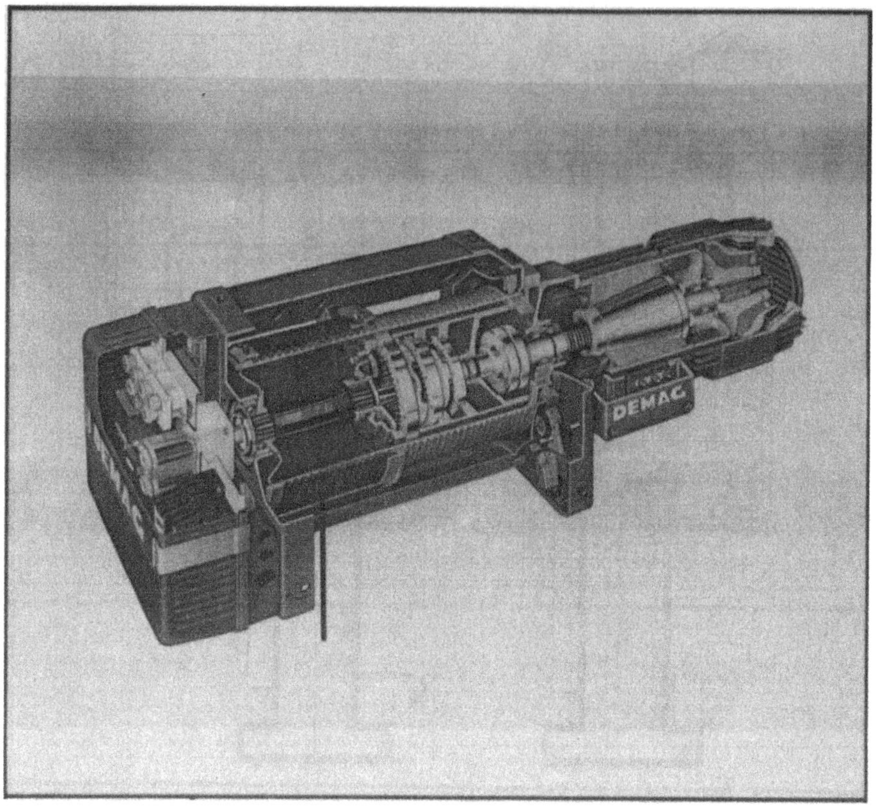

Bild 7 Hubwerk DH

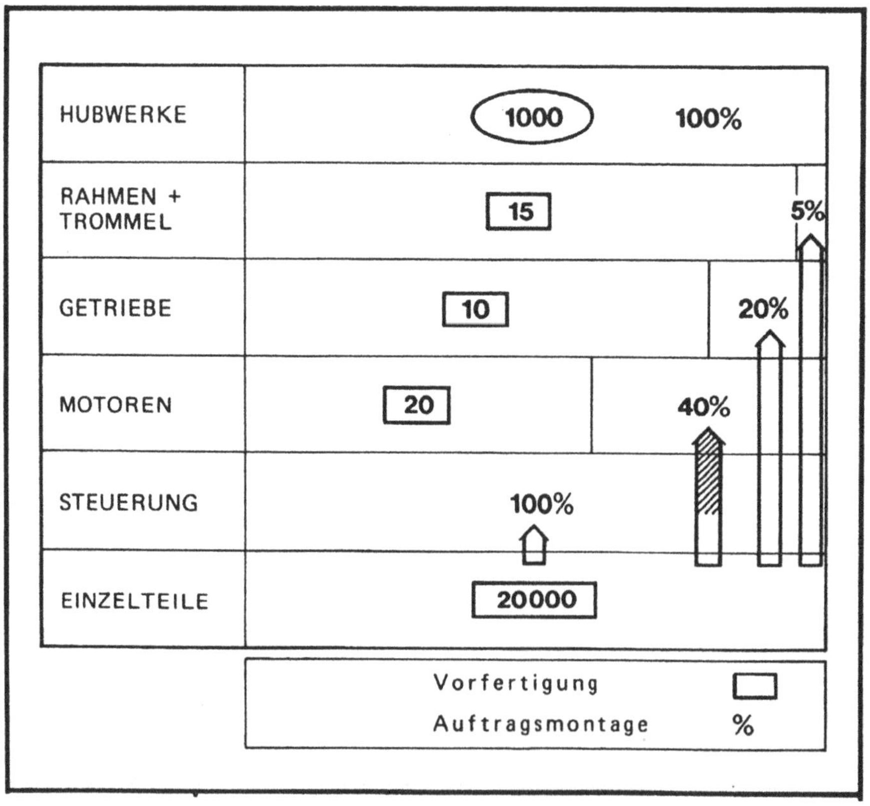

Bild 8 Baukastenstruktur

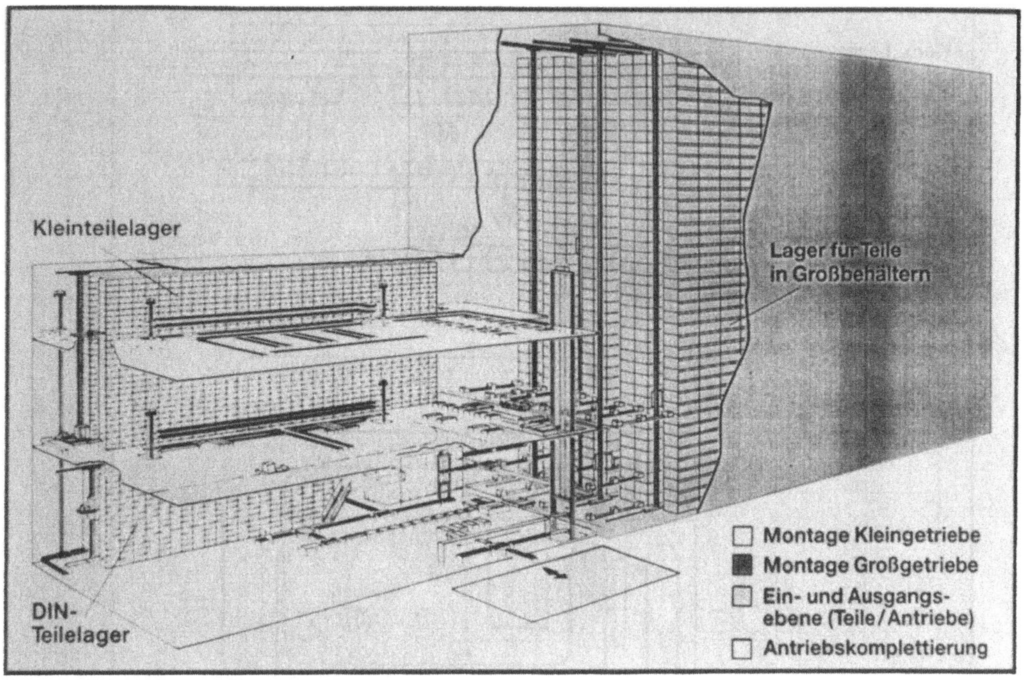

Bild 9 Kommissionierlager

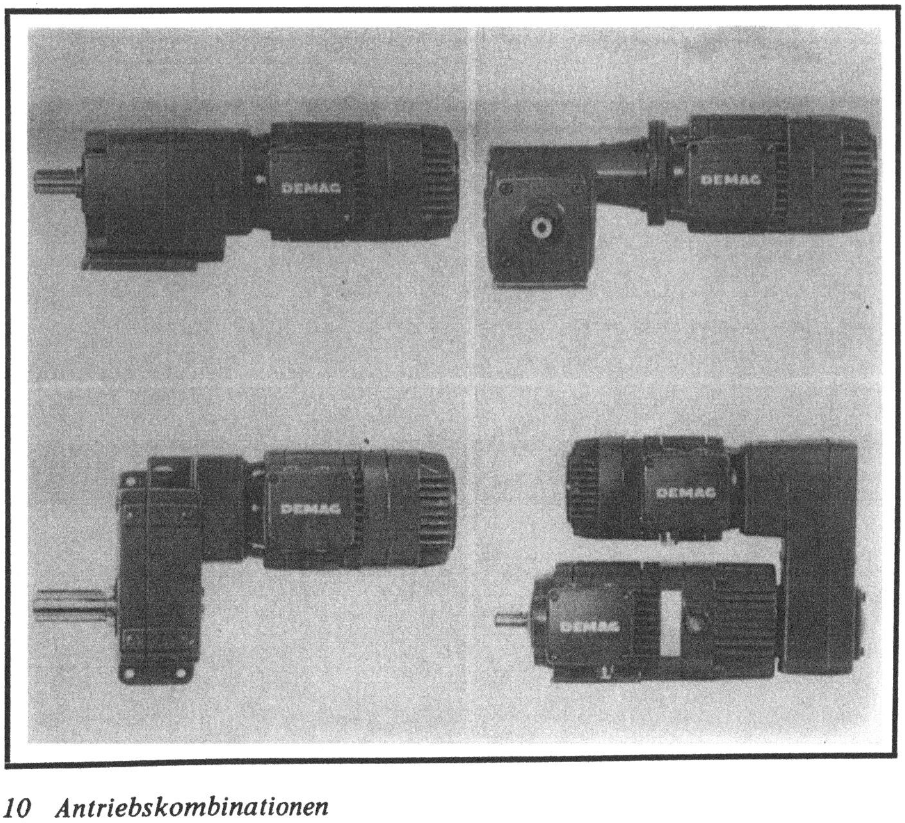

Bild 10 Antriebskombinationen

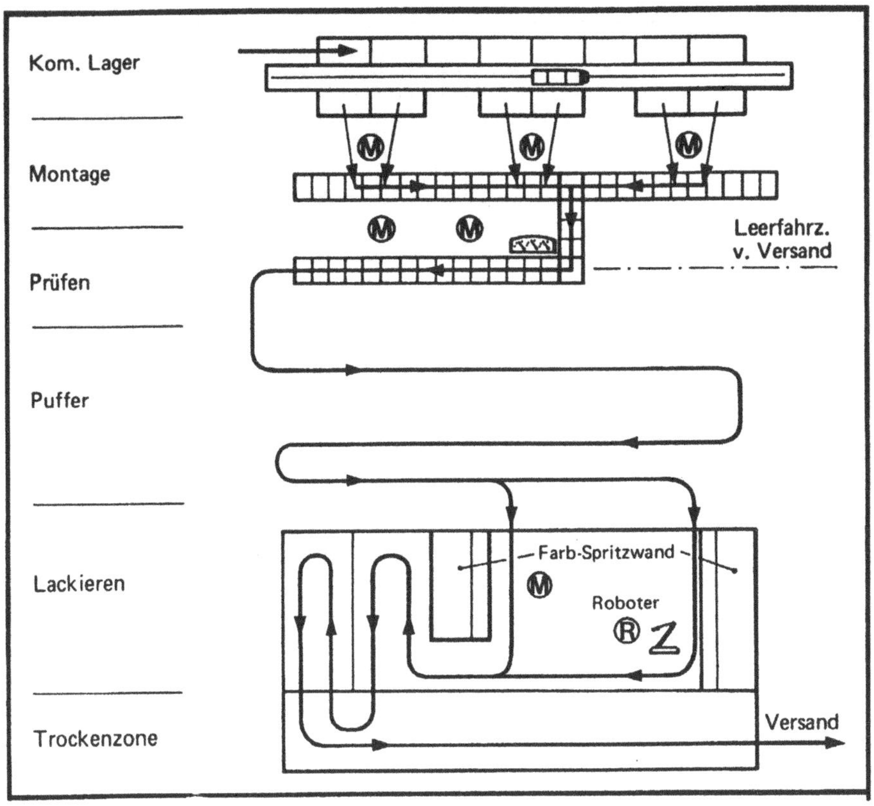

Bild 11 Antriebskomplettierung Farbgebung / Transport DSB

Bild 12 Antriebsmontage

Bild 13 Meß- und montagegerechte Produktstruktur

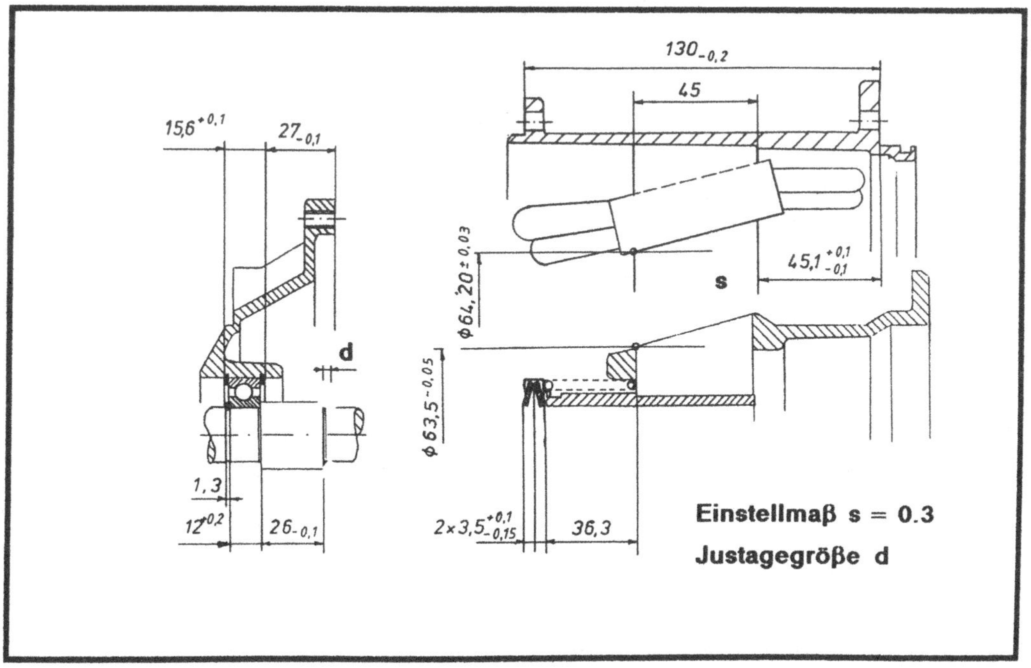

Bild 14 Justage des Läuferspiels, Einzeltoleranzen der Bauteile

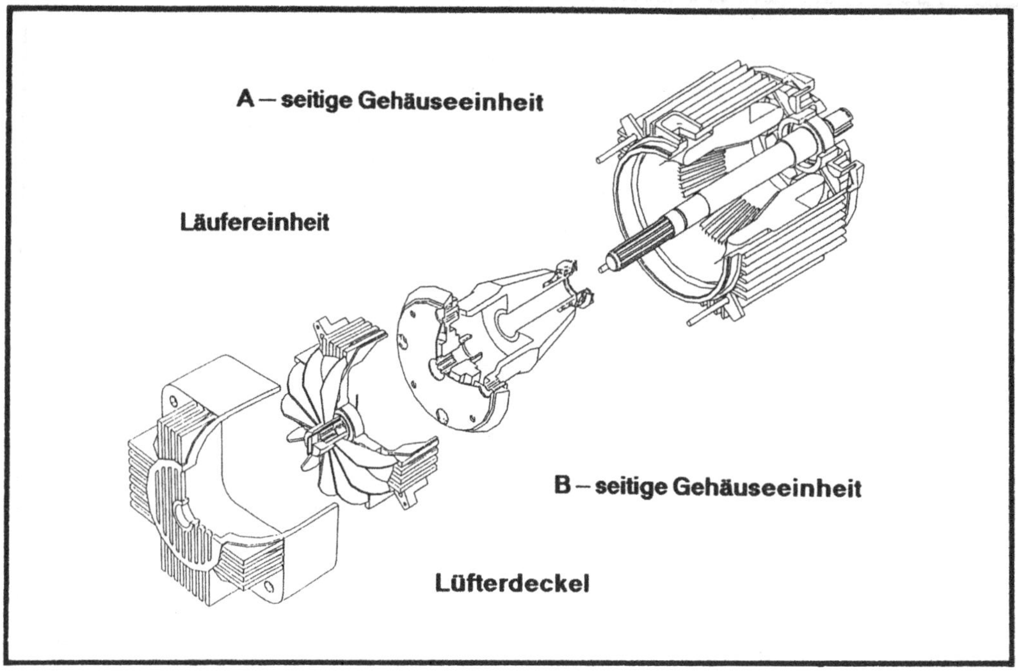

Bild 15 Ist-Zustand der Produktstruktur

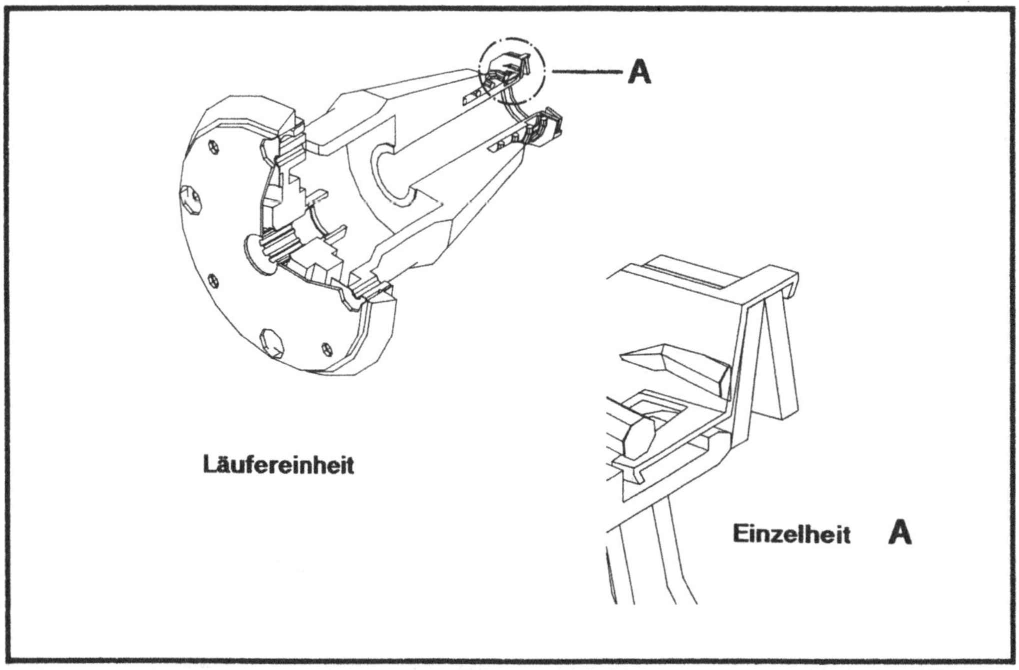

Bild 16 Läufereinheit mit dem Halteelement der Tellerfedern

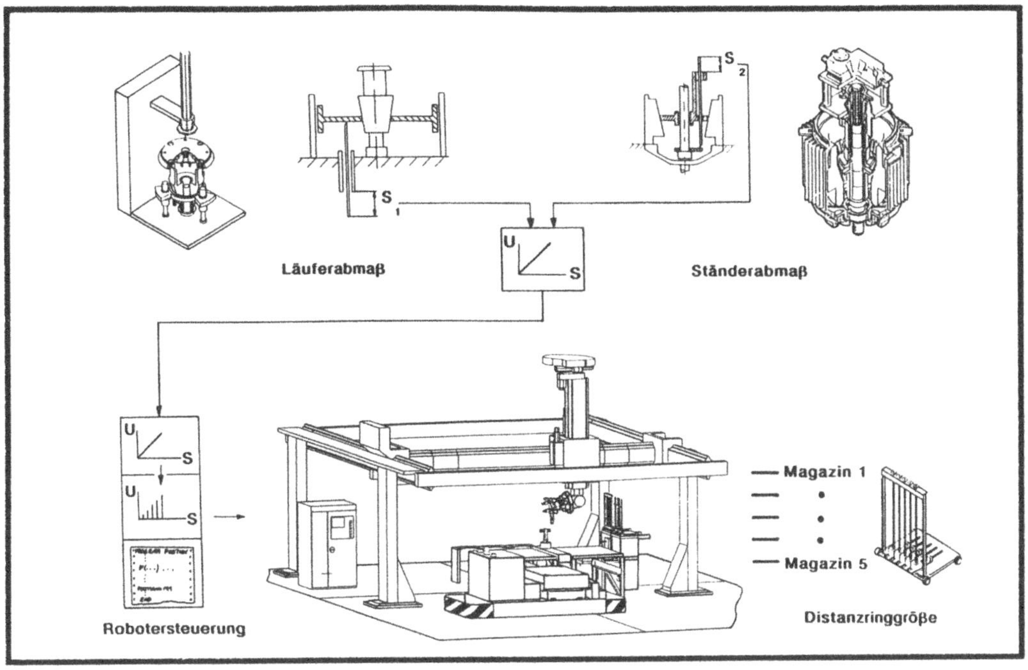

Bild 17 Flexibel automatisierte Läuferspieljustage mit Portalgerät DEROB

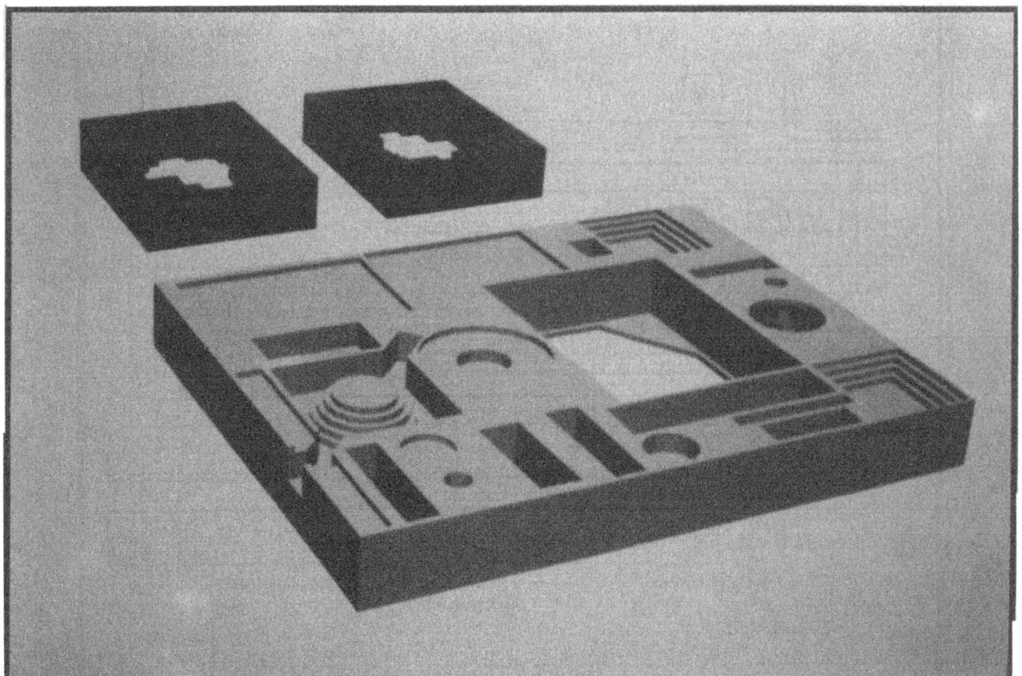

Bild 18 Palette mit herausgenommenen Wendeeinsätzen

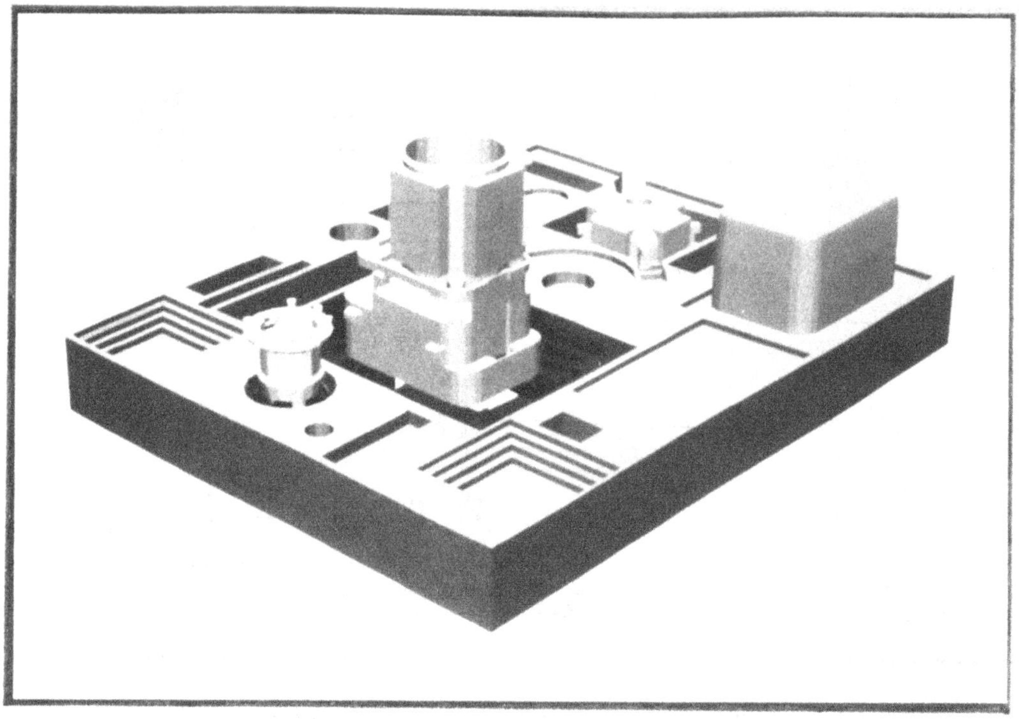

Bild 19 Mit Vormontageeinheiten bestückte Palette für die Automatikstation

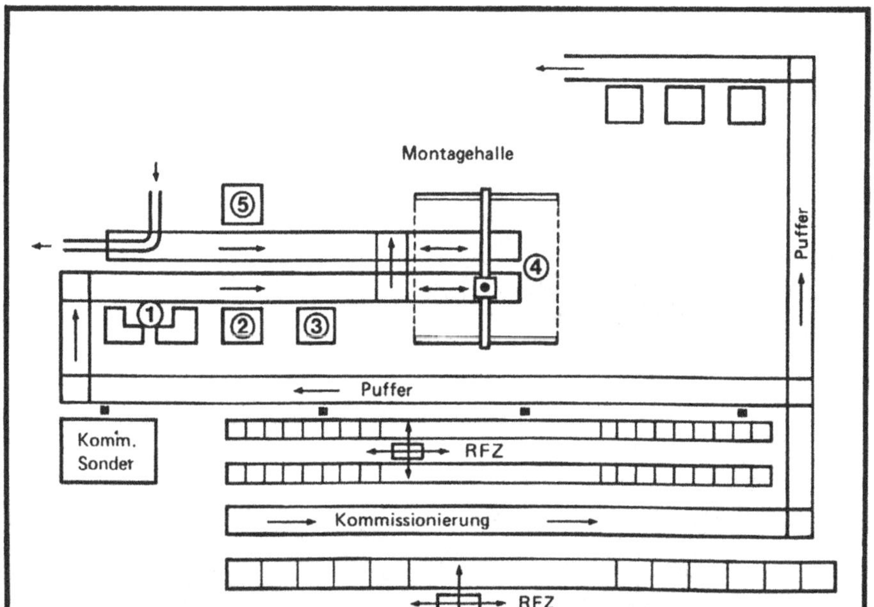

Bild 20 Kommissionierung für automatische Montage

MÜNCHENER KOLLOQUIUM '88
WETTBEWERBSVORTEILE DURCH INTEGRATION
IN PRODUKTIONSUNTERNEHMEN
24. UND 25. MÄRZ 1988
MÜNCHEN

UMRÜSTBARE MONTAGEZELLEN EINE CHANCE FÜR DIE FLEXIBILISIERUNG DER KLEINTEILEMONTAGE

Bruno Lotter
E.G.O. Elektro-Gerätebau GmbH

TECHNISCHE UNIVERSITÄT MÜNCHEN
INSTITUT FÜR WERKZEUGMASCHINEN
UND BETRIEBSWISSENSCHAFTEN

Umrüstbare Montagezellen,
eine Chance für die Flexibilisierung der Kleinteilemontage

---

1. Einleitung und Definition des Begriffs "Flexibilität" bei automatisierter Montage
2. Lösungsansätze für umrüstbare, flexible Montagezellen
3. Planungsansätze zur Arbeitsraumgestaltung flexibler Montagezellen als Voraussetzung der Wirtschaftlichkeit
4. Wirtschaftlichkeitsvergleich flexibler zu starrer Montageautomatisierung

1. Einleitung und Definition des Begriffs "Flexibilität" bei automatisierter Montage

Spricht man davon, das zukünftige Rationalisierungspotential der Montage durch Automatisierung auszuschöpfen, muß man sich zwangsläufig mit dem Thema "flexible Automatisierung" befassen. Die starre Montageautomatisierung (Einzweckautomaten) ist auf Großstückzahlen beschränkt.

Unter einer flexiblen Montageanlage versteht man eine Montageeinrichtung, in der in beliebiger Reihenfolge unterschiedliche Produktvarianten eines bestimmten Produktes montiert werden können. Dies wird in erster Linie durch die Integration programmierbarer Handhabungsgeräte, Füge- und Prüfeinrichtungen erreicht.

Bild 1 zeigt die prozentuale Verteilung der am meisten vorkommenden Einzelfunktionen der Montage im Bereich der Feinwerk- und Elektrotechnik. Der Anteil von ca. 70 % für Handhaben und Fügen entfällt etwa je zur Hälfte auf das eigentliche Handhaben sowie auf das Bereitstellen und Ordnen der Einzelteile. Da nur das Handhaben mit flexiblen Betriebsmitteln, wie z. B. Montagerobotern, durchgeführt werden kann, sind vom Gesamtaufwand ca. 35 % der notwendigen Montagevorgänge über ein programmierbares Betriebsmittel flexibel. Die übrigen Prozesse sind dagegen nicht flexibel, da sie mit starren, typengebundenen Einrichtungen realisiert werden müssen.

Es wird deshalb notwendig, den Begriff "Flexibilität" für automatisierte Montage wie folgt zu definieren:

- Komplettmontage einer Produktfamilie. Die Varianten dieser Produktfamilien müssen sich auftragsgebunden in beliebiger Reihenfolge durch Programmierung montieren lassen.

- Flexible Montageanlagen müssen sich schnell von einem Produkt auf ein anderes Produkt umrüsten lassen, im Idealfall zwischen zwei Takten.

- Die in einer flexiblen Montageanlage verwendeten Standardbausteine müssen zur Nutzung neuer Montageaufgaben zu einem großen Teil wiederverwendbar sein.

Die Wiederverwendbarkeit standardisierter Bausteine ermöglicht im Rahmen der Platzkostenkalkulation die Untergliederung in Standardkomponente, deren volle Nutzungsdauer gegeben ist, und solche, deren Nutzungsdauer mit der voraussichtlichen Produktionszeit des Produktes endet, da es sich hier um produktspezifische Bausteine handelt.

Für den Aufbau flexibler Montageanlagen sind außer der Produktkomplexität und dem Produktionsvolumen der Produktaufbau und die dazu gehörigen Peripheriekosten von Wichtigkeit. Nur wenige Produkte sind aufgrund ihrer Konstruktion geeignet, vollautomatisch mit flexiblen Montageanlagen montiert zu werden. Bei einer Vielzahl von Produkten wird die Integration manueller Arbeitsplätze notwendig /1/.

Der Einsatz von flexiblen Montagezellen zur Montage unterschiedlicher Varianten eines Produktes ist nur dann wirtschaftlich, wenn das Produktionsvolumen eine ausreichende längerfristige Auslastung ermöglicht. In vielen Fällen ist dies nicht der Fall, so daß die Rüstflexibilität von wirtschaftlicher Bedeutung ist.

2. Lösungsansätze für umrüstbare, flexible Montagezellen

Flexible Montageanlagen müssen sich schnell von einem Produkt auf ein anderes Produkt umrüsten lassen. Man unterscheidet dabei nach Anlagen die manuell umgerüstet und nach Anlagen die automatisch umgerüstet werden.

2.1 Manuelles Rüsten

Manuelles Umrüsten einer flexiblen Montageanlage bedeutet, daß die Peripherie abgebaut und eine neue Peripherie für das neu zu montierende Produkt aufgebaut werden muß. Dies kann durch den manuellen Aufbau der einzelnen Komponenten geschehen, was jedoch einen erheblichen Zeitbedarf mit sich bringt. Von Vorteil ist, wenn die gesamte Peripherie auf einer Wechselpalette so aufgebaut ist, daß das Wechseln von einem Produkt zu einem anderen Produkt sich auf diese Wechselpalette mit der darauf befindlichen Peripherie beschränkt. Die im *Bild 11* gezeigte Montagezelle ist so aufgebaut. Die gesamte Peripherie befindet sich auf einer Wechselpalette, so daß bei einer Umrüstung die gesamte Peripherie aus der Montagezelle manuell herausgenommen werden kann, um durch eine neue, für ein anderes Produkt eingerichtete Wechselpalette ersetzt zu werden. Der Aufwand ist trotz dieser Anordnung nicht unbeachtlich und nur dann vertretbar, wenn die Rüstfrequenz entsprechend klein ist. Bei hoher Rüstfrequenz wird es zur optimaleren Nutzung einer flexiblen Montagezelle notwendig, die Rüstzeit durch Automatisierung des Wechselvorganges kurz zu gestalten.

2.2 Automatisches Rüsten

Grundanordnung und die notwendigen Basiskomponenten einer Montagezelle mit automatischer Rüstmöglichkeit geht aus *Bild 2* hervor. Sie besteht aus dem notwendigen Montageroboter und den Aufnahme-Zentriereinrichtungen für die Wechselpaletten mit den entsprechenden, produktabhängigen Peripherieeinheiten, wie z. B. die notwendigen Teilemagazine oder Ordnungselemente, Greifer und sonstige Montagewerkzeuge und Montagevorrichtung.

Die Palette wird durch ein induktiv geführtes Flurförderfahrzeug vom Palettenbereitstellplatz, der gleichzeitig als Befüllarbeitsplatz dient, gebracht und dort mit Hilfe des am Fahrzeug befindlichen Hubtisches auf die Aufnahme- und Indexiereinrichtung abgesetzt. *Bild 3* zeigt hierfür ein Beispiel /3/.

Solche Anordnungen können nur dann wirtschaftlich arbeiten, wenn z. B. der gesamte Montageprozeß mit einem Multigreifer durchgeführt werden kann. Ist durch unterschiedliche Einzelteilegeometrie und unterschiedliche Fügeoperationen der Einsatz eines Multigreifers nicht möglich, dann wird mehrfaches Wechseln von Greifern notwendig. Solche Systeme sind dann unwirtschaftlich, da die Greiferwechselzeiten die Taktzeit wesentlich erhöhen, ohne gleichzeitig die Wertschöpfung mit zu erhöhen. Wird Greiferwechsel notwendig, müssen die einzelnen, dem Greifer zugeordneten Montagevorgänge vielfach hintereinander durchgeführt werden, damit sich die Greiferwechselzeit nicht auf einen Einzelvorgang, sondern auf eine Vielzahl von Vorgängen umlegen und somit reduzieren läßt.

Bild 4 zeigt eine automatisch rüstbare, flexible Montageanlage für drei unterschiedliche Produkte, wobei jeder Montagevorgang vielfach, gleich der Werkstückträgerzahl, durchgeführt wird und damit Greiferwechselzeiten reduziert werden. Die wesentlichen Bestandteile einer derartigen Montageanlage sind ein Doppelgurtband-Karreesystem, ein Montageroboter und ein programmierbarer Schiebetisch zur Bereitstellung der Peripherieeinrichtungen, insbesondere der Teileversorgung für die unterschiedlichen Produkte.

Das Doppelgurtband-Karreesystem besitzt auf der einen Seite (links in *Bild 4*) drei Querbänder, die so dimensioniert sind, daß auf die Länge der Querbänder pro Band jeweils die Werkstückträger für die drei unterschiedlichen Produkte aufgenommen werden können und als Werkstückträgerspeicher dienen. Wird das Produkt A montiert, befinden sich die 12 Werkstückträger in Umlauf auf dem Doppelgurtband-Karreesystem. Die Werkstückträger für Produkt B und C sind in den übrigen zwei Querbändern gespeichert. Wird auf das Produkt B umprogrammiert, werden die Werkstückträger von Produkt A am Ende des Querbandes gestoppt und somit in diesem Querband gespeichert, und die Werkstückträger vom zweiten Querband für das Produkt B in den Umlauf freigegeben. Der gleiche Vorgang erfolgt erneut bei Umprogrammierung auf Produkt C oder wiederum auf Produkt A. Dadurch, daß, wie in diesem Beispiel aufgeführt, 12 Werkstückträger pro Produkt in Umlauf sind, werden die Montagevorgänge 12 mal hintereinander durchgeführt, d. h., wenn ein Greiferwechsel notwendig wird, sich diese Zeit auf 12 hintereinander folgende, gleichartige Tätigkeiten verteilt.

Die Bereitstellung der Peripherieeinrichtung, d. h. der Teile und der notwendigen Greifer, erfolgt über einen programmierbaren Schiebetisch. Auf diesem programmierbaren Schiebetisch sind auf drei separat angeordneten Bereitstellungspaletten die Teileversorgung und die notwendigen Greiferwerkzeuge für die Produkte A, B und C aufgebaut. Wird das Produkt A montiert, sind nicht nur die Werkstückträger A in Umlauf, dann ist auch der programmierbare Schiebetisch so verschoben worden, daß sich die Peripherie für Produkt A in Bereitstellungsposition zum Industrieroboter befindet. Bei einer Umprogrammierung z. B. auf Produkt C, werden nach der Speicherung der Werkstückträger A die Werkstückträger C für den Umlauf freigegeben und der programmierbare Schiebetisch verfährt die Palette C in die Bereitstellungsposition zum Industrieroboter. Der freie Platz außerhalb des Doppelgurtband-Karreesystems auf der Seite des Einzelquerbandes kann zur Bereitstellung von Sondereinrichtungen und Werkzeugen dienen. Hier kann z. B. eine Presse, ein Schraubautomat, eine Fettdosiereinheit usw. für die einzelnen notwendigen Vorgänge angeordnet werden. Mit einer derartigen Einrichtung reduziert sich die Umrüstzeit von einem zu einem anderen Produkt auf wenige Minuten, so daß ein hoher Nutzungsgrad der Anlage, trotz häufiger Umrüstung, gegeben ist.

Ein weiterer Vorteil ist darin zu sehen, daß z. B. während des Produktionsablaufes des Produktes A die Peripheriepalette vom Produkt C vom programmierbaren Schiebetisch abgenommen werden kann, um durch eine andere, bereits vorher eingerichtete Peripheriepalette ersetzt zu werden. Gleichzeitig müssen dann die Werkstückträger aus dem Werkstückträgerspeicher C herausgenommen werden und durch die für das neue, zugeordnete Produkt ersetzt werden.

Wird bei bestimmten Produkten die Integration manueller Montagetätigkeit notwendig, so kann die Rückseite des Doppelgurtband-Karreesystems (gegenüberliegend dem programmierbaren Schiebetisch) zur Integration manueller Montageplätze genutzt werden.

Das Doppelgurtband-Karreesystem der Industrieroboter und der programmierbare Schiebetisch stellen einen hohen Anteil an der Gesamtinvestition als wiederverwendungsfähige Bauelemente dar.

3. Planungsansätze zur Arbeitsraumgestaltung flexibler Montagezellen als Voraussetzung der Wirtschaftlichkeit

Die Taktzeit des Montageroboters ist ausschlaggebend dafür, ob eine der Investition entsprechende wirtschaftliche Arbeitsweise erreicht wird. Kurze Taktzeiten sind durch entsprechende Arbeitsraumgestaltung zu erzielen. Die fünf Grundbewegungen manueller Montage nach MTM und ihre Bewegungsfolge gelten in vollem Umfang auch für den Arbeitsablauf automatischer Montage, so daß sich die zur Planung und Optimierung von manuellen Montagearbeitsplätzen eingesetzte Primär- und Sekundär-Montagefeinanalyse als Planungsmethode flexibler Montagezellen anbietet /1, 4, 5, 6/.

So bietet z. B. die Bereitstellung der Bauteile an einem Fixpunkt den Vorteil einheitlicher kurzer Bewegungen des Roboters gegenüber der Abarbeitung von Bauteilen aus Paletten, da sich hier die Bewegungen von Vorgang zu Vorgang mit zunehmender Abarbeitung der Palette vergrößern.

Ist die Bereitstellung von Einzelteilen in palettenförmigen Flächenmagazinen notwendig, kann die Verkürzung der Roboterwege dadurch erreicht werden, daß die Paletten, wie in *Bild 5* dargestellt, zum Industrieroboter bewegt werden (*Bild 5, Zeichnung A*) bzw. daß die Paletten in X- oder Y- oder X-Y-Richtung bewegt werden, so daß gleiche Greifpositionen erreicht werden.

Der Bewegungsablauf wird wesentlich durch die gezielten Bewegungen der Bauelemente zueinander bestimmt. Abhängig vom Produktaufbau ist deshalb zu bestimmen, ob die Bauteile zum Basisteil, oder das Basisteil zu den Bauteilen zu bewegen ist /7/.

Bild 6 und *7* zeigt als Ausschnitt den Fügevorgang von drei unterschiedlichen Bauteilen in das Basisteil eines Reihenschalters. Die drei Bauteile sind pro Teil bis zu 6 mal in das Basisteil zu fügen. Dieser Produktaufbau ermöglicht, daß der eingesetzte Montageroboter mit seinem Greifer das Basisteil aufnimmt und zu den einzelnen Zuführstationen der Bauteile bewegt. Die Fügevorgänge sind dabei Bestandteil der Bauteilezuführung. *Bild 8* zeigt als Beispiel die Fügesituation der Lötfahne. Die sechs zu fügenden Lötfahnen werden einzeln hintereinander gefügt und das Basisteil dabei durch den Montageroboter jeweils um eine Rasterung versetzt in Ansatz gebracht.

Der Fahrweg des Roboters zur Montage dieses Reihenschalters nach *Bild 6* und *7* geht schematisch aus *Bild 9* hervor und beträgt ca. 1.200 mm. Bei umgekehrter Bewegungsfolge, also Bauteile zum Basisteil, hätte sich der notwendige Fahrweg des Roboters um ein Vielfaches erhöht, die Taktzeit verlängert und Greiferwechsel notwendig gemacht. Greiferwechselzeiten sind ein Sekundäraufwand, da keine Wertschöpfung in dieser Zeit erfolgt.

4. Wirtschaftlichkeitsvergleich flexibler zu starrer Montageautomatisierung

Die Grenze zwischen dem sinnvollen, wirtschaftlichen Einsatz von flexiblen Montagezellen zu Montageeinzweckautomaten ist nur durch detaillierte Planung, verbunden mit Wirtschaftlichkeitsberechnungen, zu ermitteln. Grundsätzlich, auch wenn die Grenzen fließend sind, lassen sich für beide Lösungsarten folgende Grundregeln aufstellen:

- Die auf einer automatisierten Montageanlage zu produzierende Jahresstückzahl stellt ein wesentliches Entscheidungskriterium dar Bei Großserienfertigung von über 500.000 Stück pro Jahr ist die Realisierung der Automatisierung in der Regel mit Standardbauelementen, welche nicht programmierfähig sind, wirtschaftlicher.

- Zur Durchführung nur eines einzelnen Montagevorganges ist ein Montageroboter zu teuer. Als wirtschaftliche Voraussetzung zum Einsatz einer flexiblen Montagezelle ist eine bestimmte Arbeitsanreicherung notwendig, d. h. entweder muß ein Teil mehrfach an unterschiedlichen Positionen oder mehrere unterschiedliche Teile müssen gehandhabt und gefügt werden.

- Außer der Produktionshöhe ist die Komplexität eines Produktes ebenfalls für die Entscheidungsfindung von Bedeutung. Ein Produkt, das nur aus sehr wenigen Teilen besteht, ist auch bei relativ kleiner Serie unter Umständen auf Einzweckautomaten wirtschaftlicher zu montieren, als unter dem Einsatz von Montagerobotern.

Beispiel:

Bild 10 zeigt den Schalterblock einer Produktfamilie, welcher in folgenden Varianten zu montieren ist:

Montage der Schaltkammern 1, 2, 3
Montage der Schaltkammern 1 und 3
Montage der Schaltkammern 1 und 2
Montage der Schaltkammern 2 und 3

Für jede der einzelnen Schaltkammern sind die gleichen Teilearten notwendig - eine Schaltfeder, ein Gegenhalter, zwei Anschlußteile, eine Schraube M 3 x 8 und eine Schraube M 3 x 12.

Die Losgrößen der einzelnen Varianten schwanken zwischen 10 und 200 Stück.

Bild 11 zeigt das Layout einer flexiblen Montagezelle zur Montage dieser unterschiedlichen Schalterblock-Varianten. Das von einer Vormontage kommende Basisteil (Keramik) wird manuell auf ein Förderband abgelegt und mit diesem Förderband über eine Eckstelle der Greifposition des Montageroboters zugeführt. Die Schaltfeder, der Gegenkontakt und die Anschlußteile werden über Vibrationswendelförderer geordnet und über entsprechend dimensionierte Auslaufschienen den Vereinzelungsstationen zugeführt. Die beiden Schrauben werden über Vibratoren geordnet und mit Druckluft durch Schläuche wechselweise einem Schrauber zugeführt. Die Größenordnung des Zuführbandes für das Basisteil sowie für die Auslaufschienen der Einzelteile ist so ausgelegt, daß sich eine Pufferkapazität bilden kann. Dadurch wird es möglich, daß diese Montagezelle über Kurzzeitpausen (max. 15 Minuten) ohne Aufsicht weiterproduzieren kann. Die Pufferkapazität ist so gestaltet, daß diese im zu überbrückenden Pausenzeitraum, selbst bei Störungen in den Zuführgeräten, nicht leergefahren werden, um nach den Pausen durch die Beaufsichtigung die Störungen so zu beseitigen, daß es zu keinem Stillstand der Montagezelle kommt. Die Leistung dieser Montagezelle ist von der Variante abhängig. Bei der Montage aller drei Schaltkammern ergibt sich bei einer Verfügbarkeit von 90 % eine Leistung von 45 Stück pro Stunde /2/.

Anhand des gezeigten Beispieles nach *Bild 10* und der dazugehörigen flexiblen Montagezelle nach *Bild 11* soll die Wirtschaftlichkeit gegenüber einer Einzwecklösung starrer Bauweise in Abhängigkeit der Produktionshöhe im folgenden aufgezeigt werden.

Die Investitionshöhe der in *Bild 11* dargestellten flexiblen Montagezelle beträgt nach *Bild 12* DM 227.000,--. Dieser Betrag teilt sich in Standardteile für wiederverwendungsfähige Bausteine mit DM 145.000,-- und in produktspezifische Anteile für nicht wiederverwendungsfähige Bausteine mit DM 82.000,-- auf. Die Personalbindung beträgt 0,5 Mitarbeiter, die erreichte Verfügbarkeit liegt bei ca. 90 % und für eine Produktionshöhe von 165.000 Schalterblöcken ist ein Zweischichtbetrieb an 230 Arbeitstagen pro Jahr notwendig. Würde sich die Produktionshöhe verdoppeln, d. h. auf 330.000 erhöhen, müßte unter dieser Annahme eine zweite flexible Montagezelle installiert werden, was auf die Montagekosten keinen Einfluß hat.

Der Schalterblock nach *Bild 10* beinhaltet drei gleiche Schaltkammern, die jeweils aus dem gleichen Satz Einzelteile zu fügen sind. Um einen Rundtaktautomaten in der Dimensionierung auf das notwendige Mindestmaß zu beschränken, und in Anbetracht auf die für einen Rundtaktautomaten relativ geringe Produktionshöhe, kann die Gesamtmontage in drei Durchläufen, wie in *Bild 13* dargestellt, erfolgen. D. h., das Basisteil durchläuft 3 mal die einzelnen Stationen der Rundtakteinheit, wobei jedesmal eine einzelne Schaltkammer montiert wird. Um dies durchführen zu können, muß die Montagevorrichtung in zwei Werkstückträger unterteilt werden.

Bild 14 zeigt schematisch den Aufbau der Montagevorrichtung, untergliedert in den Werkstückträger WT1 und WT2.

Der Träger WT1 dient zum Aufnehmen des vormontierten Basisteiles; der Werkstückträger WT2 jeweils zur Aufnahme eines Satzes Einzelteile. Wird die Maximalvariante, nämlich Fügen aller drei Schaltkammern, benötigt, durchläuft das Produkt 3 mal den Umlauf des Montagerundtaktautomaten, wobei nach dem Fügen der Teile in den WT2 das Basisteil jedesmal um eine Schaltkammer versetzt in den Werkstückträger WT2 zur Fertigmontage eingesetzt wird. Die Einzeltaktzeit beträgt 4 sec, so daß sich bei der Variante "Montage aller drei Schaltkammern" die produktbezogene Taktzeit auf 12 sec beläuft. *Bild 15* zeigt das Layout eines solchen Rundtaktmontageautomaten und aus *Bild 16* gehen die notwendigen Investitionskosten hervor.

Die Investitionskosten haben sich gegenüber der flexiblen Montagezelle mit DM 227.000,-- auf DM 348.000,-- erhöht, der Anteil an standardisierten Bauelementen zur Wiederverwendung liegt bei DM 154.000,-- und der Anteil produktspezifischer Art, also nicht wiederverwendungsfähig, bei DM 194.000,--. Die Personalbindung ist ein Mitarbeiter, die zu erzielende Verfügbarkeit wird mit 80 % angenommen. Bei der maximalen Bestückung des Schalterblockes wird eine Stundenleistung mit 240 Stück erreicht, d. h., daß eine solche starre Montageeinrichtung für eine Jahresproduktionszahl von 165.000 Stück lediglich 3 Stunden am Tag arbeitet.

Aus *Bild 17* geht die Platzkostenrechnung der flexiblen Montagezelle und des Rundtaktautomaten bei einer angenommenen Jahresproduktion von 165.000 Stück hervor und zeigt, daß die erzielbaren Montagekosten mit DM 0,78 mit der flexiblen Montagezelle günstiger gegenüber der Rundtaktausführung mit DM 0,87 pro Stück sind. Wird also eine Jahresstückzahl von 165.000 Stück nicht überschritten, ist der Einsatz der flexiblen Montagezelle günstiger.

In *Bild 18* ist die Montagekostenentwicklung in Abhängigkeit unterschiedlicher Jahresstückzahlen bei Einsatz der flexiblen Montagezelle und des starren Rundtaktautomaten aufgezeigt. Es zeigt deutlich, daß bei einer Erhöhung der Jahresstückzahl auf über 200.000 der Einsatz starrer Automatisierung, also des Rundtaktautomaten, günstigere Montagekosten erzielt. So bleiben z. B. bei der Verdopplung der Jahresstückzahl auf 330.000 Stück die Montagekosten mit zwei flexiblen Montagezellen bei DM 0,78 und sinken beim Einsatz eines Rundtaktmontageautomaten auf ca. DM 0,50 pro Stück ab /2/.

5. Zusammenfassung

Bild 18 zeigt, wie wichtig es ist, bereits im Planungsstadium Alternativlösungen zu erarbeiten, um über Wirtschaftlichkeitsrechnungen die optimale Lösung auszuwählen. Flexible Montageeinrichtungen sind dann richtig, wenn eine hohe Variantenzahl bei kleinen Losgrößen oder kleine Losgrößen unterschiedlicher, jedoch ähnlich gelagerter Produkte zu montieren sind.

Wenn sich unter den zur Zeit gegebenen Produktionskosten auch eine mögliche Vielzahl von flexiblen Montageeinrichtungen nach den herkömmlichen, wirtschaftlichen Berechnungsverfahren nicht so rechnen lassen, daß ihr Einsatz zwingend wird, so wird sich jedoch mit zunehmender Arbeitszeitverkürzung und der damit verbundenen überproportionalen Personalkostenverteuerung der Einsatz solcher flexiblen Montageeinrichtungen in wenigen Jahren auch wirtschaftlich lohnen. Es ist deshalb dringend zu empfehlen, sich schon heute mit dieser Montagetechnologie zu befassen, um dann zum richtigen Zeitpunkt die Lernphase hinter sich zu haben.

Literatur:

/1/ Lotter Wirtschaftliche Montage - ein Handbuch für Elektrogerätebau und Feinwerktechnik, VDI-Verlag, Düsseldorf / 1986

/2/ Lotter Montageroboter oder Einzweckautomat, Zeitschrift 'Roboter', MI-Verlag, Landsberg - April 1986

/3/ Milberg Montage - Rationalisierungspotential der Zukunft, 7. Deutscher Montagekongreß - MIC, München - 1987

/4/ Lotter Primär-Sekundär-Montageanalyse als Planungsmethode für Montagelinien, wt-Zeitschrift für industrielle Fertigung, Springer-Verlag, Berlin - I/1985, Seite 9 - 14

/5/ Lotter Produktionssteigerung im Montagebereich der Feinwerktechnik, F + M, Hanser-Verlag, München - April 1985

/6/ Lotter The economic design of assembly processes, Assembly Automation, IFS-Verlag, Bedford/England - August 1982, Seite 153 - 157

/7/ Barthelmeß Dissertation Februar 1987, TU München

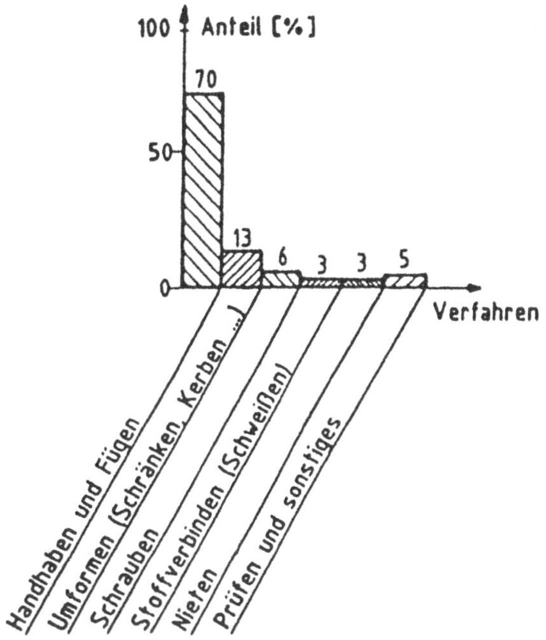

B. LOTTER

Prozentuale Verteilung der Einzelfunktionen von Montagevorgängen in der Feinwerk- und Elektrotechnik

BILD 1
IPA

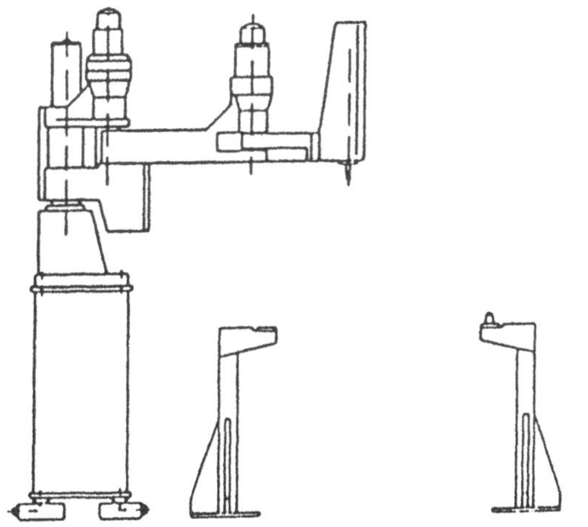

B. LOTTER

Basiskomponenten einer Montagezelle mit schnell wechselbarer Peripherie

BILD 2
iwb
TU-MÜNCHEN

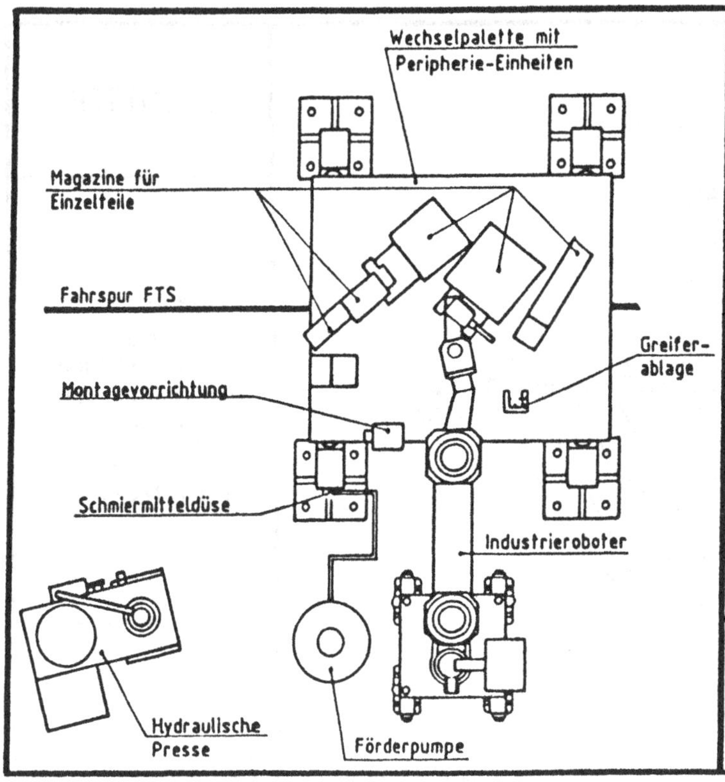

B. LOTTER

Montagezelle mit automatischem Wechseln der Peripherie durch FTS

BILD 3
iwb
TU-MÜNCHEN

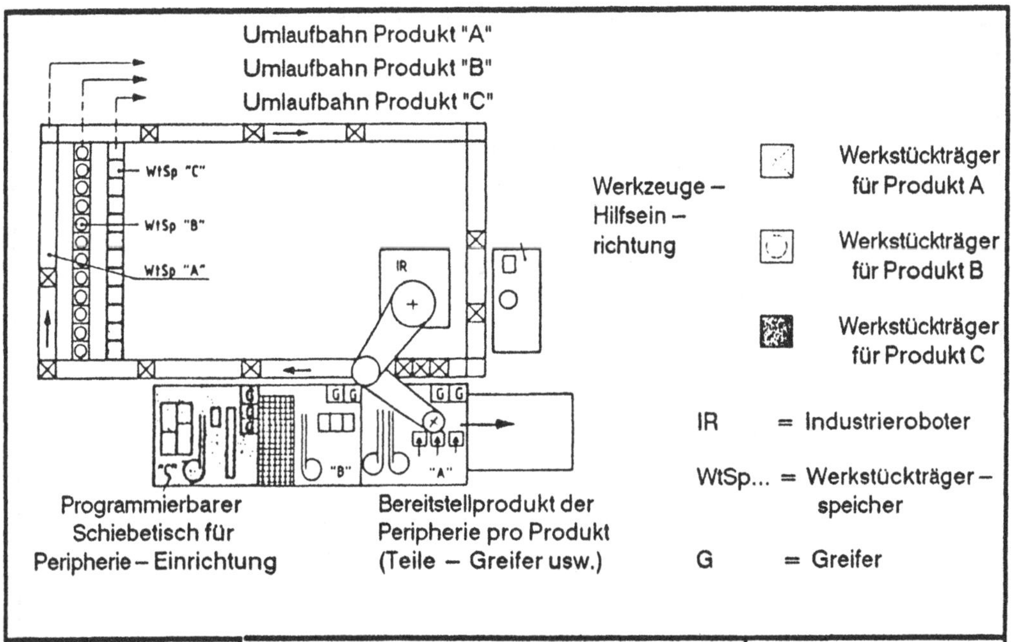

B. LOTTER

Automatisch rüstbare, flexible Montage – anlage für 3 unterschiedliche Produkte

BILD 4
Lotter/PROLINE

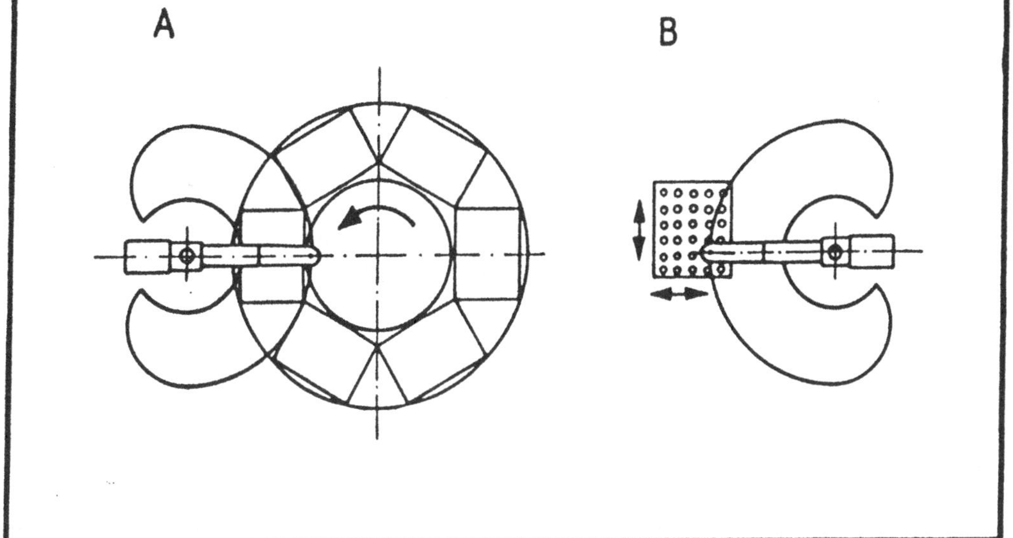

B. LOTTER	Bewegen von Werkstückpaletten zum Montageroboter	BILD 5 Barthelmeß

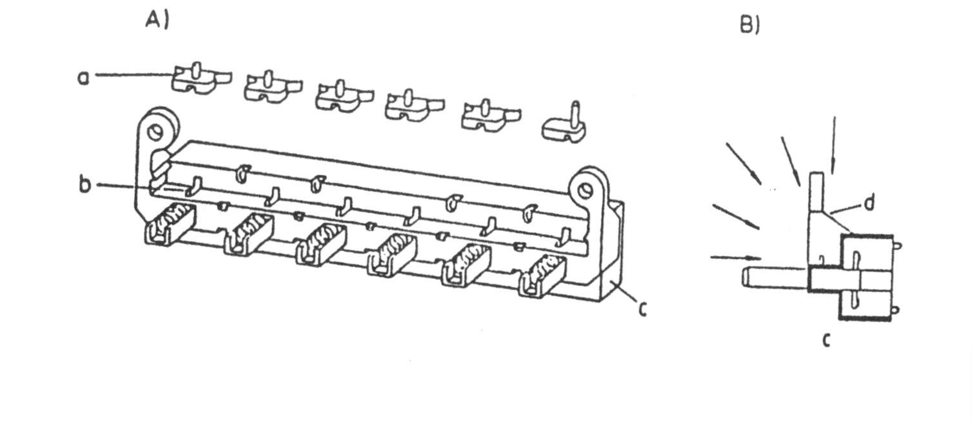

B. LOTTER	Fügepartner und Fügebewegung bei der Montage eines Reihenschalters	BILD 6 Barthelmeß

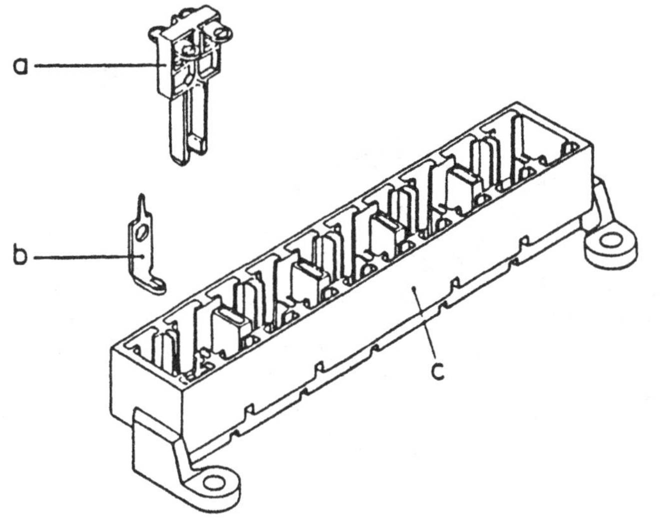

B. LOTTER	Einzel – Fügeteile bei der Reihenschaltermontage	BILD 7 Barthelmeß

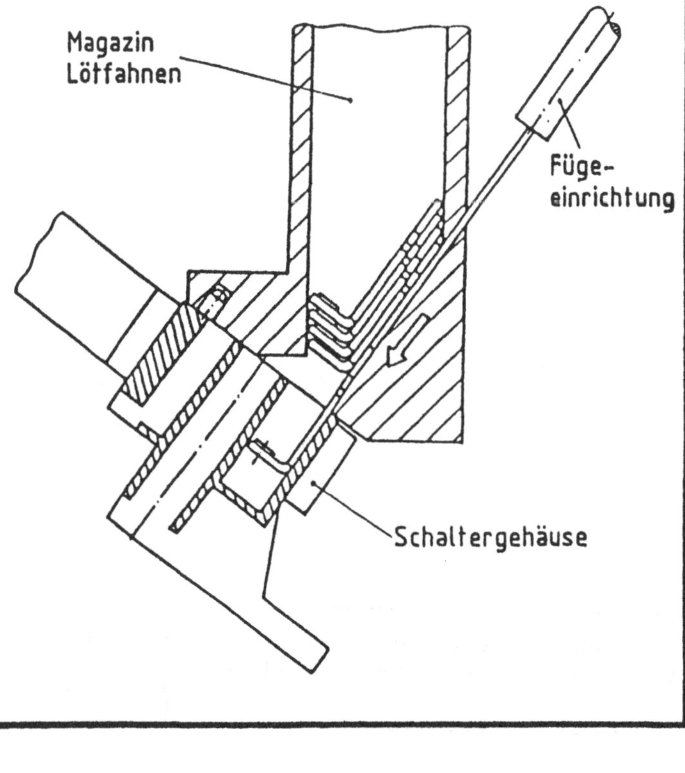

B. LOTTER

Fügen eines Lötanschlusses

BILD 8
iwb
TU-MÜNCHEN

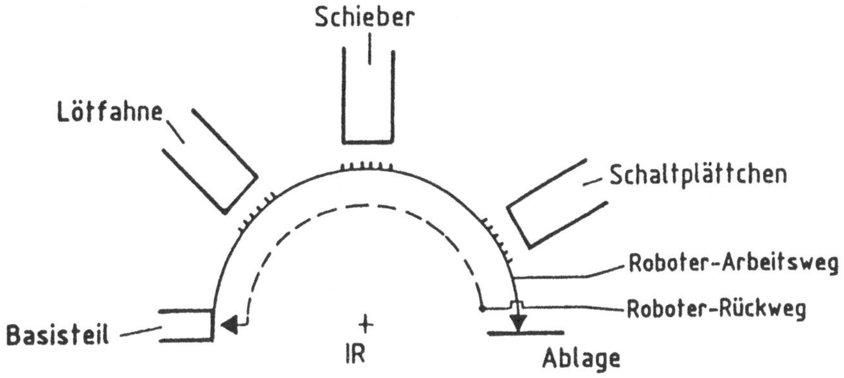

B. LOTTER | Roboter-Bewegungsablauf zur Montage "Reihenschalter" | BILD 9

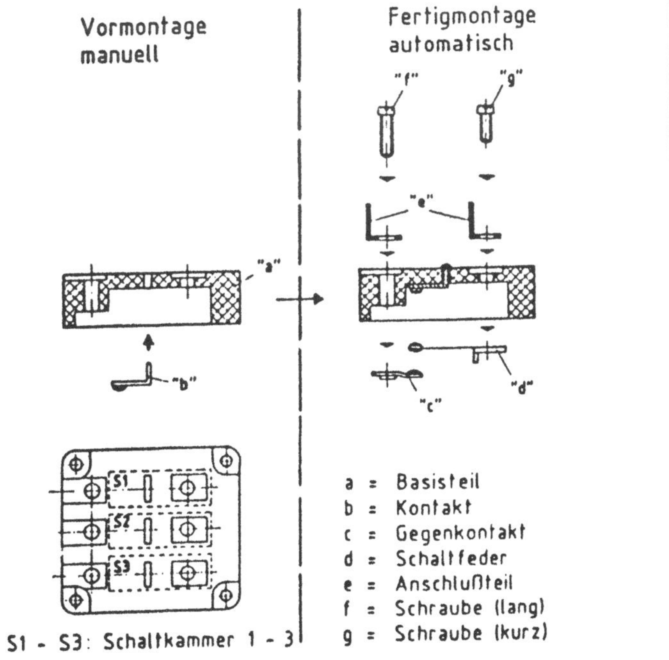

B. LOTTER | Produktaufbau Schalterblock | BILD 10

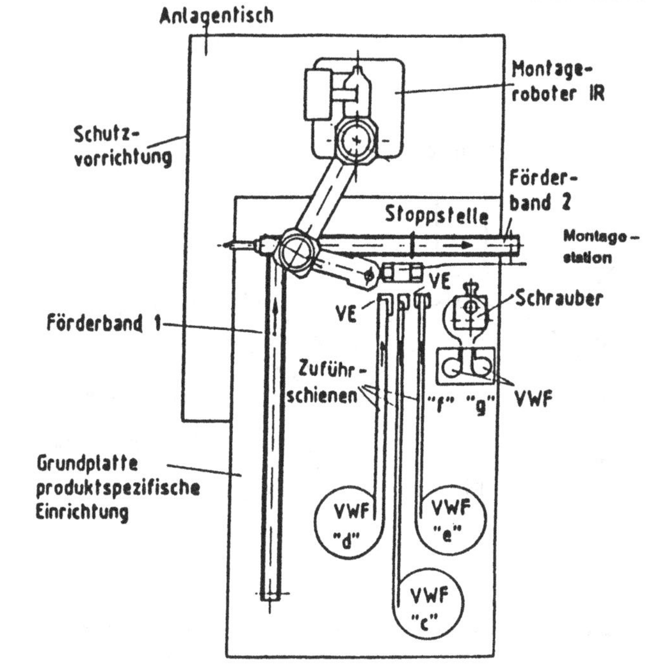

VWF = Vibrationswendelförderer VE = Vereinzelungsstation

B. LOTTER

Roboterzelle

BILD 11

INVESTITIONSERMITTLUNG	Schalterblock nach Bild 4	Flexible Montagezelle mit Montageroboter		
Stück	Benennung	DM	Standard-anteil	produktspez. Anteil
1	SCARA-Montageroboter mit Steuerung (IBM)	1oo.ooo,--	1oo.ooo,--	
1	Maschinentisch mit Stützkabine	8.ooo,--	8.ooo,--	
1	Kombinationsgreifer	2.5oo,--		2.5oo,--
1	Grundplatte für produktspezifische Einrichtung mit Abstützung usw.	8.ooo,--		8.ooo,--
1	Montagevorrichtung mit Sensoren und pneumatischer Spanneinrichtung	5.ooo,--		5.ooo,--
1	Förderband mit Eckstelle für Teil "a"	2.5oo,--		2.5oo,--
1	Zuführeinheit für Teil "d", bestehend aus VWF - Auslaufschiene	2o.ooo,--	5.ooo,--	15.ooo,--
1	Zuführeinheit für Teil "c"	17.ooo,--	5.ooo,--	12.ooo,--
1	Zuführeinheit für Teil "e"	17.ooo,--	5.ooo,--	12.ooo,--
1	pneumatischer Schrauber mit zwei VWF für Schrauben "f" und "g" einschl. Schrauber-Parkaufnahme	15.ooo,--	1o.ooo,--	5.ooo,--
1	Steuerung der produktspezifischen Einrichtungen, verkettet mit IR Steuerung (SPS)	12.ooo,--	12.ooo,--	
1	Programmierung	1o.ooo,--		1o.ooo,--
1	Gesamtaufbau mit Erprobung	1o.ooo,--		1o.ooo,--
		227.ooo,--	145.ooo,--	82.ooo,--

Leistung pro Stunde 45 Stück

Personalbindung o,5 Mitarbeiter

Verfügbarkeit 9o %

$\frac{\text{Soll/Jahr}\ \ 165000}{\text{Leistung/h}\ \ 45}$ = 3666^h : 23o Tage = 16 h/Tag

Bild 12 Investitionsermittlung für Montagezelle mit Montageroboter

Nr.	Arbeitgang	1.Durchlauf	2.Durchlauf	3.Durchlauf
1	Basisteil in WT 1 zuführen	x		
2	Teil c in WT 2 zuführen	x	x	x
3	Teil d in WT 2 zuführen	x	x	x
4	Basisteil von WT 1 in WT 2 fügen	x	x	x
5	Teil e in WT 2 zuführen	x	x	x
6	Schrauben f in WT 2 eindrehen	x	x	x
7	Teil e in WT 2 zuführen	x	x	x
8	Schrauben g in WT 2 eindrehen	x	x	x
9	Basisteil aus WT 2 in WT 1 legen	x	x	x
10	Fertige Baugruppe aus WT 2 auf Förderband ablegen	x		

B. LOTTER

Arbeitsplan für Montageschalter-block auf Rund-takt-Automat

BILD 13

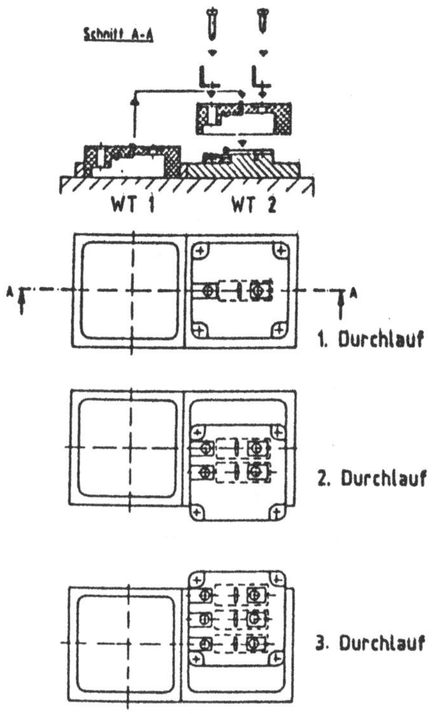

B. LOTTER

Montagevorrichtung, bestehend aus Werkstückträger WT 1 und WT 2

BILD 14

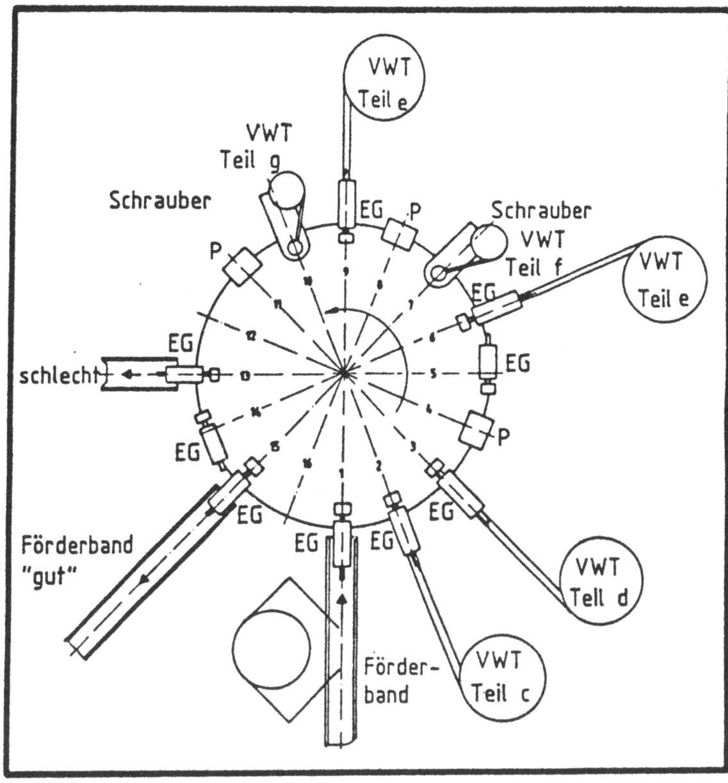

B. LOTTER

Rundtaktautomat

BILD 15

INVESTITIONSERMITTLUNG	Schalterblock nach Bild 4	Rundtaktmontageautomat nach Bild 10 (starre Automatisierung)		
Stück	Benennung	DM	Standard-anteil	produktspez. Anteil
1	Rundtakteinheit 16 Stationen (Malteserantrieb) mit Maschinentisch	35.000,--	35.000,--	
1	Rundtisch 1000 mm Ø (mit Bohrungen zur Aufnahme von 16 WT)	3.000,--		3.000,--
16	Doppelwerkstückträger (WT 1 und WT 2)	16.000,--		16.000,--
1	Zuführstation Nr. 1, best. aus EG, Förderband und Vereinzelungsstation (VE)	12.000,--	9.000,--	3.000,--
1	Zuführstation Nr. 2, best. aus EG, VWF - Auslaufschiene - VE	25.000,--	10.000,--	15.000,--
1	Zuführstation Nr. 3, best. aus EG, VWF - Auslaufschiene - VE	30.000,--	10.000,--	20.000,--
1	Prüfstation Nr. 4	2.000,--	1.000,--	1.000,--
1	Umsetzstation Nr. 5 für Basisteil von WT 1 in WT 2 (EG)	8.000,--	6.000,--	2.000,--
1	Zuführstation Nr. 6, best. aus EG, VWF - Auslaufschiene und VE	25.000,--	10.000,--	15.000,--
1	Schraubautomat Nr. 7	30.000,--	20.000,--	10.000,--
1	Prüfstation Nr. 8	2.000,--	1.000,--	1.000,--
1	Zuführstation Nr. 9, best. aus EG, VWF - Auslaufschiene - VE	25.000,--	10.000,--	15.000,--
1	Schraubautomat Nr. 10	30.000,--	20.000,--	10.000,--
1	Prüfstation Nr. 11	2.000,--	1.000,--	1.000,--
1	Ausladestation Ausschuß Nr. 13, best. aus EG - Rutsche	8.000,--	6.000,--	2.000,--
1	Umsetzstation für Basisteil von WT 2 in WT 1 (Nr. 14)	8.000,--	6.000,--	2.000,--
1	Ausladestation Nr. 15, best. aus EG - Förderband	12.000,--	9.000,--	3.000,--
1	Maschinensteuerung	45.000,--		45.000,--
1	Gesamtaufbau und Erprobung	30.000,--		30.000,--
		348.000,--	154.000,--	194.000,--

Leistung pro Stunde = 4 sec-Takt x 3 Durchläufe = 12 sec

Personalbindung 1 Mitarbeiter

Verfügbarkeit 80 % = $\frac{3600 \times 0{,}8}{12}$ = 240 Stück/h

$\frac{\text{Soll-Jahr } 165000}{\text{Leistung/h } 240}$ = 688^h : 230 Tage = 3 h/Tag

Bild 16 Investitionskostenermittlung für Rundtakt-Montageautomat

PLATZKOSTENRECHNUNG	Flexible Montagezelle mit Montageroboter		Rundtaktmontageautomat	
Nutzungsdauer: 4 Jahre		DM/Jahr		DM/Jahr
Kapitalabschreibung Standardelemente: 8 Jahre	145.000 : 8 =	18.125,--	154.000 : 8 =	19.250,--
prod.spez.Einheiten: 4 Jahre	82.000 : 4 =	20.500,--	194.000 : 4 =	48.500,--
Kapitalzinsen (K:2) x p = 10 %	(227.000 : 2) x 10 % =	11.350,--	(348.000 : 2) x 10 % =	17.400,--
Raumkosten m² x DM/m² Monat	20 m² x DM 10,- x 12 =	2.400,--	30 m² x DM 10,- x 12 =	3.600,--
Energiekosten Strom	5 kW x DM -,20 x 3666^{h}	3.666,--	5 kW x DM -,20 x 688^{h}	688,--
Druckluft	5 m³ x DM -,08 x 3666^{h}	1.466,--	30 m³ x DM -,08 x 688^{h}	1.651,--
Instandhaltung 10 % vom Kapitaleinsatz		22.700,--		34.800,--
Anlagenkosten/Jahr		DM 80.207,--		DM 125.889,--
$K_{MH} = \frac{\text{Anlagenkosten/Jahr}}{\text{h/Jahr}}$	$\frac{80207}{3666}$ = DM/h	21,88	$\frac{125889}{688}$ = DM/h	182,98
Personalkosten 1 Person x DM 12,50/h + 110 % Schichtzulage	0,5 Pers. DM/h	13,12 -,31	1 Pers. DM/h	26,25 --
Personalkosten/h	DM	13,43	DM	26,25
Montagekosten K_{MH}	DM	21,88	DM	182,98
Personalkosten	DM	13,43	DM	26,25
Montagekosten/h	DM	35,31	DM	209,23
Montagekosten/Stück	$\frac{\text{DM } 35,31}{45 \text{ Stück}}$ = DM	-,78	$\frac{\text{DM } 209,23}{240 \text{ Stück}}$ = DM	-,87

Bild 17 Montagekostenberechnung bei einer Jahresproduktion von 165.000 Stück

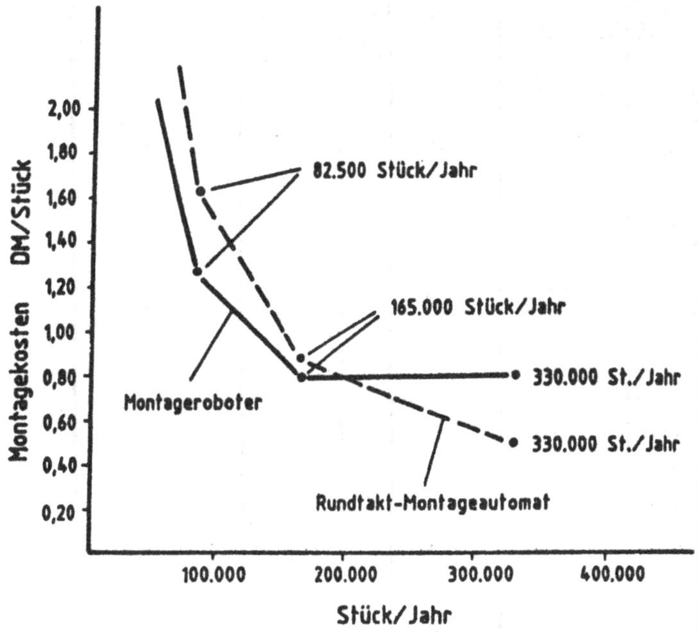

B. LOTTER

Montagekosten-entwicklung

BILD 18

MÜNCHENER KOLLOQUIUM '88

WETTBEWERBSVORTEILE DURCH INTEGRATION

IN PRODUKTIONSUNTERNEHMEN

24. UND 25. MÄRZ 1988

MÜNCHEN

WETTBEWERBSVORTEILE DURCH STÄRKUNG DER ZUSAMMENARBEIT VON KONSTRUKTION, PRODUKTION UND QUALITÄTSSICHERUNG

Prof. Dr.-Ing. Hans Kurt Tönshoff

Universität Hannover

TECHNISCHE UNIVERSITÄT MÜNCHEN

INSTITUT FÜR WERKZEUGMASCHINEN

UND BETRIEBSWISSENSCHAFTEN

Wettbewerbsvorteile durch Stärkung der Zusammenarbeit von Konstruktion, Produktion und Qualitätssicherung

---

1. Einleitung

Wie die 4 Vorträge /1, 2, 3, 4/ aufzeigen, fordert der Wettbewerb vom Anbieter heute nicht nur qualitativ immer hochwertigere Produkte, sondern verlangt in verstärktem Maße bei Angeboten eine Rücksichtnahme auf die individuellen Bedürfnisse der Kunden. Den sich daraus ergebenden Absatzrisiken und häufigen Produktwechseln begegnen die Hersteller durch Verkleinerung der Losgrößen. Die Automatisierung muß neben dem klassischen Ziel der Kosteneinsparung auch einer Flexibilität in Lieferfähigkeit und Umstellung auf neue Produkte Rechnung tragen. Das kann natürlich nicht heißen "Flexibilität um jeden Preis", sondern schon in der Konstruktion muß bereits verstärkt auf die vorhandenen und geplanten Fertigungseinrichtungen Rücksicht genommen werden. Es kommt zwangsläufig zu Zielkonflikten zwischen Marketingstrategien, Fertigungsmöglichkeiten und dem Wunsch der Konstrukteure, technologisch hochwertige Produkte zu entwickeln.

2. Übertragbarkeit der Fallbeispiele

Einen Weg aus dieser Problematik bietet die Intensivierung der Zusammenarbeit zwischen Konstruktion und Fertigung bereits in der Konstruktionsphase. Der größte Teil der Produktkosten wird in diesem Stadium festgelegt (*Bild 1*). Hier gefällte Entscheidungen werden später nur schwer wieder zurückgenommen, zumal die ursprünglichen Begründungen erneut hergeleitet und diskutiert werden müssen. Auswirkungen neu eingeführter Fertigungsmethoden und Werkzeugmaschinen können nur dann Einfluß in der Konstruktion gewinnen, wenn ein ungehinderter Informationsfluß gewährleistet ist. Andererseits müssen Forderungen der Konstruktion an neue Fertigungsverfahren rechtzeitig in Neuanschaffungen resultieren, um Zeiten für Auswahl, Bestellung, Anlieferung und Aufbau Rechnung zu tragen. Die Zusammenlegung von ganzen Abteilungen in sogenannte Forschungs- und Ingenieurzentren wird sicher der Großindustrie vorbehalten bleiben. Die dahinter stehenden Ideen sind jedoch allgemein übertragbar.

In Abhängigkeit des ausgewählten Marktsegmentes und den firmeneigenen Marketingstrategien werden Freiräume der Konstruktion enger oder weiter gesteckt werden. Funktion und Technologie um jeden Preis läßt sich nur einem begrenzten Kundenkreis verkaufen. Es gilt, die anvisierte Marktnische optimal auszufüllen.

Ein verstärkter Einsatz von Modulkonzepten und Baukastenprinzipien erleichtert eine Flexibilisierung der Fertigung hinsichtlich der Produkte, die bei geringem Rüstaufwand parallel gefertigt werden können. Übergreifende Konzepte sind dabei unabdingbar, da die Entscheidungen sich gegenseitgig beeinflussen. Wirtschaftlichkeitsbetrachtungen können, soweit sie überhaupt möglich sind, nur für den jeweils betrachteten Einzelfall gelten. Die Forderung nach Flexibilität kann dabei nicht bedeuten, daß Druckmaschinen und PKW auf der gleichen Fertigungslinie produziert werden /5/, das Konzept sollte jedoch offen genug sein, um zukünftigen Produktstrategien Rechnung tragen zu können.

Die hier vorgestellten Beispiele, /1, 2, 3, 4/, stammen aus der Großserie und können nicht als allgemeine Patentrezepte aufgefaßt werden. In der Einzel- und Kleinserienfertigung spielt die Optimierung der Fertigungskosten eine weit geringere Rolle. Zwar gilt auch hier der Zusammenhang zwischen festgelegten und verursachten Kosten, jedoch ist der Verlauf der verursachten Kosten mit steigendem Optimierungsaufwand flacher, bei steigenden absoluten Kosten. Im Extremfall liegen die Kosten für Konstruktion und Arbeitsvorbereitung weit über den Fertigungskosten.

3. Ausblick in die Zukunft

3.1 Die Arbeitsvorbereitung als Bindeglied zwischen Konstruktion, Fertigung und Qualitätssicherung

Um die vom Markt geforderte steigende Flexibilität in Produkt und Lieferfähigkeit bieten zu können, muß die Durchlaufzeit des gesamten Auftrages vom Angebot bis zur Lieferung verkürzt werden. Dieses Ziel kann nicht nur durch eine Optimierung der Produktionsverfahren erreicht werden. Parallel muß die Integration von Konstruktion, Produktion und Qualitätssicherung angestrebt werden. Bindeglied zwischen diesen drei Abteilungen ist bisher die Arbeitsvorbereitung, die die Fertigungsverfahren festlegt, Arbeits- und Prüfpläne erstellt und die NC-Programmierung vornimmt (*Bild 2*). Jeder Integrationsversuch muß mit der Integration der Arbeitsvorbereitung in die Einzelabteilungen nach einem übergreifenden Konzept beginnen.

3.2 Informationsmodelle in der Arbeitsvorbereitung

Die Arbeitsvorbereitung entwickelt aus den Konstruktionsunterlagen Anweisungen, nach denen Produkte zu fertigen und zu prüfen sind. Informationstechnisch kommen dabei drei Modelle zur Anwendung /6, 7/ (*Bild 3*). Das Werkstückmodell beschreibt das Wissen über die möglichen Zustände, die ein Werkstück im Fertigungsprozeß vom Rohteil zum Endprodukt einnimmt. Die einzelnen Bearbeitungsschritte sind Operatoren des Werkstattmodelles, das die Maschinen und Möglichkeiten der Werkstatt abbildet. Das Planermodell repräsentiert das heuristische Wissen des Arbeitsplaners über die Auswahl und Anwendung der Maschinen und Arbeitsgänge, d. h. der Operatoren des Werkstattmodells. Diese Modelle bilden die Grundlage einer automatisierten Arbeitsplanung mittels wissensbasierter Mechanismen. Die Regeln der Arbeitsplaner sind häufig einfache WENN - DANN Beziehungen, die allerdings durch komplexe Verknüpfungen vom Menschen nur schwer zu überschauen sind. Da umfangreiche Berechnungen nur selten durchzuführen sind, bietet die regelbasierte Programmierung mit Sprachen der 5. Generation die Möglichkeit, den Programmieraufwand in Grenzen zu halten (*Bild 4*).

3.3 Integration von Konstruktion und Arbeitsvorbereitung

Das Werkstückmodell bildet die Schnittstelle zwischen Konstruktion und Arbeitsvorbereitung. Mit den heute auf dem Markt verfügbaren CAD-Systemen kann vom Konstrukteur lediglich ein Geometriemodell erzeugt werden, das Grundlage für die benötigten Zeichnungen ist. Bei der Kopplung von rechnerunterstützter Konstruktion und Arbeitsplanung treten große Schwierigkeiten auf (*Bild 5*). Über behelfsmäßige Schnittstellen versucht man, Redundanzen und unvermeidliche Datenverluste so gering wie möglich zu halten. Es drängt sich die Forderung nach einem einheitlichen Produktmodell auf, das die Erfordernisse von Konstruktion und Arbeitsvorbereitung auf gleicher Datenstruktur unterstützt /8/. Über eine elementorientierte Benutzerschale gibt der Entwickler nicht nur Geometrieinformationen ein, sondern modelliert gleichzeitig Werkstückzustände /9/, aus denen Arbeitspläne und NC-Programme automatisiert erstellt werden können, (*Bild 6*). Die Bausteine dieser technischen Elemente müssen in enger Zusammenarbeit zwischen Entwicklung und Arbeitsplanung erstellt werden, um den beiderseitigen Anforderungen zu entsprechen, nach Vollständigkeit von Daten und Geometrie einerseits, komfortabler Benutzeroberfläche mit Rückgriff auf vorhandene Normdaten andererseits (*Bild 6*). Eine solche Anwenderschnittstelle dient damit auch der Durchsetzung von Normen und Standards.

3.4 Integration von Produktion und Arbeitsvorbereitung

Aufgrund der Unwägbarkeiten, denen Fertigungsabläufe unterliegen, ist es häufig nicht möglich, die optimalen Arbeitspläne auszuführen. So müssen Arbeitspläne geändert werden, wegen auftretender Störungen wie Maschinenausfall, Krankheit des Personals, beschädigter und fehlender Werkzeuge und nicht verfügbarer Maschinenkapazitäten /7/. Ein automatisches Arbeitsplanungssystem sollte also auch auf den aktuellen oder einen vermuteten Status der Werkstatt Rücksicht nehmen können und zu vom optimalen Arbeitsplan abweichenden Anweisungen kommen. Die dazu notwendigen Daten werden von der Betriebsdatenerfassung geliefert. Die verbindlichen Arbeitspläne und Maschinenprogramme werden unmittelbar vor der Fertigung generiert.

3.5 Integration von Qualitätssicherung und Arbeitsvorbereitung

Hinsichtlich der Qualitätssicherung gelten prinzipiell dieselben Aussagen wie für die Integration von Arbeitsvorbereitung und Produktion. Für die Qualitätssicherung werden jedoch Prüfpläne generiert, die auf die verwendeten Produktionsmittel und verfügbaren Meßeinrichtungen abgestimmt werden.

3.6 Stellung der Arbeitsvorbereitung in der Zukunft

Wie wir gesehen haben, teilen sich die Aufgaben der Arbeitsvorbereitung bei der rechnerintegrierten Konstruktion und Fertigung in einen konstruktionsnahen und einen fertigungsnahen Teil auf (*Bild 7*). Große Teile der Arbeitsvorbereitung wandern in die Fachbereiche. Die fertigungsgerechte Konstruktion kann automatisch geplant und in NC-Programme umgesetzt werden. Übrig bleibt nur ein Rest, der nicht standardisierbare Teile bearbeitet und zukünftige strategische Entwicklungen in der Fertigung einleitet.

3.7 Zusammenfassung

Die Integration von Konstruktion, Fertigung und Qualitätssicherung als Teilstruktur eines CIM-Konzeptes ist zum augenblicklichen Zeitpunkt noch Zukunftsvision. Da die auf dem Markt verfügbaren Systeme in den vergangenen Jahren jeweils auf Teilbereiche beschränkt sind, muß ihre nachträgliche Integration scheitern. Für neue Entwicklungen stellt sich die Forderung nach einem einheitlichen Produktmodell, das die Anforderungen aller Teilbereiche erfüllt und einen redundanzfreien Informationsfluß zwischen den betrieblichen Abteilungen ermöglicht.

4. Literatur

/1/ Reitzle, W.: Entwicklung und Fertigung - Konfrontation oder Kooperation? Beiträge der Entwicklung im Hinblick auf beherrschbare wirtschaftliche Fertigungsprozesse; Proceedings Münchener Kolloquium '88, Wettbewerbsvorteile durch Integration; München, 24.03.1988

/2/ Koch, H. C.: Entwicklung und Fertigung - Konfrontation oder Kooperation? Beiträge der Fertigung im Hinblick auf überlegene Produkteigenschaften; Proceedings Münchener Kolloquium '88, Wettbewerbsvorteile durch Integration; München, 24.03.1988

/3/ Bürgel, W.: Produktionsautomation auch bei kleinen Losgrößen; Proceedings Münchener Kolloquium '88, Wettbewerbsvorteile durch Integration; München; 24.03,1988

/4/ Lotter, B.: Umrüstbare Montagezellen, eine Chance für die Flexibilisierung der Kleinteilefertigung; Proceedings Münchener Kolloquium '88, Wettbewerbsvorteile durch Integration; München, 24.03.1988

/5/ Pöppel, J.: Flexible Fertigungssysteme und automatische Anlagen - Risiko oder Chance? Wirtschaftlichkeit oder Prestigeobjekt? Vortrag vor dem VDI-Arbeitskreis Produktionstechnik; Hannover, 08.12.1987

/6/ Beckendorff, U.; Hellberg, K.: Wissensbasierte Systeme in der Arbeitsplanung. Kolloquium über Anwendungen wissensbasierter Systeme am regionalen Rechenzentrum Niedersachsen; Hannover, 01.12.1987

/7/ Beckendorff, U.; Hellberg, K.; Schaele, M.: Entwicklungstendenzen der rechnerunterstützten Arbeitsplanerstellung; Schweizer Maschinenmarkt 29, 1987, S. 20 - 25; Schweizer Maschinenmarkt 30, 1987, S. 18 - 23

/8/ Tönshoff, H. K.: Forderungen der Fertigung an die rechnerintegrierte Konstruktionstechnik; Vortrag am Produktionstechnischen Kolloquium; Berlin 1986

/9/ Tönshoff, H. K.; Schunke, A.; Beckendorff, U.: Fertigungs- und normgerechte Konstruktion und Ähnlichteilsuche mit elementorienterter Benutzerschale; VDI-Z. Bd. 129 (1987) Nr. 5, S. 52 - 55

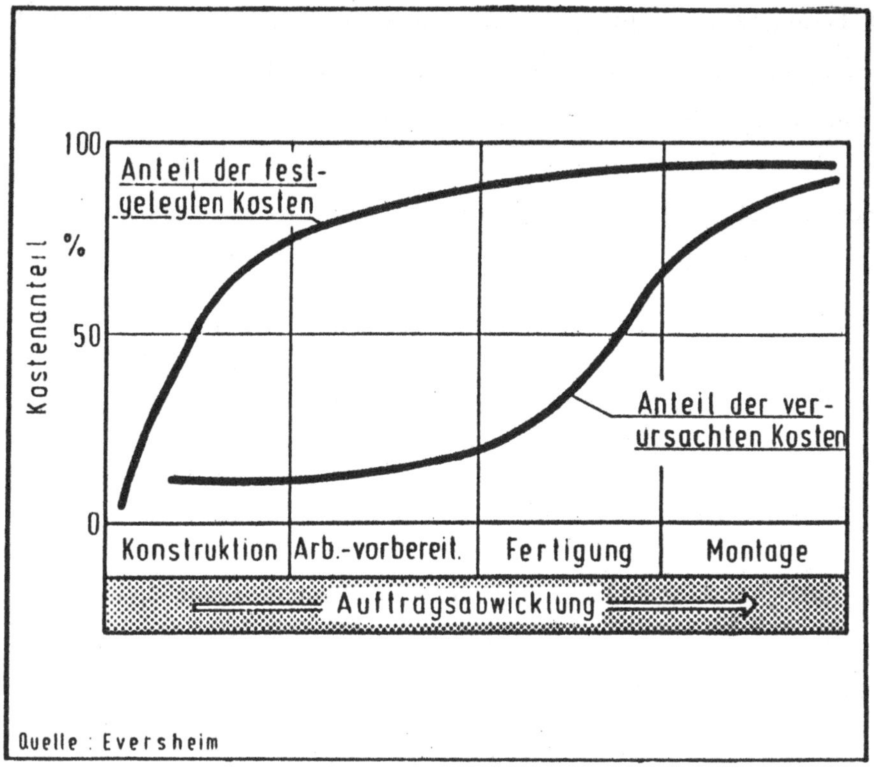

Bild 1 Kostenverantwortung und Kostenverursachung

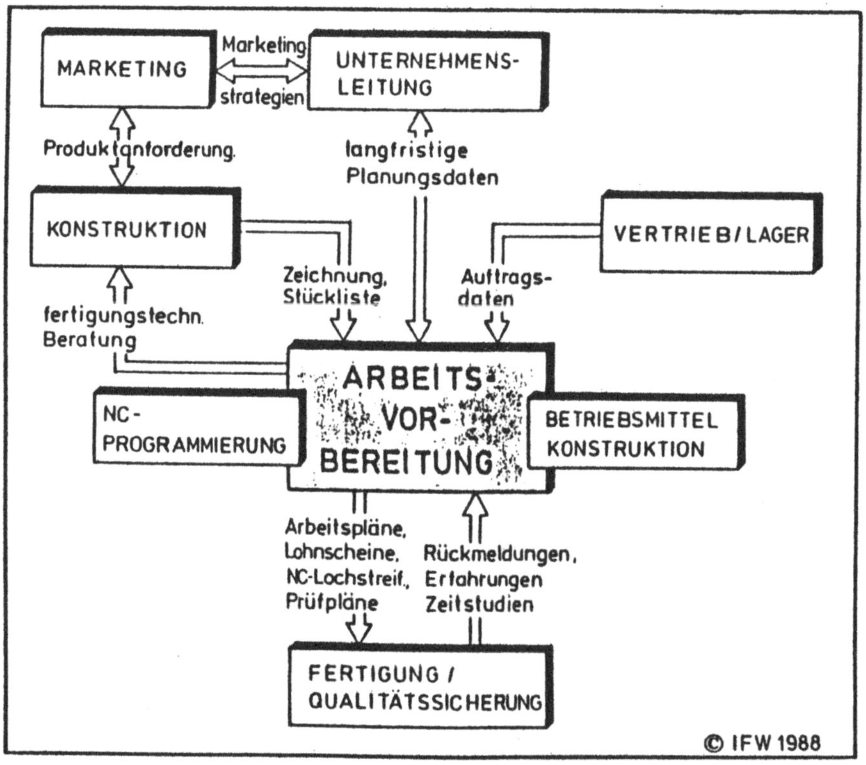

Bild 2 Arbeitsvorbereitung im betrieblichen Informationsfluß

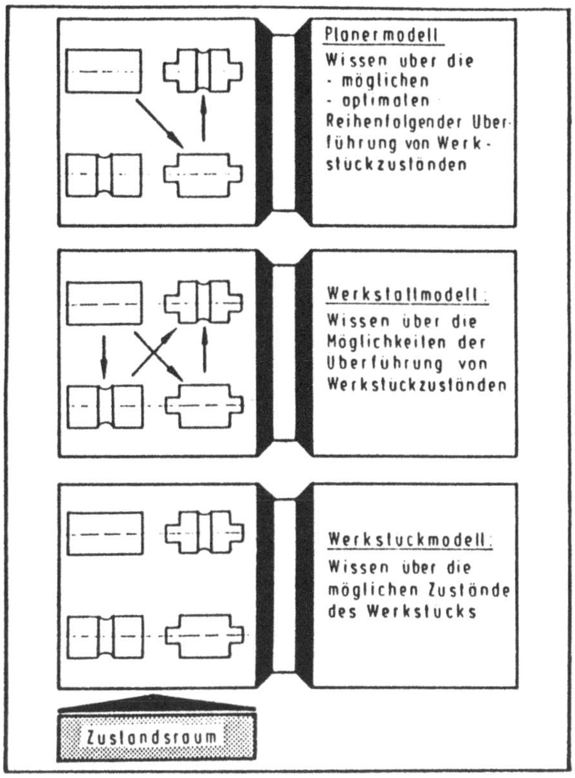

Bild 3 Modellvorstellungen in der Arbeitsvorbereitung

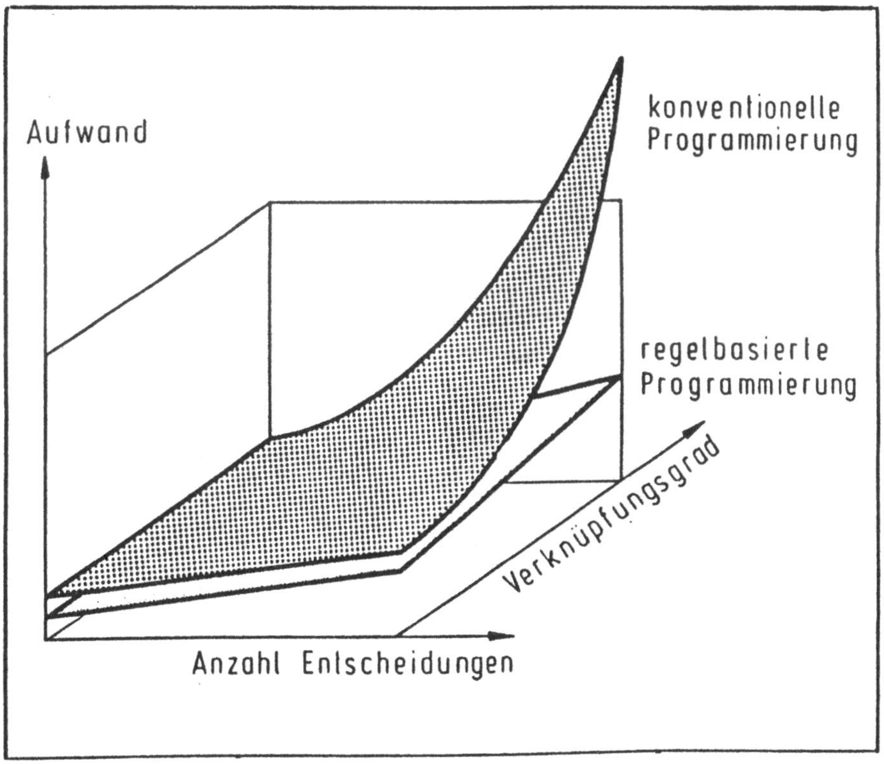

Bild 4 Aufwand für die Programmierung verknüpfter Entscheidungen

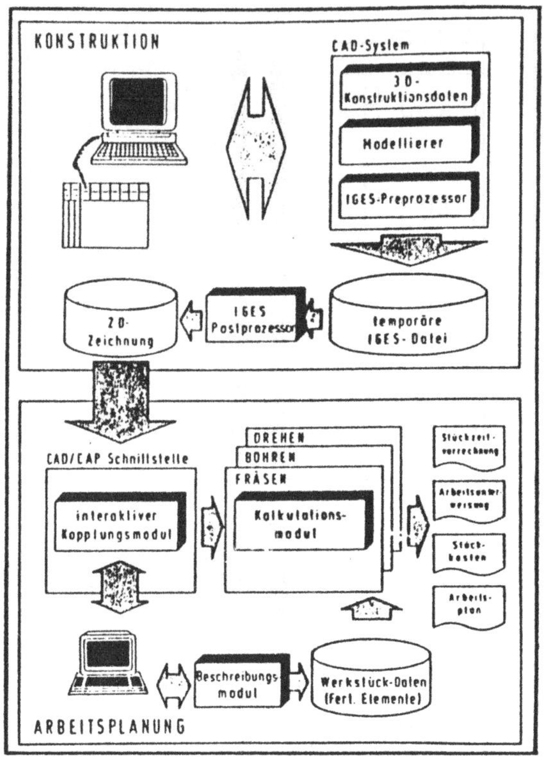

Bild 5 Realisierung einer Kopplung zwischen CAD und CAP

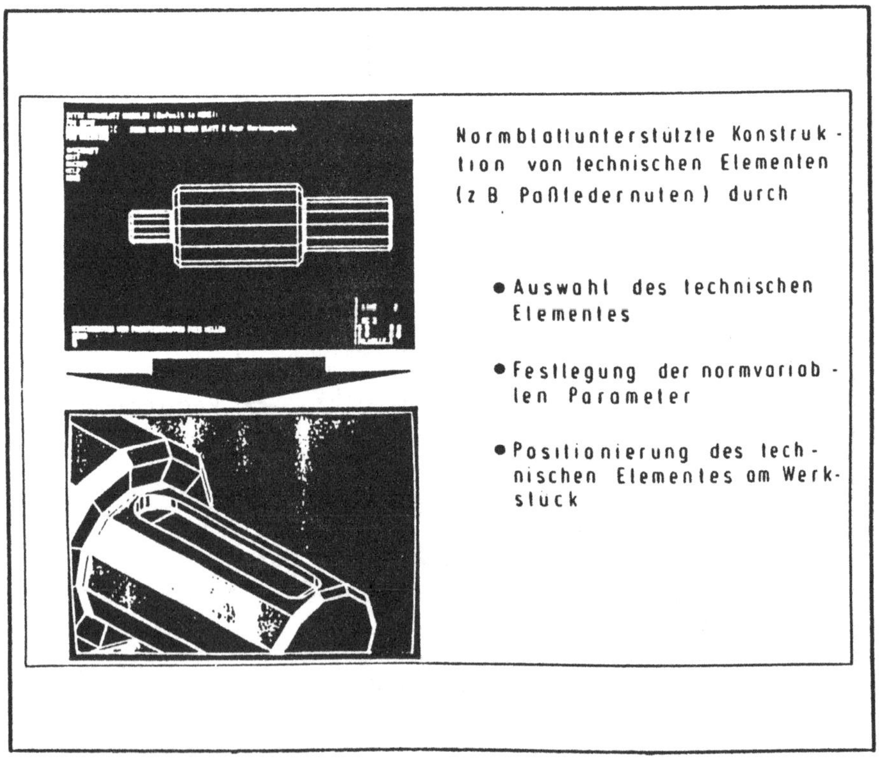

Bild 6 Konstruieren mit einer elementorientierten Benutzerschale

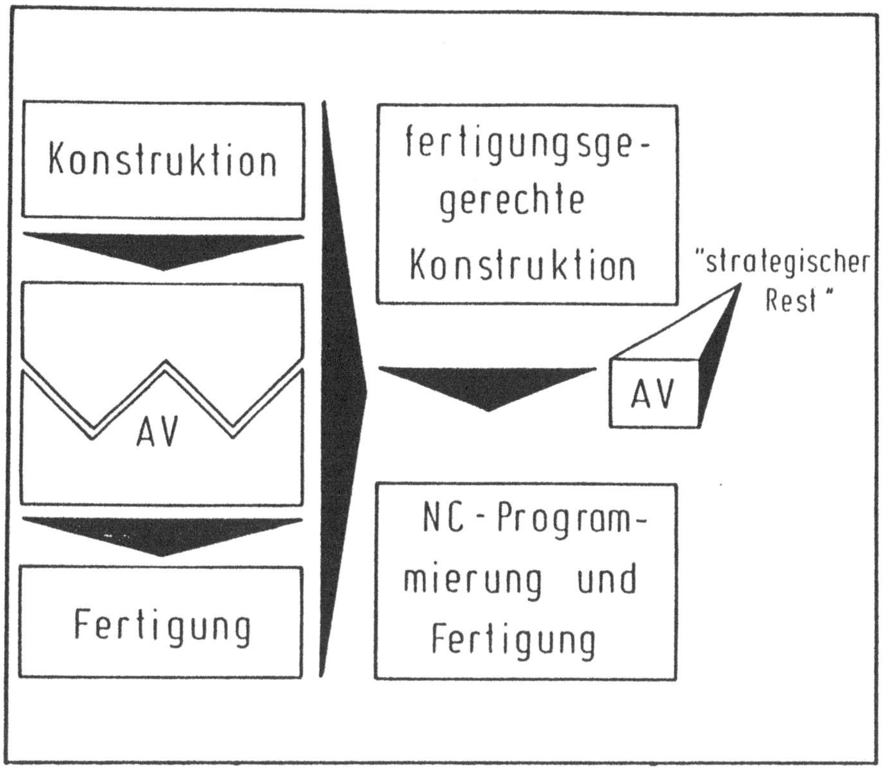

Bild 7 Die Arbeitsvorbereitung löst sich auf

MÜNCHENER KOLLOQUIUM '88
WETTBEWERBSVORTEILE DURCH INTEGRATION
IN PRODUKTIONSUNTERNEHMEN
24. UND 25. MÄRZ 1988
MÜNCHEN

DAS LOGISTIKKONZEPT ALS GRUNDLAGE DER PRODUKTIONSOPTIMIERUNG

Dipl.-Ing. Hermann Stübig
Audi AG

TECHNISCHE UNIVERSITÄT MÜNCHEN
INSTITUT FÜR WERKZEUGMASCHINEN
UND BETRIEBSWISSENSCHAFTEN

Das Logistik-Konzept als Grundlage der Produktionsoptimierung

---

1. Einleitung
2. Fakten zur Logistik in der Automobilindustrie
3. Produktion und Logistik - eine unabdingbare Verknüpfung
4. Die Audi Logistik-Strategie
5. Produktionsziele und Logistikkonzepte - unternehmerischer Erfolg ist gefragt
6. Zusammenfassung und Ausblick

1. Einleitung

Die deutsche Automobilindustrie ist in einem historischen Umbruch. In Zukunft wird noch stärker als bisher der prozentuale Anteil des extern bezogenen Materials an den Herstellkosten steigen. Im gleichen Umfang werden die Fertigungskosten im eigenen Haus abnehmen. Die Gründe dafür liegen nicht nur in dem Lohngefälle von Zulieferer und Produzent, das in Deutschland rund 1 : 1,5 beträgt. In Japan herrscht zum Vergleich eine Relation bis zu 1 : 2.

Mindestens genauso viel wiegt das Argument, daß das qualitative Wachstum (z.B. eine Verschiebung der Nachfrage hin zum Quattro-Antrieb) dem Produzenten die Chance einer Wertschöpfungserhöhung bietet, indem er sich auf seine "know-how-trächtige" Kernproduktion konzentriert. Auf diese Weise kann auch das Unternehmenswachstum gezielt gesteuert werden.

Zu lange Zeit praktizierte die japanische Automobilindustrie einen neuen Umgang mit den Zulieferern, ohne daß die Europäer eine Lehre daraus gezogen hätten. In Japan sind fast alle Zulieferer in einem Radius um das Werk angesiedelt, der deutlich kleiner als 100 km ist (Beispiel: Toyota). Die totale wirtschaftliche und räumliche Ausrichtung am Führungsunternehmen erzwang von den Zulieferern auch die Weitergabe von Kostenvorteilen, die sie sich selbst durch Rationalisierungen geschaffen hatten. Um in dem deutlich rauher gewordenen Wettbewerbsklima zu überleben, dürfen wir die japanischen Techniken nicht einfach blind kopieren, sondern müssen vielmehr deren Prinzipien in unsere sozial-ökonomische Umwelt umsetzen.

Gerade jetzt zeigt sich die japanische Automobilindustrie wieder überaus trickreich. Das permanente Handelsungleichgewicht zwischen Japan und den USA drohte einen Handelskrieg mit Zollbarrieren und Einfuhrbeschränkungen zu entfesseln. Deshalb entschlossen sich die japanischen Konzerne, eigene Fabriken in den USA zu gründen. Schaut man aber hinter deren Fassade, so erkennt man schnell die Wahrheit. Denn nicht die Entwicklung und Produktion eines kompletten Automobils ist hier die Aufgabe, sondern es werden größtenteils nur Einzelteile und Komponenten (Getriebe, Motoren etc.) montiert, die aus Japan bezogen wurden. Die Fertigungstiefe dieser Fabriken ist gering und nur wenige amerikanische Zulieferer sind beteiligt. Auf diese Art und Weise verbleiben der größte Anteil der Wertschöpfung und damit die Arbeitsplätze bei den Zulieferern und Mutterunternehmen in Japan selbst.

Dies ist unseres Erachtens nicht der richtige Weg, um das Ungleichgewicht in der Handelsbilanz zu beseitigen. Für eine ausgeglichene Handelsbilanz ist es vonnöten, auch die Beschaffungsmärkte als international zu begreifen (*Anlage 1*). Die Weltmärkte dürfen nicht mehr länger einseitig nur als Absatzmärkte angesehen werden. Der heutige internationale Kaufteilumfang wird sich vervielfachen. Dieser Trend wird durch moderne Kommunikationssysteme (ISDN, etc.), Informationssysteme (internationale Datenbänke) und entsprechende Transportsysteme erleichtert. Entfernungen verlieren ihre trennende Bedeutung.

2. Fakten zur Logistik in der Automobilindustrie

Aus der Sicht der Automobilindustrie lassen sich die Nachkriegsjahre in mehrere voneinander gut abgrenzbare Perioden unterscheiden. In diesen Jahren haben sich u. a. die Schwerpunkte der Funktionen im Unternehmen verschoben.
Die erste Phase bilden die 50er Jahre bis hin zur Mitte der 60er Jahre. Für die Automobilhersteller war die Ausweitung der Produktion das Problem Nr. 1. Von den betrieblichen Funktionen dominierte eindeutig die Produktion und der Einkauf. Der Vertrieb sah sich weitgehend in der angenehmen Position des Verteilers.
Die produktionsorientierte Periode endete mit dem ersten wirtschaftlichen Einbruch der Nachkriegszeit 1967.

Die Produktion des Käfers, des Modells, das der Nachkriegszeit ihr Gepräge gegeben hatte, sank ab 1970 von Jahr zu Jahr. Die Kunden waren insgesamt anspruchsvoller geworden, die Ansprüche an den Komfort wuchsen. Die Ersatzkäufe gewannen zunehmend an Bedeutung.

Die sich anschließende dritte Phase kennzeichnet unsere heutige Situation.

- Die Differenzierung des Angebots der Automobilfirmen hat erheblich zugenommen und
- der Markt hat sich unwiderruflich vom Anbietermarkt zum Käufermarkt gewandelt.

Das Eingehen auf die verschiedenen Kundenwünsche führte zu einer Varianten- und Teileexplosion und damit vervielfachte sich der Steuerungsaufwand in der Fabrik (*Anlage 2*). Das Management erkannte die Gefahren eines unkoordinierten Vorgehens an vielen verschiedenen Stellen. Dies war der Grund für die Schaffung der Logistik als eigenständiger Bereich. Wäre in der Vergangenheit die Teilevielfalt schon ähnlich groß gewesen wie heute und wären die Logistikkosten damals schon ausgewiesen worden, so hätten diese prozentual gesehen, sicherlich einen deutlich höheren Anteil an den Herstellkosten gehabt als heute.

Ein Ausruhen auf diesem Erfolg hätte einen gefährlichen Zeitverlust gegenüber der internationalen Konkurrenz zur Folge. Das Ziel muß ein leistungsfähiges Kostenmanagement sein, das durch Kostenvergleiche die extern bezogenen und die intern produzierten Umfänge in ein wirtschaftlich optimiertes Verhältnis bringt. Nur so können die Logistikkosten, die Materialkosten, die Eigenfertigungskosten und die restlichen Kostenblöcke auf ein absolutes Minimum gedrückt werden.

3. Produktion und Logistik - eine unabdingbare Verknüpfung

Die geänderten Märkte zwangen die Produktion, von bisherigen Glaubensgrundsätzen Abschied zu nehmen. Nicht länger konnte auf die Hilfestellung der Logistik verzichtet werden. Es mußten neue Wege beschritten werden, um so flexibel wie irgend möglich zu produzieren. Dies gilt sowohl in Bezug auf die Zusammensetzung als auch auf die Stückzahl des Produktionsprogramms. Gleichzeitig mußte aber bei jedem Auslastungsgrad eine ausreichende Kostendeckung erreichbar sein. Wir wollen auf eine "Null-Fehler"-Produktion zugehen. In einem Zwischenschritt soll zumindest der Fehler noch im gleichen Produktionsabschnitt, in dem er entsteht, korrigiert werden. Dafür haben wir in unseren Fabriken Regelkreise installiert. Denn jede spätere Nacharbeit kommt uns zu teuer.

Auch die Ansicht, daß längere Anlagennutzungszeiten automatisch größere Zwischenlager voraussetzen, stellte sich als falsch heraus. Wir wollen in Zukunft sämtliche überflüssige Puffer abschaffen (*Anlage 3*). Zu diesem Zweck soll die Logistik, zusammen mit der Produktion, den Wertschöpfungsprozeß neu strukturieren. Heute werden die einzelnen Fertigungen noch zu sehr aus Lagern und Puffern gespeist oder es wird auf Halde gefertigt. Diese Art der Produktion verursacht einen enormen Aufwand an Transport, Handling und Lagerung. Besonders die Lagerung wertintensiver Zwischenprodukte ist wirtschaftlich gesehen eine zu große Belastung (*Anlage 4*).

Hier kann in Zukunft auf 2 verschiedene Arten Abhilfe geschaffen werden.

Die eine Möglichkeit (interne) besteht in der Abstimmung der Kapazitätsquerschnitte der einzelnen Fertigungsabschnitte und in der Zentralisierung des Lagers. Damit entfallen sämtliche Zwischenlager und Puffer (*Anlage 5*).

Es gilt hier Abschied zu nehmen von dem traditionellen Konzept der Fertigungssteuerung, dessen Priorität ausschließlich in einer möglichst hohen Auslastung der installierten Fertigungskapazitäten und Beschäftigung des jeweils vorhandenen Personals bestand.

Nur mit der Steuerung des Materialflusses – und nicht mit der Steuerung der Auslastung der Kapazitäten – ist den Erfordernissen nach
- kurzen Durchlaufzeiten
- niedrigen Beständen und
- hoher Liefertreue

nachzukommen. Kernpunkt einer am Materialfluß orientierten Fertigungssteuerung ist der Übergang von der Stoßfertigung in Losen zur Fließfertigung. Eine wesentliche Voraussetzung dafür ist die Flexibilisierung der Produktionseinrichtungen.

Die andere Möglichkeit (externe) besteht in der Verlagerung der Komponentenfertigung nach außen. Hierbei wird einer der Zulieferer zum Führungsunternehmen, dem jetzt die anderen zuliefern. Er fertigt somit eine größere Komponente, die direkt unter Umgehung eines Lagers an das Endmontageband geliefert wird (JIT).

Die stürmische Entwicklung in der Produktionstechnologie läßt die Rolle des Managers in einem neuen Licht erscheinen. Der heutige Manager muß sich zum Unternehmer wandeln, dessen Entscheidungen stärker als in der Vergangenheit vom unternehmerischen Weitblick geprägt sind. Wegen des technischen Fortschritts treten die Generationssprünge bei den Betriebsmitteln in immer kürzerer Folge auf. Tritt solch ein Wechsel noch innerhalb der Nutzungszeit einer Anlage auf, so verliert die bisherige Anlage drastisch an Wert, obwohl sie eventuell erst zur Hälfte abgeschrieben ist. Das Gebot der Stunde lautet deshalb: möglichst lange Nutzung der Betriebszeiten, damit die Anlagen vor dem nächsten Technologieschub abgeschrieben sind. Jedes Untenehmen ist aus diesem Grunde gezwungen, einen "Rund-um-die-Uhr-Betrieb" anzustreben. Nur so kann das unternehmerische Risiko in beherrschbaren Dimensionen gehalten werden.

Die Einführung neuer Technologien kann nur erfolgreich realisiert werden, wenn sie einhergeht mit einem darauf abgestimmten Personalkonzept. Mit der zunehmenden Mechanisierung der Fertigung erfolgt in der Regel eine Verschiebung der Aufgaben der Mitarbeiter von körperlich betonter Arbeit hin zu Überwachungs- und Steuerungsaufgaben. Gleichzeitig gewinnen schnelle Störungsbeseitigung, Wartung und Instandhaltung an Bedeutung, und damit hängt ein effektiver Betrieb hoch mechanisierter Anlagen wesentlich vom Qualifikationsstand des Bedienungs- und Instandsetzungspersonals und der Art der Arbeitsteilung ab. Die Zeit der taylorisierten Arbeitsteilung ist endgültig vorbei.

Dieser Entwicklung versuchen wir bei AUDI mit unserem Fertigungsteamkonzept gerecht zu werden (*Anlage 6*). Hauptintention dieses Konzeptes ist es, die Gesamtverantwortung vor Ort für Fertigung und Qualität zu verstärken. In Arbeitsgruppen soll ein Teamgeist entwickelt werden, der die strenge Arbeitsteilung vergangener Zeiten abbaut. Durch eine gezielte Kombination von produktiven und logistischen Tätigkeiten, Instandhaltungstätigkeiten und Prüftätigkeiten wollen wir zu einem schnelleren und effektiveren Erkennen, Beurteilen und Beseitigen von Störungen und zu einem effektiveren Personaleinsatz kommen (*Anlagen 7 und 8*).

4. Die Audi Logistik-Strategie

Die Verwirklichung der Unternehmensstrategie "Vorsprung durch Technik" und das Eingehen auf die individuellen Wünsche der Kunden eröffnete der Logistik einen weiten Betätigungsbereich. Die folgenden 4 Strategien, die dafür entwickelt wurden, stellen den konventionellen Teil unserer Logistikstrategie dar (*Anlage 9*).

Sie lauten:

- Termin- und Programmtreue im Fertigungsprogramm
- Dispositions- und Versorgungssicherheit bei den Teilen
- Bestandsminimierung
- Steigerung der logistischen Produktivität.

An dieser Stelle sollen Anregungen gegeben und Bemerkungen gemacht werden zu der zweiten und der dritten Strategie.

Dispositions- und Versorgungssicherheit setzen den Informationsverbund zwischen dem Automobilproduzenten und den Zulieferern voraus. Die deutsche Situation unterscheidet sich in diesem Punkt grundlegend von derjenigen in Japan. Dort ist es gelungen, die Zulieferer in der Region der Automobilwerke anzusiedeln.

Den Vorteilen einer höheren Versorgungssicherheit und geringeren Transportkosten dieses Konzepts können aber die Nachteile von höheren Stückkosten und der totalen Abhängigkeit vom Führungsunternehmen gegenüberstehen.

Es ist die Frage, ob bei der deutschen Situation durch eine logistische Lösung die Vorteile erhalten bleiben, und ob gleichzeitig die Nachteile zumindest minimiert werden können.

Wir sehen die Lösung in der Schaffung eines Puffers in der Nähe des Abnehmers und zwar eines einzigen für alle Lieferanten. Es wäre wirtschaftlich unsinnig, wenn jeder Zulieferer ein eigenes Lagergebäude für seinen Pufferbestand bauen und unterhalten wollte. Aus der Sicht des Abnehmers erscheint dieser Puffer als Pseudo-"single-sourcing". Mit Hilfe dieses Modells bleiben die heutigen Standorte der Zulieferer erhalten. Der Zulieferer könnte weiter als Know-how-Ressource fungieren, mit den daraus sich ergebenden Transfereffekten für die gesamte Industrie.

Ebenso ist zu vermuten, daß die Stückkosten deutlich geringer sein werden, da die Zulieferer für mehrere Abnehmer gleiche oder sehr ähnliche Teile produzieren.

Auch der volkswirtschaftliche Aspekt dieser Lösung soll hier klar herausgestellt werden: Das Nord-Süd-Gefälle wird nicht weiter verschärft, und die Beschäftigungssituation bleibt stabil, d. h. Unterbeschäftigung in den heutigen Zulieferregionen und Arbeitskräftemangel bei den Automobilproduzenten werden vermieden.

Unsere dritte Logistikstrategie beschäftigt sich mit der Problematik von Beständen. Früher wurden sie als Sicherheitspolster für eine reibungslose Produktion angesehen. Bestände bedeuten in erster Linie Kapitalbindung. Kapital, das verzinst werden muß und das bedeutet zusätzliche Kosten. Dieses Argument spiegelt jedoch nur eine der zahlreichen Facetten des Problems "Bestände" wider.

Neben ihren Kapitalkosten verursachen Bestände erhebliche Folgekosten im Form

- von Handling im innerbetrieblichen Transport und im Lager
- Lager- und Transporteinrichtungen müssen geplant und betriebsbereit gehalten werden
- Bestände unterliegen dem Risiko der technischen Alterung.

Nicht nur zum Modelljahreswechsel, sondern laufend unterliegen unsere Teile Veränderungen durch produktinnovative Maßnahmen.

Ein effizientes Bestandsmanagement ist das Gebot der Stunde, und zwar eines, welches über die Lagerbereiche hinausgeht.

In einem ersten Schritt müssen die Produktionsbereiche mit einbezogen werden. Im Endzustand muß die gesamte Transportkette, angefangen vom Lieferanten über den Spediteur bis zum Abnehmer, transparent sein. Es ist erfreulich festzustellen, daß die Bereitschaft in der Zulieferindustrie und in der Transportwirtschaft zur gemeinsamen Lösung der Aufgaben, die Teile bedarfsgerecht beim Abnehmer zur Verfügung zu stellen, in letzter Zeit deutlich gewachsen ist.

Zum großen Teil verursacht dieser vielfache Transport-, Handlings- und Lageraufwand die höheren deutschen Produktionskosten und vermindert damit unsere Konkurrenzfähigkeit (*Anlage 10*). "Informationen ersetzen Bestände" darf nicht länger nur eine Forderung bleiben, sondern sie muß offensiv in die Praxis umgesetzt werden. Hierin ist eine Analogie zu dem Neustrukturierungsprozeß innerhalb der Werksgrenzen zu sehen.

Ein sogenannter Logistik-Leitstand darf nicht nur den Materialfluß bei den internen Fertigungen steuern, sondern er muß den gesamten Materialfluß in der logistischen Kette ab den Zulieferern überblicken und optimieren. Nur dann können die Stauwehre, die bislang die Bestände in den einzelnen Transportschritten anhäuften, niedergerissen und ein echter Materialfluß auch über größere Entfernungen erreicht werden.

5. Produktionsziele und Logistikkonzepte - unternehmerischer Erfolg ist gefragt

Angesichts der Brisanz muß sich jedes Unternehmen innerhalb seiner revolvierenden Planung immer wieder fragen: Wo befinde ich mich mit meiner Logistik-Strategie? Beherrsche ich den logistischen Prozeß nur mehr oder minder? Bin ich schon so weit, daß ich ihn aktiv beeinflussen kann, oder habe ich sogar schon Erfolge? Eine nicht ausgeprägte Logistik-Strategie kann dagegen zum Knock-out-Faktor für das Unternehmen werden (*Anlage 11*). Die heutigen Käufermärkte diktieren jedem Automobilunternehmen eine große Teilevielfalt auf. Da diese Ursache unabänderlich ist, gilt es, zumindest die Auswirkungen zu beherrschen bzw. beherrschbar zu machen.

In Zukunft wird der strategische Ansatz der Logistik nicht mehr nur von Kapitalbindung, Durchlaufzeiten-Reduzierung usw. bestimmt werden, sondern es ist vielmehr den auslösenden Momenten entgegenzuwirken. Das bedeutet eine Offensive zur Sensibilisierung all jener, die den Logistikprozeß beeinflussen bzw. gestalten, vom Marketing bis hin zum Vertrieb (*Anlage 12*).

In den verschiedenen Disziplinen ist im logistischen Sinne zu denken und zu handeln. Zum Beispiel haben der Logistiker und der Wertanalytiker aufzuzeigen, was es das Unternehmen kostet, weitere Varianten von Teilen oder Produkten zu entwickeln, zu produzieren und zu steuern.

Die logistische Orientierung am Materialfluß bedingt die Identifizierung der zu produzierenden Automobile. Deshalb haben wir ein automatisches durchgängiges Karosserieidentifikationssystem, kurz AKARID genannt, eingeführt. Das Herzstück des Systems ist ein 2 k-Byte Datenträger, dessen äußere Form der jeweiligen Umgebung angepaßt ist, z.B. eine wärmefeste Dosenform in der Lackiererei. Schreib-Lese-Stationen an den Anlagen kommunizieren per Mikrowelle mit dem

Datenträger, der dadurch auch die Bearbeitung der Karosserie auslöst (*Anlage 13*). Die Vorteile sind neben der stärkeren Transparenz im Fertigungsfluß auch eine höhere Qualität. Wie von uns erwartet, verbesserte sich nach der Einführung des Systems die Programmtreue, und auch die Durchlaufzeiten wurden kürzer. Ein weiterer interessanter Aspekt besteht im Potential dieses Konzepts für eine stärkere Automatisierung.

Ein Stiefkind in der Logistik und Produktion war und ist stellenweise noch immer der Behälter. Dies ist umso verwunderlicher, da nur das richtige Behältnis eine Störung oder Unterbrechung des Materialflusses verhindert. Wo immer es möglich ist, muß im Zukunft der Gesamtumlauf mit einem einzigen Behältnis abgewickelt werden. Nur so kann in der gesamten logistischen Kette der Aufwand minimiert werden. Im Optimalfall wäre die Anliefereinheit des Zulieferers gleich der Lagereinheit und wiederum gleich mit der Transporteinheit, welche schließlich die Montageeinheit darstellt (*Anlage 14*). Gefragt ist hier eine abgestimmte modulare Behälterfamilie in Leichtbauweise. Infolge der heutigen kleineren Packlose sind die großen und schweren Metallbehälter an vielen Stellen überholt.

Wie schon zuvor angesprochen, wird bei uns intensiv über neue Versorgungskonzepte nachgedacht. Unser JIT-Pilotprojekt, bei dem Sitze von einem Zulieferer sequenzgerecht produziert und bei uns eingesteuert werden, hat überall positive Resonanz gefunden.

Ein weiteres abgeschlossenes JIT-Projekt ist die blockgerechte Anlieferung von Stoßfängern. Schwieriger gestaltet sich das Vorhaben, wenn die Fertigung der Zulieferer fern von uns angesiedelt ist, und trotzdem eine sequenzgerechte Anlieferung erfolgen muß. Eine Lösung bietet nur die Pufferung der Teile in Abnehmernähe (*Anlage 15*). Diese Dienstleistung sollte ein künftiger Logistik-Dienstleiter übernehmen. Die heutigen "Nur"-Transportunternehmen sind aufgefordert, sich in dieser Richtung zu entwickeln. Da der Umfang des Transportaufkommens schon seit einigen Jahren stagniert, bietet sich hier die Chance einer sinnvollen Expansion in benachbarte Gebiete. Wir glauben, daß zukünftig in der Verkehrsbranche ein Ausleseprozeß stattfinden wird und nur der Spediteur mit dem besten Zusatzservice überlebt.

An dieser Stelle muß leider wieder der Güterverkehr der DB "angeklagt" werden.

Direktanlieferungskonzepte, bei denen der Weg vom Zulieferer zum Abnehmer mit einer Durchschnittsgeschwindigkeit von nur 20 km/h (Transport mit Nebenzeiten) zurückgelegt wird, sind von Anfang an zum Scheitern verurteilt. Weiterhin vermissen wir den Aufbau ähnlicher Informationssysteme wie in der Privatwirtschaft. Bezeichnenderweise hat die DB in der Zeit von 1960 bis 1980 überhaupt nicht von der Steigerung des Transportaufkommens profitiert.

6. Zusammenfassung und Ausblick

10 Thesen sollen die Handlungsbedarfe in Logistik und Produktion skizzieren:

These 1:
Nur das Primat des Materialflusses gewährleistet die nötige Marktnähe.

These 2:
Die Schnelligkeit der Umsetzung neuer Versorgungskonzepte (JIT) wird zum entscheidenden Faktor im internationalen Wettbewerb.

These 3:
Auf den Beschaffungsmärkten vollzieht sich zur Zeit die gleiche Internationalisierung wie in der Vergangenheit auf den Absatzmärkten. Dieses ist auch nötig zur Vermeidung protektionistischer Maßnahmen von Seiten der Hauptabsatzländer.

These 4:
Aufgrund des technologischen Fortschritts wird die Wahrung der Amortisierungszeiträume immer schwieriger. Hieraus erwächst ein Zwang zur "Rund-um-die-Uhr-Nutzung" der Betriebsmittel.

These 5:
Die Logistik hat die Aufgabe, die technische Welt der Ingenieurwissenschaften und die monetäre Welt der Betriebswirtschaftslehre zu verbinden. Ihr kommt dabei die Rolle eines Übersetzers zu, der zwischen den unterschiedlichen Denkweisen vermittelt.

These 6:

Der Neuigkeitsgrad der Logistik als eigenständige Disziplin bietet von Anfang an die Chance einer verstärkten Zusammenarbeit zwischen Wirtschaft und Wissenschaft. Dieses muß sich auch im Aufbau von Beratungsstellen und -zentren manifestieren, die kleinen und mittelständischen Unternehmen Hilfestellung hinsichtlich moderner Logistikkonzepte, Logistikplanung und ihrer Realisierung leisten sollen (*Anlage 16*).

These 7:

Die neuen Versorgungskonzepte verlangen die Orientierung des monetären Betriebsergebnisses an der Wertschöpfung der erzeugten Baugruppe.

These 8:

Bei allen Gliedern der logistischen Kette werden gut ausgebildete und motivierte Mitarbeiter benötigt. Dieses zwingt alle Partner entlang der Kette zu verstärkten Aus- und Weiterbildungsaktivitäten. Die Universitäten sind gefordert, bedarfsgerecht Planer und Führungskräfte auszubilden.

These 9:

Die Logistik ist nicht nur eine Servicefunktion für interne und externe Stellen, sondern sie muß darüberhinaus im gesamtunternehmerischen Sinne auf ihre Partner einwirken, um das Gesamtoptimum zu erreichen.

These 10:

Fertigungstiefenoptimierungen sind eine große Produktivitätsreserve für die Zukunft. Der Trend bei den Zulieferern geht dabei in Richtung größerer Serien gleicher Teile für Fahrzeuge unterschiedlicher Hersteller.

Entfernungen verlieren an Bedeutung

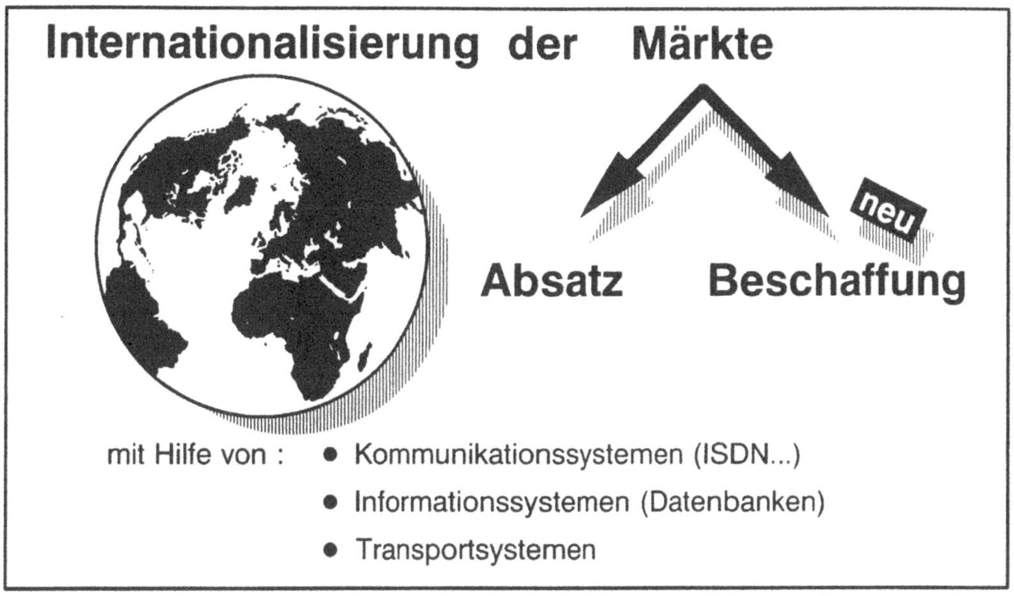

Anlage 1: *Internationalisierung der Beschaffungsmärkte*

kom design München

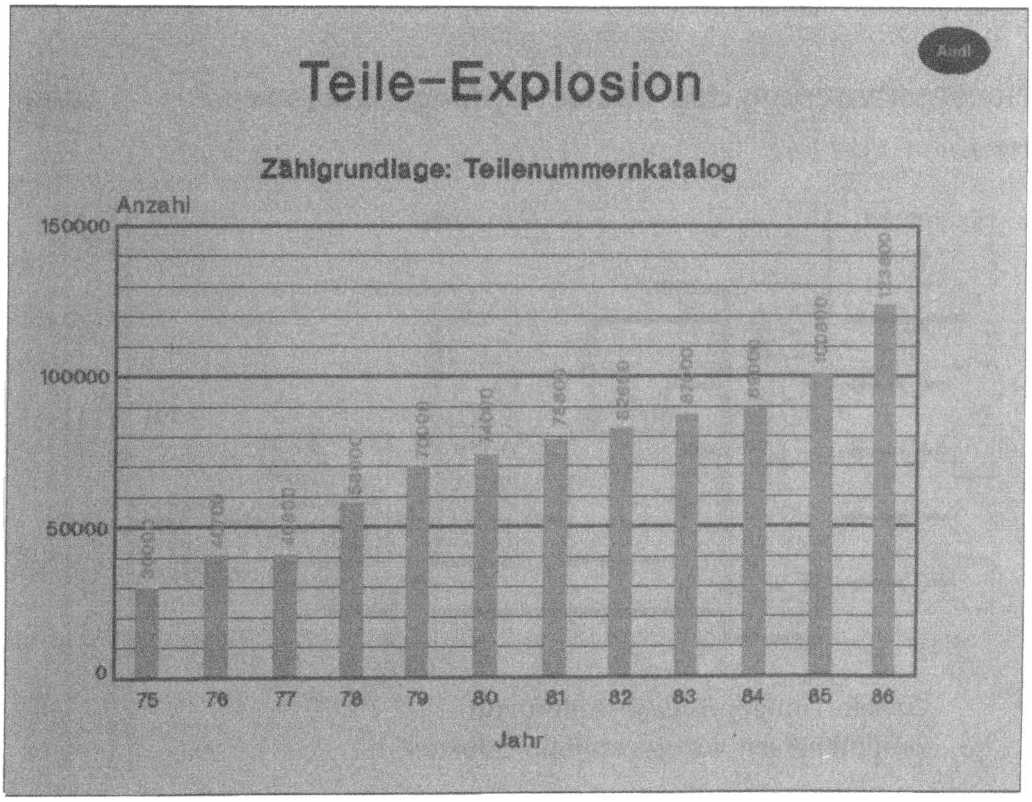

Anlage 2: *Teile-Explosion wegen des Trends zum Individual-Automobil*

Gestern galt:

- Kosteneffizienz ist nur bei Großserienproduktion gegeben
- Produktionsqualität verursacht zwangsläufig höhere Produktionskosten
- längere Anlagennutzungszeiten setzen größere Zwischenlager voraus

Heute gilt:

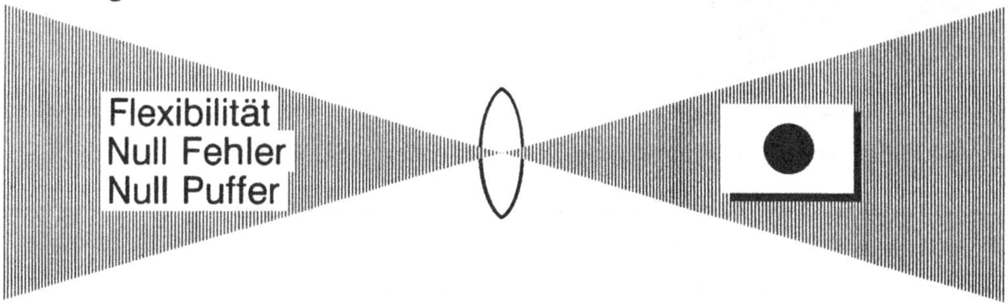

Anlage 3: *Radikaler Wandel in den Produktionsprinzipien* kom design München

Neustrukturierung des Wertschöpfungsprozesses I

Heute

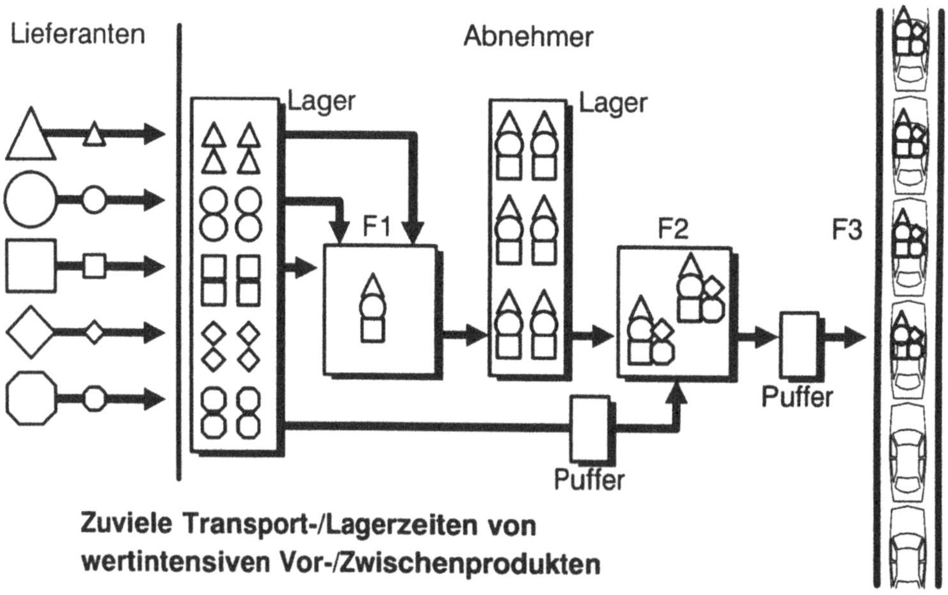

Anlage 4: *Neustrukturierung des heutigen Wertschöpfungsprozesses* kom design München

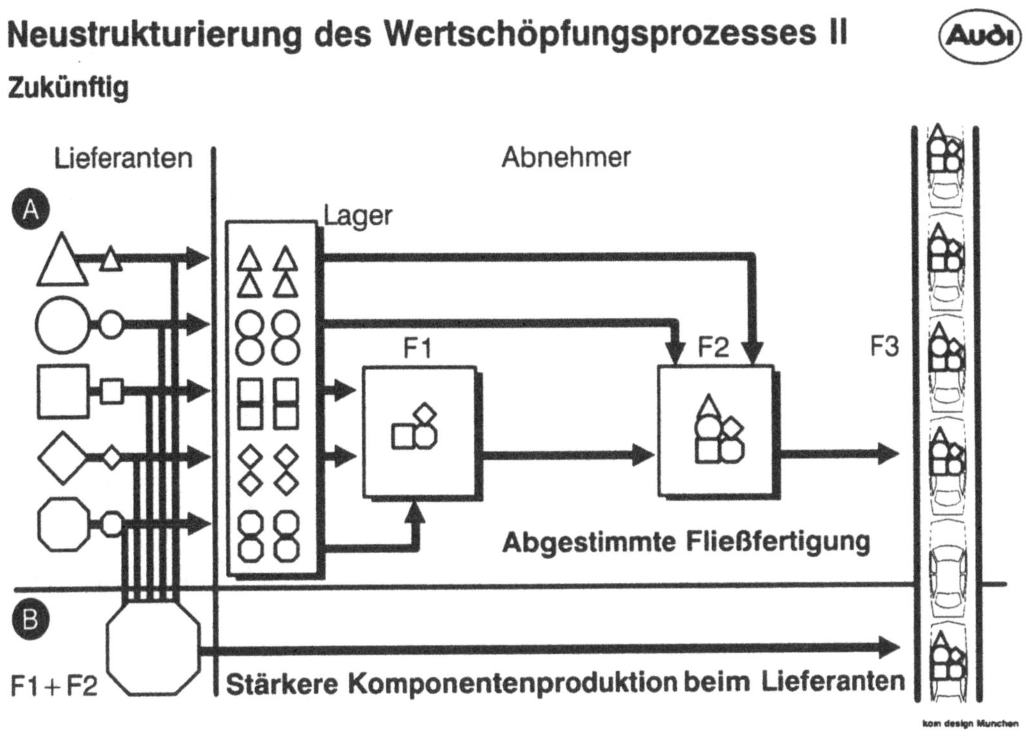

Anlage 5: *Neustrukturierung des Wertschöpfungsprozesses durch interne und externe Maßnahmen*

Anlage 6: *Das Produktionsteam, die Produktivitätsressource der Zukunft*

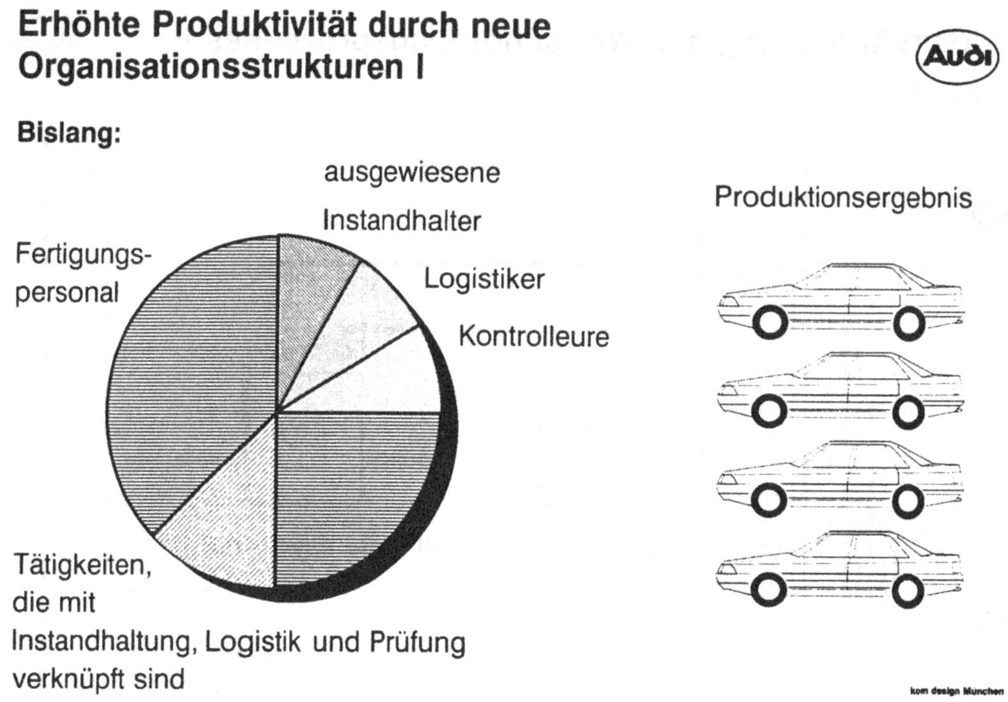

Anlage 7: *Erhöhte Produktivität durch neue Organisationsstrukturen, heutige Aufgabenteilung*

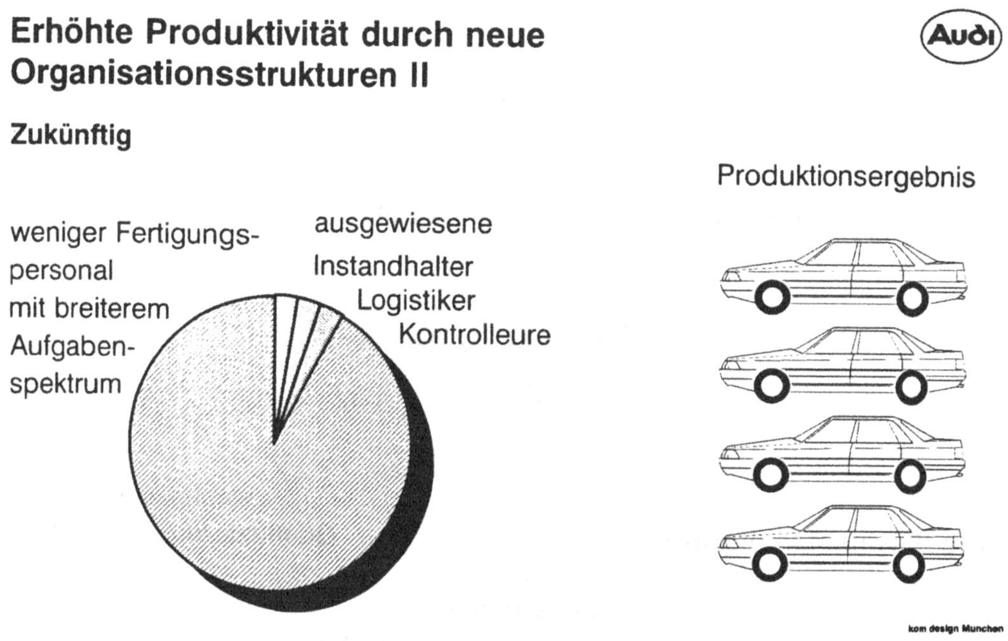

Anlage 8: *Erhöhte Produktivität durch neue Organisationsstrukturen, zukünftige Aufgabenteilung*

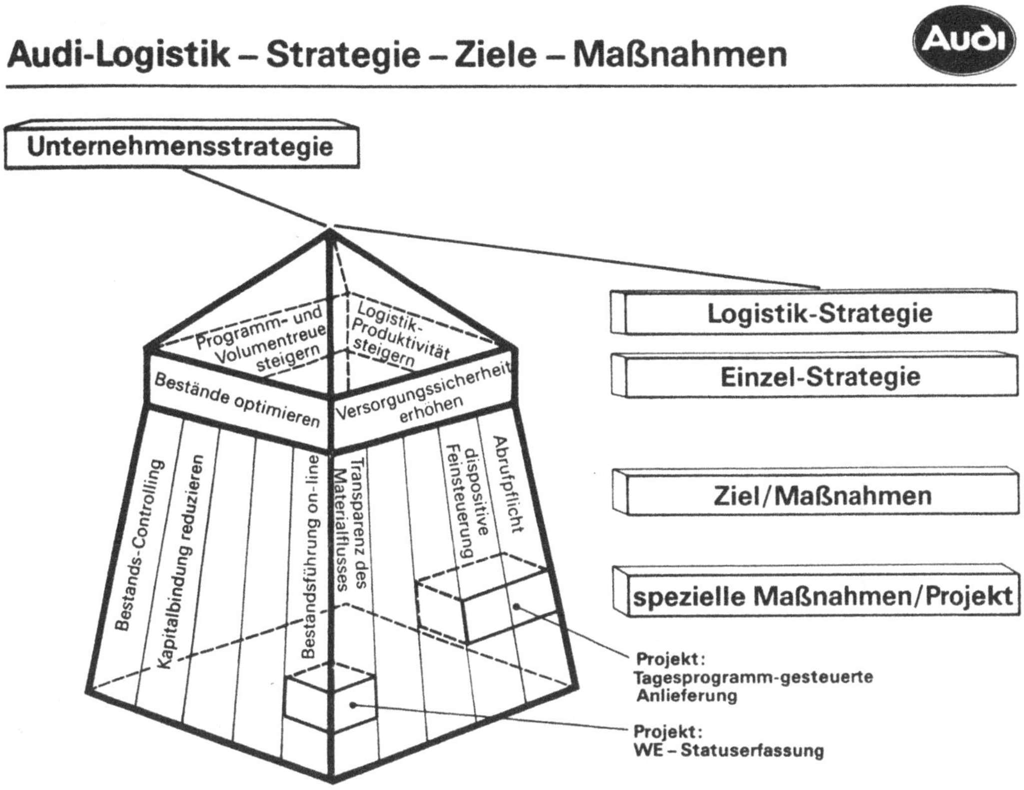

Anlage 9: Audi–Logistik–Strategie – Ziele – Maßnahmen

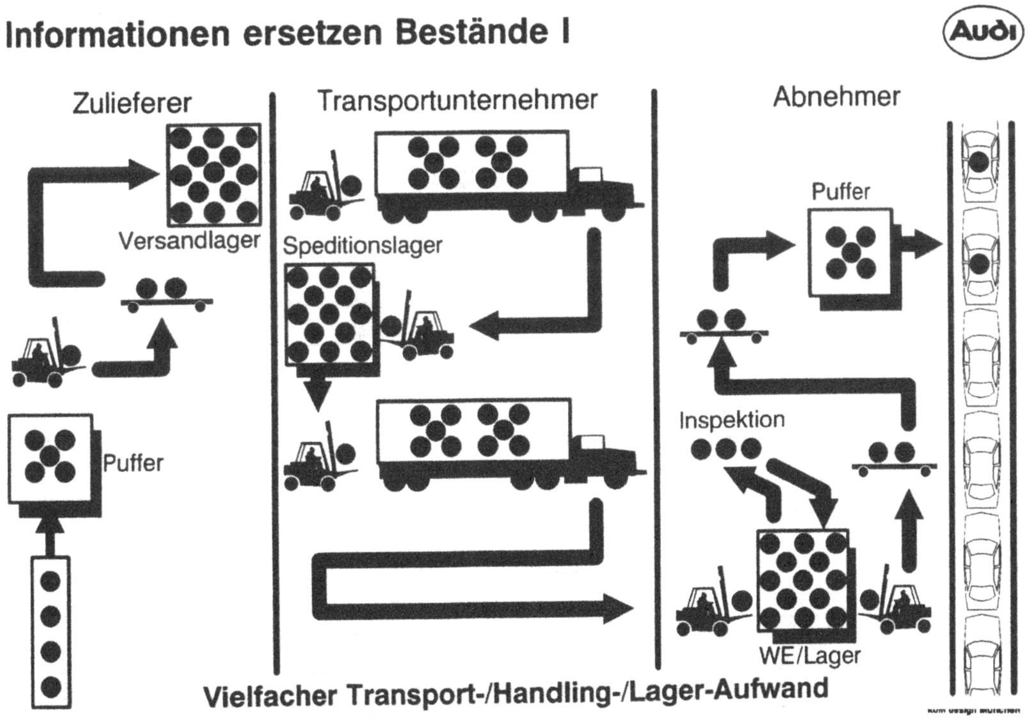

Anlage 10: Vielfacher Transport–/Handling–/Lager–Aufwand in der heutigen Transportkette

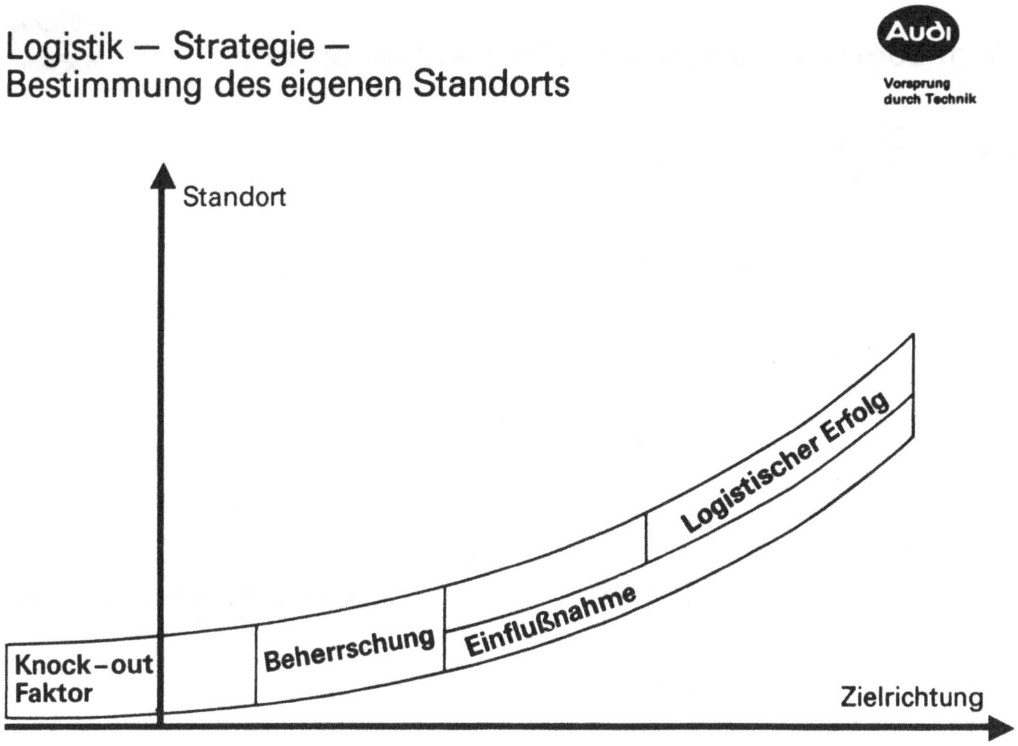

Anlage 11: Logistik-Strategie – Bestimmung des eigenen Standorts

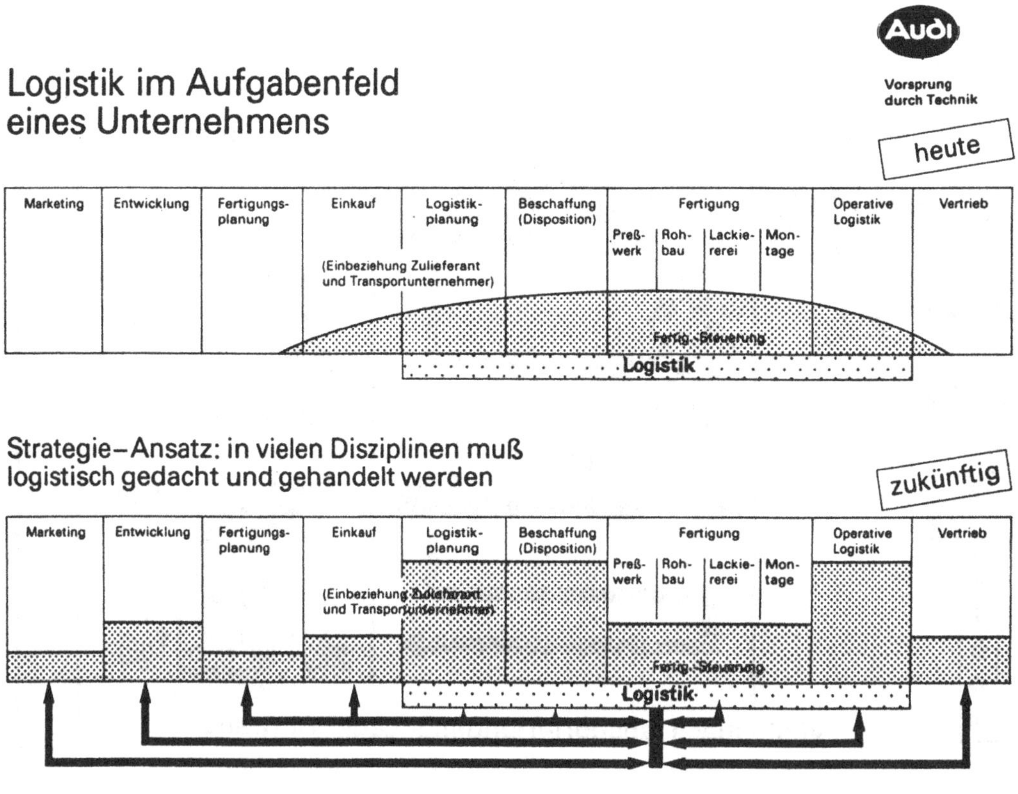

Anlage 12: Weiterentwicklung der konventionellen Logistik zur strategischen Logistik

Identifikationssystem durch Datenträger an der Karosse

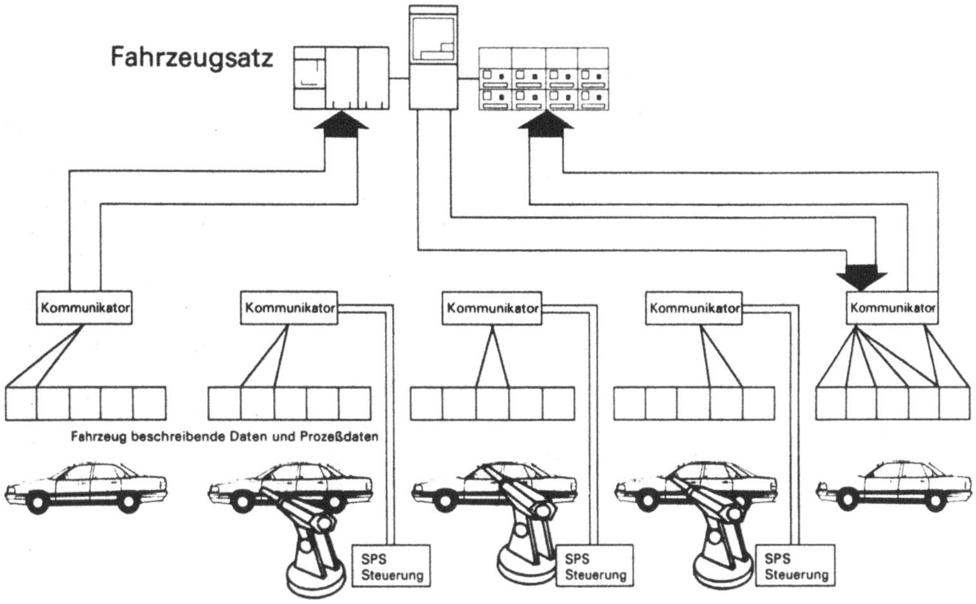

Anlage 13: Identifikationssystem durch Datenträger an der Karosse

Zunehmender Stellenwert der Behälter

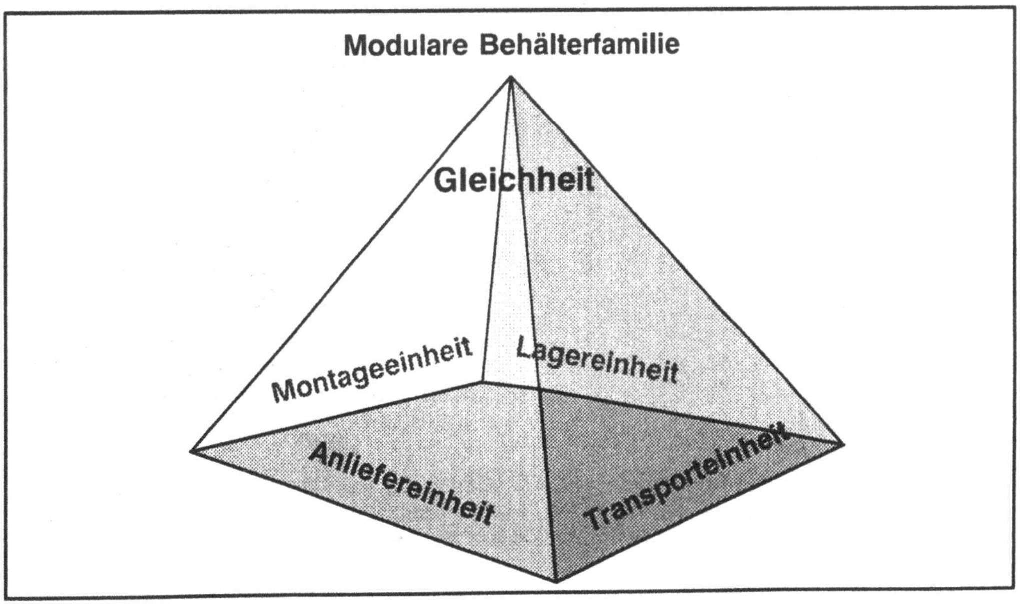

Anlage 14: Zunehmender Stellenwert der Behälter

kom design München

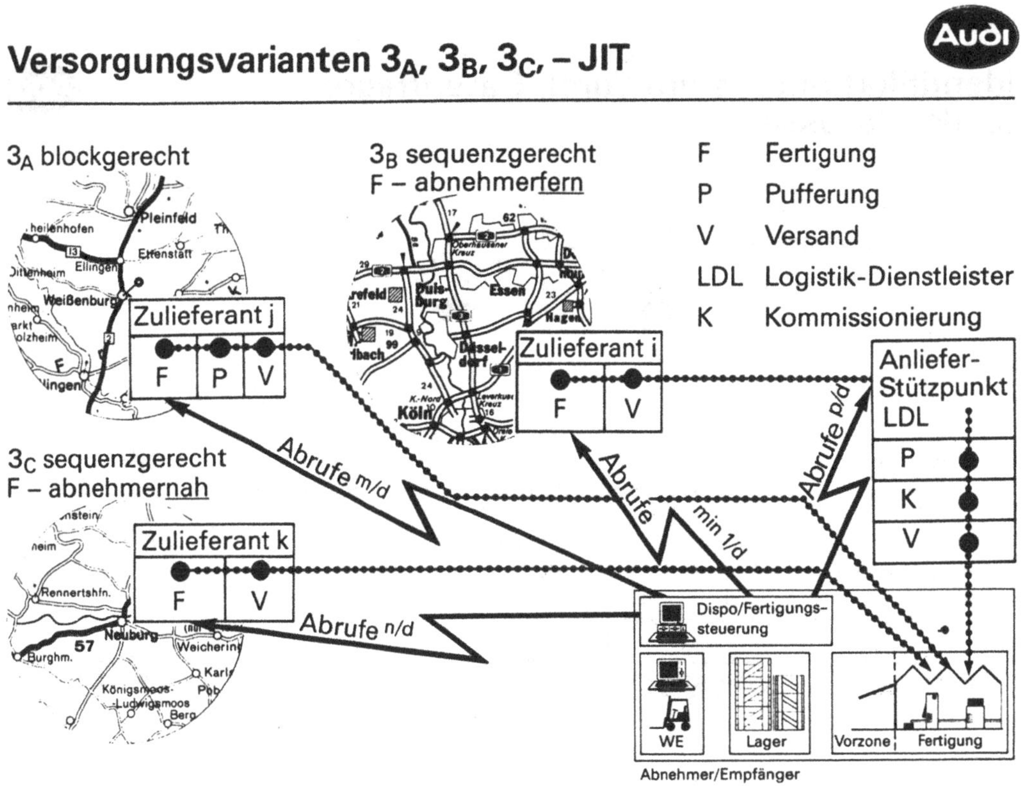

Anlage 15: Planung und Realisierung neuer Versorgungskonzepte

Anlage 16: Schaffung von logistischen Beratungszentren für klein- und mittelständische Unternehmen

MÜNCHENER KOLLOQUIUM '88
WETTBEWERBSVORTEILE DURCH INTEGRATION
IN PRODUKTIONSUNTERNEHMEN
24. UND 25. MÄRZ 1988
MÜNCHEN

ZULIEFERINDUSTRIE ALS PARTNER IM AUTOMATISIERUNGS- UND LOGISTIKKONZEPT

Prof. Dr.-Ing. Wolfgang Lortz
Schmitz GmbH & Co.

TECHNISCHE UNIVERSITÄT MÜNCHEN
INSTITUT FÜR WERKZEUGMASCHINEN
UND BETRIEBSWISSENSCHAFTEN

Zulieferindustrie als Partner
im Automatisierungs- und Logistikkonzept

---

1. Einleitung

Der ständige Wettbewerb auf nationaler und internationaler Ebene zwingt die Automobilzulieferindustrie sämtliche Rationalisierungs- und Automatisierungspotentiale voll auszuschöpfen, um auch in Zukunft als Partner der Automobilindustrie weiterhin bestehen zu können. Marktanteile lassen sich nur noch dann halten, wenn die individuellen, innovativen Wünsche unterschiedlicher Automobilhersteller schnell mit qualitativ hochwertigen Produkten zu marktfähigen Preisen realisiert werden können.

Dieses veränderte Anforderungsprofil bedingt ein ganzheitlich orientiertes System, wobei einerseits eine interdisziplinäre Betrachtungsweise einer internen und externen Logistik sowie andererseits eine produktrelevante Gestaltung, Planung und Fertigung im Mittelpunkt der momentanen Situation steht.

Diese beiden unterschiedlichen Betrachtungsweisen zielen auf eine Erhöhung der Rationalisierung bei gesteigerter Flexibilität und Qualität unter Verbesserung der Wirtschaftlichkeit und Produktivität. Insbesondere die Forderung nach kurzen Entwicklungs- und Neuanlaufzeiten bei kleineren Losgrößen und gesteigerter Variantenvielfalt bei gleichzeitiger Senkung der Stückkosten sowie das Streben der Automobilindustrie nach kurzen Lieferzeiten und Termintreue, erfordern eine neue Vorgehensweise und eine vertrauensbildende Partnerschaft in den Beziehungen zwischen der Automobilzulieferindustrie und der Automobilindustrie.

Entsprechend dieser neuen Zielvorstellungen soll die entstandene Partnerschaft zwischen Automobilindustrie und Automobilzulieferindustrie aufgezeigt und diskutiert werden.

2. Integration der Automobilzulieferindustrie in das Automatisierungs- und Logistikkonzept des Automobilherstellers

Die Sicherung internationaler Wettbewerbsfähigkeit kann bei der neu entstandenen Partnerschaft zwischen Automobilindustrie und Automobilzulieferindustrie zukünftig nur noch gemeinsam realisiert werden. Die Automobilzulieferindustrie ist hierbei voll in das Konzept der Automobilindustrie integriert (*Bild 1*). Der Automobilhersteller ist in der logistischen Kette auf der einen Seite Kunde, als auch auf der anderen Seite Lieferant von Rohteilkomponenten. Diese Rohteilkomponenten werden vom PPS geplant und geordert und fließen in die Produktion ein. Innerhalb der Produktion werden sie in den Materialfluß integriert, mit weiteren Sitzkomponenten verarbeitet und über eine systemgerechte Verladung und entsprechendem Transport kommen diese Teile als fertig gepolsterte Sitzgarnitur wieder zum Automobilhersteller zurück. Da gemeinsame Transportbehälter, Verlade- und Entladesysteme sowie gemeinsame Identnummern und kompatible Rechner-Informationssysteme vorliegen, läßt sich eine Umsetzung der Aufträge in fertige Produkte sehr schnell realisieren. Selbst Fahrgestell- und Motornummer werden zusätzlich zu den sitzrelevanten Identifikationsnummern beim Automobilzulieferer codiert.

Neben dieser elektronischen Codierung zur automatischen Identifikation des Produktes, bei beiden Partnern, wird zusätzlich auch die Information im Klartext dem Produkt mitgegeben. Dieses Produkt wandert an das Automobilband, wird dort in das Automobil eingebaut und die leeren Container kommen in einem geschlossenen Kreislauf wieder zum Automobilzulieferer zurück.

Bevor es jedoch zu einem Lieferauftrag kommt, sind die produktbezogenen Daten, ausgehend von der Konstruktion und Entwicklung unter Einbeziehung eines integrierten Qualitätssicherungssystems, kommunizierender Stücklisten und Montagepläne, systemgerechter Produktionsabläufe, bis hin zur beiderseitigen Auftragsabwicklung im Finanz- und Rechnungswesen, zu erarbeiten.

Diese produktorientierte Gestaltung steht mit der kundenorientierten Logistik in vielschichtigem Zusammenhang, worauf im Folgenden intensiver eingegangen wird.

Ausgehend von der CAD-Phase über die CAP-Phase sowie integriertem Qualitätssicherungssystem CAQ bis hin zur logistischen Kette existieren intensive Verbindungen und Verknüpfungen zwischen den entsprechenden Bereichen der Automobilzulieferindustrie und den Automobilherstellern.

2.1 Integration im CAD-Bereich zwischen Automobilhersteller und Automobilzulieferer

Das Anforderungsprofil an einen Automobilsitz ist im *Bild 2* dargestellt. Zur Erreichung eines optimalen ergonometrischen Sitzkomforts unter Berücksichtigung relevanter Sicherheitsaspekte sind entsprechende technische Voraussetzungen zu schaffen.

So ein Automobilsitz besteht zunächst aus einer Metallstruktur, die bei einem Crash die Kräfte aufnehmen muß und so das Überleben des Passagiers sichern soll. Als weitere komfortorientierte Komponente sind Federungseigenschaften sowie Verträglichkeit und "Sitzweichheit" gekennzeichnet durch das Wort "Schaum" zu nennen. Letzlich sind "Trimm und Design" bereits in der Entwicklungsphase ausreichend zu berücksichtigen. Diese drei Komponenten werden nicht überall gleich bewertet, sondern genießen bei dem jeweiligen Kunden durchaus eine differenzierte Betrachtungsweise.

Der direkte Datenaustausch im Entwicklungsbereich zwischen Automobilhersteller und Automobilzulieferer sowie dessen Auswirkungen sollen nachfolgend an drei Beispielen "Bewegungssimulation", "FEM" sowie "Hinterschäumung" erläutert werden.

Die Vorgehensweise bei der Bewegungssimulation zwischen Automobilhersteller und Automobilzulieferindustrie ist in *Bild 3* dargestellt. Der Entwurf der Rohkarosse wird hierbei von einigen Automobilherstellern per Magnetband an den Automobilzulieferer weitergegeben. Neben diesem Band wird ein Lastenheft über zukünftigen Funktionen des Automobilsitzes überreicht.

Aus diesen vorgegebenen Zieldaten kann die Automobilzulieferindustrie, hier im speziellen Fall der Sitzhersteller, eine Sitzkonzeption entwerfen, wobei die geforderten Verstellmöglichkeiten entsprechend dem Lastenheft berücksichtigt sind. Die Bewegung des so ermittelten Sitzes im Auto kann im CAD-System simuliert werden:

zum Beispiel

- Sitzposition vor und zurück oder hoch und niedrig
- Fußfreiheit vorne und hinten
- Sicht des Fahrers nach vorne und hinten
- Lehnenposition, insbesondere deren Lage zum Befestigungspunkt des Sicherheitsgurtes (B-Säule)
- Kopffreiheit
- Bewegungsbahn beim "Vorklappen" der Vorderlehne (2-türige Version), usw.

Diese Sitzkonzeption geht zum Automobilhersteller zurück, wird dort überarbeitet und führt letztlich zu einem intensiven Datenaustausch beider Partner. Diese kooperative Zusammenarbeit erübrigt die zeitintensiven, manuellen Zeichnungs- und Detaillierungsarbeiten. Infolgedessen ist es nicht verwunderlich, wenn hierdurch die Entwicklungszeiten auf mehr als die Hälfte reduziert werden können. In der Vergangenheit ging zwischen der abgesprochenen Vereinbarung und dem konkreten Zeichnungsaustausch erfahrungsgemäß zuviel Zeit verloren.

Ist das Sitzkonzept einschließlich "Metall", "Schaum" und "Bezugskomponenten" festgelegt, so besteht in unserem Hause die Möglichkeit, bereits während des Entwicklungsstadiums die Metallstruktur mittels FEM durchzurechnen. Eindeutiges Ziel hierbei ist es: Bereits im Entwurfsstadium alternative Lösungen zu untersuchen, um Zeit und Kosten für Versuch und Erstellung von Prototypen zu minimieren (*Bild 4*).

Die FEM wird in den meisten Fällen für linear elastische Probleme eingesetzt. In dem vorliegenden Fall genügt eine lineare Untersuchung nicht, sondern der praktische Versagensfall zeigt, daß es sich hierbei um ein Stabilitätsproblem handelt.

Dieses Stabilitätsproblem führt im Rahmen der FEM zu einer nichtlinearen Rechnung. Die Nichtlinearität bezieht sich zum einen auf die Berücksichtigung großer Deformationen (Beulproblem) und zum anderen auf die Berücksichtigung plastischer Verformungen.

Zur Lösung dieser Aufgabenstellung wird die Geometrie des Sitzes durch achtknotige, isoparametrische Schalenelemente beschrieben. Diese Elemente sind in der Lage, komplexe Geometriestrukturen nahezu exakt zu beschreiben. Für eine quantitative, exakte Berechnung des Versagensverhaltens ist es insbesondere notwendig, die Bauteilgeometrie einwandfrei zu beschreiben. Das Fenster in der Lehnenwange sei hierfür als Beispiel angeführt.

Die geometrischen Randbedingungen in der FEM-Rechnung sind entsprechend der Fesselung des Sitzfußes im Automobil simuliert.

Die Belastung wird entsprechend der Versuchsdurchführung als Einzellast am oberen Lehnenende der FEM-Struktur aufgeprägt. Es kommt hierbei zum Ausdruck, daß sich die Lehne im unteren Bereich sehr steif verhält, anschließend unterhalb des Fensters in Beulung übergeht, während das Fenster selber und der obere Lehnenbereich sich wieder sehr steif verhalten. Diese Verhaltensweise ist aus Sicherheitsgründen erwünscht, da die Lehne erst oberhalb der Kniehöhe des Fond-Passagiers abknicken darf, um ein Überleben beider Passagiere im Crashtest sicherzustellen.

Die Verschiebung der oberen Lehnenkante ergab eine Verformung von 150 mm in der nichtlinearen Beulrechnung, während eine parallel durchgeführte lineare Rechnung eine Verformung von weniger als 20 mm ergab. Der praktische Versagensfall entspricht der nichtlinearen Beulrechnung (*siehe linker Bildteil*). Aus diesem Beispiel erkennt man, daß heutzutage bereits lange Zeit vor dem Bau erster Prototypen, auf dem Bildschirm Schwachstellen ermittelt werden können, die früher erst nach wochenlangen Tests offenbar wurden.

Bei einer systematischen Betrachtungsweise des gesamten Automobilsitzes stellt sich die Frage, wieso die einzelnen Komponenten "Schaum" und "Bezug" nicht zu einem integralen Bauteil zusammengeführt werden können. Das Ergebnis ist in *Bild 5* dargestellt. Im linken Teil des Bildes ist der Sitz für ein sportliches Fahrzeug dargestellt. Dieser Ledersitz ist hinterschäumt, sodaß Schaum und Bezug nun ein gemeinsames Bauteil darstellen (*siehe rechte Bildhälfte*).

Diese veränderte Produktgestaltung hat sicherlich positive Kostenauswirkungen auf den Herstellungsprozeß. Gleichzeitig sind die Auswirkungen auf die logistische Kette differenziert zu betrachten. Materialbeschaffung, Handling und Transport sowie deren Ablaufgestaltung vereinfachen sich. Wird dieses Bauteil jedoch gezielt als "integriertes Produkt" für einen speziellen Wagen, in einer sehr kurzen Zeitspanne von nur wenigen Stunden vom Kunden gefordert, so hat dies Rückwirkungen auf den gesamten Herstellungsprozeß.

Es kommt zu einer interdependenten Verhaltensweise - auftragsorientierter zu produktorientierten Daten.

Dieses Beispiel soll aufzeigen, wie mittlerweile produktbezogene und auftragsbezogene Zielsetzungen in einem vielschichtigen Zusammenhang stehen. In einem Unternehmen dürfen zukünftig nur noch beide Zielgruppen zusammen betrachtet werden, um so effektiver den veränderten Marktanforderungen begegnen zu können.

2.2 Logistischer Informationsverbund im CAP-Bereich

Neben dem Austausch im CAD-Verbund vorhandener Daten, tritt die Übertragung dieser Daten in den Planungsbereich zunehmend in den Vordergrund. Die beidseitig erarbeiteten Ergebnisse im CAD-Bereich stellen hierbei eine wichtige Voraussetzung zur Koppelung der PPS-Systeme zwischen Automobilhersteller und Zulieferer dar. Durch die gekoppelten Produktions-Planungs-Systeme besteht die Möglichkeit, eine Optimierung der Kapazitäts- und Terminplanung in Abhängigkeit des vorhandenen Auftragsbestandes durchzuführen (*Bild 6*).

Eindeutige, gemeinsame Zielsetzung ist:

- Qualität
- absolute Termintreue
- kurze Durchlaufzeiten (für den Automobilsitz z.B. ca. 2 - 6 h)
- Losgröße "Eins"
- Lagerbestand "Null"
- Minimierung des Handlings

Diese hohen Zielsetzungen schaffen für beide Partner die Möglichkeit, auf veränderte Marktanforderungen und damit verbundener innerbetrieblicher Anpassung sehr schnell zu reagieren. Die Erarbeitung des Produktionsprogrammes wird bei den vorhandenen Lösungen gemeinsam durchgeführt. Die Ermittlung des notwendigen Materialbedarfs für die Sitzgarnituren sowie die Disposition und Steuerung der Sitzfertigung ist dann vom PPS des Zulieferers zu lösen.

Als technische Hilfsmittel für die Übertragung der Information wird die Datenfernübertragung (DFÜ) eingesetzt. Für die datentechnische Integrationsfähigkeit beider Systeme sind zwei Voraussetzungen unabdingbar:

1. die Kompatibilität beider Rechnersysteme muß sichergestellt sein.

2. Software und Interpretation der Daten für Nummernsysteme, Montagepläne und Stücklisten muß gegeben sein.

Die Kopplung gleicher Rechnerstrukturen zwischen Automobilhersteller und Automobilzulieferer ist in unserem Hause bereits öfters praktiziert und stellt mittlerweile kein größeres Problem mehr dar.

Auf einige Sonderheiten wäre hinzuweisen.

- Es besteht die Wahlmöglichkeit zwischen einer Stand- oder Wahlleitung. Beide Versionen haben ihre speziellen Vorteile und jeder Einsatzfall stellt wieder einen neuen Sonderfall dar, wobei die spezifischen Vor- und Nachteile gemeinsam abzuwägen sind.

- Die Übertragung der Daten kann ebenfalls über zwei verschiedene Versionen sichergestellt werden. Entweder man entscheidet sich für eine zweite, unabhängige Datenleitung oder aber man installiert ein weiteres Ausgabegerät (z.B. Drucker beim Zulieferer, der bei Ausfall des Rechners auf der Zulieferseite gleichzeitig die Informationen weiterleiten kann. Andernfalls erfordert die Datensicherung die Installation einer zweiten CPU.).

Aus der zweiten Voraussetzung resultiert für den Zulieferer ein kleines Problem in der Art, daß sein eigenes Nummernsystem mit unterschiedlichen Nummernsystemen verschiedener Automobilhersteller korrespondieren muß. Eine Lösung dieses Problembereiches stellt ein Postprozessor dar, der für jeden einzelnen Kunden neu geschrieben wird und somit eine eindeutige Interpretation des Datentransfers sicherstellt.

Als reine "manuelle" Notsysteme stehen letztlich noch Telefax oder Telefon zur Verfügung. Anzumerken sei hier, daß der Einsatz dieser Notmaßnahmen in unseren Werken bisher noch nicht erforderlich war.

Damit sind die wichtigsten Grundvoraussetzungen für einen einwandfreien Datentransfer zur Lösung der logistischen Funktionen im Transfer zwischen Automobilhersteller und Automobilzulieferer erfüllt.

Die nächste wichtige Voraussetzung zur Erfüllung der logistischen Zielsetzungen ist die gemeinsame exakte Planung des Produktionsprogrammes, sowie der speziellen Kundenaufträge. Für beide Informationsflüsse stellt ein funktionierendes PPS sowie deren Einbindung in ein Gesamtkonzept eine unabdingbare Notwendigkeit dar.

Basis für die gemeinsame Produktionsprogrammplanung sind die vom Vertrieb des Automobilwerkes festgelegten Typen und Stückzahlen. Diese Produktionsprogrammplanung beinhaltet eine grobe Vorschau für die nächsten 3 - 6 Monate. Sie deutet den Trend für die Verkaufszahlen des Fahrzeugtyps an und dient in unserem Unternehmen als grobe Vorausplanung für die Mitarbeiterstruktur.

Dieses Produktionsprogramm wird in einem weiteren Schritt in konkrete Kundenaufträge umgewandelt. Die Daten werden per DFÜ zwischen Hersteller und Zulieferer übermittelt und stellen eine Vorschau für die nächsten drei Wochen dar. Sie dienen in unserem Hause zur Lagerbestandsüberprüfung sowie Korrektur von Abrufen auf unserem Beschaffungsmarkt (*Bild 7*). Der nächste Abruf per DFÜ stellt das sogenannte Tagesprogramm der Kundenaufträge dar. Diese Daten dienen zur Überprüfung der Lieferabrufe und Verfügbarkeitskontrolle.

Erst wenn die Rohkarosse die Lackieranlage verläßt und auf das Montageband aufgesetzt wird, liegt endgültig fest, welches Auto in welcher Sequenz gefertigt werden muß. Für die Produktion bleibt ab diesem Zeitpunkt je nach Ausführungsform des Sitzes noch eine Zeitspanne von ca. 5 h bevor die gesamte Garnitur am Montageband des Automobilherstellers benötigt wird.

Zwei Stunden von Sitzeinbau am Montageband des Automobilherstellers wird die Reihenfolge des Sitzeinbaues mit Fahrzeugnummer, Taktnummer und Uhrzeit bekanntgegeben und kurze Zeit später verläßt der Sitz unser Haus, "damit er die Frist nicht verfehle".

2.3 Logistischer Verbund im Transport- und Materialfluß

Integrierender Kern eines ganzheitlichen Gesamtkonzeptes ist ein gut funktionsfähiges PPS-System, was zu beiden Seiten (auftragsorientiert und produktionsorientiert) durchgängig ist. Erst nachdem diese wichtigen administrativen und operativen Voraussetzungen im Verbund zwischen Automobilhersteller und Automobilzulieferer geschaffen sind, kann in einem weiteren Stadium die logistische Kette im Transport- und Materialfluß zwischen diesen beiden Partnern aufgezeigt werden.

Die zentrale Aufgabe besteht für beide Partner darin, den Materialfluß mit entsprechendem Transport sowie zur Minimierung des Handlings, mit identischen Transportgestellen als auch entsprechend identischen Ver- und Beladesystemen sicherzustellen, um die Auftragseinheit in einer optimalen Reihenfolge an das Montageband zu bekommen.

Bild 8 zeigt schematisch den Verbund zwischen Automobilhersteller und Automobilzulieferer im Bereich der physischen Logistik. Information- und Materialfluß laufen hierbei parallel ab. Voraussetzung für diesen Verbund ist eine partnerschaftliche Planung und Optimierung des Materialflusses in beiden Werken.

Folgende Überlegungen stellen die Grundlage für eine produktionssynchrone Belieferung des Automobilherstellers dar:

- einheitliche Transportgestelle
- systemgerechte Entladung
- Verknüpfung von Informationsfluß und Materialfluß
- Kommissionierung der benötigten fremdgefertigten Teile
- flexible Automation im Zuschnitt und Nähbereich
- Zusammenfluß von fremdgefertigten und eigengefertigten Bauteilen
- Transport zur flexiblen Montage
- Quittierung des Auftrages
- systemgerechte Verladung
- systemgerechter Transport
- systemgerechte Entladung beim Automobilhersteller
- Identifikation und Transport entsprechend der vorgegebenen Sequenz zum Einbauort
- Rückführung der leeren Transportgestelle vom Automobilhersteller zum Automobilzulieferer

Einige dieser Funktionen sollen im Folgenden detaillierter betrachtet werden.

2.3.1 Einheitliches Transportgestell

Die Transportgestelle müssen so abgestimmt sein, daß sie sowohl vom Transportsystem des Zulieferers als auch des Herstellers gleichsam benutzt werden können. So hat zum Beispiel einer der Partner ein Transporthängesystem, während der andere unter Umständen ein Flurförderfahrzeug bevorzugt. Daraus folgt, daß das gemeinsam verwandte Transportgestell beide Aufnahmesysteme in sich vereinigen muß. Diese "Schnittstelle" ist besonders bei der automatischen Entladung und Ankoppelung an des interne Transportsystem zu berücksichtigen. Auch die menschenwürdige Bestückung sowie die roboterangepaßte Entnahme der Bauteile aus dem Transportgestell muß sichergestellt sein. Von der Problematik der Positionierung der Sitzgestelle im Transportgestell sowie die automatische Positionierung der Transportgestelle im Transportsystem oder auch von der roboterrelevanten Entnahmestation am Montageband des Automobilherstellers ganz zu schweigen. Gleichzeitig muß eine ausreichende Widerstandsfähigkeit gegen Transportschäden sowie aus Handlingsgründen ein akzeptables Gewicht vorhanden sein.

Letztlich wird das Transport- bzw. Behältersystem durch den systemgerechten Sitzeinbau am Montageband beeinflußt. Aus diesen Zielkonflikten wird erkennbar, daß es kein allgemeingültiges optimales Transportgestell gibt. Die Lösung dieses Problems ist eine logistische Aufgabe.

2.3.2 Systemgerechter Transport zwischen Hersteller und Zulieferer

Für eine produktionssynchrone Belieferung hat sich bisher der Zulieferbetrieb in unmittelbarer Nähe des Automobilherstellers angesiedelt. Aus logistischer Sicht bedeutet eine "unmittelbare Nähe" eine Fahrstrecke von 10 bis 25 km. Demgegenüber sind in Amerika auch ganz andere Entfernungen durchaus üblich. Es bleibt abzuwarten, ob sich bei uns in Deutschland "JIT"-Projekte auch über andere Entfernungen realisieren lassen.

Der Transport zwischen Hersteller und Zulieferer muß unabhängig von Wetter, Staus und anderen Einflußfaktoren sichergestellt werden. Dies erfordert mehrere voneinander unabhängige Wegstrecken, wobei die Transportsysteme (z.B. LKW's) mit Sprechfunk ausgestattet sind und jeglichen Verzug der Leitzentrale sofort melden müssen, so daß eine hohe Verfügbarkeit bei großer Flexibilität zu erwarten ist.

2.3.3 Systemgerechte Entladung sowie Verknüpfung von Informationsfluß und Materialfluß

Während des Entladevorgangs beim Automobilzulieferer verlassen die leeren Transportgestelle automatisch das Transportsystem (z.B. LKW). Dabei ist darauf zu achten, daß der entladene bzw. zu beladende LKW während des entsprechenden Vorganges seine Höhenposition konstant hält, da es ansonsten zu Störungen im Entladeprozeß kommen könnte.

Haben die Transportgestelle die Entladebahn verlassen, so müssen sie codiert werden, damit der neue Kundenauftrag im flexiblen Produktionsablauf automatisch überwacht und gesteuert werden kann (*Bild 9*). Die Informationsdaten gelangen per DFÜ zum Terminal. Diese Verknüpfung von Informationsfluß und Materialfluß im Identifikationspunkt (I-Punkt) geschieht in unserem Hause mittels parallel arbeitenden Informationsträgern. Zum einen mit einem dialogfähigen Identifikationsträger (programmierbarer Datenträger pDT) und zum anderen mit den Auftragspapieren im Klartext, sodaß der Kundenauftrag nicht nur vom automatisierten Betriebsdatensystem, sondern insbesondere auch von unseren Werkern eindeutig identifiziert werden kann. Zusammen mit der entsprechenden Sitzgarnitur gelangt dann bei Auftragsende ein Teilbereich dieses Klartextes zum Automobilhersteller.

Zusätzlich zu dieser Verknüpfung von Information und Transportbehälter wird als weitere logistische Komponente im Materialfluß das Transportsystem benötigt. Somit bilden Transportbehälter, Kundenauftrag, Stückliste und flexibles Transportsystem (FTS) eine logistische Einheit. Diese Einheit fährt in die Kommissionierstrecke für benötigte Fremdteile und von dort automatisch weiter in die Produktion (*Bild 10*).

2.3.3 Flexible Automation im Zuschnittbereich

Die hohe Variantenvielfalt der Automobilindustrie fordert die Losgröße "Eins" für die Herstellung von kompletten Sitzen. Selbst die Fertigung auf Lager würde außer hohen Lagerkosten keine Lösung der Aufgabenstellung bringen.

Diese Zielsetzung, Losgröße "Eins" wirtschaftlich in kürzester Zeit termingerecht herzustellen, erfordert eine maximale Flexibilität im Produktionsbereich. Diese notwendige Produktionsflexibilität soll an einem einfachen Beispiel erläutert werden (*Bild 11*).

Zur Herstellung von Ledersitzgarnituren werden als Rohteile Kuhhäute verwandt. Diese Lederhäute haben unterschiedliche Abmessungen und weisen teilweise Schwach- oder Fehlstellen in der Struktur auf. Diese Fehlstellen dürfen keinesfalls verarbeitet werden. Bei der konventionellen Fertigung geht der Werker hinweg und legt per Hand eigens hierfür konstruierte Stanzmesser auf die Lederhaut auf. Diese Stanzmesser wandern zusammen mit der Lederhaut durch eine Roll- oder Hubstanze und müssen nachher wieder abgenommen werden. Neben der reinen körperlichen Belastung des Menschen (Gewicht eines Stanzmessers kann bis zu

10 kg betragen) muß er parallel dazu noch eine Schnittwertoptimierung durchführen und das während eines 8 h Tages in einer bestimmten Taktfrequenz. Hier stößt man irgendwann an die Leistungsfähigkeit bzw. die Leistungsgrenze des Menschen.

Die Frage, die nun hieraus resultiert: Wie kann man zu einem flexiblen Fertigungssystem (FFS) im Zuschnittbereich kommen, bei dem nicht nur die Brutto- und Nettoflächen der Lederhäute dokumentiert werden und damit die Qualitätssicherung über ein bedeutendes Qualitätsmerkmal verfügt, sondern was selbsttätig eine Abfallminimierung durchführt, obwohl Roh- und Zuschnitteile ständig variieren, und welches die in der Konstruktion ermittelten Musterzuschnitte (Abwicklung des Lederbezuges) für unterschiedliche Ausführungsformen automatisch generiert und zusätzlich störungsfrei im Zweischichtbetrieb produziert. Die Lösung dieses komplexen Problems ist in der unteren Hälfte von *Bild 11* aufgezeigt.

2.3.4 Flexible Montage

Die deutsche Automobilindustrie fertigt nicht wie die Amerikaner oder Japaner für einen anonymen Markt, der mittels Marketing Prognosen analysiert wird, sondern bevorzugt eine auftragsgebundene Fertigung. Diese Vorgehensweise ermöglicht eine Vielzahl von Varianten mit jeweils unterschiedlichen Arbeitsinhalten. Diese unterschiedlichen Arbeitsinhalte machen eine Fertigung nach dem Fließprinzip unmöglich.

Unser Haus hat sich im Bereich der Montage für Gruppenarbeitsplätze - sogenannte Montageinseln (*Bild 12*) - entschieden. Hauptgründe für diese Entscheidung waren neben der Flexibilität und Produktivität vor allem die Humanisierung der Arbeitsbedingungen und damit direkt verbunden die positive Auswirkung auf die Qualität der Bauteile.

Die bereits beschriebene logistische Einheit: "Transportbehälter, Kundenauftrag, Stückliste sowie benötigte Fremd- und Eigenfertigungsteile" werden zusammen mit dem FTS in die Montageinsel gebracht. Die Einheit wird vom FTS-System in der Insel abgesetzt und die Arbeitsgruppe kann mit der Sitzmontage beginnen, während das FTS-System mit der bereits gepolsterten Sitzgarnitur die Montageinsel wieder verläßt.

Je nach Modell-Variante nimmt die Montage eine bestimmte Zeit in Anspruch. Jeder Mitarbeiter führt größere Arbeitsinhalte durch und bestimmt den Arbeitsfortschritt sowie dessen Auswirkungen. Daraus resultiert eine größere Eigenverantwortung für die Qualität des Endproduktes. Gleichzeitig sei darauf hingewiesen, daß in jeder Montageinsel eine Qualitätssicherungsinsel integriert ist, in der das vom Kunden geforderte Qualitätsanforderungsprofil überwacht und dokumentiert wird.

Ist die Sitzmontage beendet, so drückt ein Werker die Freigabetaste (Q-Punkt), was einen neuen Auftragszyklus im Rechner auslöst und die bereits montierte Sitzgarnitur zur systemgerechten Verladung bringt (*Bild 13*).

2.3.5 Systemgerechte Verladung

Infolge flexibler Montage und unterschiedlicher Arbeitsinhalte kommen die einzelnen Sitzgarnituren nicht in der richtigen Sequenz an. Dies macht eine Sortierung der Sitzgarnituren erforderlich. Ist die taktgebundene Reihenfolge realisiert, so kann die automatische Verladung der Sitze im entsprechend automatisierten Transportsystem (LKW) beginnen.

In Abhängigkeit der Kundenwünsche sowie den örtlichen Gegebenheiten sowohl beim Automobilhersteller als auch beim Automobilzulieferer sind zwei Varianten bei der Verladung möglich (*Bild 14*).

Variante 1: Synchrone Be- und Entladung von der Seite

Hierbei fährt der LKW-Fahrer seitlich an die Verladerampe, öffnet die Verladetüren, schließt den Stecker für das interne LKW-Verladesystem an und startet den Verladevorgang.

Variante 2: Beladung durch die hintere Aufliegertür

In diesem Fall fährt der Fahrer rückwärts an die Verladerampe, öffnet die Tür, schließt den Stecker für das interne LKW-Verladesystem an und startet den Entladevorgang. Ist der Entladezyklus beendet, so verschiebt sich das gesamte System und der Beladezyklus mit den kompletten Sitzgarnituren wird gestartet. Da die letzten Sitzgarnituren als Erste den LKW wieder verlassen, muß in diesem Fall in umgekehrter Reihenfolge zum Montagetakt beladen werden.

Für irgendwelche Verspätungen oder Notfälle steht ein Kleintransporter zur Verfügung.

2.4 Logistischer Informationsverbund im Finanzwesen

Nachdem sich eine ganzheitliche Betrachtungsweise des Materialflusses unter logistischen Aspekten zwischen Automobilindustrie und Automobilzulieferindustrie infolge verstärkten Rechnereinsatzes durchgesetzt hat, liegt es nahe, das Finanzwesen in den Informationsverbund zu integrieren. Die Ablauforganisation ist in *Bild 15* dargestellt. So wird vom Automobilzulieferer anhand des DFÜ-Protokollprogramms eine Rechnung erstellt, die per DFÜ in die Rechneranlage des Automobilherstellers gesendet wird. Parallel wird aus "Sicherheitgründen" noch die Rechnung im Klartext an den Automobilhersteller gesandt. Die Finanzbuchhaltung des Automobilherstellers schreibt die Zahlung an die Bank und sendet diese Information ebenfalls per DFÜ an den Automobilzulieferer.

Damit ist am entsprechenden Zahlungstag der Auftrag abgeschlossen.

3. Schlußbetrachtung

Sicherlich sind die dargestellten und diskutierten Lösungen für eine produktionssynchrone Belieferung von Bauteilen an das Montageband des Automobilherstellers nicht ohne weiteres auf andere Anwendungsfälle übertragbar, aber aus der beschriebenen produkt- und auftragsbezogenen Systematik lassen sich vielleicht einzelne Anregungen oder Komponenten für zukünftige andere Automatisierungsprojekte herleiten.

Solche Automatisierungskonzepte setzen von allen Beteiligten

- Aufgeschlossenheit
- Kooperationsbereitschaft und
- Akzeptanz zukunftsorientierter Technologien

voraus.

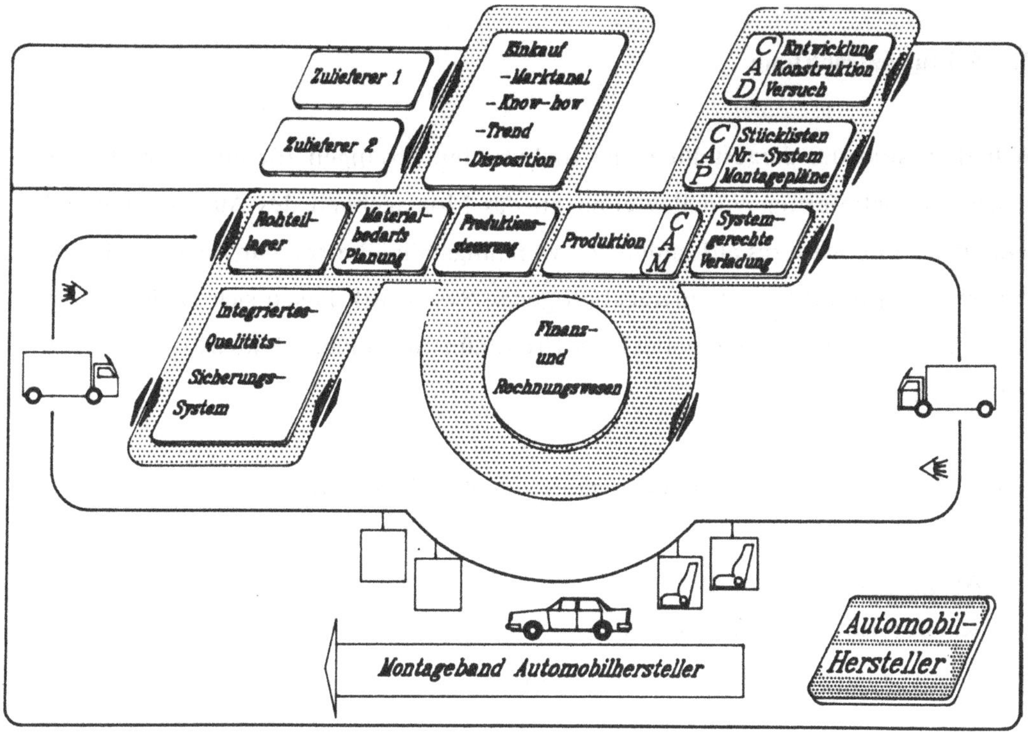

Bild 1: Verbundsystem Automobilhersteller – Automobilzulieferer

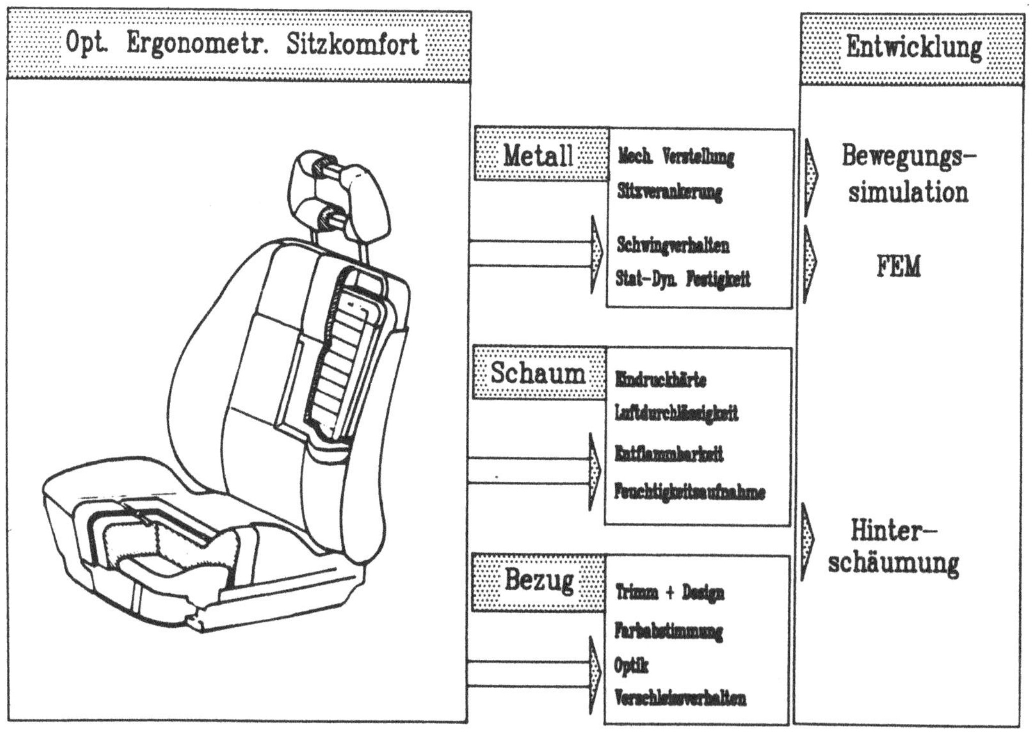

Bild 2: Anforderungsprofil an einen Automobilsitz

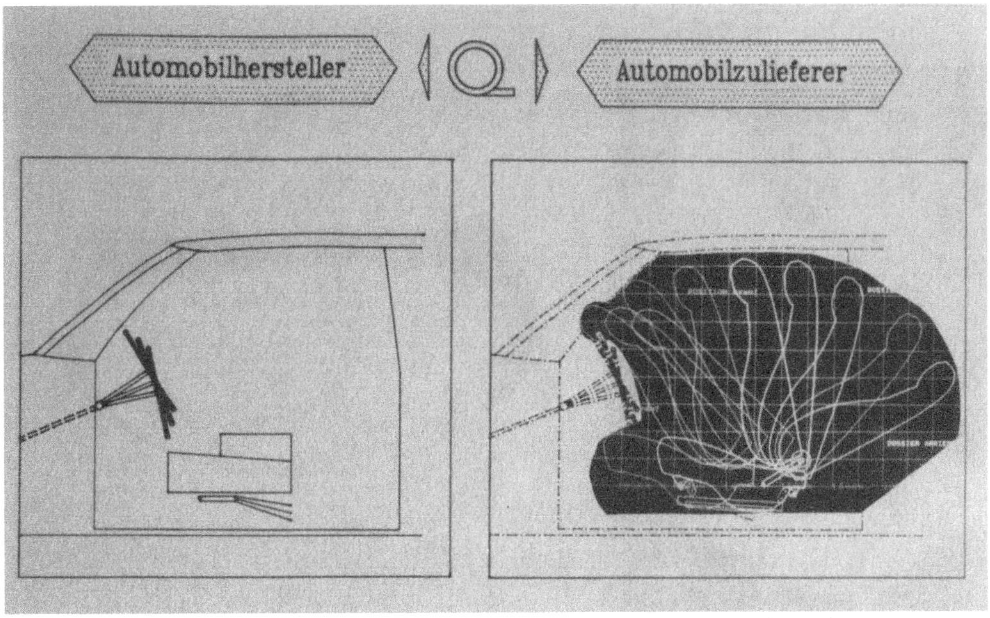

Bild 3: Verbundsystem Automobilhersteller – Automobilzulieferer im Entwicklungsbereich

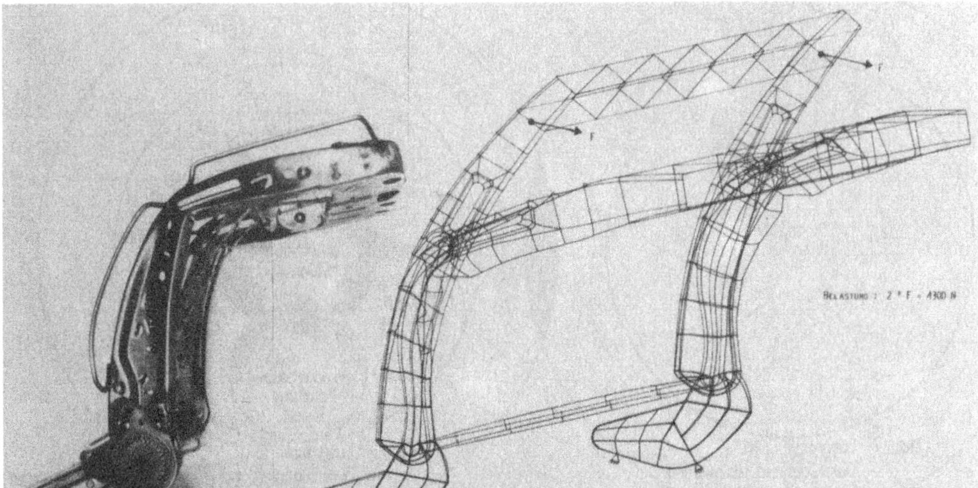

Bild 4: Verformung einer Vorderlehne

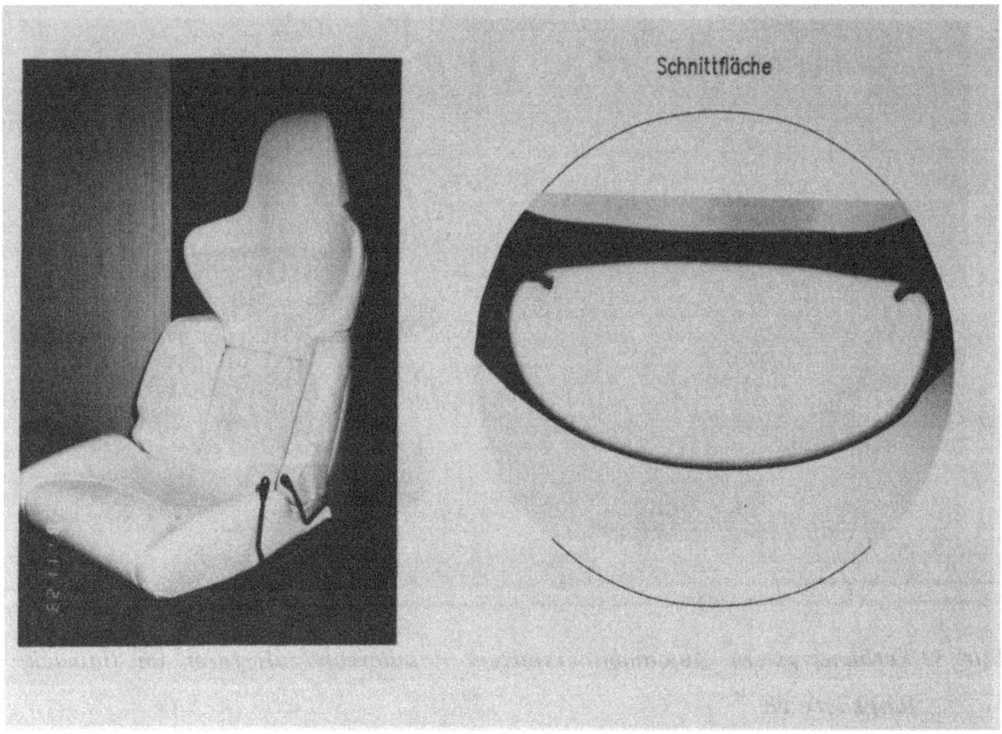

Bild 5: Integration von Bezug und Schaum – Hinterschäumung eines Ledersitzes

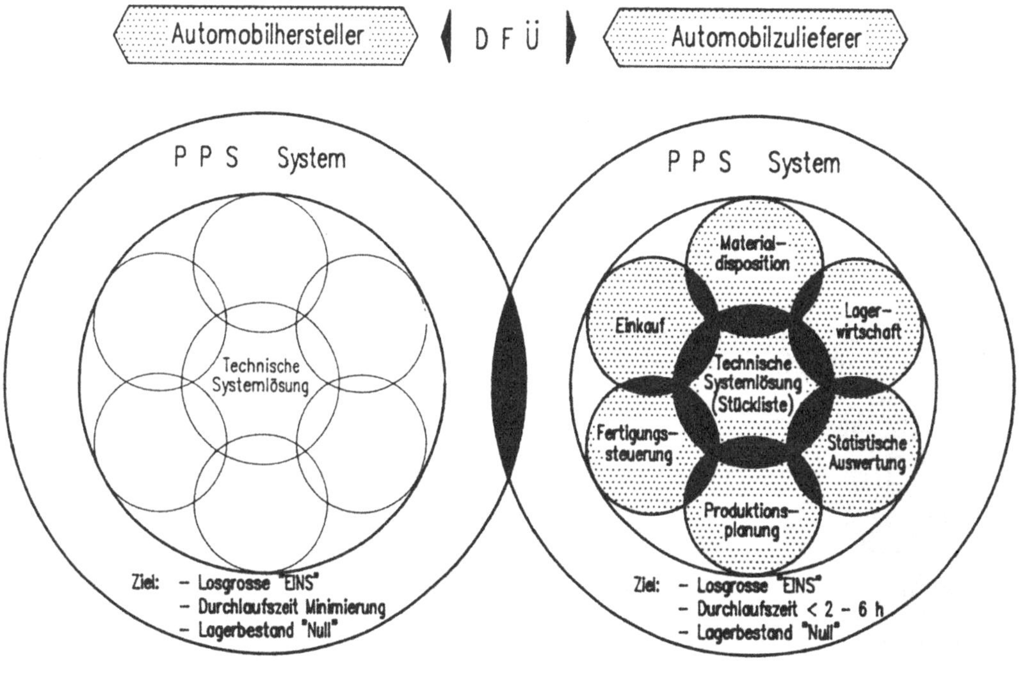

Bild 6: Verbundsystem Automobilhersteller – Automobilzulieferer im Planungsbereich

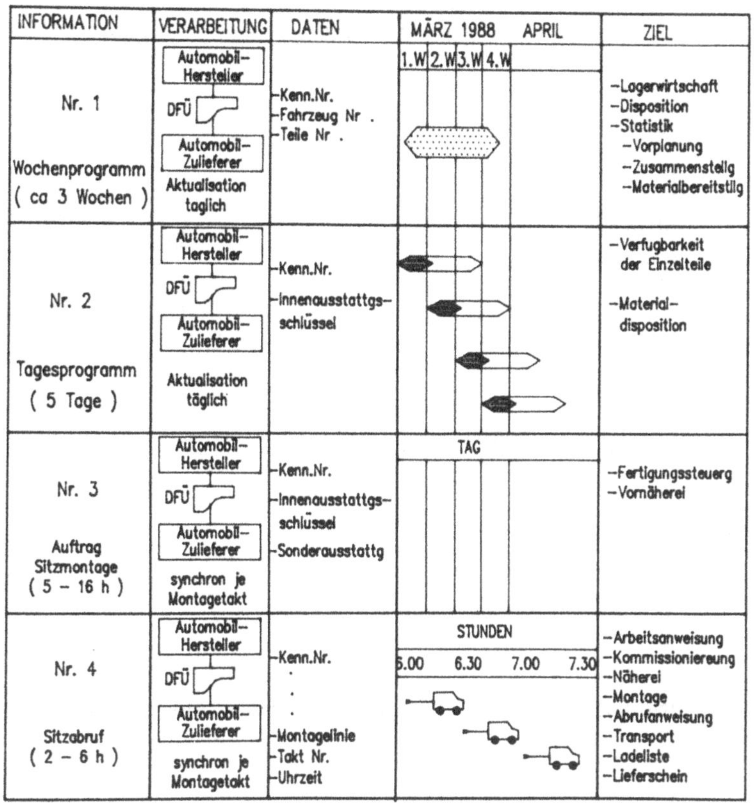

Bild 7: Logistisches Konzept zur produktionssynchronen Anlieferung

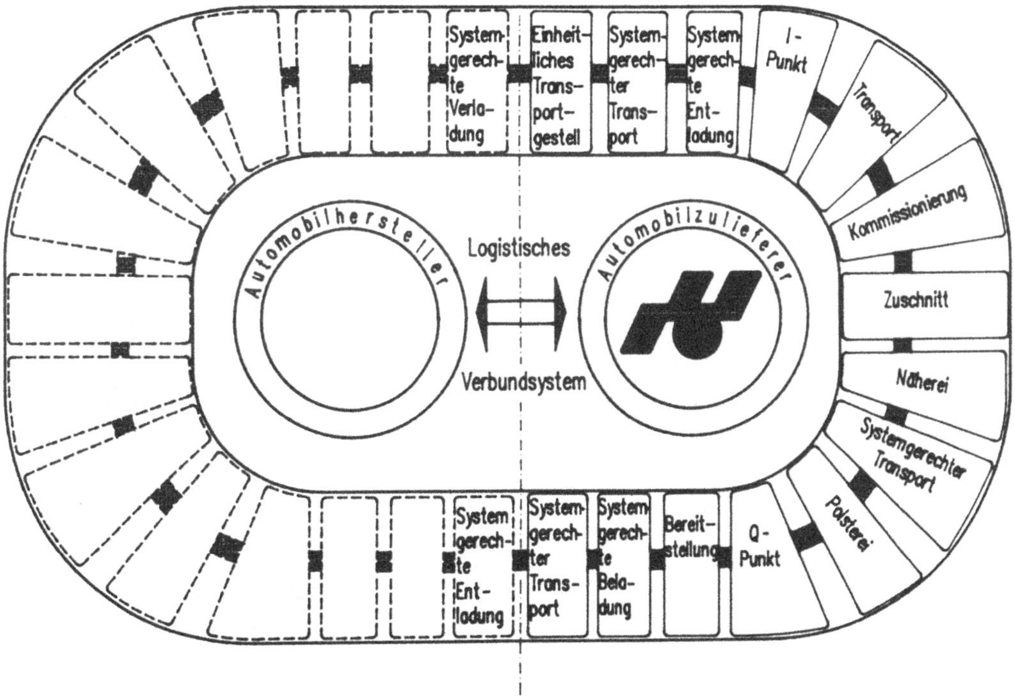

Bild 8: Logistisches Verbundsystem in der Auftragsabwicklung zwischen Automobilhersteller und Automobilzulieferer

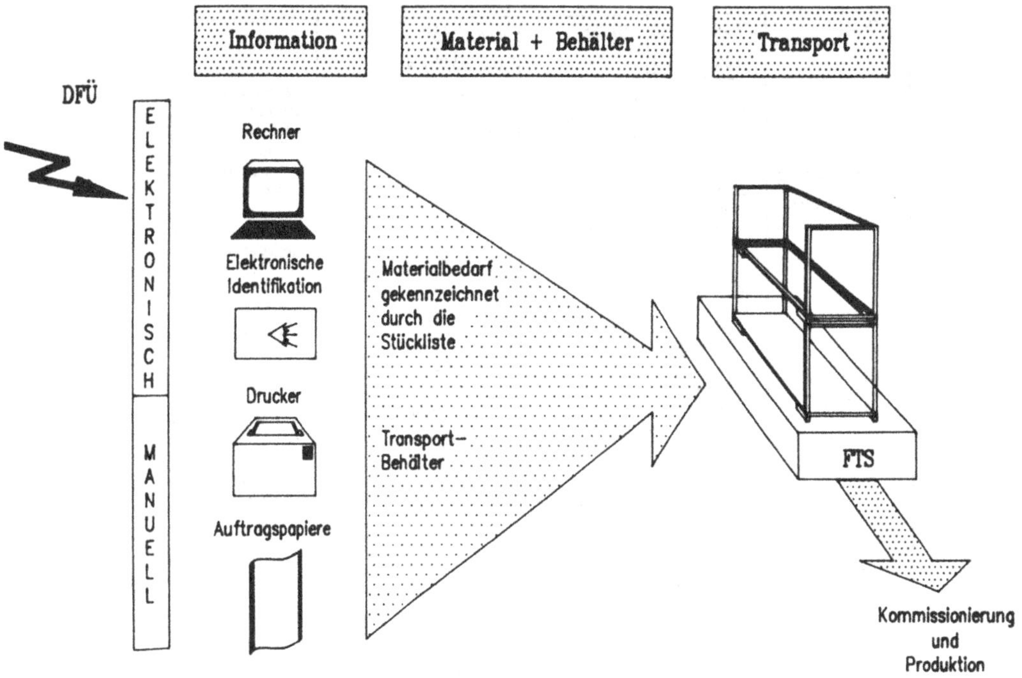

Bild 9: I-Punkt Terminal, Start für die innerbetriebliche Abwicklung

Bild 10: Transportsystem – Anpassung an verschiedene Systemkonfigurationen

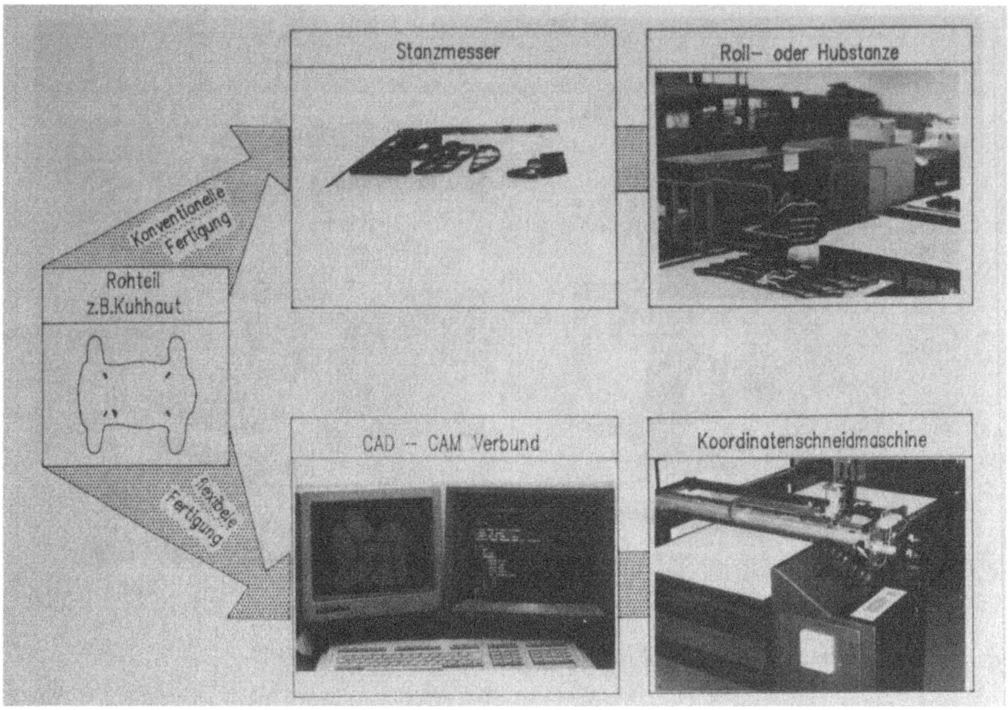

Bild 11: Gegenüberstellung eines konventionellen und flexiblen Fertigungssystems im Zuschnittbereich

Bild 12: Montageinsel mit integrierter Qualitätssicherung

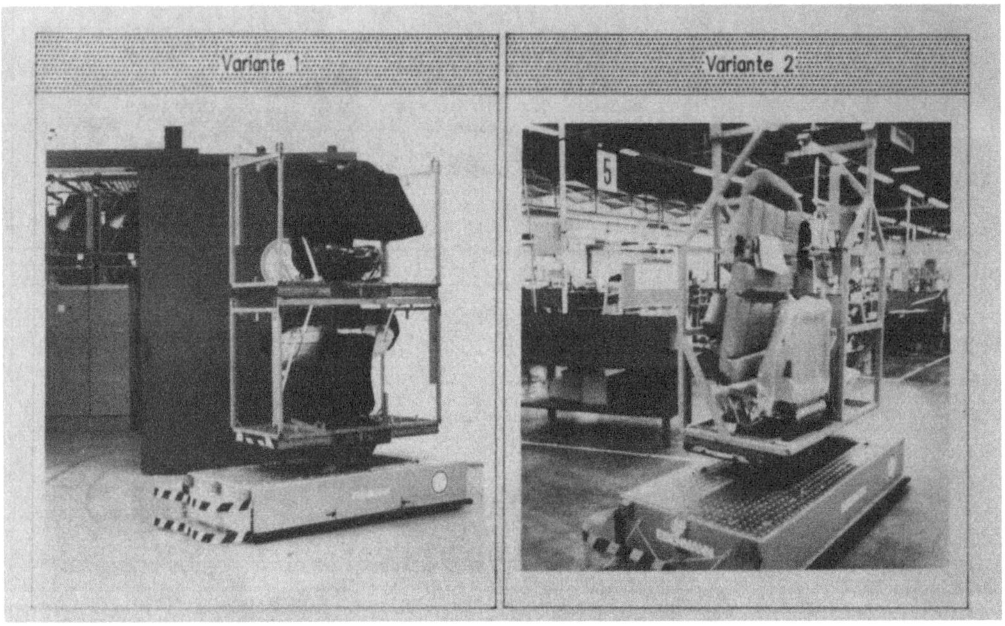

Bild 13: Transport der fertigen Sitzgarnituren zur Verladestation

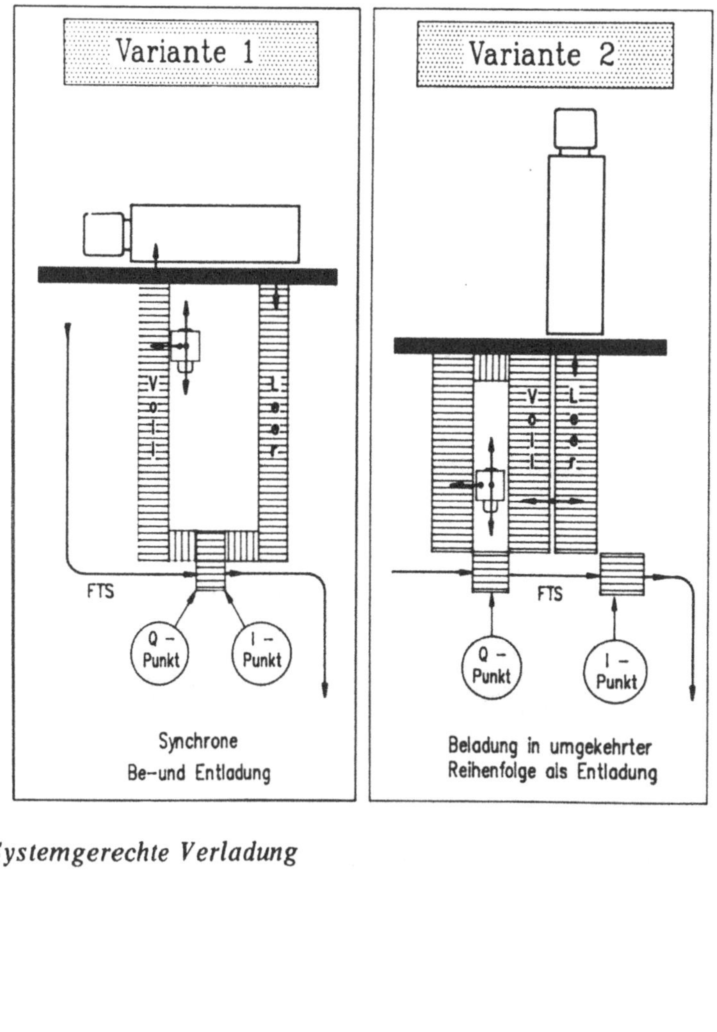

Bild 14: Systemgerechte Verladung

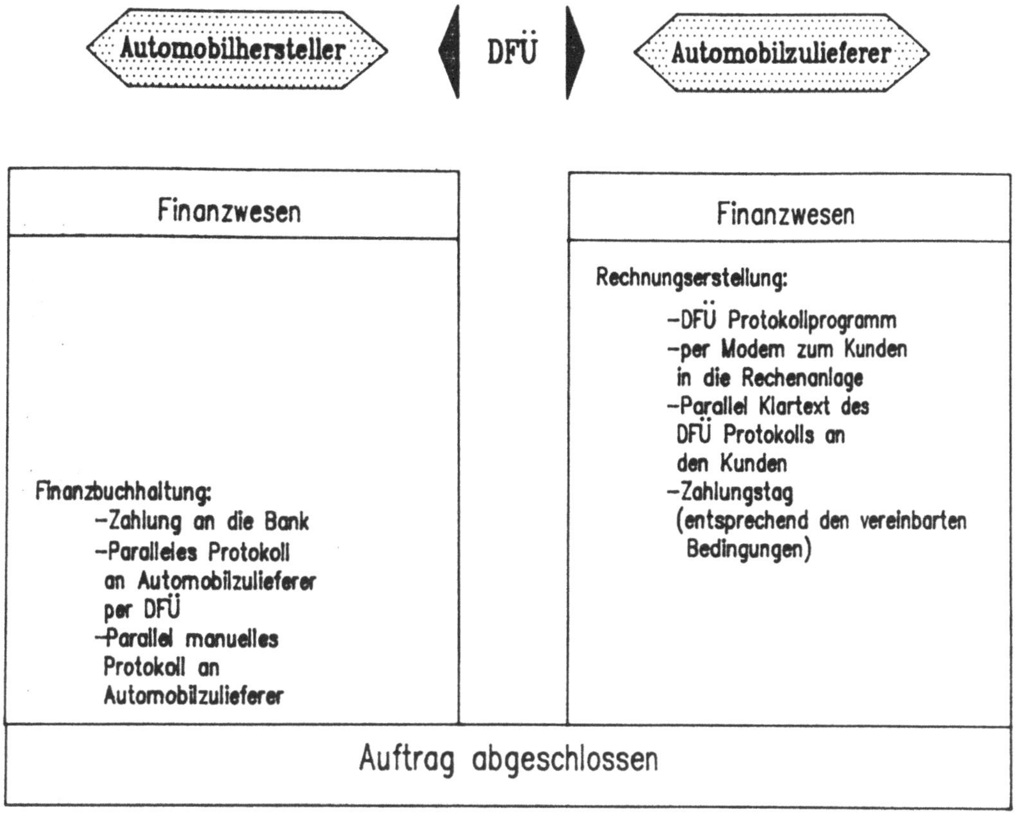

Bild 15: Verbundsystem Automobilhersteller – Automobilzulieferer im Finanzwesen

MÜNCHENER KOLLOQUIUM '88

WETTBEWERBSVORTEILE DURCH INTEGRATION

IN PRODUKTIONSUNTERNEHMEN

24. UND 25. MÄRZ 1988

MÜNCHEN

AUTOMATISIERUNGSKONZEPTE IN DER HAUSGERÄTEINDUSTRIE

Dipl.-Ing. Klaus Gressenich

Bosch-Siemens-Hausgeräte GmbH

TECHNISCHE UNIVERSITÄT MÜNCHEN

INSTITUT FÜR WERKZEUGMASCHINEN

UND BETRIEBSWISSENSCHAFTEN

Automatisierungskonzepte in der Hausgeräteindustrie

---

1. Einleitung
2. Unternehmensziele
3. Trends bei Konsumgütern
4. Voraussetzungen für die Automatisierung
5. Beispiele für die Automatisierung
6. Zusammenfassung

1. Einleitung

Die Integration und die Automatisierung der Produktion, des Materialflusses und des Informationsflusses sind nicht Selbstzweck. Sie müssen dazu beitragen, die Unternehmensziele zu erfüllen.

Im folgenden werden diese Unternehmensziele erläutert.

Danach werden Trends bei Konsumgütern - insbesondere bei Hausgeräten - dargestellt, welche diese Unternehmensziele unterstreichen.

Vor der Realisierung von Projekten muß man sich klar darüber sein, welche Voraussetzungen geschaffen werden müssen, um eine Automatisierung erfolgreich durchführen zu können. Auf diese Voraussetzungen wird kurz eingegangen. Im Anschluß daran möchte ich an drei ausgeführten Beispielen zeigen, welche der Zielsetzungen erfüllt werden.

Die Beispiele sind:
- das Emaillieren von Backrohren
- die Verpackung von Herden
- die Warenannahme, Wareneingangsprüfung und die Ein- und Auslagerung.

2. Unternehmensziele

Im *Bild 1* sind die Unternehmensziele dargestellt. Sie gelten in dieser allgemeinen Form sicher für die meisten Unternehmen.

Diese Ziele müssen als Ganzes verfolgt werden. Sie sind nicht unabhängig voneinander.

Im Mittelpunkt stehen unsere Mitarbeiter. Sie müssen motiviert sein, und das sind sie, wenn sie diese Ziele als richtig akzeptieren.

Es muß Übereinstimmung darin bestehen, daß wir unsere Wettbewerbsfähigkeit nur dann festigen und ausbauen können, wenn sich unsere Vorhaben an den Bedürfnissen unserer Kunden orientieren.

Wachstum und der Gewinn von Marktanteilen sind eine der besten Voraussetzungen dafür, ein gutes Ergebnis zu erzielen.

Die Automatisierung muß auch in Zukunft einen wesentlichen Beitrag zur Kostensenkung leisten; in der Produktion, aber noch mehr im Material- und Informationsfluß.

Wer Geld verdient, hat die beste materielle Basis dafür, Zukunftsprojekte zu finanzieren. Die Risiken sind einfach höher, wenn man auch nicht rechenbare Vorteile erzielen will, die sich erst langfristig im Ergebnis niederschlagen.

Der Einsatz neuer Technologien ist das Grundthema dieses Kolloquiums. Geld alleine hilft hier nicht. Nur mit aufgeschlossenen, begeisterungsfähigen, überzeugten, sachlich kompetenten und kreativen Mitarbeitern läßt sich Neuland betreten. Auch die Bereitschaft zur Zusammenarbeit mit den Lieferanten neuer Technologien und mit Beratern muß selbstverständlich sein.

Wenn unsere Erzeugnisse Erfolg haben sollen, müssen sie von hervorragender Qualität sein. Dazu zählen
- die Gebrauchstauglichkeit
- die Sicherheit
- die Zuverlässigkeit

ebenso wie ein ansprechendes Design.

Nur durch eine integrierte Qualitätsarbeit, die alle Bereiche des Unternehmens und die Zulieferanten einschließt, ist ein dauerhafter Erfolg möglich.

Es ist deutlich zu machen, daß Qualität auch ein Weg zur Kostensenkung ist, insbesondere im Zusammenspiel mit der Automatisierung. Es kann nicht heißen, Qualität oder niedrige Kosten.

Wer schneller am Markt ist, hat größere Chancen, seine Produkte abzusetzen. Es gilt daher, alle Vorgänge in kürzerer Zeit zu Wege zu bringen. Das ist eines der wichtigsten Ziele für CAM oder CIM. Und hier läßt sich die Wirtschaftlichkeit des Einsatzes neuer Technologien auch rechnen.

Wer mit seinen neuen Produkten zuerst kommt, hat die Möglichkeit, zeitweise bessere Marktpreise zu erzielen. Wer sich flexibel auf die Kundenwünsche einstellen kann, ist in der Lage, mit neuen Varianten Marktlücken schneller zu besetzen.

Durch die Senkung der Durchlaufzeit können Bestände gesenkt werden, ohne die Lieferfähigkeit zu beeinträchtigen.

Die Technikfeindlichkeit kann nicht wegdiskutiert werden.

Wir müssen die Arbeit in der Produktion attraktiver machen. Wir stehen da in harter Konkurrenz mit den Dienstleistungsbetrieben.

Interessante Ingenieuraufgaben durch den Einsatz neuer Technologien gibt es nicht nur in den sogenannten High-tech-Branchen. Bei der Automatisierung beim Einsatz von Rechnern, Mikrocomputern, Sensoren ist darauf zu achten, daß die Arbeit menschengerecht bleibt, und daß unsere Mitarbeiter die Weiterbildung erfahren, daß sie damit umgehen können.

Unsere Produktionsverfahren müssen so geplant und durchgeführt werden, daß die Beeinträchtigung der Umwelt auf ein Minimum begrenzt wird.

Unsere Mitarbeiter sind leicht für diese Aufgabe zu begeistern, denn sie und ihre Familien leben dort, wo wir produzieren.

Überzeugend können wir unsere Bereitschaft, die Umweltbeeinträchtigung zu reduzieren, in unseren Produkten zeigen.

Geringer Energieverbrauch, weniger Belastung der Luft, des Wassers und des Bodens sind die besten Argumente.

3. Trends bei Konsumgütern

Im *Bild 2* sind einige wichtige Trends bei Konsumgütern aufgezeigt. Diese gelten nicht nur für Hausgeräte.

Sie sehen aus diesem Bild auch, daß wir mit den zuvor erläuterten Zielsetzungen in der Lage sind, diesen Veränderungen zu folgen.

Es wird aber auch umgekehrt deutlich, welchen Einfluß die Marktveränderungen auf unsere Zielsetzungen haben werden, wenn wir diese Trends bei unseren Planungen unberücksichtigt lassen.

Die Zunahme der 1- und 2-Personen-Haushalte, die individuellen Designwünsche, spezielle Programme für den Fachhandel u.a. bedeuten mehr Grundtypen (z.B. kleinere Geräte) und zusätzliche Varianten.

Die Forderung nach geringen Ausfallraten und langer Lebensdauer ist nur mit hervorragender Qualität zu erfüllen. Jeder Kunde erwartet, daß sein Gerät in Ordnung ist. Wenn das Gerät, das er gekauft hat, einen Fehler hat, interessiert den Kunden nicht, wieviele andere Käufer ein Gerät erworben haben, das einwandfrei funktioniert.

Unsere Kunden erwarten, daß ihr Herd, ihr Kühlschrank so lange seinen Dienst tut, bis er sich ein neues Gerät aussucht; weil er eine neue Küche kauft, weil er anderes Design wünscht, weil neue Geräte angeboten werden mit besseren Gebrauchseigenschaften; z.B. mit geringerem Energieverbrauch.

Die Zahl der Wettbewerber wird weltweit immer größer.

Bei kleinen und mittelgroßen Hausgeräten, z.B. Mikrowellengeräten, spielen die Transportkosten keine wesentliche Rolle.

Länder, die bisher importierten, stellen Hausgeräte selbst her und wollen ihrerseits exportieren. Das zwingt zu kürzeren Innovationszyklen, um einen technischen Vorsprung zu halten. Dies ist auch notwendig, da - von einigen wenigen Wachstumsgebieten abgesehen - die Ersatzanschaffungen etwa 70 % ausmachen. Es werden dann häufig Geräte mit besserer Ausstattung und fortschrittlicher Technik gekauft.

Die Bindung an eine Marke ist vergleichsweise gering. Die Händler haben fast keine Lagerhaltung mehr, also muß rasch geliefert werden können, ohne große Fertigwarenbestände.

Unsere Kunden warten nicht Wochen auf einen Geschirrspüler, eine Waschmaschine oder einen Herd einer bestimmten Marke.

Eine durchgängige Logistik, ein integrierter Informationsfluß und automatisierte Produktion müssen die geforderte Flexibilität und kurze Durchlaufzeiten ermöglichen.

Ein Argument für die Automatisierung ist mir noch ganz wichtig, auch wenn es beim derzeitigen Stand der Arbeitslosigkeit von manchen zurückgewiesen werden könnte.

Wir müssen automatisieren, weil uns mittelfristig - bei rückläufiger Bevölkerung - die Arbeitskräfte für die Produktion fehlen werden. Wenn wir den Anteil des Bruttosozialproduktes aus dem produzierenden Gewerbe auf gleicher Höhe halten oder gar steigern wollen, müssen wir automatisieren.

Noch kürzer heißt das: wenn wir unseren Lebensstandard halten oder gar noch erweitern wollen, müssen wir automatisieren.
Daneben müssen wir sicher auch mit Partnern in heutigen Exportländern produzieren.

Keine sinnvolle Alternative sehe ich in einem weiteren Import von Arbeitskräften.

4. Voraussetzungen für die Automatisierung

Häufig müssen wir davon ausgehen, daß wir neue Konzepte nicht in einer neuen Fabrik - auf der grünen Wiese - realisieren können, sondern daß wir bestehende Produktionsstätten verändern müssen.

Die Durchführung kann dann meist nur in beherrschbaren Teilprojekten erfolgen.

Die Voraussetzungen für die Automatisierung sind in *Bild 3* zusammengestellt.

Die Erarbeitung eines Konzepts für die durchgängige Logistik, für den Material- und Informationsfluß ist vor allem dazu geeignet, wenigstens grob festzulegen, wo

Daten erfaßt werden sollen, wie sie verarbeitet werden sollen, wo wir Prozesse regeln oder steuern wollen. D.h. es muß auch ein Grobkonzept für die künftigen Schnittstellen der Datenverarbeitung sein. Das ist die beste Voraussetzung für eine Realisierung in Etappen.

Auch die übrigen Voraussetzungen sind nicht neu.

Es lohnt sich aber immer, alle Neukonstruktionen automatisierungsgerecht zu gestalten.

Auch, wenn jetzt noch nicht alle Einrichtungen oder Sensoren, die wir uns vorstellen, zur Automatisierung zur Verfügung stehen. Oder wenn sie für unseren Anwendungsfall noch zu teuer sind.

Wenn wir darauf warten, sind wir mit unserer automatisierungsgerechten Konstruktion sicher zu spät dran.

Meist lassen sich mit solchen Konstruktionen auch mit den vorhandenen Produktionsmitteln Kostenreduzierungen erreichen. Das kann man auch rechnen.

Baukastenkonstruktionen und Arbeitsabläufe, die es ermöglichen, die Variante möglichst spät im Fertigungsprozeß festzulegen, sind wichtige Grundforderungen. Die Anwendung von CAD ist hier ein hervorragendes Hilfsmittel.

Die Automatisierung der Herstellung von Baugruppen bietet sich an, wenn diese in verschiedenen Gerätegenerationen eingesetzt werden können. Eine wirtschaftliche Lösung ist hier - wegen der kumulierten Stückzahl - leichter zu finden.

Andererseits ist es zu empfehlen, Baugruppen, die das Design bestimmen, so auszubilden, daß sie verändert oder neu gestaltet werden können, ohne daß die Grundbauart mit geändert werden muß.

Denn der Geschmack ändert sich meist rascher als andere Innovationen eingebracht werden können.

Durch höhere Wiederholgenauigkeit, durch Prozeßsteuerungen kann die Automatisierung zu beherrschten Fertigungen beitragen. Andererseits müssen wir die Prozesse, die Einflußgrößen zuerst genau kennen, bevor wir automatisieren können. Damit haben sich Fertigungsingenieure schon immer befaßt. Diese Aufgabe bekommt aber eine größere Bedeutung.

Als hervorragender Nebeneffekt ergibt sich eine Erhöhung des Nutzungsgrades. Auch schon vor der Automatisierung.

Die Forderung nach der Flexibilität der automatisierten Einrichtungen kommt aus den kürzeren Innovationszyklen und der höheren Typenvielfalt.

Die Flexibilität wird immer begrenzt bleiben. Ziel ist letztlich die lange Nutzung des Kapitaleinsatzes.

Drei Gesichtspunkte sind dabei zu betrachten.

- Die Flexibilität, was die kurze Umrüstzeit auf Variantenteile oder Gerätetypen einer bestehenden Reihe anbelangt, um kleine Losgrößen produzieren zu können.

- Die Wiederverwendbarkeit für neue Geräte. Das betrifft Standardmaschinen mit Sondereinrichtungen (z.B. Pressen mit Sonderwerkzeugen) ebenso wie Roboter, Handlingsgeräte, aber auch programmierbare Steuerungen.

- Die örtliche Flexibilität. Das ist die Möglichkeit, die Einrichtungen an einem anderen Platz wieder aufzubauen, für den gleichen Zweck oder für andere Aufgaben.

Dies gilt in der prozeßorientierten Fertigung auch für Anlagen, die bisher als Fixpunkte im Lay-out angesehen werden.

Wir haben z.B. eine Emaillieranlage derart in Segmentbauweise erstellen lassen, daß sie beim Lieferanten aufgebaut, in Betrieb genommen, wieder demontiert und dann bei uns im Werk wieder aufgestellt wurde. Und dies ohne wesentliche Mehrkosten. Wir können diese Anlage - wenn erforderlich - an anderer Stelle im Fertigungsfluß unterbringen zu einem Bruchteil der Kosten einer neuen Anlage.

5. Beispiele für die Automatisierung

Bevor ich zu den Beispielen komme, ist eine Vorbemerkung zu machen.
Das Werk, aus dem die Beispiele stammen, ist keine CIM-Fabrik. Wir haben dahin noch einen weiten Weg vor uns. Aber die Anlagen und Systeme sind - wie noch andere - in ein CIM-Konzept integrierbar.

5.1 Backrohr-Emaillieranlage

Die neue Backrohr-Emaillieranlage, die ich vorstellen werde, ist Teil eines neuen Emaillierwerkes. Die wesentlichen Dinge, die wir geändert haben, sind in *Bild 4* zusammengefaßt.

Die Gegenüberstellung des alten und neuen Verfahrens spricht für sich selbst.

Bild 5 zeigt das Lay-out des neuen Emaillierwerkes. Oben ist die Emaillieranlage für die Backrohre zu sehen.

Von einem Power- und Free-Förderer werden die Backrohre am Ende der Backrohrschweißstraßen aufgenommen. Auf 3 getrennten Förderstrecken werden die Backrohre gepuffert. Der Vorrat reicht für 1,5 Stunden. Die Power- und Free-Wagen werden durch Codieren auf die einzelnen Staustrecken geschleust.

Mit dem Power- und Free-Förderer durchlaufen die Backrohre in chaotischer Reihenfolge die Waschanlage, den Trockner und die Kühlstrecke. Ein Umsetzer übergibt die Backrohre dem Beschichtungsförderer.

Die Waschanlage, der Trockner und die Kühlstrecke werden parallel auch für Flachteile verwendet.

Vor dem Einlauf in die Emaille-Beschichtungsanlage wird die Größe der Backrohre abgefragt. Für jede Backrohrgröße ist ein bestimmtes Beschichtungsprogramm gespeichert.

Ein Handlinggerät nimmt die Backrohre vom Beschichtungsförderer ab und setzt sie auf die Brenngestelle der unten liegenden Brennkette. Nachdem die Backrohre den Einbrennofen duchlaufen haben, der als Umkehrofen ausgebildet ist, werden sie wieder von einem Handlinggerät auf ein Abkühlband abgelegt. Auf diesem gelangen die Backrohre zu den Sichtprüfplätzen.

Nach der Sichtprüfung werden die Teile auf die Transportmittel gebracht, welche die Montagelinien versorgen.

Aus unserer Kenntnis heraus wird die Sichtprüfung auch in den nächsten Jahren noch nicht wirtschaftlich automatisiert werden können.

Bild 6 zeigt den Einlauf der Backrohre in die Waschanlage.

In *Bild 7* ist zu sehen, wie die Backrohre vom Power- und Free-Förderer auf eine Rollenbahn umgesetzt werden. Diese bringt die Teile zu der Station, in der die Abmessungen erfaßt werden, und in der das Backrohr vom Beschichtungsförderer übernommen wird.

Bild 8 zeigt die Beschichtungskabine mit 4 Fahrwagen, welche die Beschichtungspistolen tragen. Abhängig von der Backrohrgröße sind der Fahrweg, die Hubhöhe und die aufzutragende Pulvermenge programmiert. Überschüssiges Pulver wird in den Kreislauf zurückgeführt.

Die Außenseite des Backrohres wird nun von einer dünnen Pulverschicht bedeckt, die beim Einbrennen eine dünne, mit Eisen angereicherte, leitfähige Schutzschicht ergibt.

Deshalb ist es nicht mehr erforderlich, die Erdungsstellen von Hand sauber zu wischen.

Das Handlinggerät - *Bild 9* - nimmt die Backrohre vom Beschichtungsförderer und setzt sie sanft auf die Gestelle der kontinuierlich laufenden Brennkette. Das "sanft" ist entscheidend, da das Pulver zunächst nur leicht auf der Oberfläche haftet. Abfallendes Pulver würde beim Einbrennen unzulässige Batzen ergeben.

Um diesen Prozeßablauf gut zu beherrschen, werden bei jedem Materialeingang die Kennwerte des Stahls und der Pulverchargen überprüft.

Eine erhebliche Anzahl von Prozeßparametern wird regelmäßig gemessen und gegebenenfalls korrigiert. Teilweise erfolgt die Messung kontinuierlich. Eine echte Regelung ist bis heute nur für wenige Größen möglich.

Im *Bild 10* sind beispielhaft die Kenndaten des Emaillepulvers angegeben, die bei jeder Lieferung im Labor geprüft werden, bevor das Pulver für die Produktion freigegeben wird.

5.2 Zentrale Herdverpackung

Das nächste Beispiel ist die weitgehend automatisierte Herdverpackung.

Welche Ergebnisse mit dieser neuen Lösung erzielt werden, ist im *Bild 11* zusammengefaßt.

Durch eine Schrumpfverpackung konnten die Materialkosten gesenkt werden, ohne die Transportsicherheit zu beeinträchtigen.

Die Verbesserung des Materialflusses und der weitgehend automatische Ablauf beim Verpacken ergaben auch eine Verringerung des Lohnaufwandes.

Die Flexibilität der Anlagen entspricht voll unseren Anforderungen.

Alle Herdvarianten können nach dem einheitlichen Verpackungsprinzip verarbeitet werden.

Von den Abmessungen her sind das 5 unterschiedliche Größen.

Die Anlieferung erfolgt chaotisch von 9 Montagelinien.

Was die Logistik anbelangt, wurde ein durchgängiger Materialfluß mit verkürzten Durchlaufzeiten von der Montage bis zur Verpackung erreicht.

Die Verpackungsaufkleber werden individuell nach dem Typenschild des einzelnen Gerätes gedruckt und aufgeklebt.

Das Verpackungsmaterial wird direkt vom Zulieferanten an die Bereitstellplätze an den Anlagen geliefert.

Bild 12 zeigt das Gesamt-Layout der zentralen Herdverpackung. Die Geräte stehen auf Werkstückträgern und werden auf Rollenbahnen durch die Anlage transportiert.

Ein Teil der Werkstückträger - es gibt zwei verschiedene - wird über Rollenbahnen zurückgeführt.

Die andere Sorte wird automatisch aufgestapelt und mit Gabelstaplern an die Montagelinie zurückgebracht.

Von Hand werden nur die unterschiedlichen Styropor-Verpackungsteile aufgesteckt.

Die Deckel und Böden der Verpackung werden aus flachen Zuschnitten gebogen und verklebt.

Die Deckel werden automatisch aufgesetzt. Danach wird der Herd angehoben und in den Boden gesetzt. Von da an rollen die Herde ohne Werkstückträger weiter.

In der nächsten Station wird vom Typenschild die Erzeugnis-Nr. abgelesen. Entsprechend dem eingegebenen Programm werden dann zwei Typenschilder gedruckt, die diagonal über Eck aufgeklebt werden. Damit kann im Lager die Bezeichnung des Erzeugnisses von allen Seiten gelesen werden.

Anschließend wird eine Folie um den Herd gelegt, und das Gerät wird eingeschrumpft in einem Durchlaufofen.

Die verpackten Herde werden manuell mit einem Hebegerät typenweise gestapelt.

Mit Klammerstaplern werden die Geräte dann direkt zum Versand bzw. für die Einlagerung bereitgestellt.

Die Information, welche Geräte geliefert sind, erfolgt noch anhand von Auftragspapieren über Lesepistole und Stückzahlangabe in ein BDE-Terminal.

Im Rechner für die Leseeinrichtung des Typenschildes ist bereits eine Schnittstelle vorgesehen, so daß im nächsten Schritt die Meldung der gefertigten Stückzahl direkt an das PPS-System erfolgt.

Bild 13 zeigt eine Gesamtansicht der zentralen Herdverpackung.

Im *Bild 14* ist zu erkennen, wie der halbverpackte Herd in den Pappe-Boden eingesetzt wird.

Bild 15 stellt die Laser-Leseeinrichtung, den Typenschilddrucker und die Klebeeinrichtung dar.

Einheitliches Format und gleiche Farbe waren Voraussetzung für die Automatisierung.

Über ein Terminal können neue Typ-Nrn. eingegeben werden.

Die Nr. ist in Ziffern und Barcode auf das Typenschild gedruckt.

Das *Bild 16* zeigt den fertig verpackten und mit Schrumpffolie versehenen Herd.

5.3 Warenannahme, Eingangsprüfung, Ein- und Auslagerung

Das Gesamtsystem ist in *Bild 17* dargestellt.

Es besteht aus der Warenannahme, der Wareneingangsprüfung, dem Lager, das automatisch beschickt wird, und dem Kurs für die fahrerlosen Transportfahrzeuge (FTS) mit Abgabe- und Aufnahme-Bahnhöfen.

Zunächst wird der Materialfluß und anschließend der Informationsfluß geschildert.

Etwa 500 Normbehälter und Paletten werden täglich verarbeitet. Sie werden mit ca. 40 LKWs und 2 Eisenbahnwaggons angeliefert.

Die Normgebinde werden mit Gabelstaplern auf Rollenbahnen gesetzt und in das System eingeschleust.

Dieser Vorgang ist im *Bild 18* gezeigt.

Sofern Teile nicht in Normgebinden angeliefert werden, müssen sie umgepackt werden.

Kleinteile werden über eine Rüttelwaage in kleine Behälter gefüllt und dann auf Euro-Paletten dem System zugeführt. Für jedes dieser Teile ist programmiert, wieviel Teile bzw. welches Gewicht abgewogen werden soll. Diese Anlage ist im *Bild 19* zu sehen.

Die Gebinde werden anschließend auf zwei parallelen Rollenbahnen über die Identifizierungspunkte mit eingebauter Waage geführt.

Im weiteren Verlauf werden die für die Stichprobenprüfung festgelegten Paletten ausgeschleust in die Warenannahme und auch automatisch einem der 12 Prüfplätze zugeführt.

Auf dem *Bild 20* ist der Bereich der Eingangsprüfung gezeigt.

Nachdem die Behälter eine Konturenkontrolle passiert haben, wird an einem weiteren Kontrollpunkt die Zieladresse eingegeben, und sie werden für die Einlagerung bereitgestellt oder mit einem der 20 FTS-Fahrzeuge direkt in die Fertigung transportiert.

Bild 21 zeigt einen der 4 automatisch arbeitenden Regalstapler.

Auf *Bild 22* sind einige der FTS-Fahrzeuge unterwegs. Der vorne rechts nimmt gerade an einem der Bahnhöfe in der Fertigung Leerbehältnisse auf, die in die Warenannahme zurückgefördert werden.

Welche Informationen werden nun parallel zum Materialfluß verarbeitet?

Die Daten des Lieferscheines werden in den Hauptrechner eingegeben und im Programm der Bestellfortschreibung und der Bestandsführung verarbeitet.

Es werden eine Gutmengenmeldung ausgedruckt und ein Prüfplan.

Diese Unterlagen laufen mit dem ersten Behälter der Sendung weiter.

Nach der Prüfung der Identität und der Menge je Behältnis werden diese Daten in einen Subrechner, der die Lagerverwaltung steuert, eingegeben. Er vergibt die Lagerfachadresse.

Für jedes Behältnis wird ein Begleitschein ausgedruckt, der die Ident.-Nr. enthält, die Menge und die Lagerfachadresse.

An diesem Identifikationspunkt werden auch - entsprechend der Prüfanweisung - das oder die Gebinde bestimmt, die in die Eingangsprüfung ausgeschleust werden.

Die Stichprobengröße wird vom Hauptrechner automatisch vorgegeben, abhängig davon, wieviel gute oder beanstandete Sendungen vorher eingegangen sind.

Am nächsten Kontrollpunkt wird die Lagerfachadresse noch mit einem Lesestift an den Materialflußrechner übertragen, da dieser noch nicht mit dem Lagerverwaltungsrechner verknüpft ist.

Die Einlagerung erfolgt dann wie erwähnt automatisch.

Die Ware bleibt vom Rechner so lange gesperrt, bis die Eingangsprüfung per BDE die Gutstückzahl gemeldet hat.

Ggf. werden Korrekturen durchgeführt.

Bei der Auslagerung fordert die Montage mit Lesestift an einer BDE-Station auf der Basis einer Bestelliste die gewünschten Teile und die benötigte Menge an und gibt dabei auch den Zielort an.

Am I-Punkt 3 wird ein Auslagerungsbeleg (je Gebinde) ausgedruckt, der wiederum mit Lesestift an den Materialflußrechner weitergegeben wird.

Die angeforderten Gebinde werden nach dem fifo-Prinzip vom Regalstapler automatisch ausgelagert und mit den FTS-Fahrzeugen an den Bestimmungsbahnhof transportiert. Der gesamte Vorgang - bis zum Eintreffen am Zielbahnhof - dauert 15 - 20 Minuten.

Die Feinverteilung zu den Bereitstellplätzen in der Montage erfolgt durch Gabelstapler. Die genaue Zieladresse wird am Bestimmungsbahnhof für den Staplerfahrer je Gebinde ausgedruckt.

Durch dieses System wurde die Durchlaufzeit der eingekauften Teile von der Warenannahme bis zur Montage erheblich verkürzt, die Versorgung der Montage wurde verbessert. Transport- und Prüfkosten wurden gesenkt.

Auswertungsprogramme, die jederzeit abgefragt werden können, geben eine Übersicht über den Qualitätsstand der einzelnen Teile der Lieferanten.

6. Zusammenfassung

Mit den gezeigten Beispielen der Automatisierung konnte deutlich gemacht werden, daß diese dazu beigetragen haben, die eingangs genannten Ziele zu erreichen.

Es hat sich bei uns gezeigt, daß die eine oder andere Schnittstelle in der Informationsverarbeitung auch dann Schwierigkeiten macht, wenn ein Gesamtkonzept vorliegt. Aber es gibt keinen Punkt, wo wir die Lücke nicht schließen könnten. Ob wir es tun werden, hängt vom Zusatznutzen ab, den wir dadurch gewinnen.

Nach unserer Auffassung war und ist es richtig, auch mit Einzelprojekten zu beginnen, bei denen die Produktion, der Material- und Informationsfluß integriert und automatisiert werden.

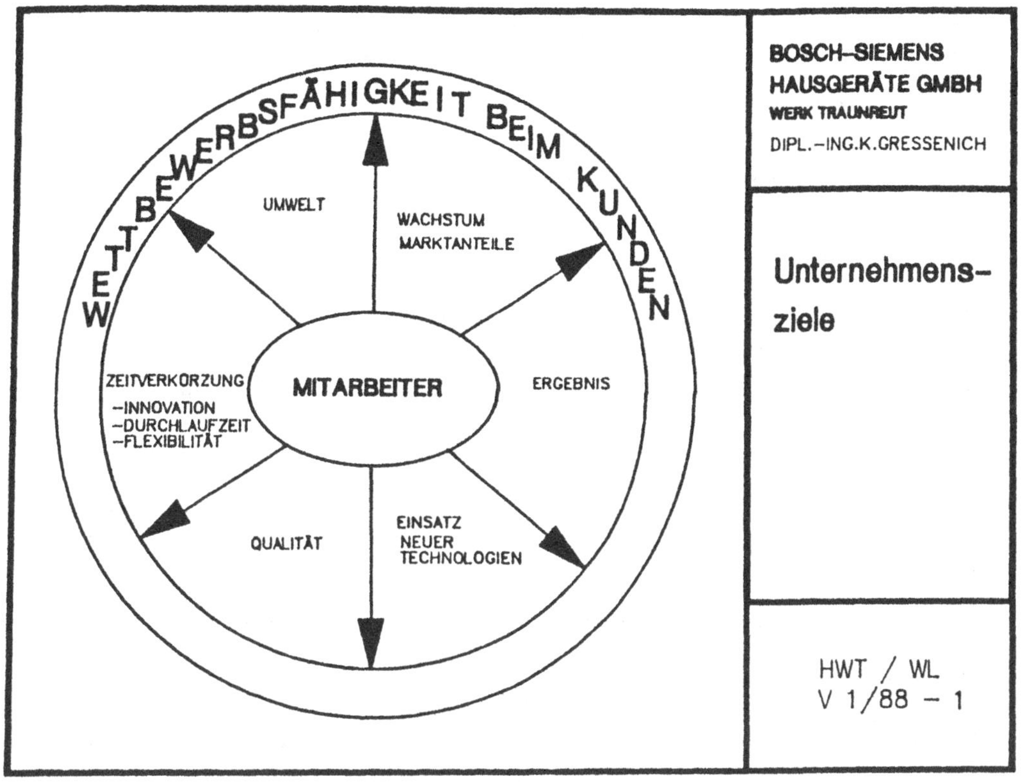

Bild 1

	Wachstum, Marktanteile	Ergebnis	Einsatz neuer Technologien	Qualität	Zeitverkürzung	Umwelt
O MEHR EIN- UND ZWEI-PERSONEN HAUSHALTE	*	*			*	
O INDIVIDUELLE DESIGNWÜNSCHE / O FACHHANDELSPROGRAMME > STEIGENDE ZAHL AN VARIANTEN	*		*		*	
O FORDERUNG NACH GERINGEN AUSFALLRATEN UND LANGER LEBENSDAUER		*		*		*
O STEIGENDES UMWELTBEWUSSTSEIN (ENERGIEVERBRAUCH)	*		*			*
O KÜRZERE INNOVATIONSZYKLEN	*	*	*		*	
O WELTWEITER WETTBEWERB (HOHER SÄTTIGUNGSGRAD)	*	*	*	*		
O KEINE LAGERHALTUNG BEIM HÄNDLER					*	

BOSCH-SIEMENS HAUSGERÄTE GMBH WERK TRAUNREUT DIPL.-ING.K.GRESSENICH	Trends bei Konsumgütern	HWT / WL V 1/88 - 2

Bild 2

- Konzept für durchgängige Logistik, für den Material– und Informationsfluß
- Automatisierungsgerechte Konstruktion
- Baukostenkonstruktion – viele Varianten mit vielen Gleichteilen
- Festlegung der Varianten möglichst spät im Fertigungsprozess
- Gleiche Baugruppen über verschiedene Gerätegenerationen (Lange Lebenszeit für Komponenten, ohne die Innovation zu behindern)
- Ordnung von Teilen, einmal erreicht – über den ganzen Fertigungsprozess beibehalten
- Beherrschte Produktionsprozesse
- Flexible Fertigungseinrichtungen

BOSCH-SIEMENS HAUSGERÄTE GMBH WERK TRAUNREUT DIPL.-ING.K.GRESSENICH	**Voraussetzungen für die Automatisierung**	HWT / WL V 1/88 – 3

Bild 3

Verfahren alt		Verfahren neu		Auswirkung
Beizvorbehandlung; Tauch– und Spritzemaillieren naß		alkalische Vorbehandlung elektrostat. Pulveremaillieren		keine Arbeit im Spritznebel geringe Umweltbelastung
Vorbehandlung Einzelteile Schweißen Backrohr Emaillieren viel Handtransport		Vorbehandlung geschweißtes Backrohr Emaillieren Automatischer Transport		weniger Lagerstufen kürzere Durchlaufzeiten Wegfall körperlicher Belastung
Nacharbeit	100	Nacharbeit	53	Qualitätsverbesserung
Ausschuß	100	Ausschuß	85	Besser beherrschter Prozeß
Personaleinsatz	100	Personaleinsatz	23	Kostensenkung

BOSCH-SIEMENS HAUSGERÄTE GMBH WERK TRAUNREUT DIPL.-ING.K.GRESSENICH	**Backrohre Emaillieren** **Verfahrensvergleich alt – neu**	HWT / WL V 1/88 – 4

Bild 4

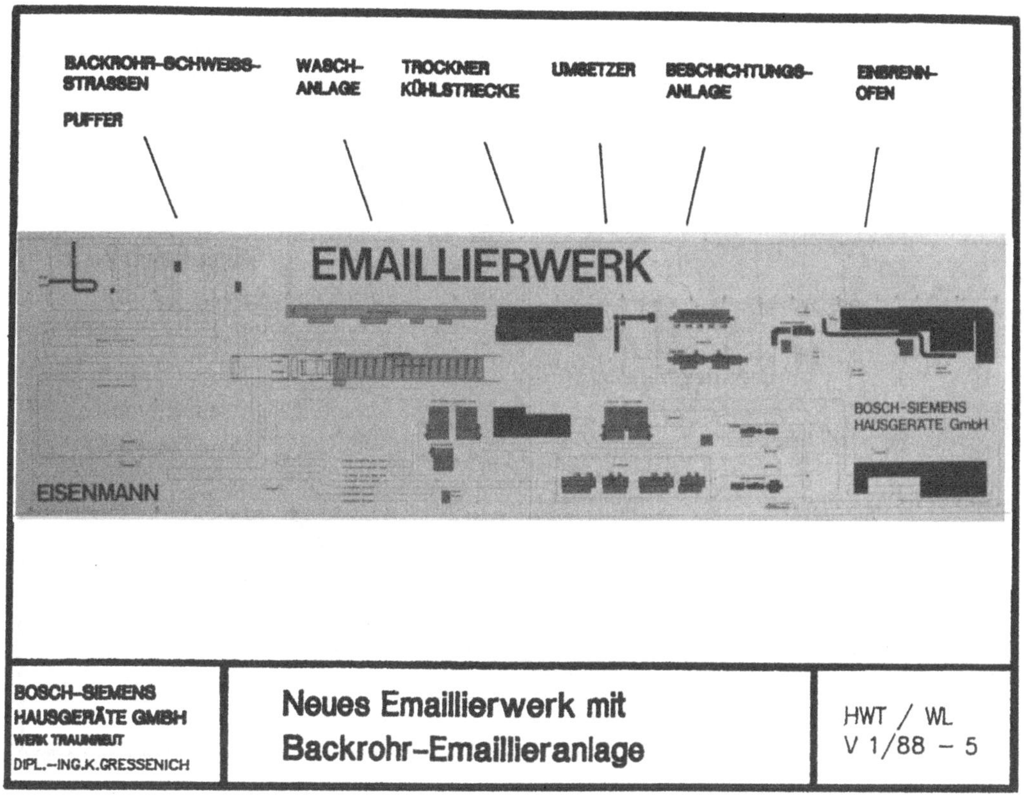
BACKROHR-SCHWEISS-STRASSEN
PUFFER
WASCH-ANLAGE
TROCKNER KÜHLSTRECKE
UMSETZER
BESCHICHTUNGS-ANLAGE
EINBRENN-OFEN
EMAILLIERWERK
BOSCH-SIEMENS HAUSGERÄTE GmbH
EISENMANN
BOSCH-SIEMENS HAUSGERÄTE GMBH
WERK TRAUNREUT
DIPL.-ING.K.GRESSENICH
Neues Emaillierwerk mit Backrohr-Emaillieranlage
HWT / WL
V 1/88 – 5

Bild 5

BOSCH-SIEMENS HAUSGERÄTE GMBH
WERK TRAUNREUT
DIPL.-ING.K.GRESSENICH
Backrohr-Emaillier-Anlage
Einlauf in die Waschanlage
HWT / WL
V 1/88 – 6

Bild 6

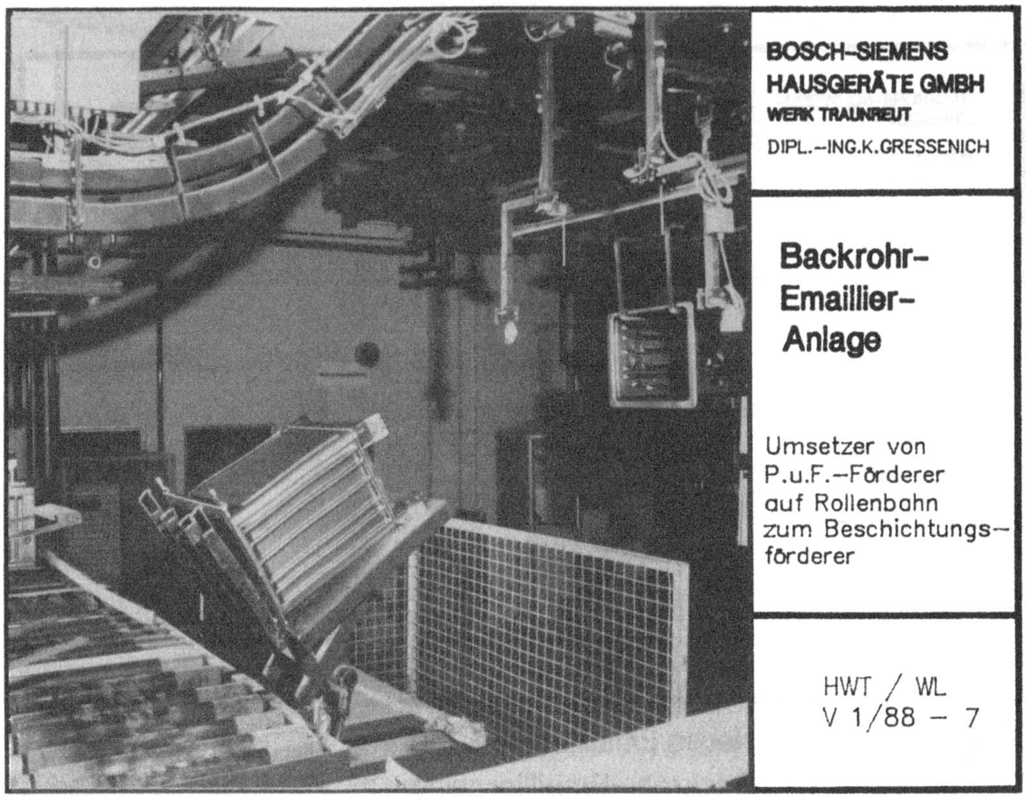
BOSCH-SIEMENS
HAUSGERÄTE GMBH
WERK TRAUNREUT
DIPL.-ING.K.GRESSENICH
Backrohr-
Emaillier-
Anlage
Umsetzer von
P.u.F.-Förderer
auf Rollenbahn
zum Beschichtungs-
förderer
HWT / WL
V 1/88 - 7

Bild 7

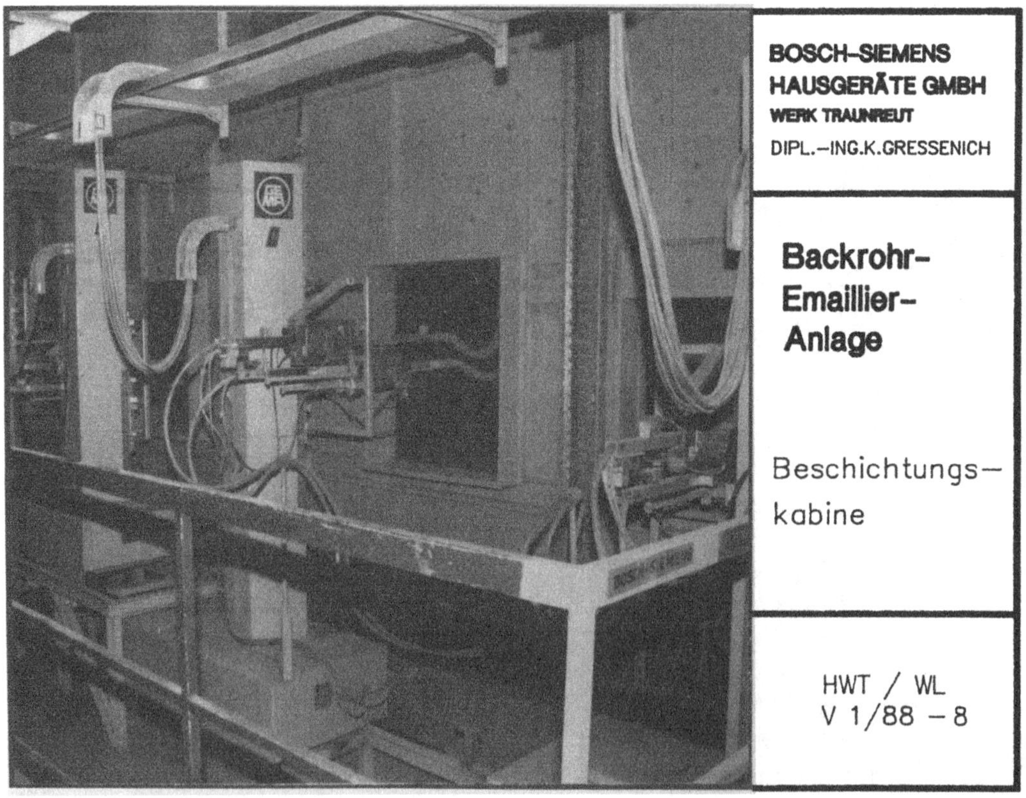
BOSCH-SIEMENS
HAUSGERÄTE GMBH
WERK TRAUNREUT
DIPL.-ING.K.GRESSENICH
Backrohr-
Emaillier-
Anlage
Beschichtungs-
kabine
HWT / WL
V 1/88 - 8

Bild 8

BOSCH-SIEMENS HAUSGERÄTE GMBH
WERK TRAUNREUT
DIPL.-ING.K.GRESSENICH

Backrohr-Emaillier-Anlage

Handlinggerät-Umsetzung der Backrohre auf die Brennzelle

HWT / WL
V 1/88 - 9

Bild 9

- Kornverteilung

- Elektrischer Widerstand

- Fluidität

- Abscheideverhalten, Pulverhaftung

- Säurebeständigkeit

- Farbe

BOSCH-SIEMENS HAUSGERÄTE GMBH
WERK TRAUNREUT
DIPL.-ING.K.GRESSENICH

Backrohr-Emaillier-Anlage

Kenndaten des Emaillepulvers

HWT / WL
V 1/88 - 10

Bild 10

KOSTENSENKUNG	FLEXIBILITÄT	LOGISTIK
o Material o Fertigungslohn o Transportkosten	o alle Herdvarianten o einheitliches Verpackungsprinzip o chaotische Anlieferung	o durchgängiger Materialfluss Montage-Verpackung o Verpackungsaufkleber individuell nach Typenschild gedruckt o Gerätetyp von allen 4 Seiten erkennbar o Direktanlieferung Verpackungsmaterial

BOSCH-SIEMENS HAUSGERÄTE GMBH
WERK TRAUNREUT
DIPL.-ING.K.GRESSENICH

Zentrale Herdverpackung

Ergebnisse des automatisierten Ablaufs

HWT / WL
V 1/88 - 11

Bild 11

Zentrale-Herdverpackung

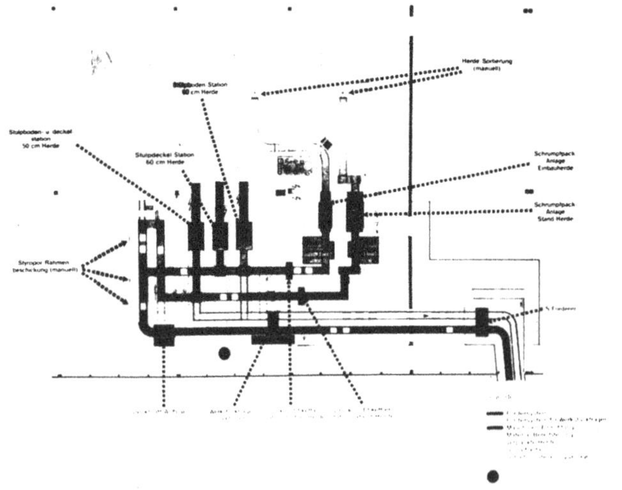

BOSCH-SIEMENS HAUSGERÄTE GMBH
WERK TRAUNREUT
DIPL.-ING.K.GRESSENICH

Zentrale Herdverpackung

Gesamtlayout

HWT / WL
V 1/88 - 12

Bild 12

Bild 13

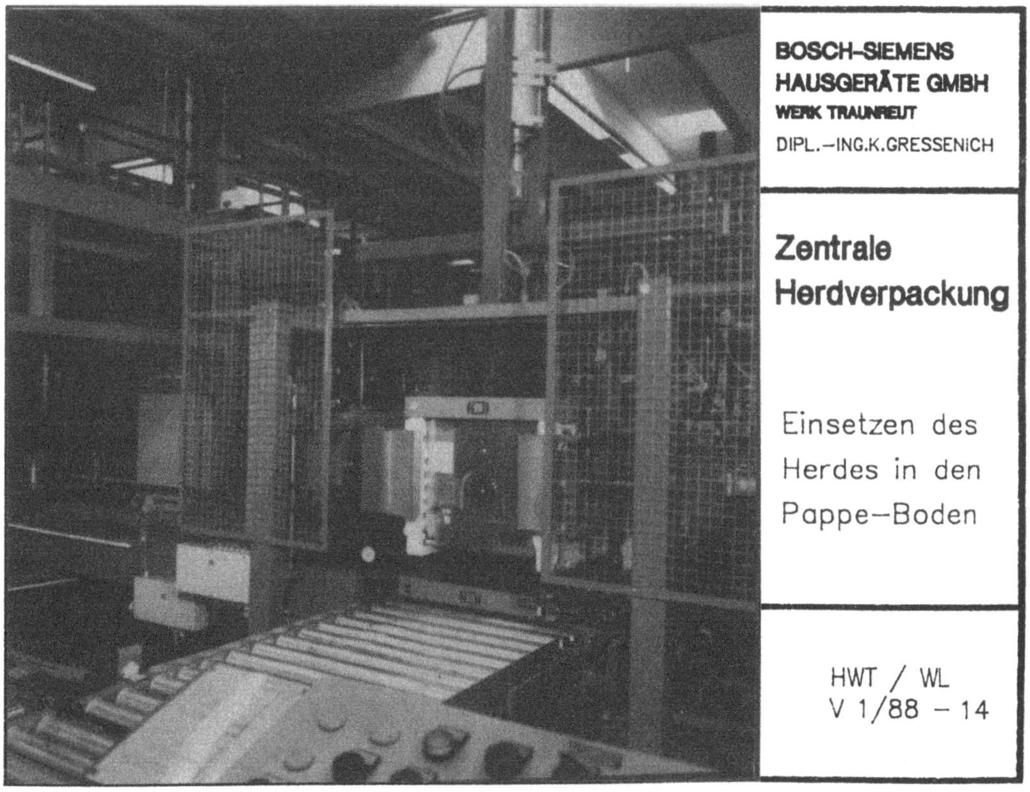

Bild 14

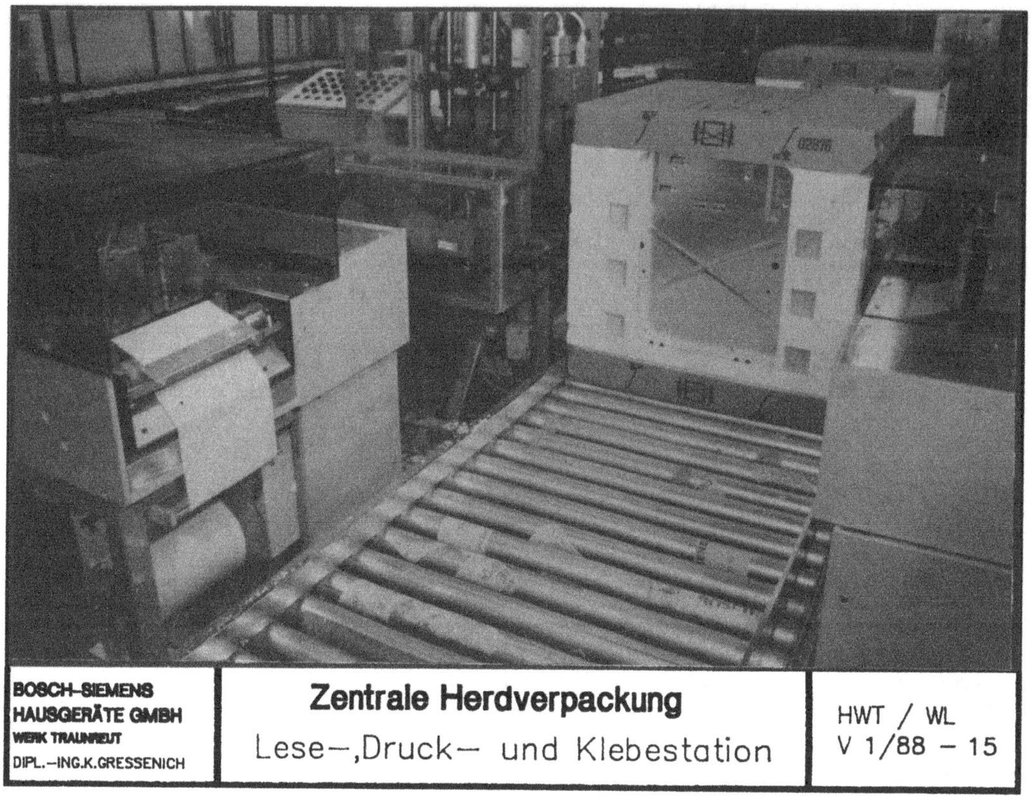

Bild 15

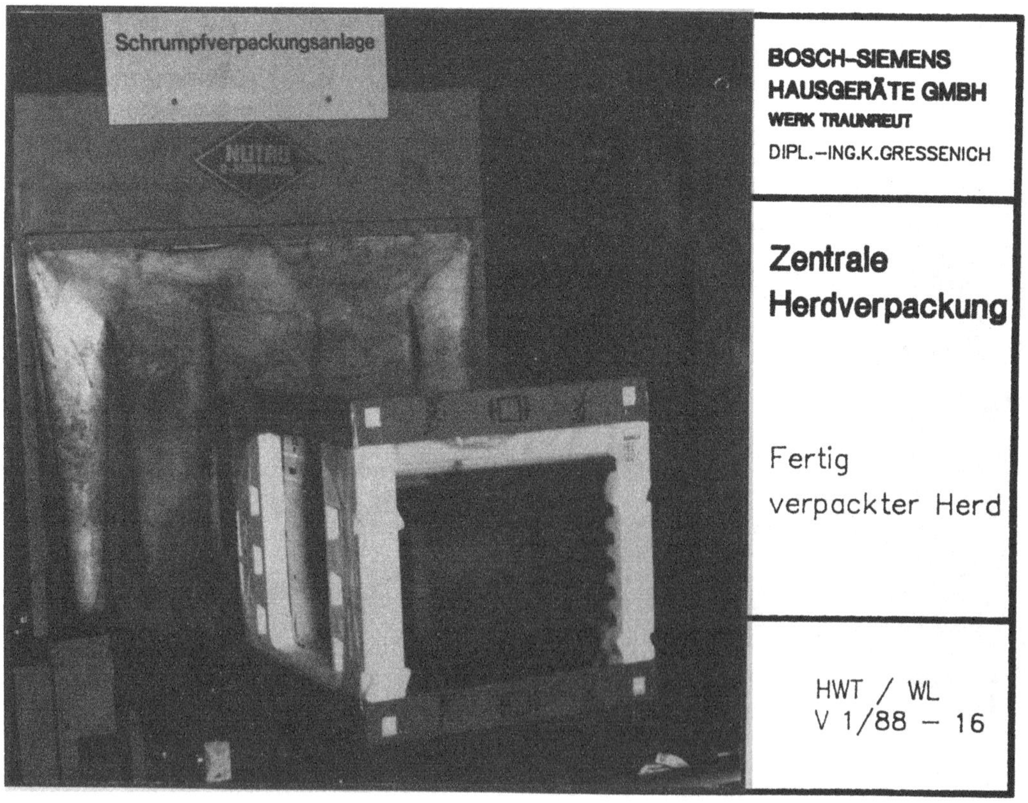

Bild 16

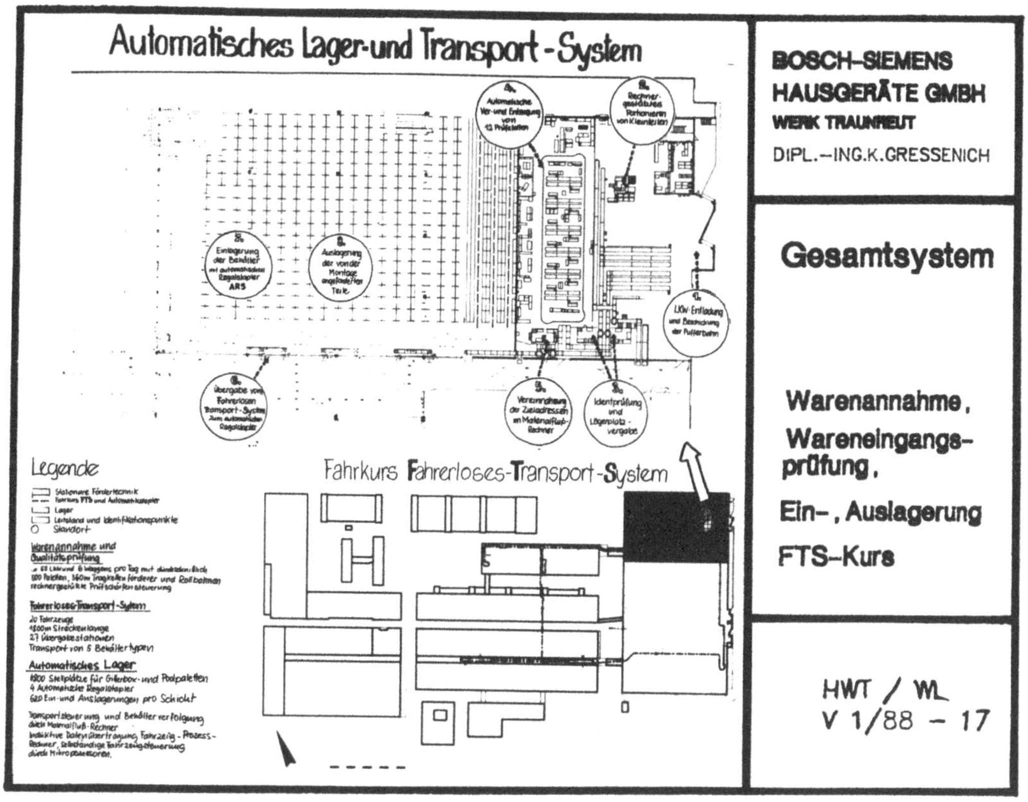

Bild 17

Bild 18

BOSCH-SIEMENS HAUSGERÄTE GMBH
WERK TRAUNREUT
DIPL.-ING.K.GRESSENICH

Warenannahme, Wareneingangsprüfung
Rüttelwaage zum Portionieren von Kleinteilen

HWT / WL
V 1/88 - 19

Bild 19

BOSCH-SIEMENS HAUSGERÄTE GMBH
WERK TRAUNREUT
DIPL.-ING.K.GRESSENICH

Warenannahme, Wareneingangsprüfung
Bereich der Eingangsprüfung

HWT / WL
V 1/88 - 20

Bild 20

BOSCH-SIEMENS HAUSGERÄTE GMBH WERK TRAUNREUT DIPL.-ING.K.GRESSENICH	**Warenannahme, Wareneingangsprüfung** Automatischer Regalstapler	HWT / WL V 1/88 - 21

Bild 21

BOSCH-SIEMENS HAUSGERÄTE GMBH WERK TRAUNREUT DIPL.-ING.K.GRESSENICH	**Warenannahme, Wareneingangsprüfung** FTS-Fahrzeuge unterwegs	HWT / WL V 1/88 - 22

Bild 22

MÜNCHENER KOLLOQUIUM '88

WETTBEWERBSVORTEILE DURCH INTEGRATION

IN PRODUKTIONSUNTERNEHMEN

24. UND 25. MÄRZ 1988

MÜNCHEN

FLIESSFERTIGUNGSKONZEPTE FÜR VARIANTENREICHE PRODUKTE

Dr.-Ing. E.h. Gerhard Börnecke

Siemens AG

TECHNISCHE UNIVERSITÄT MÜNCHEN

INSTITUT FÜR WERKZEUGMASCHINEN

UND BETRIEBSWISSENSCHAFTEN

Fließfertigungskonzepte
für variantenreiche Produkte

1. Innovationsfähigkeit und Kundennähe
2. Von der Prozeßbeherrschung zur Logistik
3. Kommunikationsnetzwerke integrieren Informations- und Materialfluß

1. Innovationsfähigkeit und Kundennähe

Die gütererzeugende Industrie weiß schon lange, daß durch Kundenwünsche das Produktspektrum ständigen Differenzierungen ausgesetzt ist und hat versucht, auch bei den Massengütern gewünschte Varianten mit geringstmöglichem Aufwand herzustellen. Das war, wie jeder weiß, ein schwieriges und kostspieliges Unterfangen. Ganze Gemeinkostenblöcke wachsen nämlich praktisch proportional mit der Anzahl der zu verwaltenden Teilepositionen und nur ganz wenig mit der Menge pro Position.

Die Lieferanten waren - und sind es auch heute noch - in einem Dilemma, wenn sie sich klassischer Fertigungskonzepte bedienen. Das Dilemma besteht darin, daß sie die wirklichen Kosten der Varianten nicht genau kennen, oder wenn sie sie kennen, diese nicht in voller Höhe verrechnen wollen oder können. Das bedeutet aber, daß Käufer von Standarderzeugnissen zu hoch belastet werden, daß die Konkurrenz aus Ostasien, die sich häufig nur auf Standarderzeugnisse spezialisiert hat, jedes Rennen um den Preis gewinnt und für den eingesessenen Lieferanten nur die aufwendigen Varianten übrigbleiben, für die er schlechte Preise erzielt. Diese Kausalkette hat schon so manche Branche in Europa ruiniert und vom Markt verschwinden lassen. Was ist also zu tun, um aus diesem Dilemma herauszukommen? Die Antwort lautet zunächst einmal ganz trivial, daß Produktionskonzepte anzuwenden sind, die die Erzeugung und Lieferung von Varianten in der gleichen Zeit, zu den gleichen Kosten und sonstigen Bedingungen ermöglichen, wie sie für Standardprodukte auch üblich sind.

Von derartigen Produktionskonzepten ist im folgenden die Rede. Es soll mit der Entwicklung und Konstruktion einer Produktfamilie begonnen werden. Hierbei wird bereits im frühen Stadium die Entscheidung darüber getroffen, ob Varianten kostengünstig herzustellen sind, ob die gesamte Produktfamilie fertigungs-, montage-, schlechthin automatisierungsgerecht ist. Was automatisierungsgerecht ist, muß die Fertigungstechnik selbstverständlich der Entwicklung sagen, und zwar nicht nur beiläufig. Diese hat ein Recht darauf, mit den neuesten Planungen der Fertigungstechnik vertraut gemacht zu werden. Wie anders sollte sie sonst die beabsichtigten Prozeßinnovationen bei der Produktinnovation berücksichtigen.

Damit ergeben sich die ersten Kernsätze moderner Produktionskonzepte:

a) Prozeßinnovation und Produktinnovation müssen Hand in Hand gehen, und zwar in einem bislang nicht gekannten Umfang.

b) Kundennahe Produktinnovation heißt Just-in-Time-Entwicklung.

Die heutigen CAD-Verfahren für Mechanik und Elektronik und für Software sowie Methoden der Simulation und der Expertensysteme bieten hierzu hervorragende Hilfsmittel.

Just-in-Time-Entwicklung bedeutet, unter Benutzung bestehender technischer Grunddaten k u r z f r i s t i g Produktvarianten oder Weiterentwicklungen zu erzeugen.

Es bedeutet aber auch, daß die Dv-unterstützten Verfahren die Durchgängigkeit der erzeugten Daten hinunter bis zur Prozeßebene sicherstellen müssen.

Die Forderung nach Durchgängigkeit von Daten, die mit vollem Recht für eine Just-in-Time-Entwicklung und -Fertigung erhoben wird, setzt eine informationstechnisch hardwaremäßig und softwaremäßig funktionierende Kommunikation zwischen Entwicklungssystemen und Produktionssystemen voraus. Sie sind heute in hinreichendem Umfange vorhanden, und es liegt nicht an ihnen, wenn in verschiedenen Unternehmen die Herstellung besagter Durchgängigkeit immer noch in Frage gestellt wird.

Ohne Beherrschung vollautomatischer oder rechnerunterstützter Designverfahren wären z. B. die elektronischen Schaltungen in ihrer Komplexität und Vielschichtigkeit längst nicht so weit, wie sie heute sind.

Das nachhaltige Eingehen auf wechselnde Kundenpräferenzen ist also bei hinreichender Kundennähe entwicklungsseitig möglich.

Wie hat sich nun die Fertigung, insbesondere die automatisierte Fertigung, darauf einzustellen?

Als Ende der 50er, Anfang der 60er Jahre insbesondere im MIT die Rüstzeiten mit Hilfe der numerischen Steuerungen mit dem Ziel angegriffen wurden, sie weitestgehend zu beseitigen, begann für die Fertigungstechnik und für ganze Unternehmen eine neue Epoche. Sämtliche Schalt- und Geometrieinformationen werden aus den Produktdaten abgeleitet und codiert auf Programmträger abgelegt. Zuerst waren es Lochstreifen, heute sind es elektronische Speicher, von denen die Programme im Millisekundenbereich bei Bedarf abgerufen werden können, so daß keinerlei Umrüstzeiten mehr auftreten (*Bild 1*). Die zunächst entstehenden Bearbeitungszentren mit zahlreichen Werkzeugen waren obendrein w i r k l i c h e Universalmaschinen und konnten ein einzelnes Stück für die gleichen Kosten herstellen wie ein Stück im Los. In der Folgezeit entstand zahlreiches numerisch gesteuertes Equipement (*Bild 2*) und dank des immer preiswerter werdenden Mikroprozessors fanden sich bald höchst flexible Steuerungen für Bestückautomaten, Roboter und andere Handhabungsgeräte, in Prüfautomaten, in Materialbereitstellsystemen und Transportmitteln. Interpretationen der Arbeitsprogramme und selbsttätige Prozeßabläufe mit Hilfe preiswerter, äußerst flexibler elektronischer Steuerungen sind heute eine Selbstverständlichkeit und nehmen an Zahl und Einsatzbreite sprunghaft zu.

Mit Hilfe dieses Equipments kommt man zu den richtigen und modernen Produktionskonzepten, wenn man den dritten und vierten Kernsatz dazu beachtet:

c) **Die flexiblen Einzelplätze müssen zu flexiblen Prozeßlinien verkettet und die einzelnen Prozeßlinien zu einem Produktionssystem, zu einem logistischen Hauptregelkreis mit Unterregelkreisen vernetzt werden.**

d) **Die Kundenaufträge müssen einzeln und unmittelbar in das Produktionssystem eingeschleust werden.**

Diese Sätze beinhalten eine Reihe von Herausforderungen, von denen einige erwähnt werden sollen.

- Es gibt noch eine Reihe von Arbeitsplätzen, die unflexibel sind, wie z. B. das Kunststoffspritzen. Auch sie werden in absehbarer Zeit flexibel sein.

- Man darf auch die Flexibilität des Menschen nicht überfordern, vor allem, wenn erschwerende Nebenbedingungen hinzutreten, wie große Datenmengen, Arbeiten im Mikrobereich usw.

- Die technische Klärung eines Auftrages und seine Konditionierung sind schwierig, können nicht immer beim Kunden erledigt werden und erfolgen in den technischen Abteilungen des Lieferanten stufenweise, iterativ, personal- und zeitaufwendig. Abhilfe schaffen mustergültige Kataloge und Bestellunterlagen. Sie erfordern e i n m a l einen Kraftakt bei ihrer Erstellung und ersparen die zahlreichen Kraftakte bei jedem Auftrag. Hier gibt es schon viele Vorbilder.

- Besondere Hindernisse sind die umfänglichen auftragsabwickelnden Dienststellen, die weitab von der Prozeßlinie und vom Kunden allerlei Undurchsichtiges mit der Kundenbestellung tun. In vielen Fällen bleibt sie in diesen Bereichen sehr viel länger als zur Herstellung des spezifischen Produktes in den Prozeßlinien benötigt wird. Es ist kein Handlungsbedarf bekannt, der v o r dem Start des Auftrags in der Prozeßlinie befriedigt werden müßte. Die wirklich notwendigen Dinge, wie Auftragsbestätigung - die beste Auftragsbestätigung ist allerdings die kurzfristige Belieferung - oder Auswertungen zum Zwecke der Sicherstellung des Materialnachschubs und dergleichen können mit Sicherheit auch nach dem Start der Produktion erledigt werden. Hieraus leitet sich eine Variante des vierten Kernsatzes moderner Produktionskonzepte ab:

d1) Wer kurzfristig liefern will, muß die einlaufende Bestellung z u e r s t an die Prozeßlinie leiten.

  - Die logistische Regelung von diskreten Prozeßlinien ist nicht einfach. Sie ist aber unter Beachtung einiger regelungstechnischer Grundsätze machbar, wie z. B. Einhaltung der Autonomie eines Regelkreises, Einhaltung von totzeitfreien Regelstrecken wegen der Dynamik des Regelkreises usw.

  - Der automatische Datenfluß ist genauso wichtig wie der automatische Materialfluß. Im dritten Teil des Referates wird dies zur Sprache kommen.

e) Die flexible Automatisierung ist eine zwingende Voraussetzung für die d i s p o s i t i v e Kundennähe durch kundenauftragsbezogene fließende Fertigung mit extrem kurzen Durchlaufzeiten.

Es ist immer wieder erstaunlich, wie wenig dieser Tatbestand zur Kenntnis genommen wird und wie statt dessen die kurzfristige Belieferung der Kunden auch mit ausgefallenen Varianten durch zahllose organisatorische Hilfsmittel und durch Rechnerunterstützung von Verfahren und Abläufen versucht wird.

Unzulängliche Verfahren werden auch durch Rechnerunterstützung nicht besser. Nur solche Maßnahmen haben nachhaltige Wirkung, die durch "Automatismen" sichergestellt werden, und das sind nun einmal zu Prozeßlinien verkettete flexible Fertigungseinrichtungen, die es gestatten, jede Variante ohne Umrüstverluste automatisch mit trivialisiertem Abwicklungs- und Steuerungsaufwand in kürzester Zeit durch die Fertigung zu führen. Damit ist eine weitere außerordentlich wichtige Stoßrichtung moderner Produktionskonzepte angesprochen.

f) Durch die einmaligen hohen Hard- und Software-Vorleistungen für vernetzte, flexible Produktionssysteme muß der laufende Abwicklungs- und Auftragssteuerungsaufwand trivialisiert werden. Die PPS-Landschaft muß sich extrem vereinfachen.

Wenn der Kundenauftrag nach Satz (d1) zuerst an die Prozeßlinie gelangt, dort die Baugruppenlinien - sofern es sich um Variantenbaugruppen handelt - gesondert anstößt, dann müssen diese zusammen mit den Standardbaugruppen ihren Weg selbsttätig zur Hauptmontagelinie finden, dort just-in-time bereitstehen und automatisch die Montage und Prüfung des Varianten-Produktes ermöglichen. Diese Vorstellung ist einleuchtend. Aber ist die mechanische Verkettung von flexiblen Prozeßschritten und ein entsprechender Datenverkehr schon ausreichend, um diese Vorstellung zu verwirklichen?

2. Von der Prozeßbeherrschung zur Logistik

Beherrschte Prozesse sind auf jeden Fall die unbedingt notwendige Voraussetzung für neue Logistikkonzepte. Aber es muß noch einiges hinzukommen, was bei komplexen, kontinuierlichen Prozessen schon längst eine Selbstverständlichkeit ist, nämlich die konsequente Anwendung regelungstechnischer Grundsätze, ohne die man sich kontinuierliche Prozesse heute nicht mehr vorstellen kann.

Da die Meß- und Regelungstechnik ohnehin als Grundlage der Automatisierung gilt, da sie dort ihre größten Erfolge hat, und immer einer Steuerung vorzuziehen ist, wo unvorhergesehene oder nicht unmittelbar meßbare oder mehrere Störgrößen kompensiert werden sollen und wo es sich um eine vielfältige Produktionspalette handelt, ist nicht mehr einzusehen, warum sie nicht im verstärkten Umfange auch für diskrete Produktionssysteme eingesetzt werden sollte.

Die wichtigste Gruppe der Störgrößen sind die Qualitätsmängel der verarbeiteten Bauteile und bei den Arbeitsschritten selbst. Es erübrigt sich fast, darauf hinzuweisen, daß selbstverständlich alles daranzusetzen ist, sowohl 100 % einwandfreie Bauteile einzusetzen als auch stabile Prozeßschritte zu verwenden, die ein 100 %iges Arbeitsergebnis garantieren. Vermiedene Fehler sind keine Störgrößen. Aber jeder weiß, daß es aussichtslos ist, mit herkömmlichen Mitteln alle Arbeitsschritte völlig fehlerfrei zu machen.

Diese sind dann die mehr oder weniger dankbaren Objekte für echte Qualitätsregelkreise, die als Unterregelkreise für das Gesamtsystem gelten. Gemeint sind ausdrücklich nicht jene etwas unpräzise als Qualitätsregelkreise bezeichneten Verfahren (*Bild 3*), bei denen von einer Sortierstelle je nach Anfall unbrauchbarer Objekte mehr oder weniger weit in die Kette der bereits zeitlich mehr oder weniger lange zurückliegenden Arbeitsschritte zurückgegriffen und die Fehlerursache beseitigt wird. Derartigen sogenannten Regelkreisen fehlt wegen der unvermeidlichen Totzeiten jedwede Dynamik.

Es geht vielmehr darum, daß die relevanten Arbeitsschritte selbst echte Qualitätsregelkreise bekommen, die gefährdete Werte ständig überprüfen und im Arbeitsschritt selbst Korrekturen anbringen oder ihn wiederholen, so daß kein fehlerhaftes Objekt einen Bearbeitungsvorgang in Richtung des nächsten verläßt und damit auch eine Vielzahl aneinandergereihter Arbeitsschritte, also auch ganze Prozeßlinien und schließlich auch das gesamte Produktionssystem nur fehlerfreie Objekte am Ende zur Ablieferung bringen. Nur das ist ein beherrschter Prozeß! Und nichts anderes sollte unter diesem Begriff verstanden werden.

Daraus leitet sich ein weiterer Kernsatz ab:

g) Zu modernen Produktionskonzepten gehören beherrschte Prozesse.

Allgemein bekannt ist nun aber die traditionelle Betrachtung des Zusammenhangs zwischen Fehlerkosten und Fehlerverhütungskosten in Abhängigkeit vom Grad der Vollkommenheit eines Produktes (*Bild 4*). Nach d i e s e r Betrachtungsweise gibt es irgendwo ein vertretbares Kostenoptimum, bis zu dem man die Qualität eines Produktes steigern sollte. Selbst wenn man die Ausfallkosten nach Ablieferung einbezogen hätte – was in vielen Fällen nicht geschehen ist –, wäre diese Betrachtungsweise falsch. Sie hätte die Bundesrepublik fast ihren Weltruf als Erzeugerland für Qualitätsprodukte gekostet, wenn dieser Riesenbluff nicht noch gerade rechtzeitig durchschaut worden wäre. Die im oberen Bildteil gezeigten Zusammenhänge gelten natürlich nur bei einer festgeschriebenen Prozeßtechnologie oder Produktionstechnik. Sobald man die Technologie verläßt, bei der man an eine wirtschaftliche Qualitätsgrenze stößt und neue Technologien entwickelt, ist es möglich, das Kostenoptimum immer weiter nach unten und immer weiter nach rechts zu schieben.

h) Die Prozeßinnovation darf also kein sporadischer Vorgang sein.

Die Schritte zur Prozeßbeherrschung betreffen Produkt- u n d Prozeßentwicklung gleichermaßen. Beide müssen bereits Vorbereitungen treffen, um integrierte Meß-, Prüf- und Auswertetechnik so einsetzen zu können, daß damit die einzelnen Herstellschritte durch Wiederholung, Modifikation usw. in echtem regelungstechnischen Sinne die Sollvorgaben exakt einhalten können. Anstatt unsere hervorragenden Ingenieure weiter mit der Entwicklung immer intelligenterer Gut/Schlecht-Sortierverfahren zu belasten, in deren Gefolge immer enorme Verwaltungs- und Abwicklungsarbeiten anfallen, um aussortierte Produkte zu recyclen und Kundenaufträge zu ergänzen oder in Teillieferungen zu zerlegen usw., sollte man sie auf die prozeßnahe Regelung ansetzen. Mit dem Grundwissen der Regelungstechnik werden sie Sensortechniken und Meßverfahren auszuwählen haben, die in unsere Herstellprozesse integriert werden können.

Während bei spanabhebenden Vorgängen automatische Korrektursysteme bereits zur Regel werden, gibt es bei der Montage von Produkten noch ein weites Feld, geregelte, automatisierte Arbeitsschritte einzuführen. Sie wird ja heute noch weitgehend von der Handarbeit beherrscht. Damit ist die Montage besonders störanfällig und durch zeitlich begrenzte Bedingungen, wir Ermüdung, Unaufmerksamkeit, Ungeschicklichkeit, Sorglosigkeit, Stimmungsschwankungen, aber auch durch überdauernde Persönlichkeitsmerkmale, wie Intelligenz, Bildungsgrad, Gesundheit u. a. stark in ihrer Qualität beeinflußt. Die persönliche Qualifikation für eine bestimmte Arbeit hat zweifellos einen großen direkten Einfluß auf die Qualität der Arbeit und damit auf die Produktqualität.

Bei der Entwicklung, Realisierung und Produktion immer komplexer werdender Produkte oder Systeme und auch beim Betreiben dieser Systeme entstehen neue Anforderungen, die dem Menschen ihm gemäße Tätigkeiten zuweisen. Der Mensch als Ausführer repetitiver Arbeiten muß der Vergangenheit angehören. Wer zum Kampf um die Erhaltung primitiver, nicht mehr benötigter Arbeitsplätze aufruft, handelt fahrlässig an unserer Volkswirtschaft.

Ein Beispiel soll zeigen (*Bild 5*), wie Produkte, von denen höchste Qualität erwartet wird, nur mit Hilfe hochautomatisierter, geregelter, d. h. beherrschter M o n t a g e prozesse hergestellt werden können. Die im Bild gezeigte 190 m lange Prozeßlinie für ein hochwertiges, variantenreiches elektronisches Produkt läuft über 43 verkettete Arbeitsstationen, auf denen u. a. 14 Flachbaugruppen mit ca. 4.500 Bauelementen mit einem Automatisierungsgrad größer 90 % bestückt werden. Niemand kann sich vorstellen, daß man am Ende dieser Linie wegen der Vielzahl erfolgter Arbeitsschritte den größten Teil der Geräte durch Sortierprüfung aussondert und sie der teuren Fehlersuche und Nacharbeit einschließlich eines Wustes von Verwaltungsarbeit unterzieht.

i) Wenn man eine Null–Fehler–Produktion anstrebt, dann bleibt nichts anderes übrig, als prozeßnahe Qualitätsregelung für jeden Arbeitsschritt einzuführen, der nicht von Hause aus stabil und ausfallfrei ist.

Das ist eine Forderung, die die von der Elektroindustrie gelieferten Produkte mit den garantierten MTBF-Werten erfüllen müssen, die aber keinesfalls von der Mehrzahl ihrer Lieferanten für Bauteile und Produktionsmittel in absehbarer Zeit erreicht wird.

Die in *Bild 6* vergrößert dargestellte prozeßnahe Qualitätsregelung für eine Arbeitsstation der Prozeßlinie des *Bildes 5* ist aus den Arbeitsergebnissen derartiger Maschinen abgeleitet worden. Mindestens die 11 in *Bild 7* aufgeführten Abfragen und automatischen Korrekturen sind notwendig, um sicherzustellen, daß von der Arbeitsstation in *Bild 6* nur 100 % einwandfreie Arbeitsergebnisse zur nächsten Arbeitsstation gelangen. Einige dieser qualitätssichernden Schritte sind vorhanden, andere sind in Entwicklung. Optische Verfahren werden in dem gesamten Komplex eine große Bedeutung erlangen.

j) **Wenn Qualitätsstörungen durch prozeßnahe Regelkreise beseitigt werden können, haben wir einen großen Schritt auf dem Wege zur sauberen l o g i s t i s c h e n Regelung des Auftragsgeschehens, auch über mehrer Stufen, zurückgelegt.**

Der Signalflußplan logistischer Regelungen von diskontinuierlichen bzw. diskreten Fertigungssystemen (*Bild 8*) gleicht auf den ersten Blick dem von kontinuierlichen Prozessen. Die Führungsgröße stellt den Sollwert des Ausstoßes streng kundenwunschorientiert nach Artikel, Menge und Termin dar. Die Regelgröße ist dann der Ist-Ausstoß. Die Aufgabe des Reglers besteht darin, z. B. mit Hilfe einer Folgeregelung den Ist-Wert gleich oder annähernd gleich dem Sollwert zu machen. Störgrößen sind dabei zu kompensieren. Bis dahin ist die Sache klar und einleuchtend. Jedes Unternehmen wäre überglücklich, wenn es im Besitz eines solchen möglichst preiswerten Reglers wäre und auf die unzähligen kostspieligen Ersatzfunktionen, die heute benötigt werden, verzichten könnte.

Zunächst einmal muß man sich die "Fertigung" ansehen, die geregelt werden soll (*Bild 9*). Sie ist wie im vorliegenden Falle eines Werkes für elektronische Produkte kein einheitlicher Prozeß, sondern eine Vielzahl von unterschiedlichen Einzelprozessen. Viele von ihnen sind mechanisiert und flexibel automatisiert, enthalten also regelungstechnische Elemente, was ihren geordneten Ablauf betrifft.

Störungen, die durch Qualitätsregelkreise im Mikrobereich kompensiert werden können, wurden schon beschrieben. Bleiben also Störungen anderer Art, die im Makrobereich, in den logistischen Regelkreisen ausgeregelt werden müssen.

Alle Prozeßlinien in dem gewählten Beispiel (*Bild 10*) arbeiten auf die Hauptmontagelinie zu und sind hochflexibel, wodurch eine wirtschaftliche Fertigung der Baugruppen in Losgröße 1 möglich ist. Die von außen zugelieferten Teile werden in dem in *Bild 10* gezeigten Schema vom Wareneingang direkt in Materialbereitstellsysteme an den Prozeßlinien geliefert und zwar so, daß sie automatisch im unmittelbaren Zugriffsbereich den jeweiligen Prozeßschritten zur Verfügung stehen (*Bild 11*).

k) Dieser flexible Bereitstellprozeß gehört heute zusammen mit einer Netzarchitektur für Büro und Fabrik, die die Kommunikation der einzelnen Systeme uneingeschränkt unterstützen muß, zu den wichtigsten Kernstücken moderner Produktionskonzepte.

Wenn nun das Führungsverhalten und die Dynamik des übergeordneten Regelkreises - sprich Endmontage und Prüfung - unter Einschluß der untergeordneten Regelkreise bekannt ist, vereinfacht sich die Aufgabe des Reglers dahingehend, daß er aus den im Sollwert vorgegebenen Artikel, Menge und Termin lediglich die R e i h e n f o l g e unterschiedlicher Produkte sicherzustellen hat.

Dazu gehört im Regler ein partiturähnliches Programm, in dem die Arbeitsschritte der einzelnen Modullinien "vertikal koordiniert" notiert sind einschließlich aller Varianten. Die zu jedem Kundenauftrag gehörenden Baugruppen und -teile werden unter Berücksichtigung der jeweiligen Laufzeiten in den Unterregelstrecken mit Hilfe dieses Programmes zur richtigen Zeit angestoßen, vorausgesetzt, daß alle Bauteile in den relevanten Prozeßlinien vorhanden sind. Sie treffen im Normalfall just-in-time an der Hauptregelstrecke ein (*Bild 10*), werden dort komplettiert, geprüft und ausgeliefert.

Bei Störungen der oben erwähnten Art gibt es eine Vielzahl von Regelalgorithmen, die erheblich von der Art der Produktion abhängen. Es sollen deshalb hier nur einige Hinweise gegeben werden. Zum Beispiel wird bei kleineren Störungen die gestörte Baugruppe – im Falle des *Bildes 12* eine elektronische Flachbaugruppe – durch Sonderbehandlung und Umsetzen auf eine Sonderstrecke – z. B. durch Roboter (*Bild 13*) – beschleunigt, holt den verhältnismäßig geringen Zeitverlust auf und ist an der Hauptstrecke wieder synchronisiert.

Bei größeren Störungen oder bei notwendigem neuen Start in einer Prozeßlinie bzw. Unterregelstrecke oder auch bei Ausschuß (*Bild 14*) nimmt der Regler eine Reihenfolgeänderung gegenüber der Sollreihenfolge vor. Die vorgeschalteten Prozeßlinien werden in der neuen Reihenfolge angestoßen, invariante Baugruppen sind im allgemeinen auftragsneutral und stehen ohnehin zur Verfügung; die variablen Baugruppen, die zu einem gestörten Baugruppensatz (im Bild der Auftrag "n") gehören, werden z. B. solange aus den Prozeßlinien ausgeschleust oder gar nicht vorgegeben, bis die Störung behoben ist. Dann kommen sie mit Hilfe einer erneuten Reihenfolgeänderung wieder in den Normalprozeß. Wichtig ist, daß die gleiche Fabriknummer für alle Teile eines Auftrages festgelegt wird, damit derartige Synchronisationen möglich werden.

Es kommt darauf an, die V e r w e i l d a u e r von Aufträgen in den Regelstrecken durch wirklich fließende Fertigung so kurz wie möglich zu machen, um vor allem die A n z a h l der in der Fertigung befindlichen und zu verwaltenden Aufträge zu minimieren.

l) Durch Selbststeuerung der Baugruppen in den Prozeßlinien wird der Aufwand für die Fertigungssteuerung wirklich trivialisiert.

3. Kommunikationsnetzwerke integrieren Informations- und Materialfluß

Die Vorteile einer funktionierenden Vernetzung können nicht hoch genug angesetzt werden. Sie bestehen in der enormen Reduzierung des Aufwandes für alle sich wiederholenden Vorgänge und Arbeitsabläufe eines Werkes, beginnend bei der Erstellung technischer Grunddaten über die gesamte Produktionssteuerung bis zum Versand. Dieser Aufwand nimmt ja in den letzten Jahren ständig zu. Schuld daran sind die sich nun einmal ständig ändernde Nachfrage, die wachsende Zahl von Produktvarianten und Käuferpräferenzen und kürzere Produktlebenszyklen.

Der Aufwand ist heute in vielen Fällen nicht mehr mit den herkömmlichen Mitteln zu bewältigen.

Warum sollte es nicht auch für ein ganzes Fertigungssystem gelingen, was für einzelne Maschinen schon vor Jahrzehnten möglich wurde, es nämlich f l e x i b e l zu automatisieren?

Der Preis, den man e i n m a l i g dafür zu zahlen hat, ist nicht niedrig. Die Datenbasis für die neuen Informationssysteme für die automatisierte Fabrik, für automatisierte Bereitstell- und Transportsysteme, Prozeßliniensteuerung, flexible Fertigungssysteme und für die Auftragsabwicklung just-in-time, die Variantenauswahl für Angebote, tagesgenaue Montageeinplanung, protokollierte Montagedurchführung, Lieferung und Abrechnung usw. muß ganz besonders konsistent und einer leichten dynamischen Pflege zugänglich sein. Außerdem müssen Leistung und Funktionen der Werksgrunddaten erheblich erweitert werden, z. B. im Logistikblock bis hinunter zum Behältertyp, Füllmenge, Bereitstelladresse, Prozeßeinheit, Belegung der Montageplätze usw. Im Regelwerk technischer Unterlagen ist eine weitaus differenziertere Darstellung der Zustände (Funktionsstand, Erzeugnisstand, Reifegrad, Arbeitsstand) nötig, u. v. a. m.

m) **Hat man die Datenbasis für die neuen Informationssysteme jedoch erst einmal konsistent gemacht, ist der größte Schritt auf dem Wege zur Integration der Prozesse in ein Kommunikationswerk vollzogen.**

Dieser Zusammenhang ist ganz besonders wichtig, weil er aufzeigt, wie die gravierenden Nachteile der Arbeitsteilung, die vor allem in der gewöhnlichen Vermehrung von Schnittstellen bestehen, die wiederum wegen der gegenseitigen Abhängigkeit der Teil-Arbeitsschritte zu beschreiben, zu überwachen und zu verwalten sind, eliminiert werden können.

n) **Die infolge langer Gewöhnung an die Teilarbeiten im Büro oder in der Produktion eingebrannten Strukturen sind das größte Hindernis auf dem Wege zu einer integrierten Fabrikation.**

o) **Nur ein modernes Netz mit einem schnellen Datenaustausch, die unverzügliche Bereitstellung von Daten für jeden einzelnen Arbeitsschritt beseitigt diese Nachteile und ist die Gewähr für einen ununterbrochenen schnellen Materialfluß.**

Die technischen Grunddaten und die Prozeßdaten werden automatisch mit den Kundendaten, Auftragsdaten und sonstigen administrativen Daten verknüpft.

Bei den Kunden–Bestelldaten ist davon auszugehen, daß der heute zwischen kundennahen Geschäftsstellen und Werken betriebene beleglose Bestellverkehr in absehbarer Zeit und schrittweise mindestens bei Produkten, die nach Katalog bestellt werden können, direkt vom Kundenterminal gestartet wird, und daß diese Daten in der entsprechenden Prozeßlinie als Primärbedarf eingehen und der Regelstrecke als Führungsgröße dienen. Die Elektroindustrie erwartet von ihren Lieferanten, daß sie sich auf den gleichen Bestellverkehr einrichten. Rechner, speicherprogrammierbare Steuerungen und dergleichen von verschiedenen Herstellern können über schmal - oder breitbandige LAN's miteinander kommunizieren. Man hat für diese heterogene Kommunikation den Begriff "offene Kommunikation" gefunden. Mit der offenen Kommunikation werden auch die Akzeptanzbarrieren der Anwender abgebaut, die kaum in der technologiegetriebenen Innovation selbst, als vielmehr in der Unsicherheit, die Vorteile der neuen Produktionskonzepte, ihre Stabilität, ihre Erweiterungsmöglichkeiten zu beurteilen und den Wirtschaftlichkeitsfortschritt richtig zu erkennen, begründet sind. Die neuen Produktionskonzepte erfordern nicht nur ein innovationsfreudiges und investitionsfreudiges Management, sondern auch mehrfach qualifizierte Fachkräfte und effiziente Projektgruppen.

Bevor man auf CP–Ringe zurückgreifen kann, wird man ISDN in Büro und Fabrik im Verbund mit vorhandenen lokalen Netzen zusammen mit der Datenverarbeitung in einer erweiterten Mischkommunikation voll ausschöpfen. In diesem integrierenden Netz (*Bild 15*) entstehen in kürzesten Bearbeitungszeiten durch schnelleren Datenaustausch die Produkt- und Designdaten, die Bearbeitungs- und Prüfprogramme, die dispositiven Daten aus den PPS–Systemen und die Kundenauftragsdaten und gelangen aus dem vernetzten Bürobereich über hinreichend viele Lichtwellenleiter in die verschiedenen Werkstatthallen und zwar über einen als backbone dienenden optischen Sternkoppler. In den Hallen gehen sie über Transceiver und Bridges in Nebensegmente aus Koaxkabeln über.

Diese Kurzbeschreibung eines in Realisierung befindlichen Netzwerkes mit konkurrierendem Zugriff der angeschlossenen Stationen (CSMA/CD) bezieht sich auf einen der heute am meisten installierten Netztypen. Er wird mit 10 MBit/s nach IEEE 802 betrieben.

Die Teilkonfiguration der unteren rechten Halle des *Bildes 15* läßt weitere Einzelheiten erkennen (*Bild 16*). Es handelt sich dort um ein zur Modulmontage von Laserdruckern u. ä. gehörendes Materialbereitstellsystem, das dazu dient, das von der Warenannahme, Vorfabrikation usw. selbstgesteuert zugehende Material automatisch und kundenauftragsabhängig für die einzelnen Montagezellen bereitzustellen und es diesen ebenfalls automatisch zuzuführen. Es hat einen hierarchischen Aufbau, besteht in der oberen Prozeßebene aus 4 Prozeßrechnern, darunter aus diversen Leitsteuerungen für Regalbediengeräte und Fördertechnik und darunter aus zahlreichen Einzelsteuerungen.

Eine ähnliche Teilkonfiguration liegt für die Teilefertigung desselben Werkes vor (*Bild 17*). Es würde hier zu weit führen, näher auf diese Konfiguration und auf die gesamte Vernetzung einzugehen. Es sollte aber daraus erkennbar werden, daß durchgängig vernetzte flexible Gesamtsysteme für eine variantenreiche Produktion eine tiefgängige Planungsarbeit erfordern.

Das zuvor Beschriebene zeigt, daß Regalgassen nicht mehr zum Lagern, sondern zum automatischen Umsortieren, zum Bereitstellen für nachfolgende Arbeiten dienen; d. h. auch in den Regalgassen bleibt das Material wie in der Vorfabrikation, in der Vormontage, in der Endmontage und Prüfung in Bewegung.

p) Diesen permanenten Materialfluß ermöglichen ein modernes Kommunikationsnetzwerk und beherrschte Prozesse.

Die einmaligen hohen Vorleistungen in Planung und Investment für die Integration zahlen sich vielfältig aus und sichern die Wettbewerbsfähigkeit der bundesdeutschen Industrie.

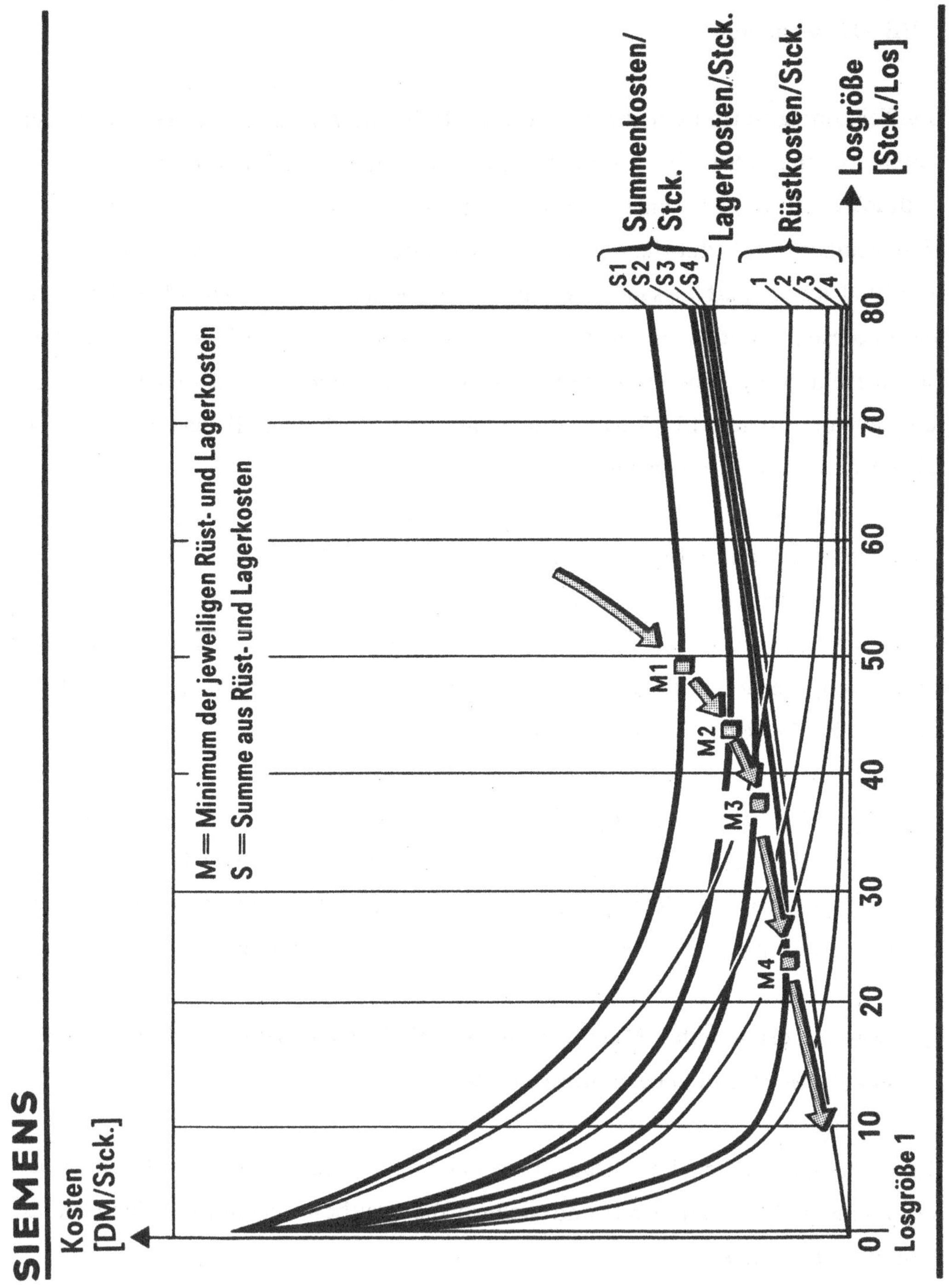

Bild 1 Kostenoptimale Losgrößen bei fallenden Rüstkosten

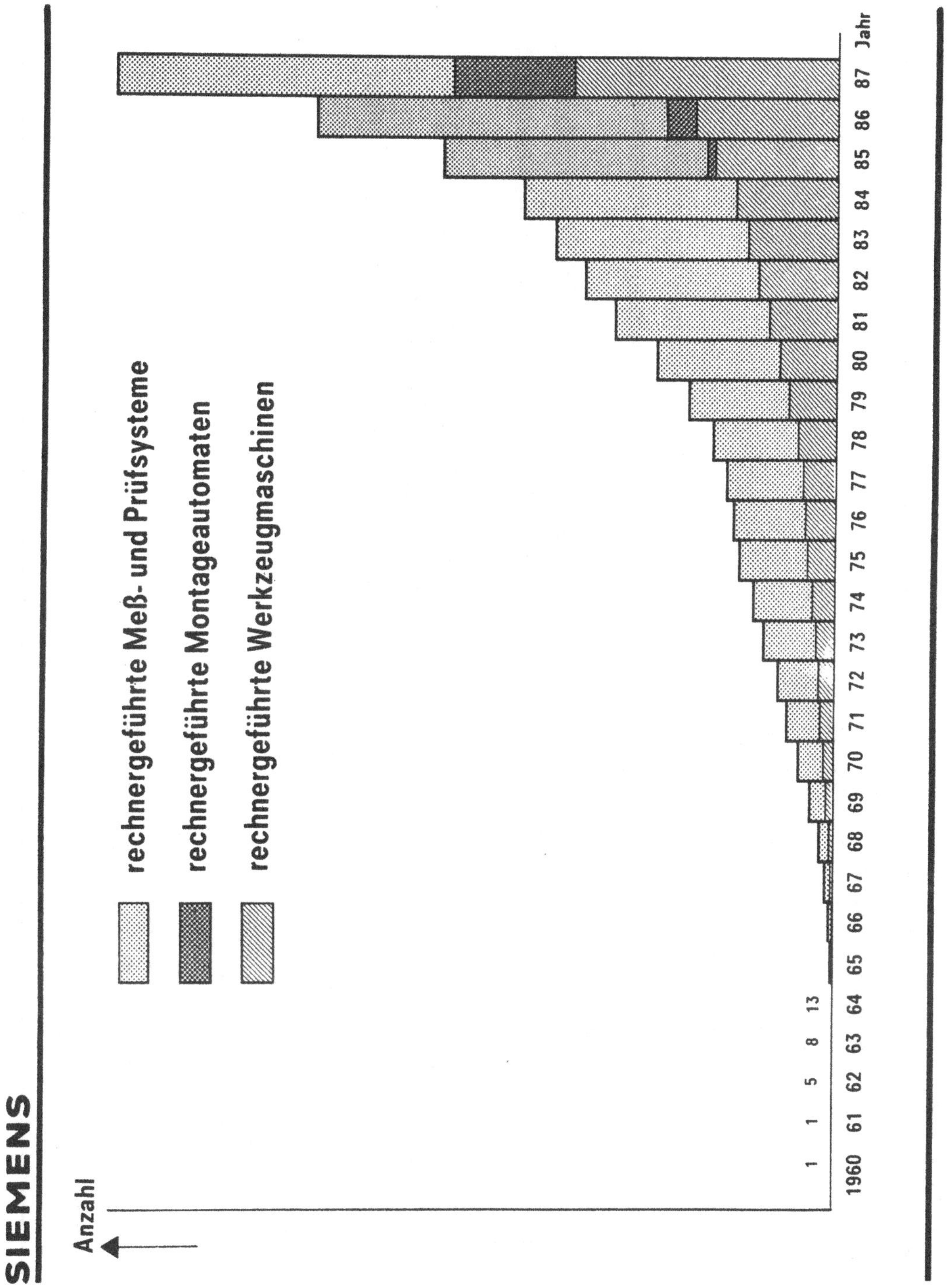

Bild 2 Entwicklung des Bestandes an rechnergeführten Werkzeugmaschinen, Montageautomaten sowie Meß- und Prüfsystemen

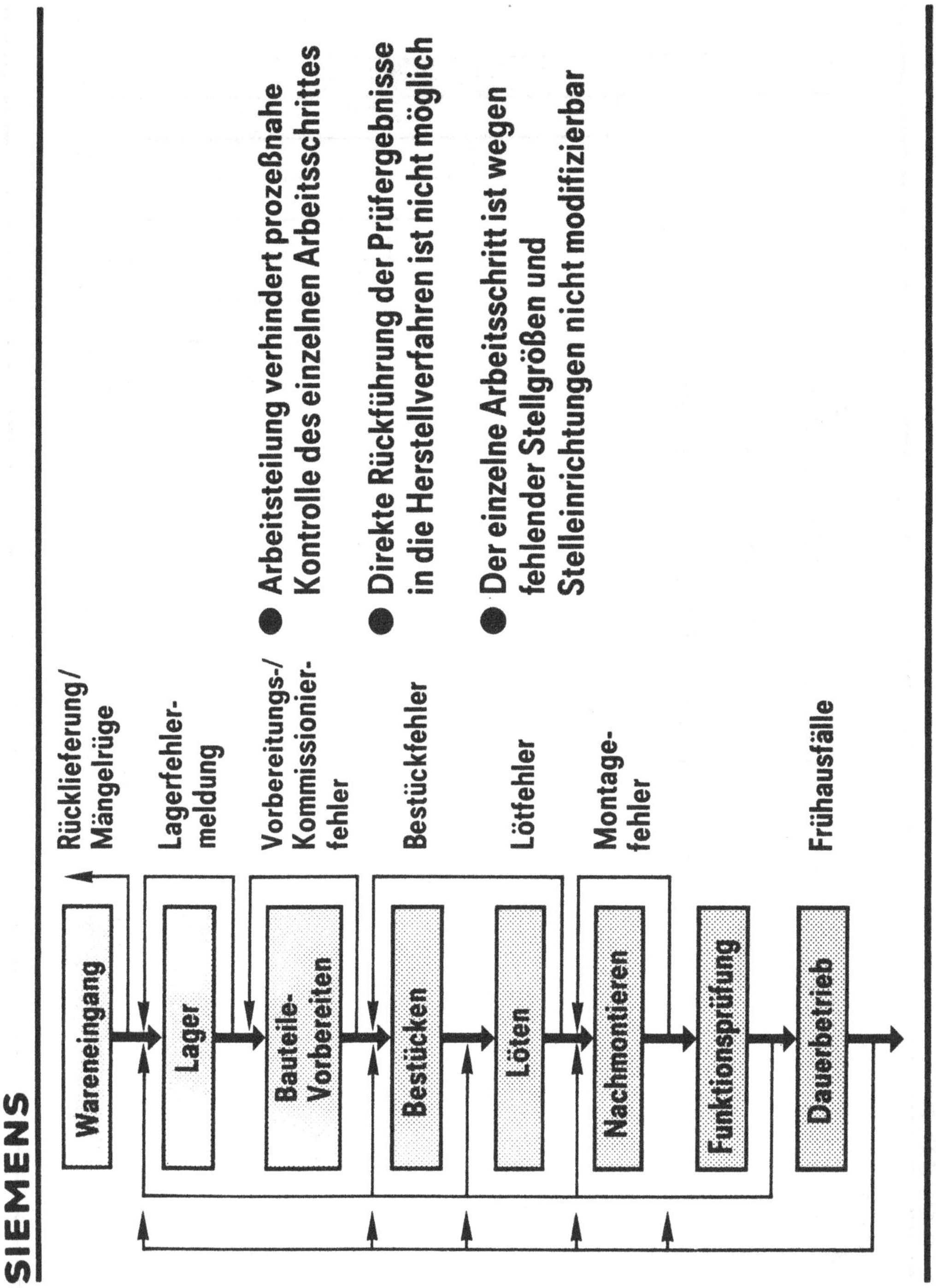

Bild 3 Qualität durch Rückweisen, Reparieren und Verwerfen

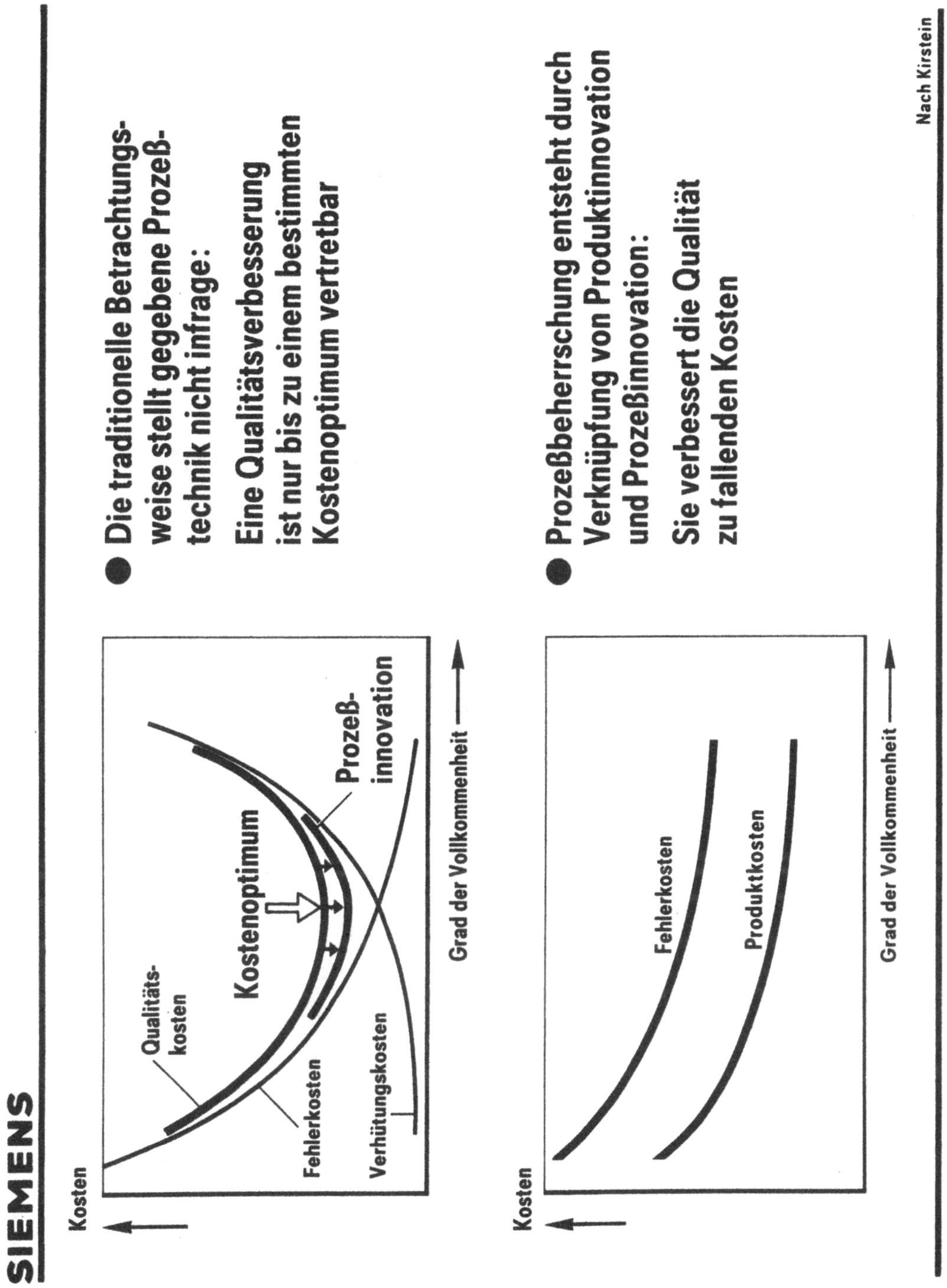

Bild 4 Traditionelle und innovative Qualitätsbeurteilung /nach Kirstein/

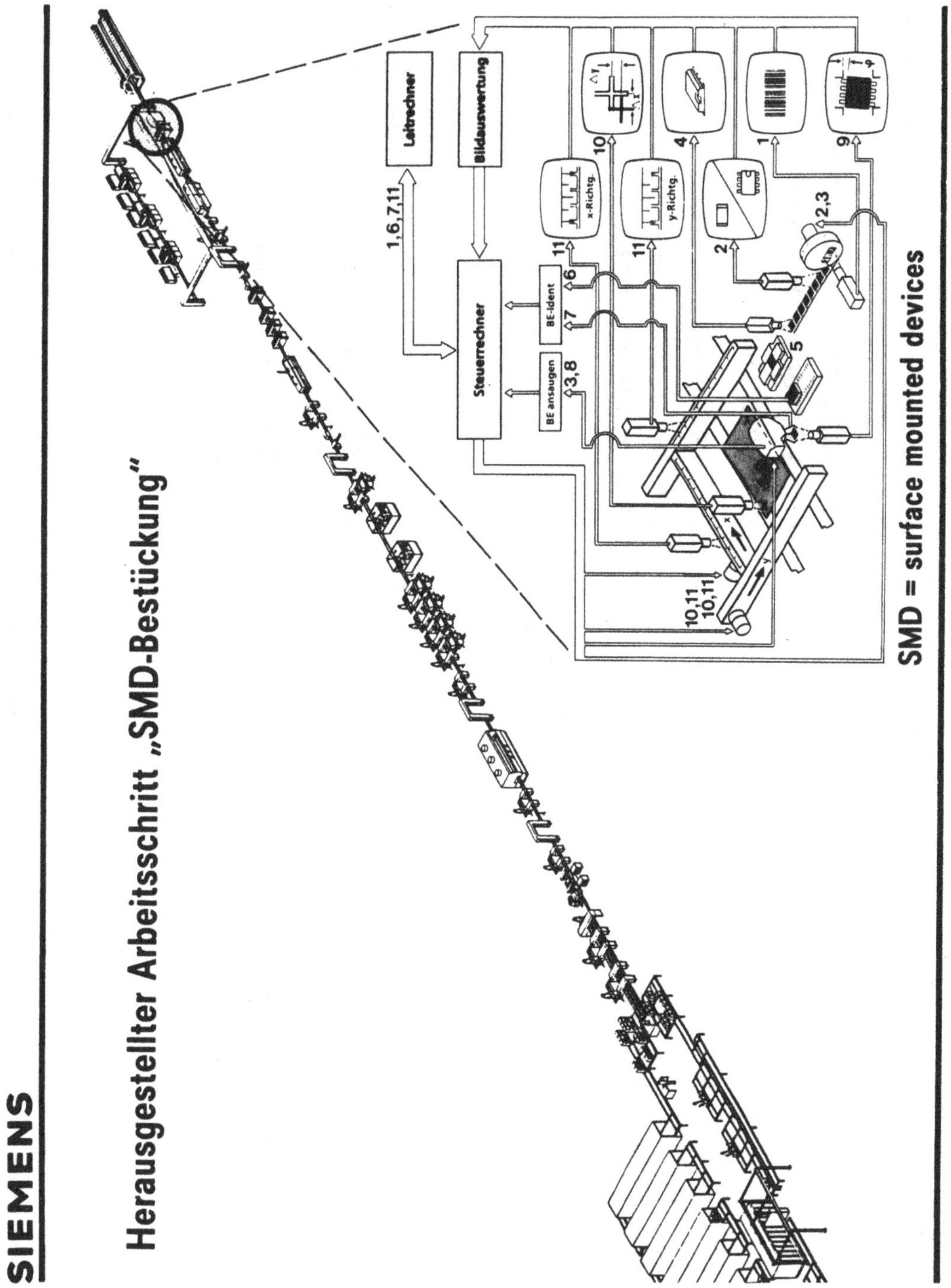

Bild 5 *Verkettete Flachbaugruppen- und Gerätemontage eines elektronischen Produkts*

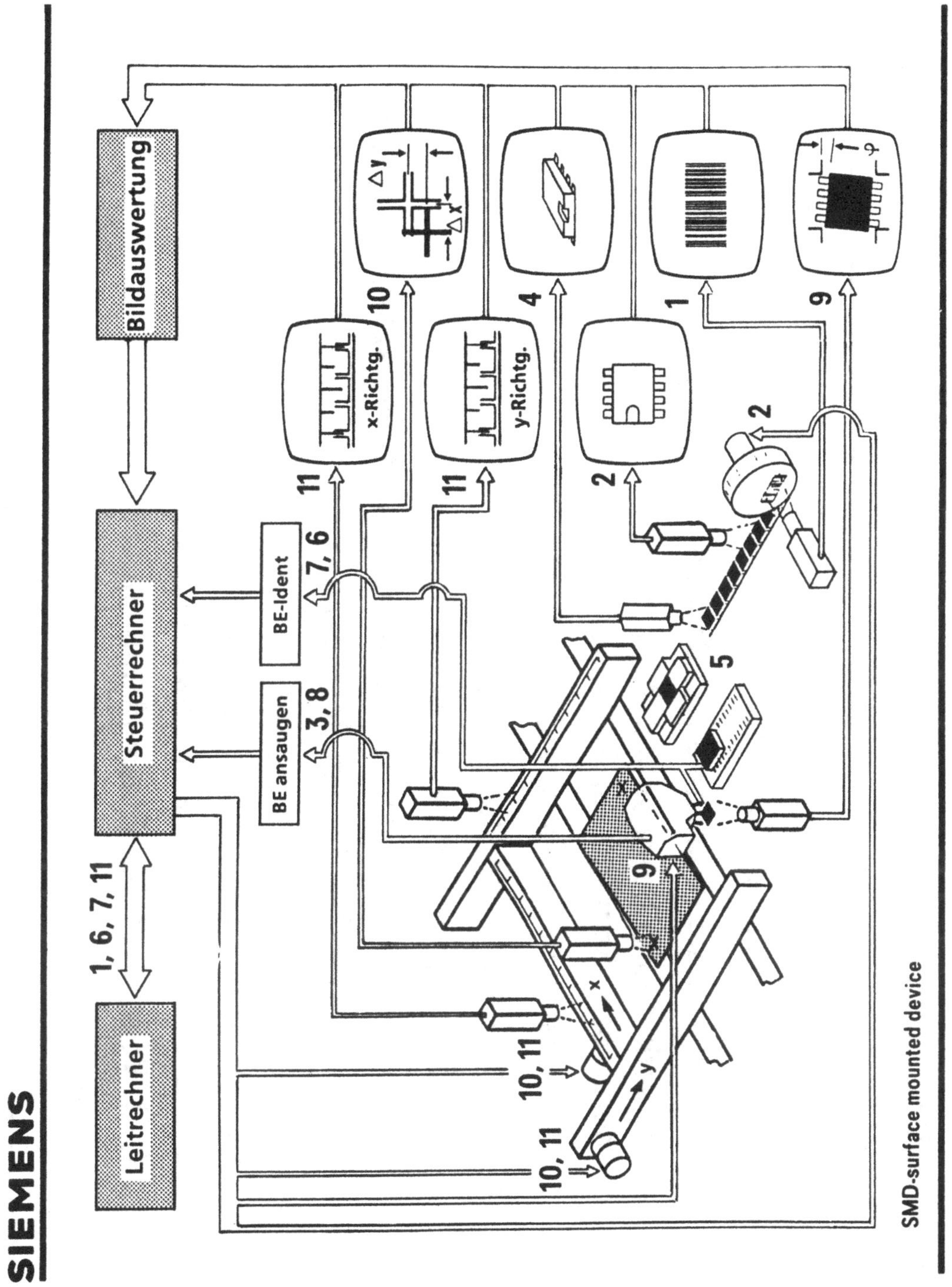

Bild 6 Qualitätsregelkreise integriert in den Bearbeitungsvorgang SMD-Bestückung

SIEMENS

1 BE-Identprüfung (Barcode lesen auf der Stange bzw. auf dem Gurt)
2 BE fehlt, Zuführung leer
3 Vakuumprüfung (Entnahme aus dem Zuführmodul)
4 Lageerkennung bezogen auf Pin 1
(Kerbe bzw. Schräge am Gehäuse)
5 Zentrierstation für Universal-Prüfadapter
6 Identprüfung für mehrpolige BE
7 Identprüfung für zweipolige BE
8 Vakuumprüfung (Entnahme des BE aus dem Universal-Prüfadapter)
9 Lagekorrektur des BE zum Bestücken
10 Lagekorrektur der Leiterplatte
(Korrektur des Leiterplatten-Nullpunktes)
11 Zyklische Kontrolle des Positioniersystems
(z. B. Verschleiß des Glasmaßstabes)

Bild 7 Abfragen und Korrekturen bei der automatischen Bestückung unbedrahteter Bauelemente (SMD)

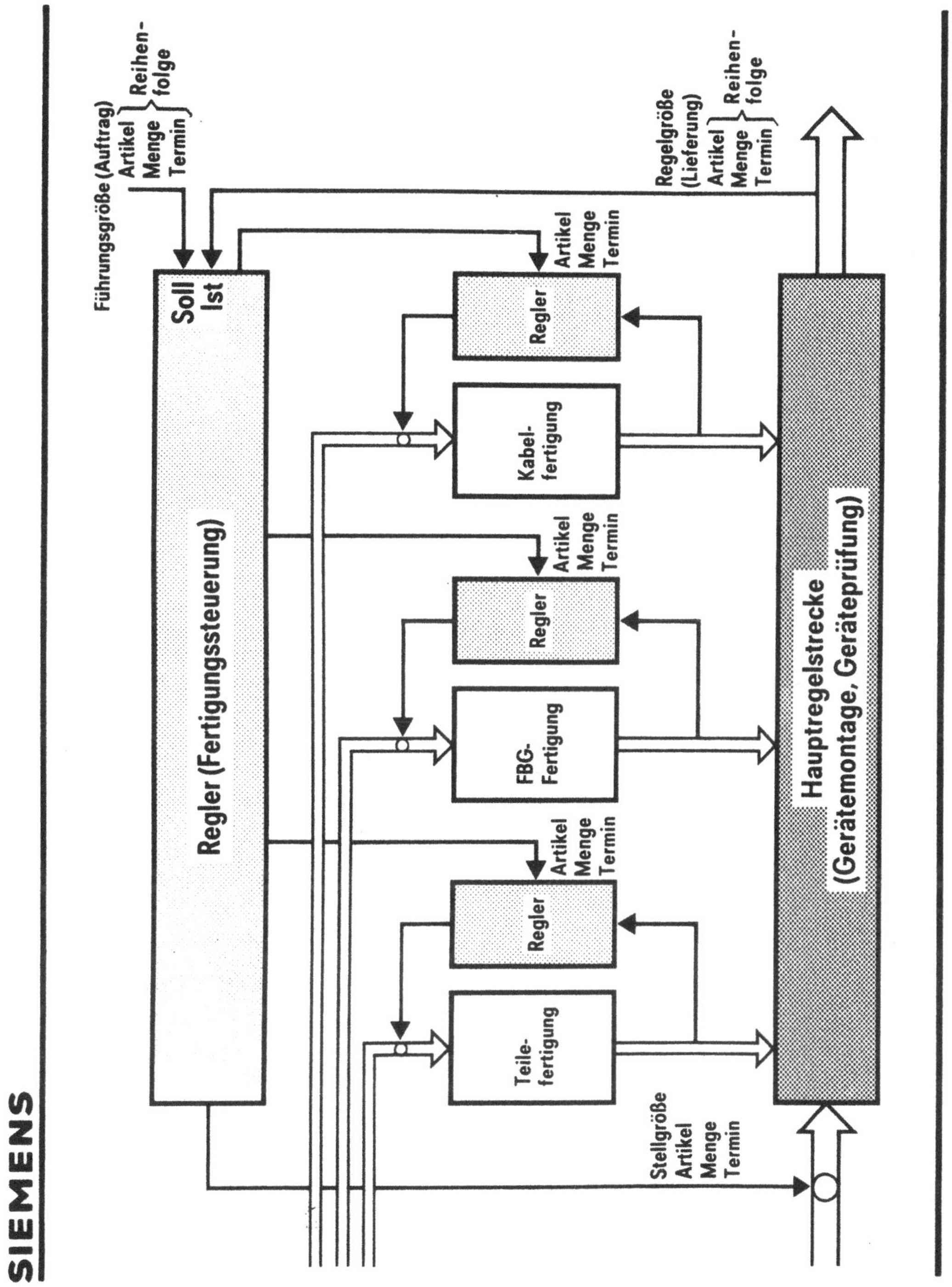

Bild 8 Diskontinuierliche Produktion als Regelkreis

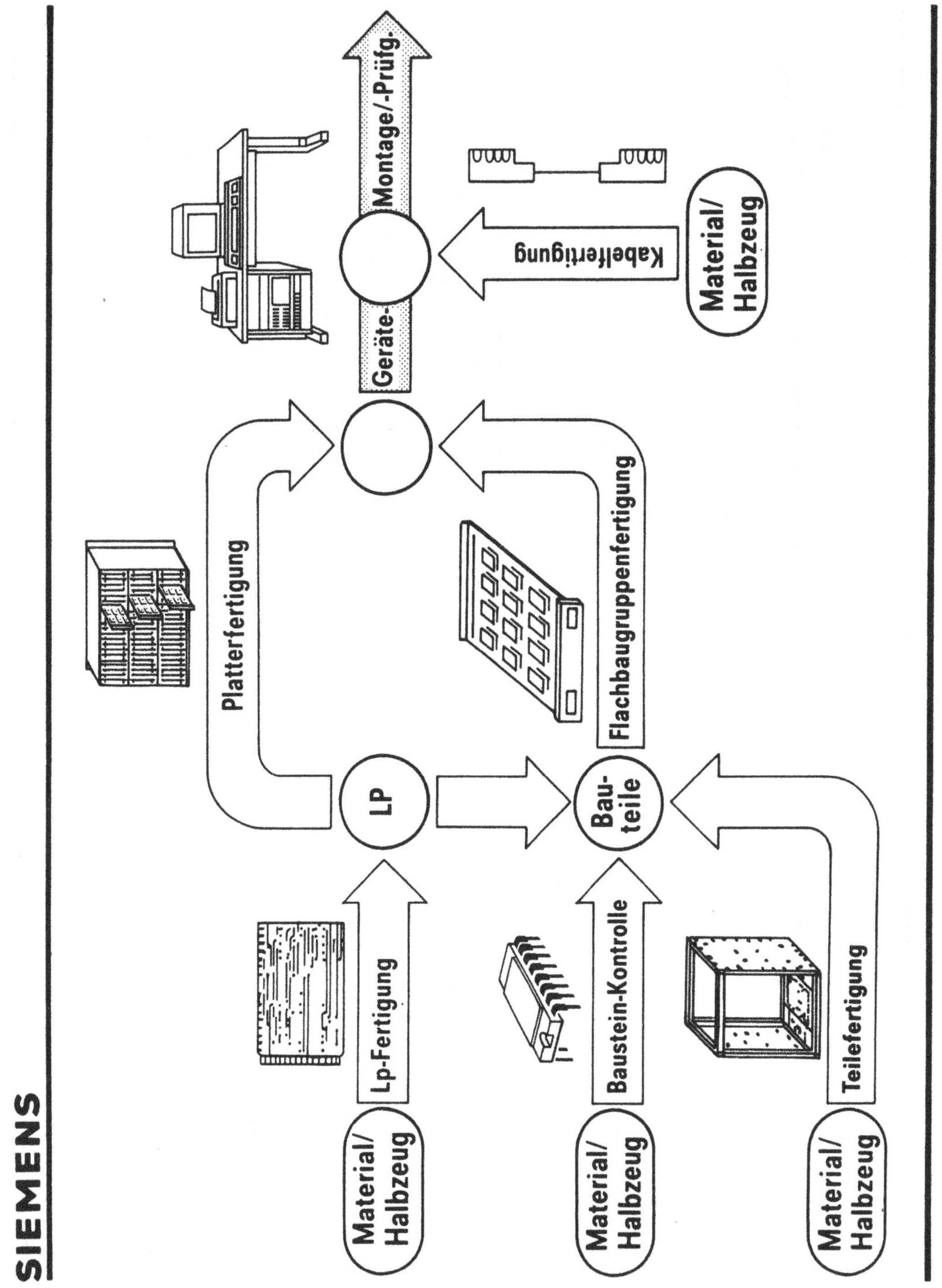

Bild 9 Werk für elektronische Produkte; Einzelprozesse

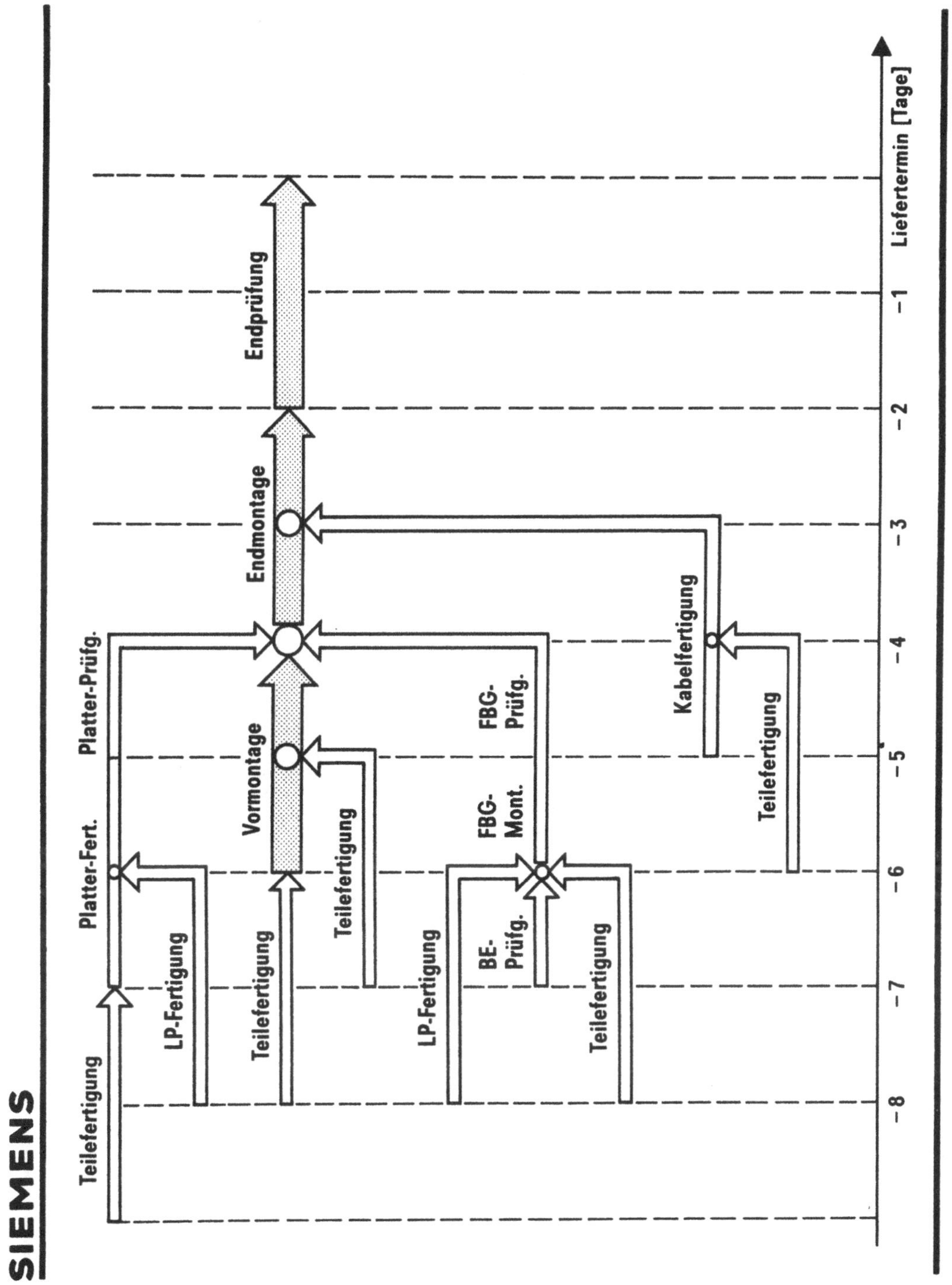

Bild 10 Just–in–Time Fertigung eines Gerätes, seiner Baugruppen und Teile nach Kundenauftrag

Bild 11 Materialbereitstellsystem und Prozeßlinie zur Montage von Monitor-Geräten

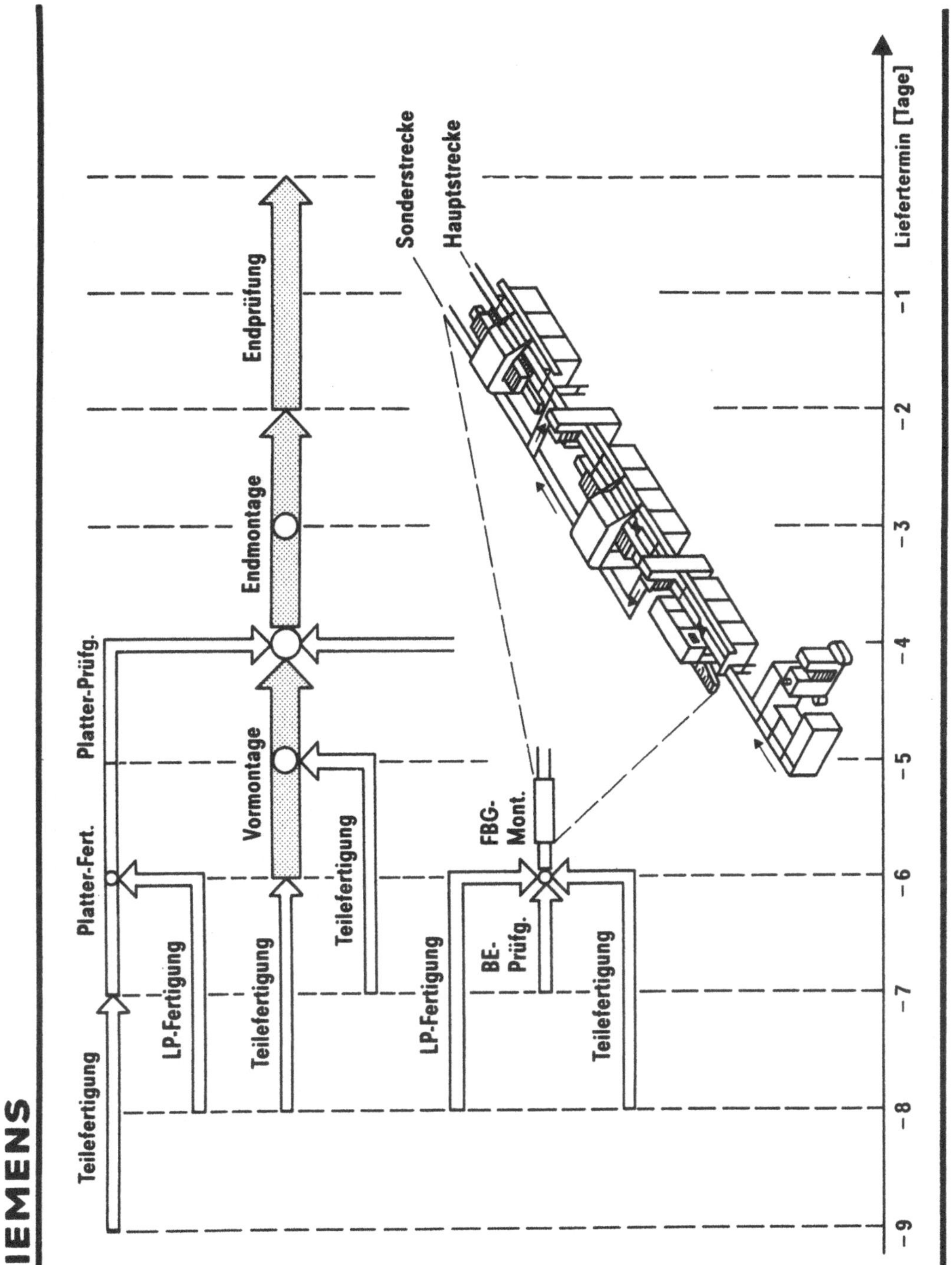

Bild 12 Ausschleusmöglichkeiten in einer Montagelinie für Flachbaugruppen

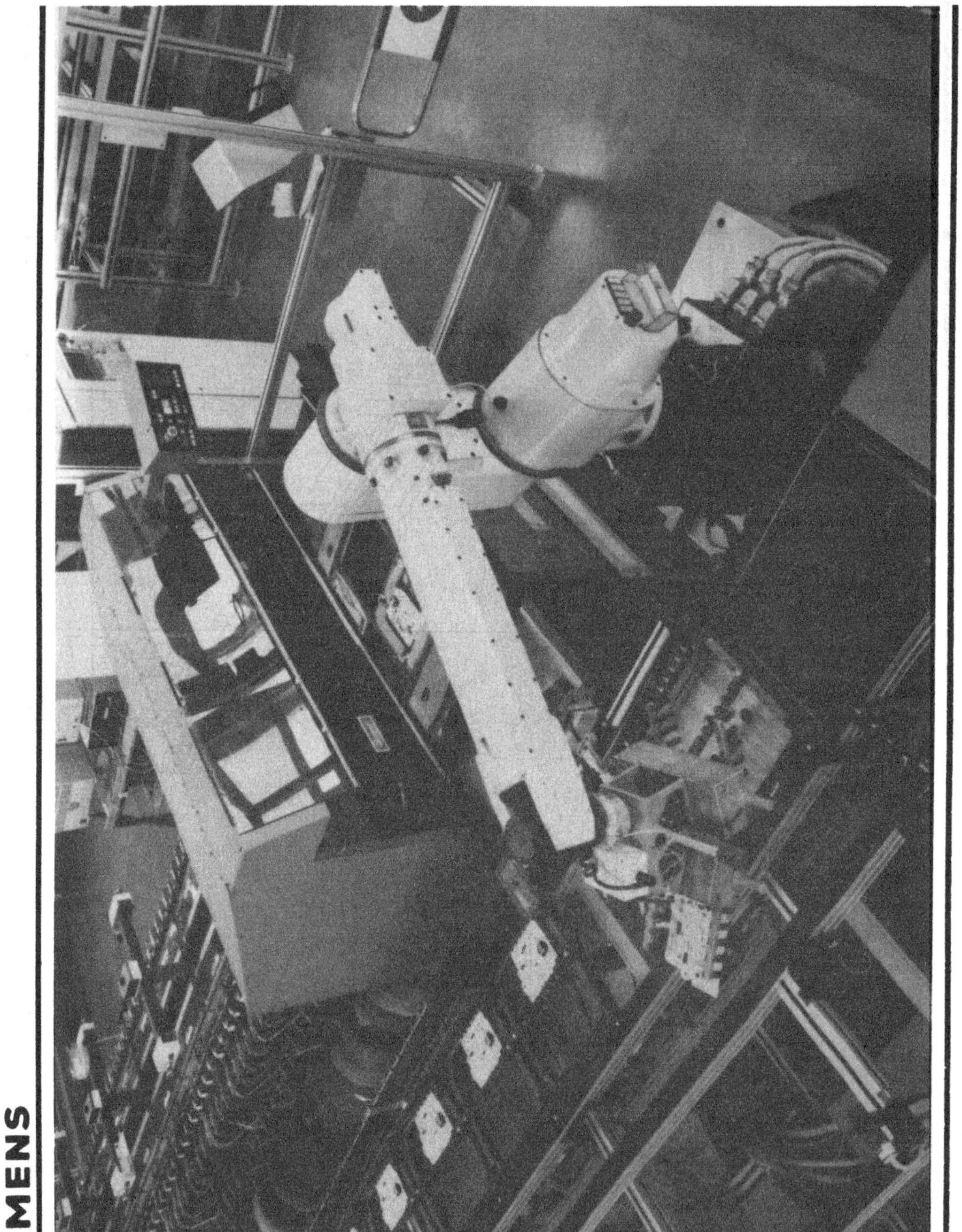

Bild 13 Umsetzen einer Flachbaugruppe durch Roboter

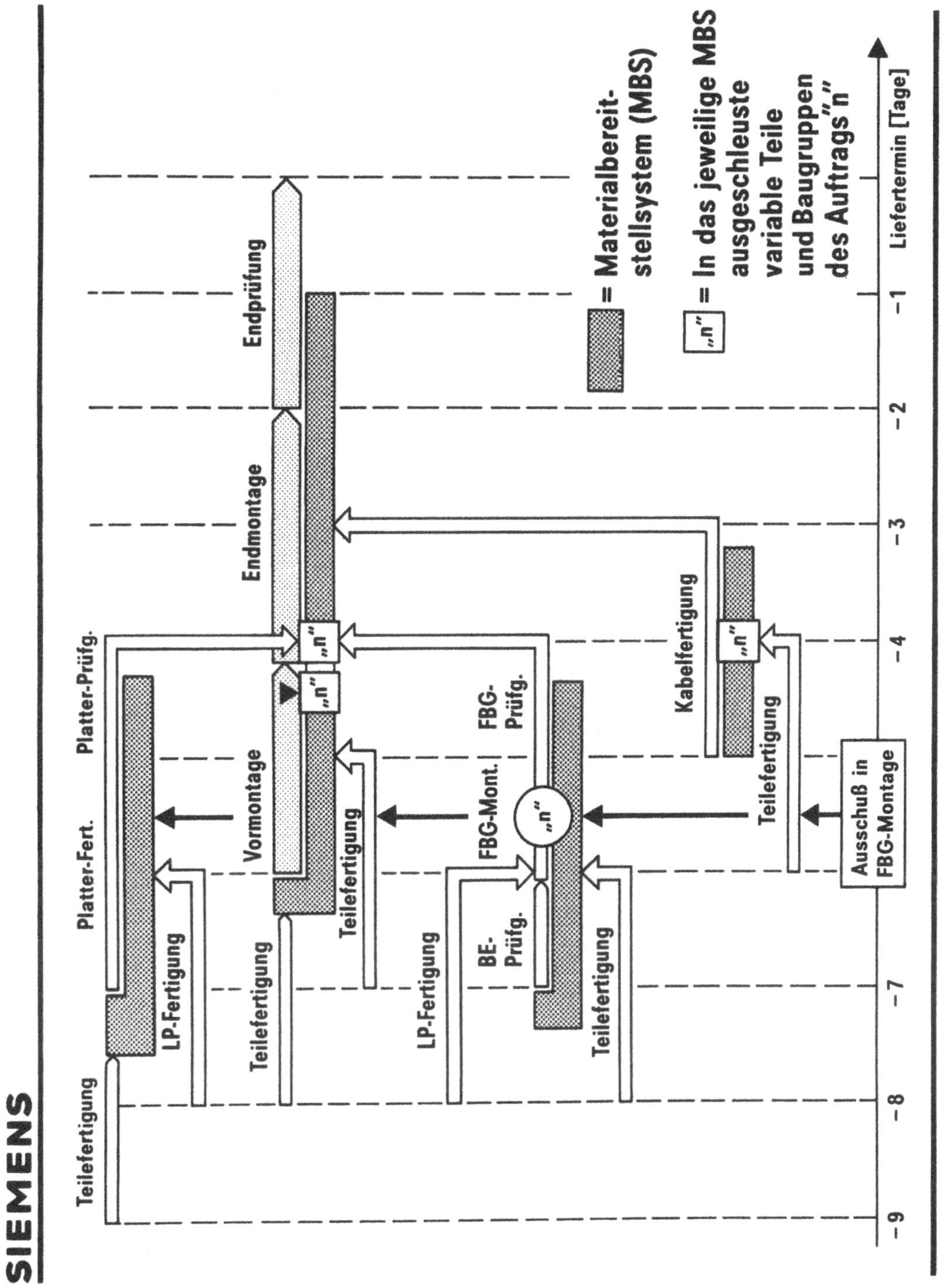

Bild 14 Ausschleusen und Puffern variabler Teile und Baugruppen bei Ausschuß einer Flachbaugruppe

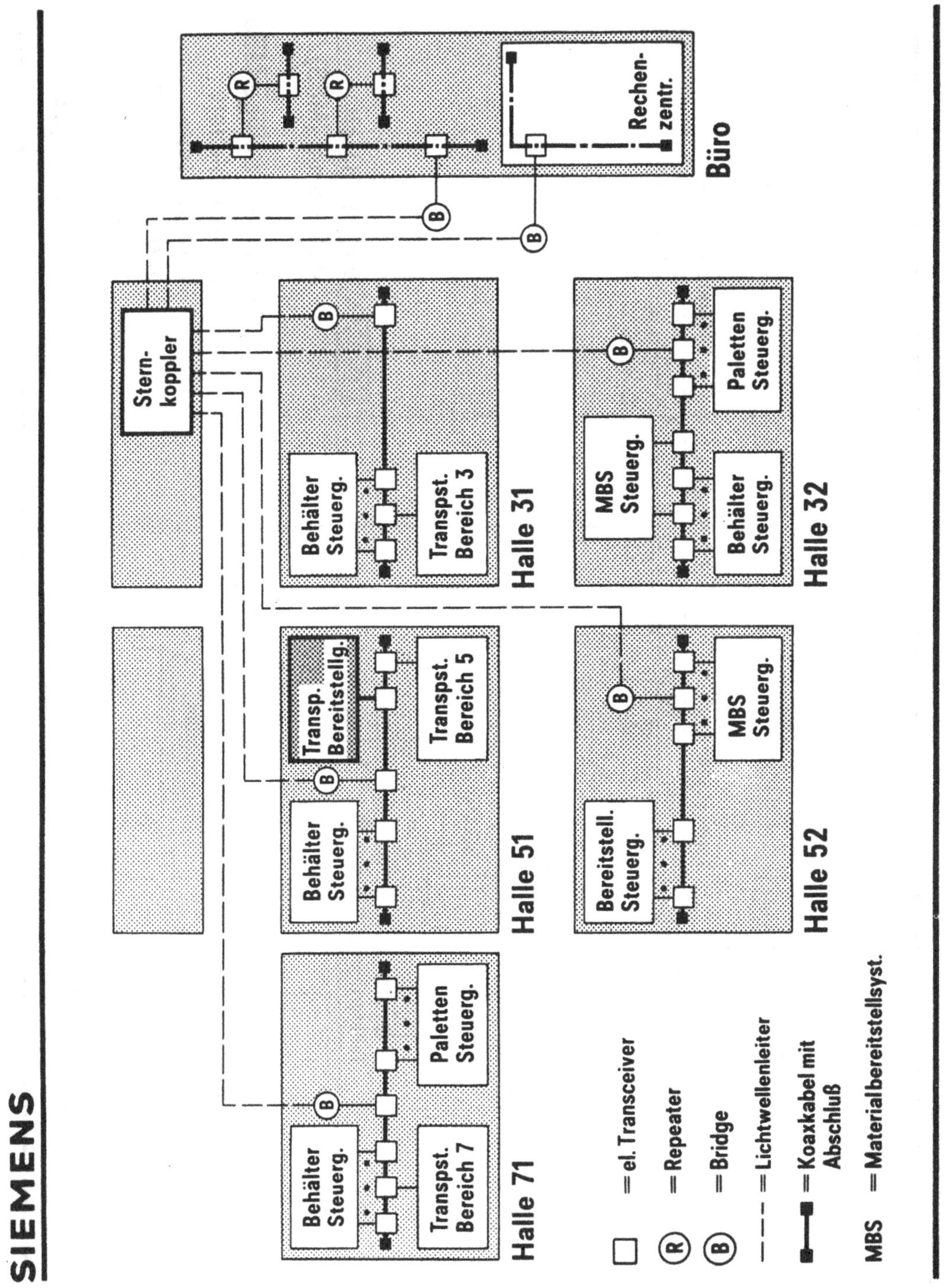

Bild 15 Integrierendes Netz für automatischen Transport und Bereitstellung

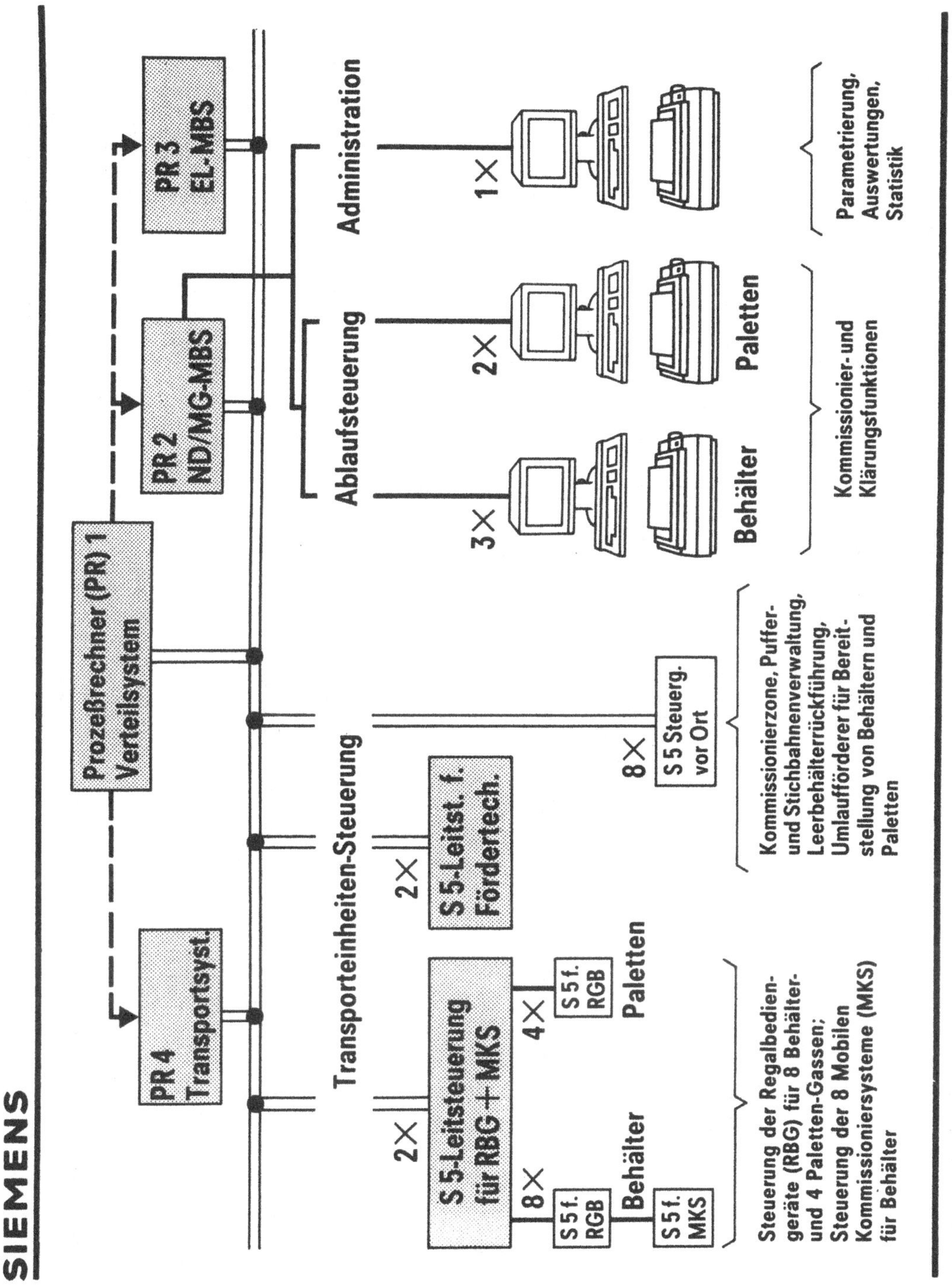

Bild 16 Konfiguration im Bereich der Drucker (ND)- und Magnetbandgeräte (MG)-Montage (Halle 31/32)

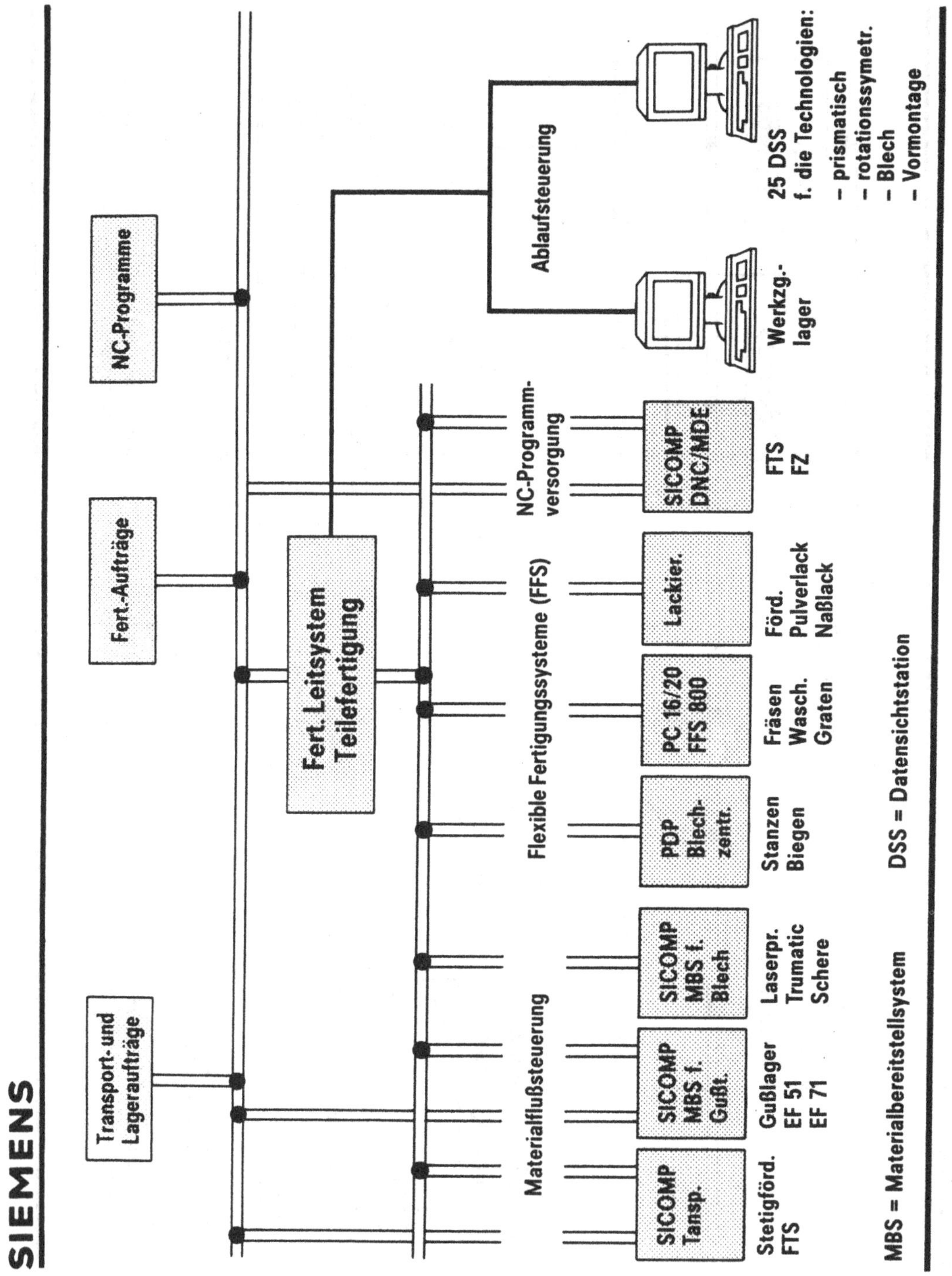

Bild 17 Konfiguration im Bereich der Teilefertigung (Halle 51/71)

MÜNCHENER KOLLOQUIUM '88
WETTBEWERBSVORTEILE DURCH INTEGRATION
IN PRODUKTIONSUNTERNEHMEN
24. UND 25. MÄRZ 1988
MÜNCHEN

WETTBEWERBSVORTEILE DURCH VERBESSERUNG VON MATERIALFLUSS UND LOGISTIK

Prof. Dr.-Ing. Dipl.-Wirtsch.-Ing. Walter Eversheim
RWTH Aachen

TECHNISCHE UNIVERSITÄT MÜNCHEN
INSTITUT FÜR WERKZEUGMASCHINEN
UND BETRIEBSWISSENSCHAFTEN

Wettbewerbsvorteile durch Verbesserung von Materialfluß und Logistik

---

1. Wettbewerbsvorteile durch Verbesserung von Materialfluß und Logistik

Die Vorträge dieses Halbtages zeigen trotz der Unterschiede zwischen den verschiedenen Branchen einige gemeinsame Trends im Hinblick auf den Materialfluß und die Logistik in der Produktion auf. Differenzen bestehen allerdings in den Prioritäten, mit denen verschiedene Maßnahmen in Angriff genommen werden und in den Zielen, die dadurch in der Produktion verfolgt werden. Die Unterschiede in der Einschätzung des Themas Logistik sind mehrheitlich durch die Charakteristika der Produkte begründet.

Neben Merkmalen wie der Größe der Produkte oder der Unterscheidung nach Endprodukt und Zulieferprodukt haben Variantenvielfalt und Stückzahl der Produkte den größten Einfluß auf die jeweiligen Logistikkonzepte. Die Wiederholhäufigkeit der Produkte, d. h. das Verhältnis von produzierter Stückzahl zu Variantenanzahl kann damit als Indikator für die Logistikplanung eines Unternehmens gelten (*Bild 1*).

Die Automobilindustrie produziert z. B. in den seltensten Fällen ein und dieselbe Fahrzeugvariante mehrfach an einem Tag. Dementsprechend ist die Wiederholhäufigkeit hier eins. Bei Haushaltsgeräten sind dagegen Wiederholungshäufigkeiten zwischen 20 und 100 keine Seltenheit.

Die unterschiedliche Einordnung der Branchen findet sich bereits in den für notwendig befundenen Voraussetzungen für eine durchgängige Logistik wieder. Es wurde z. B. von allen Referenten die Notwendigkeit bekräftigt, die Flexibilität der Produktion zu erhöhen. Die Ziele der Flexibilisierung in der Automobilbranche unterscheiden sich allerdings offensichtlich von denen der anderen Branchen (*Bild 2*). Die Automobilbranche sieht in der Fertigungstiefenoptimierung die Möglichkeit, zu Lasten der eigenen Fertigungstiefe ihre Kapazitäten für die flexiblere Produktion eines breiteren Variantenspektruns zu nutzen.

Bei Produkten mit geringerer Variantenzahl, wie z. B. den Haushaltsgeräten, wird durch eine flexible Produktionstechnik eine längere Nutzung des Kapitaleinsatzes angestrebt. Hierbei handelt es sich um eine gezielte planbare, begrenzte Flexibilität, wie sie zur Zeit auch in der mittelständischen Industrie angestrebt wird. Die in der Automobilbranche gewünschte, maximale Produktionsflexibilität ist hier nicht wirtschaftlich übertragbar.

Zur Realisierung der geforderten Produktionsflexibilität sind beherrschte Steuerungen erforderlich. Durch sich selbst regelnde Prozesse wird schließlich erst die Voraussetzung geschaffen, um Produkte in gleichmäßig hoher Qualität, wie dies für eine Fließfertigung erforderlich ist, herzustellen. Diese Voraussetzung gilt sowohl für variantenreiche Produkte alsauch für Standardprodukte.

Kommen wir noch einmal zurück auf das Thema der Fertigungstiefenoptimierung und dem zweifellos sehr engen Verbund, der zwischen Automobilhersteller und -zulieferer besteht. Dieser Verbund, der als wesentliche Voraussetzung für ein durchgängiges Logistikkonzept in der Branche angesehen wird und sich an japanischen Vorbildern orientiert, wird in anderen Branchen kritisiert und zum Teil energisch abgelehnt.

Hier soll zunächst auf die Vorteile eingegangen werden. Wir nähern uns durch die verbesserten Möglichkeiten der Informationstechnik dem vollkommenen Markt gemäß der mikroökonomischen Theorie in der Volkswirtschaftslehre. Da in diesem Markt jeder sofort weiß, wer was zu welchen Preisen liefern kann, wird zunächst immer derjenige einen Vorteil haben, der zuerst ein Produkt oder eine Technologie beherrscht. Die flexiblere Produktionstechnik stärkt außerdem die Fähigkeiten, sich schnell auf neue Anforderungen einzustellen, wodurch diese Vorteile von immer kürzerer Dauer sind.

Die Bindungen zwischen Zulieferer und Abnehmer werden dadurch lockerer, d. h. die Wahrscheinlichkeit, daß ein Abnehmer für seine Kaufteile kurzfristig einen anderen Zulieferer finden kann, steigt. Die strengeren Qualitätskontrollen und die davon abhängende Zuliefererklassifizierung tun ein Übriges, derartige Wechsel zu forcieren.

Die Automobilzulieferindustrie ist offensichtlich darum bemüht, diese Bande unter dem Stichwort: "Integration in das Logistikkonzept des Automobilherstellers" wieder enger zu knüpfen. Insofern sind solchen Lösungen (Recaro-Daimler in Bremen oder Schmitz-BMW in Regensburg), die auf den ersten Blick wie wirtschaftlich abhängige Zweigwerke der Automobilhersteller anmuten, verschiedene positive Aspekte abzugewinnen. Ob dabei allerdings die Ansiedelung eines Zulieferzweigwerkes in unmittelbarer Nähe des Abnehmers zur Nachahmung empfohlen werden kann, muß wohl noch abgewartet werden. Die von Herrn Stübig vorgeschlagene Ansiedelung eines zentralen Lagers für alle Zulieferer eines Abnehmers erscheint mir da eher auf andere Branchen auf dem Weg zu einem durchgängigen Logistikkonzept übertragbar.

2. Ausblick

Sowohl in der Einzel- als auch in der Serienproduktion gewinnen Material- und Informationsfluß als Rationalisierungsmaßnahmen der Zukunft an Bedeutung (*Bild 3*). In der Einzelfertigung wird man sich zunehmend nach serienähnlichen Umfängen umsehen und Abläufe am Materialfluß orientieren, um ihre Kapazitäten besser auszulasten.

Die Serienfertigung variantenarmer Produkte nimmt, wie wir bereits gehört haben, verstärkt die Umfänge in Angriff, die stoß- bzw. losweise abgewickelt werden, um sie zukünftig dem Fließprinzip anzupassen, um damit Bestände und Handlung zu minimieren.

In der variantenreichen Serienproduktion wird ein Maximum an Flexibilität in den Produktionseinrichtungen erforderlich, um ein Fließprinzip in nahezu allen Bereichen der Produktion realisieren zu können.

Die Erwartung der Referenten, daß sich die Produktion in Zukunft verstärkt am Materialfluß orientieren wird, hat somit sicherlich für alle Branchen ihre Gültigkeit, Die Maßnahmen und Ziele in diese Richtung sind allerdings je nach Produktmerkmalen unterschiedlich.

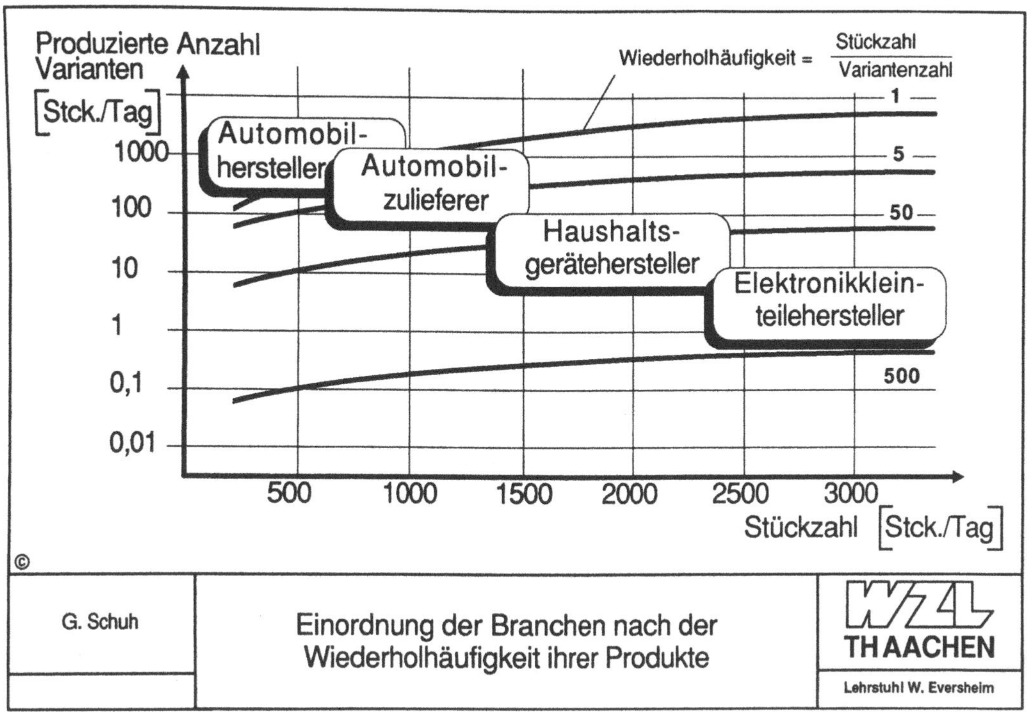

Bild 1

shu-iwb5

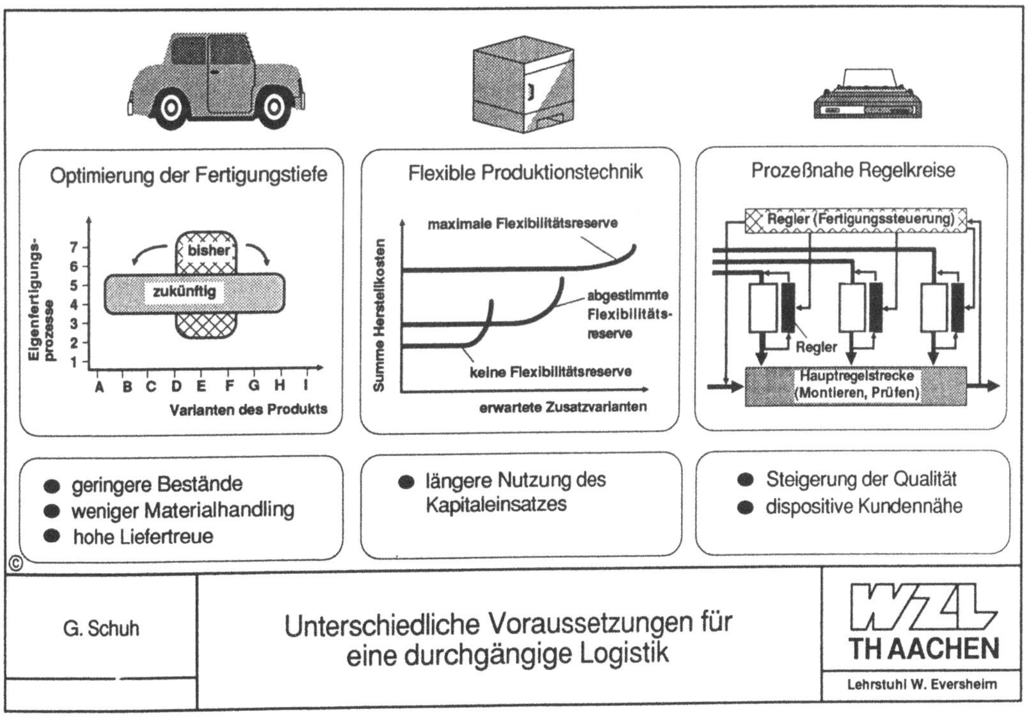

Bild 2

shu-iwb4

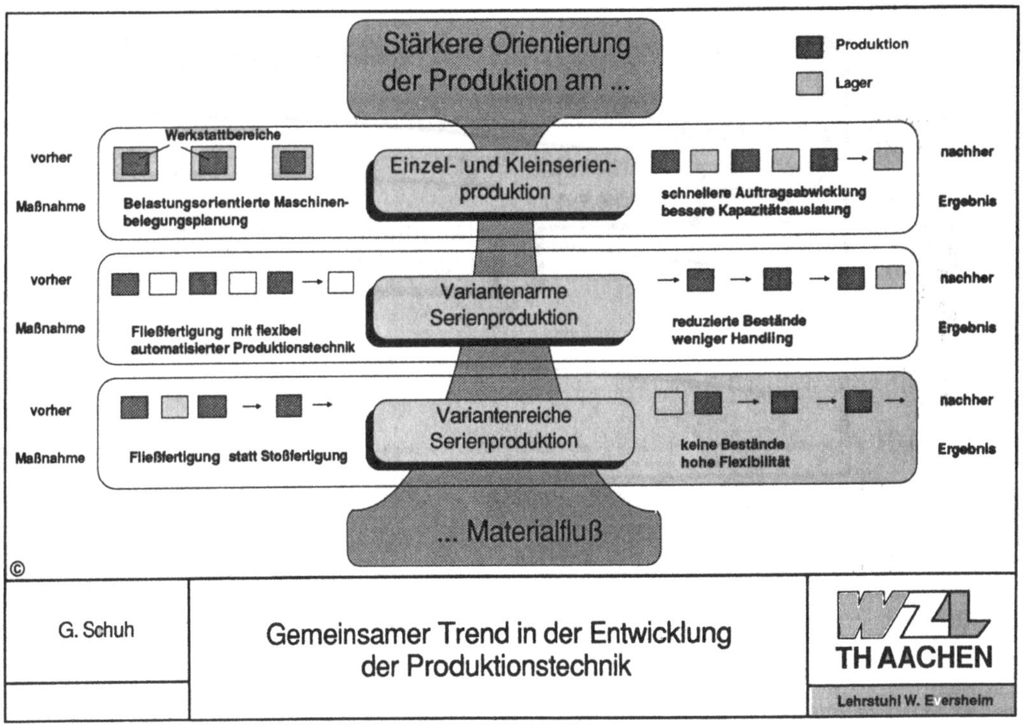

Stärkere Orientierung der Produktion am ...
Produktion
Lager
Werkstattbereiche
vorher
Maßnahme
Belastungsorientierte Maschinenbelegungsplanung
Einzel- und Kleinserienproduktion
schnellere Auftragsabwicklung
bessere Kapazitätsauslastung
nachher
Ergebnis
vorher
Maßnahme
Fließfertigung mit flexibel automatisierter Produktionstechnik
Variantenarme Serienproduktion
reduzierte Bestände
weniger Handling
nachher
Ergebnis
vorher
Maßnahme
Fließfertigung statt Stoßfertigung
Variantenreiche Serienproduktion
keine Bestände
hohe Flexibilität
nachher
Ergebnis
... Materialfluß
©
G. Schuh
Gemeinsamer Trend in der Entwicklung der Produktionstechnik
TH AACHEN
Lehrstuhl W. Eversheim

Bild 3

MÜNCHENER KOLLOQUIUM '88

WETTBEWERBSVORTEILE DURCH INTEGRATION

IN PRODUKTIONSUNTERNEHMEN

24. UND 25. MÄRZ 1988

MÜNCHEN

DIE VERANTWORTUNG DES INGENIEURS BEI INVESTITIONEN IN DIE MODERNE, RISIKOBEHAFTETE PRODUKTIONSTECHNIK

Dipl.-Ing., Dipl.-Kfm. Joachim Pöppel

Heidelberger Druckmaschinen AG

TECHNISCHE UNIVERSITÄT MÜNCHEN

INSTITUT FÜR WERKZEUGMASCHINEN

UND BETRIEBSWISSENSCHAFTEN

Die Verantwortung des Ingenieurs bei Investitionen in die moderne, risikobehaftete Produktionstechnik

---

1. Unternehmensziel: Zukunftssicherung
2. Produktionstechnik heute: modern und risikobehaftet?
3. Das Werk Amstetten
4. Die Verantwortung des Ingenieurs

1. Unternehmensziel: Zukunftssicherung

Sicherung der Rendite und langfristige Sicherung der Arbeitsplätze - das ist keine individuelle Absicherung - sind die Ziele wohl jeden Unternehmens. Ihnen hat sich alles unterzuordnen. Um diese Ziele erreichen zu können, muß man in einem wachsenden, jedenfalls nicht schrumpfenden, Markt so stark sein, daß Konditionen mitgestaltet werden können. Das Unternehmen muß also wettbewerbsfähig sein.

Wettbewerbsfähig sein heißt, man muß nicht "gut" sein, sondern "nur" besser als die Mitbewerber.

1.1 Zukunftssicherung durch Wettbewerbsvorteile

Ohne Wettbewerber würden wir sicher besser schlafen, aber alle schlechter leben. Deshalb ist auch die Heidelberger Druckmaschinen AG am Wettbewerb interessiert und strebt an, darin Vorteile zu erreichen.

Wenn es stimmt, was dieses Kolloquium verkündet, daß man Wettbewerbsvorteile durch Integration in Produktionsunternehmen erzielt, nehmen wir auch diese gerne an.

Lassen Sie uns aber erst einmal untersuchen, ob wir bei gleichem Einsatz von Ressourcen nicht auf anderen Gebieten leichter und deutlicher Wettbewerbsvorteile erzielen können.

1.1.1 Wettbewerbsvorteile durch Flexibilität

Bei den immer schneller verlaufenden Veränderungen hängt die Position im Wettbewerb von der Fähigkeit ab, schnell zu agieren und zu reagieren.

Wettbewerbsvorteile erzielt man also durch Verkürzung der Aktions- und Reaktionszeit der Unternehmen. Das heißt, die Flexibilität des ganzen Unternehmens, nicht nur die der Produktion, muß erhöht werden.

1.1.2 Wettbewerbsvorteile durch Fremdbezug

Wenn man standardisierte Teile oder Aggregate am Markt günstiger erhält, als man sie selbst fertigen kann, soll man das tun. Man hätte dann einen Wettbewerbsvorteil durch buy statt make. Damit aber steigen die Anforderungen an die Logistik und die damit verbundenen Kosten gewaltig. Für Heidelberg ist das nicht ein Weg, der in Betracht kommt.

1.1.3 Wettbewerbsvorteile durch Spitzenqualität

Wir setzen Spitzenqualität als Wettbewerbsvorteil ein. Das zwingt zu großer Fertigungstiefe. Damit steigt aber auch die Beeinflußbarkeit der Qualtität.

1.1.4 Wettbewerbsvorteile durch Integration

Noch nie wurde es als gut empfunden, wenn die linke Hand nicht wußte, was die rechte macht. Aber die optimale Koordination aller Teile eines Unternehmens ist eben leichter gefordert als durchgeführt. Isolierte Inselentscheidungen gehen erheblich schneller, vermitteln bei den Mitarbeitern den Eindruck, hier geschieht etwas. Dagegen führt das mühsame Ausrichten der organisatorisch selbständig gewachsenen und ihre Freiheitsgrade liebenden autarken Vektoren auf eine Resultante leicht zum Frust.

Schon in der Einleitung dieses Kolloquiums wurde gefordert, "gleichzeitige Beachtung konstruktiver, produktionstechnischer, logistischer, betriebswirtschaftlicher, personeller Aspekte".

Das schafft man, wenn überhaupt, mit dem gepriesenen kooperativen Führungsstil wohl kaum. Da müssen eindeutige Prioritäten gesetzt und separate Interessen verletzt werden. Da muß die Organisation umgestellt, gewachsene Strukturen umgebrochen werden. Das sind alles schmerzliche Einschnitte. Da kann man Herrn Prof. Dr. Niefer nur zustimmen, wenn er sagt: "Organisationsumstellungen müssen ausgewogen sein". Wie wahr, aber auch wie unwahr-scheinlich.

Die beiden BMW-Vorträge vom Vortag zeigen doch, was wir alle ohnehin wissen, daß schon der Ausgleich der Interessen zwischen Konstruktion und Produktion ein immerwährender, mühsam fortschreitender Prozeß ist. Man kann eben nicht gleichzeitig nach einem erhöhten Tempo der Innovation rufen und außerdem ausgereifte, beruhigte Konstruktionen erwarten.

1.2 Wettbewerbsvorteile durch Investitionen in Produktionsunternehmen

Wenn der Vertrieb den Wettbewerbsvorteil des Unternehmens durch immer mehr Varianten glaubt erreichen und halten zu können, dann haben die Ingenieure die entscheidenden Leistungen für diesen Wettbewerbsvorteil zu erbringen. Sie entscheiden dann auch über die Wettbewerbssituation und tragen die entsprechende Verantwortung.

Es gibt also Wettbewerbsvorteile durch fähige, integrationswillige und integrationsfähige Ingenieure!

2. Produktionstechnik heute: modern und risikobehaftet?

Variantenreichtum, kürzere Durchlaufzeiten, Flexibilität des Unternehmens führen bei Produktionsunternehmen zu einer Umstrukturierung der Fertigung. Und dies ist der Bereich, der üblicherweise den überwiegenden Teil des Vermögens beinhaltet. Deshalb ist der Wettbewerbsvorteil durch Investitionen im Produktionsunternehmen die teuerste Strukturänderung überhaupt.

Von den vielen angesprochenen Wegen, um Wettbewerbsvorteile zu erlangen, wollen wir nun denjenigen anschauen und ausführlicher behandeln, der "Investitionen in die moderne, risikobehaftete Produktionstechnik" bedeutet und damit unser Thema ist.

2.1 Integration, eine "Mode"?

Unter "modern" versteht man üblicherweise einen Zeitgeschmack. Investitionen sind aber viel zu langfristig angelegt, als daß sie in diesem Sinne "modern" sein dürfen. Wenn wir von der modernen Produktionstechnik sprechen, meinen wir die Anwendung der letzten sicheren Erkenntnisse und neuesten Werkzeuge. Nach der Optimierung der Bearbeitungsverfahren und der Bestgestaltung des Materialflusses ist die Zusammenfassung und die Nutzung der Rationalisierungspotentiale im Informationsfluß erst durch massiven Rechnereinsatz möglich und damit jetzt aktuell. Dabei vermeide ich bewußt den Begriff "CIM", der ja offenbar beliebig auslegbar ist.

Alle reden von "CIM", wir wenden es auch nicht an.

Aber wir denken in "CIM" und tun das zur Zeit wirtschaftlich Sinnvolle auf dem Weg dorthin. Dies ist erheblich weniger, als einem in vielen Vorträgen und Artikeln als machbar glaubhaft gemacht wird.

2.2 Mit der Komplexität wächst das Risiko und die Investitionssumme

Zukunftsorientierte Entscheidungen haben immer das Merkmal der Unsicherheit. Wird durch einen rechnerunterstützten Informationsfluß aus Puzzeln das Bild einer Fabrik mit Zukunft sichtbar, so hat man Rationalisierungspotentiale auf Kosten einer stark erhöhten gegenseitigen Abhängigkeit aktiviert. Die Fehlerausgleichseigenschaften werden reduziert.

Die für diese Maßnahmen erforderlichen Anlagen sind erheblich komplexer als einzelne Werkzeugmaschinen, und sie sind aus vielerlei Gründen erheblich teurer.

2.3 Mit dem Risiko wächst die Verantwortung

Sprechen wir von Risiken einer Investition oder von Wagnissen im kaufmännischen Sinne, dann heißt das, daß die Schadenswahrscheinlichkeit nicht Null ist und die Schadenshöhe erheblich. Bei komplexen Anlagen, das meint ja das Wort komplex, nehmen die möglichen Störgrößen in ihrer Anzahl zu und sind untereinander funktional verbunden. Damit versagen alle linearen Risikoanalysen.

Werden zwei komplexe Anlagen miteinander verkettet oder gar ganze Teile des Unternehmens integriert, entsteht ein Risiko, das vielleicht vergleichbar ist mit der Situation, die sich ergeben würde, wenn die gesamte Fabrik nur mit einer elektrischen Sicherung abgesichert ist. Dann erzeugt der kleinste Kurzschluß bei irgendeiner Handbohrmaschine einen Stillstand der ganzen Fabrik. Die Ursachensuche nimmt eine große Zeit in Anspruch. Damit wachsen in solchen Fällen Schadenshöhe und Schadenswahrscheinlichkeit.

Entwickeln sich die Risiken naturgemäß in diese Richtung, wächst auch die Verantwortung des Planers. Das heißt in der Technik, ohne eine sorgfältige Analyse der möglichen Risiken, ohne Strategien für vorbeugende Wartung, für Frühwarnsysteme und für qualifiziertes Personal ist die Investition in derartige Anlagen unverantwortlich.

Soll man also lieber die Hände weglassen von der Integration, schon allein in der Produktion – geschweige denn im gesamten Unternehmen?

Das war mit diesen Ausführungen nicht gemeint. Es geht nur darum, daß man sich von Anfang über die Problematik bei Investitionen in komplexe Produktionsanlagen klar ist, bevor man eine Entscheidung fällt. Ich möchte Ihnen an einem von uns errichteten Werk zeigen, daß man bei Beachtung dieser Punkte sehr wohl mit der Technik von heute und dem Wissen um Risiko und Verantwortung Werke erstellen kann, die auf die Technik von morgen vorbereitet sind.

3. Das Werk Amstetten

Ein Werk von heute für die Anforderungen von morgen. Am 16. August 1985 wurde unser Werk in Amstetten im Landkreis Ulm eingeweiht. Ein Werk mit einem Investitionsaufwand von nahezu 500 Millionen, das die Gießerei und Mechanische Fertigung aus dem naheliegenden Werk Geislingen mit 1.300 Mitarbeitern übernommen hat.

Als absehbar war, daß der Standort Geislingen aus vielerlei Gründen nicht zukunftssicher ist, mußte gehandelt werden, um die Betriebsbereitschaft des Gesamtunternehmens zu erhalten. Daher wurde 1977 mit der Planung eines neuen Werkes Amstetten, 6 km vom alten entfernt, begonnen.

Die heutigen Randbedingungen für Industrieansiedlungen in Deutschland, die Vielzahl der notwendigen Genehmigungen, die Möglichkeiten der verwaltungsgerichtlichen Überprüfungen usw., führten dazu, daß von dieser Entscheidung 1977 bis zur Inbetriebnahme des Werkes Amstetten in 1985 acht Jahre vergingen. Was kann man daraus ersehen?

Wer in Deutschland eine "Fabrik von morgen" plant, wird eine "Fabrik von gestern" in Betrieb nehmen. Dieses Dilemma läßt sich nur vermeiden, wenn man von vornherein die "Fabrik von übermorgen" plant.

3.1 Konzeption: Erfolge mit der Technik von heute, vorbereitet auf die Technik von morgen.

Fabriken von übermorgen planen heißt zunächst, die Entwicklungstrends der Werkzeugmaschinen, der Datenverarbeitung und im Materialfluß zu verfolgen, um mit einer gewissen Sicherheit vorhersagen zu können, was in acht oder zehn Jahren sinnvoll und lieferbar sein wird. Das ist leichter möglich, als man allgemein denkt, denn wenn Sie die Entwicklungszeiten und Überlegungen sehen, die funktionierende Systeme benötigen, dann weiß man eben, es dauert lange von einer Idee zur kaufbaren und einsetzbaren Realisierung.

Nun kann man natürlich nicht für die Werkzeugmaschinen von morgen heute schon Fundamente bauen. Im wesentlichen ist also die Antwort auf die Frage, ob eine Fabrik den Anspruch erheben kann, zukunftssicher zu sein, die Frage nach der Konzeption in der Informationstechnik.

3.1.1 Integrierte Informationstechnik

Integrierte Informationstechnik wird als Begriff für so ziemlich alles verwendet, was mit Steuerungstechnik oder Rechnereinsatz in der Fabrik zu tun hat und über die guten alten Schützensteuerungen, die kein besonderes Einsatzkonzept brauchten, hinausgeht.

Heute ist der Stand der Technik die Steuerung von Fertigungs- und Transportabläufen durch frei programmierbare Steuerungen. Das ist also Informationstechnik auf Signalbasis, vereinzelt durch organisatorische Verwaltungsfunktionen unterstützt. Diese Systeme werden normalerweise isoliert in einzelnen Fertigungsbereichen eingesetzt; sie sind Inseln im Informationsfluß.

Die nächste Stufe der Integration bringt die ablauforganisatorische Verknüpfung solcher Inseln. Es werden einfache Verwaltungsfunktionen, z.B. Lagerbestandsführung, Datenrückmeldung usw. in die Prozess-Steuerungssysteme einbezogen. Dies kann man schon heute machen.

Aber der wesentliche Sprung zur integrierten Informationstechnik ist eben die Einbindung aller Systeme in die Betriebsorganisation auf dispositiver Ebene. Neben dem Rechnereinsatz für die Prozess-Steuerung wird dann auch die dazugehörende Planung und Koordination der Abläufe sowie der Rückfluß der Informationen mit dem Fertigungsablauf und dem Materialfluß zusammengeführt. Das Integrationsmittel ist der Rechner.

Erst die Verkettung bzw. Vernetzung der auf diese Vernetzung vorbereiteten einzelnen Bereiche der Fertigung zu einem Gesamtsystem mit gleichzeitiger Koppelung an die heute bereits stärker mit Informationstechnik durchsetzten Verwaltungsbereiche vollzieht den Sprung zur integrierten Informationstechnik.

Damit ist dann aus der Prozess-Steuerung eine Prozess-Regelung geworden; der Regelkreis ist geschlossen.

Mit diesen Erkenntnissen gingen wir an die Planung und entwickelten ein gesamtorganisatorisches Konzept, wissend, daß wir nur schrittweise vorgehen konnten. Aber auch für die einzelnen Schritte muß die Richtung und das Ziel bekannt sein. Wir haben unser Konzept nach der hierarchischen Gliederung der betrieblichen Organisationsebenen ausgerichtet. Das heißt, die informationstechnischen Verbindungen werden jeweils über die nächsthöhere Ebene geführt; ein horizontaler Austausch erfolgt nicht.

Es wurde dann festgelegt, daß jede Information nur einmal gespeichert wird, aber daß jede Information auch aktuell direkt beim Benutzer zur Verfügung steht.

Planung und Steuerung erfolgen automatisch mit den verfügbaren Daten, und auch den Anstoß von Tätigkeiten sowie die Datenweitergabe nimmt das Informationssystem selbständig vor.

Ab der Führungsrechnerebene hängt die Produktion direkt von der Verfügbarkeit der Rechner ab. Jetzt erinnern Sie sich sicherlich an meine Ausführungen über das Risiko der einen Hauptsicherung einer Fabrik.

Es ist daher wichtig, ausfallgeschützte back-up-Rechner für diese Aufgaben einzusetzen. Die heute am Markt befindlichen transaktionsorientierten Systeme sind allerdings nicht zur direkten Prozess-Steuerung geeignet. Wir haben daher in Amstetten von uns selbst entwickelte Steuerrechner auf Z 80-Basis eingesetzt. Diese Rechner werden vom Führungsrechner gesteuert und koordiniert.

Der Steuerrechner, also die Hierarchie unter dem Führungsrechner, meldet jede Ausführung eines Befehls zurück. Klappt eine solche Rückmeldung nicht, ist eine Sicherung durchgebrannt. Klappt sie allerdings, ist der Gesamtzustand der Produktion jederzeit im Führungsrechner datentechnisch verfügbar.

In Amstetten strömt der Informationsfluß genau wie der Materialfluß. Er beginnt in der Gießerei und endet mit der Ablieferung der Teile nach Wiesloch.

Wer ein solches Werk erstellt, lernt, daß der Begriff Betriebsmittel erweitert werden muß. Zu ihm zählen für den Produktionsmann in Zukunft eben nicht nur Vorrichtungen und Werkzeuge, sondern auch die software. Das konnte man natürlich in der Vergangenheit auch schon zu Arbeitsplänen und Arbeitsanweisungen sagen. Nur hat jetzt die software und Störungen der software erheblich größere Bedeutung.

Sie können dieses System auch nur einführen, wenn Sie konsequenterweise nicht nur in der eigentlichen Fertigung, sondern selbstverständlich auch in den Bereichen der Qualitätssicherung, der Instandhaltung, der Arbeitsvorbereitung, der Produktionsplanung und der absolut nicht nebensächlichen, aber sogenannten Nebenbetriebe den Rechnerverbund sicherstellen.

Bereitete schon bei normalen Bearbeitungszentren und größeren Investitionen in flexible Fertigungssysteme die Verfügbarkeit einer Anlage große Probleme, so ist bei komplexen Anlagen, wie der des Werkes Amstetten, die Verfügbarkeit der gesamten Anlage die entscheidende Weiche zu Erfolg oder Mißerfolg.

Deshalb setzt ein solches System voraus, daß wenn man nicht sichergestellt hat, daß alle Störungen und Fehler, welche auch nur von einer Komponente des Rechner- und Steuerungssystems erkannt werden, sofort vom Führungsrechner an eine zentrale Störmeldestelle im Klartext gemeldet werden.

3.2 Erforderlich: Kapital

Was ist nun erforderlich, um ein solches Konzept zu erstellen und zu verwirklichen? Kapital ist das Schlüsselwort.

Zwei Sorten von Kapital:

3.2.1 business capital

Natürlich kostet eine solche Fabrik viel Geld. In unserem Falle fast eine halbe Milliarde DM, für ein Unternehmen mit einem Aktien-Kapital von 150 Mio DM also mehr als das Dreifache des Aktienkapitals.

Die Höhe des Kapitals deutet an, welcher Schaden eintreten kann. Über die Wahrscheinlichkeit des Schadens entscheidet aber ausschließlich die Güte der Planung und bei integrierten komplexen Produktionssystemen das Betriebsmittel-"software". Für Planung und software haben wir deshalb mehr als 30 Mio DM ausgegeben.

Es wurde also erhebliches business capital eingesetzt. Nun ist die Frage: Besteht die Chance des returns dieses investments? Die Antwort auf diese Frage hängt nach meiner Überzeugung viel wesentlicher von einer zweiten Kapitalart ab, nämlich

3.2.2 dem human capital.

Es gibt eine ganze Reihe von Firmen, die wissen, wie eine solche Fabrik geplant und in Betrieb genommen werden kann. Sie wissen nur nicht, mit wem.

Wenn wir über Beschaffungsfristen von Arbeitsplätzen, die 2 Mio DM kosten, stöhnen, viel früher als die Planung eines komplexen Fertigungssystems muß die Planung eines hochmotivierten und hochqualifizierten Mitarbeiterstamms beginnen.

Die von uns eingesetzten Werkzeugmaschinen kann man überwiegend auf dem Markt erstehen; die Transport- und Flurfahrzeuge sind von leistungsfähigen Lieferanten gebaut worden; die software wurde nach unseren Pflichtenheften von anderen Firmen entwickelt.

Das alles kann unser Wettbewerb auch kaufen, und er tut das teilweise auch in auffälliger Weise. Aber daß wir in den letzten 15 Jahren unsere Kapazität an hochschul-ausgebildeten Mitarbeitern versiebenfacht haben und gleichzeitig die Fluktuation hochqualifizierter Mitarbeiter beinahe gegen Null gebracht haben, ist ein Wettbewerbsvorteil, der in meinen Augen alle in dieser Veranstaltung aufgezählten Wettbewerbsvorteile in den Schatten stellt.

Besucher unserer Fabriken machen uns ja nicht nur Komplimente dafür, daß die eingesetzte Technik hervorragend funktioniert, sondern sie spüren eben auch, daß dahinter eine begeisterte Mannschaft steht, was - wie man Veröffentlichungen entnehmen kann - auf große bekannte Gewerkschaftsführer ebenfalls nicht ohne Eindruck blieb.

3.3 Risiken und ihre Meisterung

Risiken muß man als solche erkennen, und zwar so früh, daß ein Gegensteuern durch vorher überlegte Maßnahmen möglich ist. Das heißt für Risiken, deren Eintreten eine gewisse Schadenshöhe überschreitet, muß ein Frühwarnsystem installiert werden.

3.3.1 Die technischen Risiken

Da wir vor allen Dingen in der Mechanischen Fertigung auch neue Bearbeitungsverfahren einführen wollten, konnte man, anders als in der Gießerei, nicht im hohen Maße auf den Erfahrungsschatz der Stamm-Mitarbeiter zurückgreifen. Wir haben daher noch im Werk Geislingen frühzeitig eine Versuchsstrecke installiert und sie in die laufende Fertigung mit einbezogen. Dieser Schritt hat sich hervorragend bewährt, weil auch dem Lieferanten so die Chance blieb, seine Leistung mit unseren Erfahrungen risikoarm zu gestalten.

Außerdem haben wir eine Baracke aufgestellt, in der unsere software-Konstrukteure Simulationsmöglichkeiten hatten. Wir konnten dabei auf unsere Erfahrungen bei vergleichbaren Projekten in Wiesloch zurückgreifen.

Überhaupt ist die Simulation eines der wesentlichsten Hilfsmittel, um Risiken zu beherrschen und Engpässe frühzeitig zu erkennen. Dazu haben wir auch Institute der deutschen Technischen Universitäten mit eingesetzt und gute Erfahrungen gemacht.

Es zeigte sich, daß beim Anlauf des Werkes die technischen Risiken, die wir erwartet hatten, nicht eingetreten sind. Dafür gab es Probleme mit Bauteilen, die zu Tausenden und Zehntausenden am Markt sind und von denen die namhaften Lieferfirmen, wie sich später herausstellte, offenbar ihren guten Namen nicht herhaben. Auch nicht von der schnellen und kulanten Reaktion auf Pannen. Ein großer Teil des Risikos läßt sich umschreiben mit

3.3.2 <u>Lieferanten: Das Versprechen und das Halten dieser Versprechen.</u>

Es sind zwei Paar Stiefel. Bei der Investition von komplexen, integrierten Fertigungsanlagen ist es bedeutend, Lieferanten zu finden, die gemeinsam mit Ihnen bereit sind, in Neuland vorzustoßen und unternehmerische Risiken zu tragen.

Der Begriff Partnerschaft darf unter diesen Voraussetzungen mit Lieferanten keine leere Vokabel sein. Allerdings genügt es dann auch nicht, den Versprechungen des Geschäftsführers zu glauben, man muß (s. das Kapital "human capital") die Mitarbeiter des Lieferanten, die für den Erfolg entscheidend sind, kennenlernen und muß sich mit der Firma wesentlich eingehender befassen, als wenn man Standardware kauft.

An dem Objekt in Amstetten waren insgesamt 300 Firmen beteiligt, bis auf 4 Firmen würde ich mit jeder wieder zusammenarbeiten. Das ist ein großes Kompliment und ein Dankeschön an die Beteiligten.

Ein noch größeres Risikoprofil ist

3.3.3 bei der Software

zu sehen. Hier kommt es darauf an, ein Team zu haben, das nicht nur kreativ ist, sondern das diszipliniert dokumentiert und testet. Ich halte es deshalb für ausgeschlossen, daß die software voll in fremde Hand gegeben werden kann. Die Software-Anbieter sind bis jetzt weder bereit, vertraglich die Haftung für ihre Produkte zu übernehmen und bei ihrer Kapitalausstattung auch nicht in der Lage, den Schaden, der entstehen kann, auch wirklich zu tragen.

Es würde das Werk Amstetten heute noch nicht geben, wenn wir uns nicht 10 Jahre lang vorher im Rahmen immer größer werdender Projekte eine Kernmannschaft herangebildet hätten, auf die wir mit Recht sehr stolz sind.

Es hat sich für das Unternehmen sehr bewährt, daß von Anfang an die Datenverarbeitung in die Produktionstechnik organisatorisch eingegliedert ist.

Der nächste Risikoblock ist, ob

3.3.4 die Mitarbeiter auch mitarbeiten.

Ich habe über die Bedeutung dieses Punktes ja schon beim Thema "human capital" gesprochen. Die Belastungen, die auf unsere Mitarbeiter zukamen, waren unbeschreiblich hoch, denn die Vorbereitung des Umzugs fiel in eine Hochkonjunkturzeit, so daß das Werk in Geislingen mit Überstunden und Wochenendarbeit belastet war. Die ganze erste Garnitur der Führungskräfte wurde aus dem Tagesgeschäft abgezogen und war mit der Vorbereitung des Anlaufs in Amstetten beschäftigt.

Auch jeder Facharbeiter konnte frühzeitig an Plänen, die in der Kantine ausgehängt waren, "seinen" Arbeitsplatz in der Planungsphase kennenlernen und Anregungen und Kommentare geben. Dieses intensive Einbeziehen aller Mitarbeiter des Hauses war für mich die größte Garantie, auch mit unvorhergesehenen Risiken fertigzuwerden.

Gerade weil dieses neue Werk das Werk wirklich aller Beteiligten war, ist der Erfolg nicht ausgeblieben. Sie können bei Interesse in unserem Hause eine Video-Kassette über die Einweihungsfeier erhalten oder eine Broschüre "Perspektiven", die von Mitarbeitern eines außenstehenden Büros sozusagen als Denkmal für die Mitarbeiter erstellt wurde, ohne in einen Personenkult auszuarten.

3.4 Amstetten zweieinhalb Jahre nach der Einweihung

Heute nun ist Amstetten zweieinhalb Jahre in Betrieb. Zweimal mußte es schon erweitert werden, weil die optimistischen Planzahlen unseres Vertriebs derart übertroffen wurden, daß die eingeplanten Reserven nicht ausreichten.

Für die Erwartungen der Leistungen haben wir uns einen Einlaufkanal konstruiert, der zwischen der pessimistischen und optimistischen Erwartung eine mittlere Erwartung einrahmte. Erleichtert kann heute gesagt werden, daß in allen wesentlichen Punkten sogar die optimistischen Erwartungen übertroffen wurden.

Auf den Tag genau erfolgte die Einweihung. Die geplanten Kosten wurden unterschritten.

Im nächsten Vortrag wird Ihnen Herr Dr. Dosch, der in unserem Kollegialvorstand für Fragen der Finanzen, der Betriebswirtschaft und des Personals die Verantwortung trägt, schildern, wie er das Werden des Werkes Amstetten mitgetragen hat.

Mein Thema heißt aber

4. Die Verantwortung des Ingenieurs

bei Investitionen in die moderne, risikobehaftete Produktionstechnik.

Ich hoffe, daß meine Ausführungen gezeigt haben, wie enorm die Verantwortung des Ingenieurs gestiegen ist.

Die moderne, risikobehaftete Produktionstechnik stellt an ihn völlig neue und andersartige Anforderungen. Wenn das die Ausbildung an unseren Hochschulen nicht frühzeitig berücksichtigt, kommt von dieser Seite her ein kaum beherrschbares Risiko auf unsere Betriebe zu.

Bei komplexer, risikobehafteter Produktionstechnik geht auch die alte Trenn-Linie zwischen Ingenieur und Kaufmann glücklicherweise verloren. Ingenieure, die nicht betriebswirtschaftliche Zusammenhänge verstehen und beachten, können dieser Verantwortung nicht gerecht werden. Und Kaufleute, die nicht über soviel technische Grundkenntnisse verfügen, daß sie dem Ingenieur das notwendige Vertrauen entgegenbringen, sind nicht die geeigneten Partner.

Widmen Sie nun bitte Ihre Aufmerksamkeit meinem kaufmännischen Partner bei "Investitionen in die moderne, risikobehaftete Produktionstechnik".

MÜNCHENER KOLLOQUIUM '88

WETTBEWERBSVORTEILE DURCH INTEGRATION

IN PRODUKTIONSUNTERNEHMEN

24. UND 25. MÄRZ 1988

MÜNCHEN

DIE VERANTWORTUNG DES KAUFMANNS BEI INVESTITIONEN IN DIE MODERNE, RISIKOBEHAFTETE PRODUKTIONSTECHNIK

Dr. Hilmar Dosch

Heidelberger Druckmaschinen AG

TECHNISCHE UNIVERSITÄT MÜNCHEN

INSTITUT FÜR WERKZEUGMASCHINEN

UND BETRIEBSWISSENSCHAFTEN

Die Verantwortung des Kaufmanns
bei Investitionen in die moderne, risikobehaftete Produktionstechnik

---

I. Ingenieur und Kaufmann - Partner im Unternehmen

II. Investitionspolitik - Wahrnehmung von Chancen/Begrenzung von Risiken

III. Investitionspolitik und Investitionsbeurteilung bei Heidelberger Druckmaschinen AG

IV. Das Projekt Amstetten

I. Ingenieur und Kaufmann - Partner im Unternehmen

Der Veranstalter hatte den Mut, den Begriff Integration, der gegenwärtig fast zum integralen Bestandteil von Marketingbroschüren und Kongressbeiträgen geworden ist, zum Oberbegriff für dieses Kolloquium zu wählen.

Auch die Zusammenarbeit zwischen Ingenieur und Kaufmann muß dem Anspruch, der im Wort Integration liegt, genügen können. "Eine Firma kann keinen nachhaltigen Erfolg haben, wenn jedes Vorstandsmitglied macht, was es will. Eine Theaterbühne, auf der zwei Diven auftreten, gibt es auch nicht." /1/

Dabei halte ich die in Praxis und Theorie häufig geführte Diskussion, welche Fakultät die wichtigsten Beiträge zum Unternehmensziel erbringt, für wenig sinnvoll, ja eher für schädlich. Sicherlich ist der Satz richtig: "Ein Unternehmen mit ausgezeichnetem Finanz- und Rechnungswesen, aber mit unzureichenden Produktions- und Verkaufsqualitäten, kann - zur Verwunderung der Banken - nie einen Überschuß erzielen." /2/ Aber dieser Satz bleibt auch dann richtig, wenn man in ihm die Fakultäten wechselseitig austauscht.

Wir bei Heidelberger Druckmaschinen versuchen, dem Geist des Aktienrechts Rechnung zu tragen; alle vier Mitglieder des funktional gegliederten Vorstands nehmen ihre Gesamtverantwortung für das Unternehmen sehr ernst. Das gilt auch, wenn im Sinne einer Arbeitsteilung jedem Vorstandsmitglied spezielle Funktionen zugeordnet sind.

Die *Abbildung 1* verdeutlicht die Funktionsaufteilung in unserem Vorstand; alle Bereiche haben ihren Beitrag zur Aufrechterhaltung und/oder Verbesserung der strategischen Position des Unternehmens zu leisten.

Die *Abbildung 2* soll verdeutlichen, wie eng die Leistungsbeiträge der einzelnen Funktionsbereiche verflochten sind, wenn man sie - mit Reutner /3/ - nach fünf Arten von Determinanten der strategischen Position gliedert:

- Determinanten mit überwiegender Wirkung auf generelle Absicherung

- Determinanten mit überwiegender Wirkung auf die Deckungsbeitragsstruktur

- Determinanten mit überwiegender Wirkung auf Absatz
- Determinanten mit Wirkung auf Fixkosten
- Determinanten zur Wahrnehmung zukünftiger Chancen

Es wird ersichtlich, daß jeder Funktionsbereich parallel und partnerschaftlich seinen Beitrag zu verschiedenen Determinanten unserer strategischen Position leisten muß. Am Beispiel der Investitionspolitik wird deutlich werden, daß einzelne Determinanten in einer Idealkonkurrenz zueinander stehen und daß es gilt, zwischen ihnen das optimale Gleichgewicht zu finden und dann herzustellen.

II. Investitionspolitik – Wahrnehmung von Chancen/Begrenzung von Risiken

Investitionen sind eine der wichtigsten Determinanten der strategischen Position eines Unternehmens. Sie erfordern die besondere Aufmerksamkeit des Ingenieurs und des Kaufmanns. Investitionen, die die quantitativen und die qualitativen Kapazitätsanforderungen möglichst gut erfüllen, können die Wettbewerbsposition verbessern, im günstigen Fall eine Solitärbarriere /4/ als Schutzwall gegen die Konkurrenz erstellen. Dieser Wall ist um so beständiger, je besser es gelingt, den zeitlichen und qualitativen Abstand zum potentiellen Wettbewerber großzumachen (Maximierung der Imitationszeit und des Imitationsaufwands für den Wettbewerb).

Diese Chancen, die Investitionen in Produktionstechnik mit sich bringen, vermag der Kaufmann nicht nur einzusehen, sondern auch zu fördern. Diese Chancen der Investitionspolitik müsssen um so dringender genutzt werden, je schwieriger es geworden ist, mit der Positionsdeterminante Produkt-Know-how und/oder Absatzorganisation die strategische Position des Unternehmens abzusichern.

Andererseits ist auch mit dem Ingenieur Einverständnis darüber zu erzielen, daß einmal realisierte Investitionen das Kapazitätsgefüge auf Jahre hinaus festlegen, daß falsch gewählte Technik Wettbewerbsvorteile vermindert und zu hohen Fixkostenbelastungen führt. Dieses Risiko, das den finanziellen Ertrag einer Investition angeht, ist, anders als ein Schadensrisiko oder Haftungsrisiko, nicht versicherbar.

Darüber hinaus binden Investitionen normalerweise knappe Finanz- und Personalressourcen und begrenzen die Möglichkeit, andere Chancen wahrzunehmen, auch den Spielraum für mögliche Produkt- und produktionstechnische Innovationen. Wir sehen hier ein Beispiel dafür, daß mehrere Determinanten unserer Strategieposition, nämlich Investitionen, Personal, Finanzkraft und Liquidität, in Konkurrenz zueinander stehen und in ein Gleichgewicht gebracht werden müssen. Hierzu ist der Dialog zwischen Ingenieur und Kaufmann - ungeachtet der Gesamtverantwortung jedes einzelnen - sinnvoll. Diesem Dialog sollten Beurteilungskriterien zugrundeliegen. Damit berühren wir das Gebiet Investitionsrechnung.

III. Investitionsplanung und Investitionsbeurteilung bei Heidelberger Druckmaschinen AG

Wie findet bei Heidelberger Druckmaschinen Investitionsplanung und Investitionsbeurteilung im Zusammenspiel von Ingenieur und Kaufmann statt? Die Investitionspolitik bei Heidelberger Druckmaschinen wurde in den letzten Jahren und wird auch zur Zeit beherrscht durch folgende Grundannahmen, über die im Vorstand Konsens besteht:

- Die Produktionstechnik ist eine wesentliche Determinante unserer strategischen Position.

- Offsetdruck hat auch im nächsten Dezennium Zukunft. Heidelberg konzentriert sich auf dieses Gebiet. Da wir uns nicht verzetteln, ist es möglich, dem Gebiet Drucktechnik relativ großzügig Mittel zuzuordnen.

- Die Qualitätsanforderungen an Druckmaschinen sind bereits hoch; sie werden aber weiter steigen. Das macht nach unserer Meinung eine große Fertigungstiefe erforderlich. Qualität kann nicht erprüft, sie muß produziert werden. Bei der Entscheidung make or buy wird in unserem Haus deshalb eher für make entschieden, vor allem dann, wenn es um wichtige Funktionsteile oder um anspruchsvolle Produktionstechnik geht. Auch diese Grundannahme führt in der Tendenz zu einer relativ hohen Investitionsquote.

Die *Abbildung 3* gibt einen Überblick über das Investitionsvolumen der letzten zehn Jahre, verglichen mit der Umsatzentwicklung und der Entwicklung der Personalzahlen. Von 1976 bis 1986 stieg unser Umsatz um 280 %, die Anzahl der Beschäftigten (ohne Auszubildende) in der gleichen Zeit um 25 %. Die durchschnittliche Investitionsrate, bezogen auf den Umsatz, belief sich auf 11 %.

In den Investitionszahlen der *Abbildung 3* sind die Investitionen in Finanzanlagen und das Umlaufvermögen nicht enthalten. Auch nicht enthalten sind Investitionen in die sogenannten "produktiven Gemeinkosten". Viele Maßnahmen zur vorbeugenden Instandhaltung, zur Verbesserung der Organisation u. a. sind nicht aktivierungspflichtig; gleichwohl tragen sie zur Erhöhung der Produktivität und zur Absicherung der Zukunft bei. Sie sind – solange das Ergebnis dieses trägt – sofort abschreibungsfähig, daß heißt, daß diese Aufwendungen entsprechend der hohen Steuerbelastung mit nahezu 65 % im gleichen Jahr durch ersparte Steuerzahlungen ergebnismäßig verkraftet und finanziert werden. Oder anders gesagt: 100 DM für produktive Gemeinkosten steht ein Verzicht auf Rücklagen (= Erhöhung liquider Mittel) in Höhe von nur 35 DM gegenüber. Das bedeutet nicht, daß solche Investitionen in produktive Gemeinkosten nicht auch sorgfältig zu überprüfen und durch den Vorstand zu verabschieden sind.

Nach diesem Exkurs zurück zur Investitionsplanung bei Heidelberger Druchmaschinen. Die Investitionsplanung steht im Zusammenhang mit der strategischen Unternehmensplanung. Da besonders die komplexen Investitionsprojekte einen langen zeitlichen Planungs- und Realisierungsvorlauf benötigen, wird mit der Investitionsplanung eine nur kurzfristige Einjahresplanung gesprengt. Wie unsicher auch immer die Zukunft sein mag, eine Annahme über die Absatzerwartung für die nächsten zehn Jahre muß der Investitionsplanung zugrunde liegen. Würden die erforderlichen Investitionsprozesse erst nach der Konkretisierung der Marktanforderung initiiert, so könnte Umsatzpotential, insbesondere bei kurzen Produktlebenszyklen, nicht ausgeschöpft werden. Dieses bedeutet, daß der zur Erfüllung der Marktanforderung erforderliche Investitionsprozeß aufgrund von risikobehafteten Prognosen angestoßen werden muß (vgl. /5/).

Das Investitionsbudget bei Heidelberger Druckmaschinen deckt zu jedem Zeitpunkt einen Zeitraum von fünf bis sieben Jahren ab, entsprechend der Reichweite unserer Großprojekte. Dieses Budget wird jährlich überarbeitet: Aus den verschiedenen Vorstandsbereichen werden neue Projekte angeregt und vorgeschlagen. Das bisherige Budget wird um Erhöhungen und auch Kürzungen korrigiert. Die jährlichen Ergänzungen werden im Vorstand diskutiert und vorbehaltlich einer Investitionsrechnung für bestimmte Positionen (s.u.) verabschiedet. Dabei kann jedes Vorstandsmitglied Investitionsobjekte bis zu jeweils 50.000 DM ohne Abstimmung im Vorstand realisieren.

Im Aufsichtsrat wird zunächst das Gesamtbudget hinsichtlich der gesamtwirtschaftlichen Verträglichkeit für die folgenden fünf Jahre überprüft; Großprojekte größer als 10 Mio DM werden im einzelnen vorgestellt, begründet und im positiven Fall zustimmend zur Kenntnis genommen.

Alle Investitionsbestellungen über 100.000 DM werden vom Vorstand Produktionstechnik und vom Vorstand Finanzen gemeinsam unterschrieben.

In der folgenden *Abbildung 4* möchte ich systematisch die Beurteilungsverfahren für Investitionen vorstellen, mit denen unser Controlling sich theoretisch beschäftigt und die es praktisch regelmäßig oder gelegentlich verwendet.

zu I (1)

Überprüfung der finanzwirtschaftlichen Verträglichkeit

Diese jährliche Überprüfung des Investitionsgesamtbudgets gibt keine Entscheidungsunterlage für das einzelne Investitionsobjekt. Als Ergebnis stehen folgende Aussagen:

- Wirkung des Investitionsbudgets auf die Bilanz der nächsten fünf Jahre und deren Deckungsverhältnisse

- Wirkung auf die Liquidität in diesem Zeitraum.

  Diese Rechnung wird in drei Alternativen durchgeführt:

  a Umsatz entwickelt sich entsprechend der langfristigen Prognose des Vertriebs. Die Rationalisierungseffekte der Investitionen werden, wie geplant, eingerechnet.

b Umsatzstagnation in der Betrachtungsperiode

c Umsatzrückgang um 20 %.

Bei den Alternativen b und c kommen die geplanten Rationalisierungseffekte der Investitionen nicht zur Auswirkung.

zu II (2)

Break-even-Analyse

In zwei Alternativrechnungen - Investitionen mit und ohne geplanten Rationalisierungseffekt - wird die Auswirkung des Investitionsbudgets auf den jährlichen Break-even-point der Betrachtungsperiode - und zwar nach bilanziellem Ergebnis*), nicht nach betrieblichem Ergebnis - bestimmt.

Diese globalen Verfahren zur Beurteilung des Investitionsbudgets machen das Risikoprofil transparent. Sie schaffen einerseits die Grundlage für eventuelle Korrekturen am Gesamtbudget, sie tragen andererseits dazu bei, den Entscheidungsgremien einschließlich Aufsichtsrat das notwendige Vertrauen in den vorgeschlagenen Weg zu vermitteln. Das Ergebnis der Globalrechnung kann auch dafür ausschlaggebend sein, wie eng oder weit die Kriterien zur Beurteilung der einzelnen Investitionsobjekte vorgegeben werden.

zu II

Beurteilung von Einzelinvestitionen

Die statischen Verfahren zur Beurteilung der Investitionen kommen bei Heidelberger Druckmaschinen nur als Schnellschuß gelegentlich zur Anwendung. Sie haben den Nachteil der nur einperiodischen Betrachtungsweise.

---

*) Dies ist die Sicht des Außenstehenden, sehr oft auch des Aufsichtsrats.

Im wesentlichen wenden wir auch für die "stand alone-Investitionen" - das sind Investitionen, deren Auswirkungen cum grano salis mit hinreichender Genauigkeit isoliert auf den jeweiligen Kosten-/Leistungsbereich betrachtet werden können - die Kapitalwertmethode als dynamisches Verfahren an, und zwar unter Berücksichtigung der Steuerwirkung.

Wir verzichten zur Zeit in der Regel auf eine Investitionsrechnung bei Projekten unter 100.000 DM, ebenso für Erweiterungs- und Ersatzinvestitionen, da sich deren Notwendigkeit aus dem Absatzplan ergibt. Ausnahmen hier: Beurteilung von Alternativen bei großen Ersatz- und Erweiterungsinvestitionen.

Wichtig ist festzustellen, daß auch für eine Rationalisierungsinvestition als "stand alone-Investition" die Wirtschaftlichkeitsrechnung nicht automatisch zur Entscheidung ja oder nein führt. Sie hat aber eine wichtige Empfehlungskraft /6/, muß aber in manchen Fällen durch qualitative Gesichtspunkte ergänzt werden.

Ich möchte ergänzen, daß Investitionen bei Heidelberger Druckmaschinen auch danach unterschieden werden, ob sie Freiheitsgrade der zukünftigen Verwendung offenlassen oder nicht. Auch der Kaufmann tut sich leicht, zu einer Investition in das absolut knappe Wirtschaftsgut Grundstück zur Abrundung eines Standorts ja zu sagen, falls die finanzielle Lage es zuläßt, da hiermit in die Einzahlungsreihe der qualitative Gesichtepunkt "Zukünftige Chancen" mit einem hohen numerischen Wert eingeht. Ähnliches gilt für die Investitionen in Gebäude im Unterschied zu Betriebsvorrichtungen und Maschinen, die nur für ein begrenztes Werkstückspektrum einsetzbar sind.

zu III (1)

Kommen wir zu dem Beurteilungsverfahren für komplexe Investitionen. In der Literatur, in Zeitungsartikeln und auf Kongressen scheint völlige Übereinstimmung zu bestehen, daß die bisherigen Methoden zur Errechnung der Wirtschaftlichkeit für komplexe Investitionen nicht verwendbar sind. Man spricht davon, daß es um strategische Probleme geht, und für strategische Probleme braucht man eine strategische Entscheidungsfindung. Was das im einzelnen ist, wird selten präzise umschrieben.

Was könnte damit gemeint sein?

Richtig ist, das integrierte, rechnergesteuerte Fertigungssysteme nicht einfach eine geradlinige Weiterentwicklung herkömmlicher Fertigungstechniken sind. Sie bringen "eine völlig neue Qualität in das Verhältnis von Marketing, Konstruktion, Produktion und Abwicklung". /7/ Die Einflüsse auf das Gesamtunternehmen müssen bei der Beurteilung beachtet, der Prozeß muß in den Mittelpunkt der Betrachtung gestellt werden.

Eine strategische Vorgehensweise könnte sein, daß ich für mein Unternehmen, gewappnet mit der bekannten einschlägigen Studie von McKinsey und der TH Darmstadt, CIM als strategisches Fernziel fest anvisiere, daß ich den Gesamtweg in notwendige Einzelschritte (zu integrierende Inseln) zerlege, daß ich lediglich die hierfür entstehenden Auszahlungsreihen für den Einmal- und Folgeaufwand global auf finanzielle Machbarkeit überprüfe und die Investitionsschritte im einzelnen bejahe, wenn sie versprechen, die mit CIM angestrebten Ziele zu erfüllen. Das sind:

- Senkung der Kapitalkosten über erhöhte Nutzungsintensität (mannarme Schichten, Pausendurchlauf)

- Senkung der Personalkosten, vor allem in den der Fertigung vor- und nachgelagerten Bereichen

- Verbesserung der Qualität und Senkung des Ausschusses

- Verkürzung der Lieferzeiten

- Verkürzung der Durchlaufzeiten und Senkung der Bestände

- Erhöhung der Flexibilität, auch verbunden mit einem höheren Wiederverwendungsgrad der Anlagen

Zusammengefaßt kann man sagen, diese Vorgehensweise geht davon aus, die Investitionsausgaben als Einmalausgabe und Folgekosten relativ genau zu planen und auf finanzielle Machbarkeit zu überprüfen, die Abschätzung des Ertrags quantitativ und qualitativ oder - im Sinne der Wirtschaftlichkeitsrechnung gesprochen - die Schätzung von Einzahlungsreihen lediglich durch Plausibilitätserwägungen zu ersetzen.

Als Kaufmann gebe ich mich nur ungern mit einer solchen globalen Methode zufrieden. Wichtig ist, für jeden Teilschritt Alternativen zu überprüfen und zu bewerten. Wichtig ist zu prüfen, ob der Stand der Betriebsorganisation einen integrierten EDV-Einsatz erlaubt. Wichtig ist zu prüfen, ob die totale Integration durch DV-Verbindungsglieder in allen Fällen wirtschaftlich zu rechtfertigen ist oder ob ein hinreichender Rationalisierungs- und Ordnungseffekt schon dann eintritt, wenn bei einer Vorgangskette nicht der gesamte Regelkreis geschlossen ist. Andererseits ist zu prüfen, ob ein isoliertes flexibles Fertigungssystem innerhalb einer ansonsten herkömmlichen Organisation einen entscheidenden Vorteil bringt. "Es nutzt nämlich nichts, wenn die mit einem flexiblen Fertigungssystem gewonnenen Durchlaufzeiten in den nachfolgenden konventionellen Fertigungsbereichen verlorengehen" /8/ (durchgängiges Flexibilitätsniveau).

Da die Investition in komplexe Systeme nicht erfolgen kann ohne sehr differenzierte Analyse und Planung des Produktionskonzepts, der Materialwirtschaft und der Ablauforganisation, ist es vertretbar, die mit dem Projekt verfolgten Ziele soweit wie möglich zu quantifizieren. Neue Techniken werden nicht zu einer neuen Betrachtungsweise über den wirtschaftlichen Erfolg eines Unternehmens führen. Der Einfluß von Investitionen auf die Finanzsituation und den Gewinn bleibt nach wie vor die Resultante von Auszahlungs- und Einzahlungsströmen. Die Logik der dynamischen Wirtschaftlichkeitsrechnung bleibt insoweit voll gültig. Was sich verändert hat, ist der Schwierigkeitsgrad, die Input-Daten für die Rechnung hinreichend umfassend und genau zu schätzen, vor allem, da in der Regel keine Basisdaten aus der Vergangenheit vorliegen. Eine solche Arbeit kann mit Erfolg nur interdisziplinär durchgeführt werden. Dabei wird auch der Kaufmann keinen Wert auf Pfennig-genaue Rechnung legen.

Darüber hinaus wird auch der Kaufmann ohne näheres Rechnen Investitionen voll unterstützen, die dazu dienen, neue Techniken zu erproben, und den Mitarbeitern Gelegenheit geben, neue Techniken wie CAD, Handhabungsgeräte u. a. kennzulernen. Die gezielte Höherqualifizierung der Mitarbeiter ist ein wichtiger Beitrag für die Verbesserung der strategischen Position unseres Unternehmens.

zu III (2)

Schon bei den Investitionen in Einzelmaschinen wurde ausgeführt, daß das Ergebnis der monetären Rechnung in der Regel zu ergänzen ist um qualitative Faktoren. Die Nutzwertanalyse als Methode hat das Ziel, qualitative Faktoren systematisch zu verarbeiten. Es werden neben objektiven auch subjektive Informationen in den Entscheidungsprozeß einbezogen; der Experte und sein "subjektives Spezialwissen" sind für den Entsscheidungsprozeß erwünscht. "Da im Rahmen des Verfahrens mehrere Alternativen mit Hilfe einheitlicher Beurteilungskriterien systematisch miteinander verglichen werden, führt es zu relativer Objektivität." /9/

Ein Arbeitskreis des Ausschusses Betriebswirtschaft im VDMA hat einen Leitfaden erarbeitet zum Thema Prozeßwirtschaftlichkeit rechnergestützter Fertigungssysteme. Anhand eines konkreten Beispiels aus einer Mitgliedsfirma wird hier das Verfahren einer kombinierten quantitativen und qualitativen Bewertung einer Investition dargestellt. *Abbildung 5* zeigt die Schritte des Verfahrens im Überblick.

zu III (3)

Um die Ungewißheit, mit der jede in die Zukunft wirkende Entscheidung verbunden ist, einzuschränken, wurden Verfahren der Risikoanalyse entwickelt. Für die einzelnen Einflußfaktoren "werden Wahrscheinlichkeitsverteilungen bestimmt und die Stärke ihres Einflusses auf die Zielgröße ermittelt."/10/ Das Instrument der Risikoanalyse wird wegen des damit verbundenen hohen Erfassungs- und Rechenaufwands in der Praxis bisher wenig angewendet. In der Literatur sind Einsatzbeispiele von den Firmen Preussag und Lurgi u. a. bekanntgeworden. Wir in Heidelberg machen davon keinen Gebrauch.

IV. Das Projekt Amstetten

Das Projekt Amstetten stellte aus zwei Gründen an die Entscheidungsträger des Unternehmens besonders hohe Anforderungen:

- Vor allem in der mechanischen Fertigung des neuen Werkes Amstetten sollte moderne und damit risikobehaftete Produktionstechnik eingesetzt werden.

- Das neue Werk war die größte Einzelinvestition in der bisherigen Geschichte unseres Unternehmens.

Zum Thema neue risikobehaftete Technik wurde von Herrn Pöppel ausführlich berichtet.

Um die Größenordnung der Investition (Ausbaustufe 1) für unser Unternehmen zu verdeutlichen, wurde in *Abbildung 6* der Investitionsbetrag in Relation gesetzt einerseits zur Bilanzsumme und zum Anlagevermögen im Zeitpunkt der Entscheidung 1979, andererseits zum Umsatz und zum Cash flow des Jahres vor der Entscheidung 1978.

In *Abbildung 7* wurde die Gesamtinvestitionssumme Amstetten nach Bilanzpositionen unterteilt; die gewonnenen Einzelbeträge wurden dann ins Verhältnis gesetzt zum Wert der Bilanzpositionen in der Bilanz per 31.12.1978.

In der genannten Investitionssumme sind nicht enthalten die nicht aktivierungsfähigen eingekauften Planungsleistungen, die während der Planungs- und Ausführungszeit ergebnismäßig und liquiditätsmäßig im gleichen Jahr zu verkraften waren (siehe *Abbildung 8*).

Welches waren die Stationen des Entscheidungsprozesses? Zunächst waren folgende Fragen zu beantworten:

a Mußte für das Werk Geislingen Ersatz geschaffen werden?

- Das alte Werk Geislingen, das mit einzelnen Gebäudeteilen noch in das Jahr 1865 zurückging und im Laufe der Jahrzehnte unsystematisch ausgebaut worden war, stand am Ende seiner Erweiterungsmöglichkeiten. Eine kostengünstige Organisation des Fertigungs- und Materialflusses war nicht möglich.

- Der für die Aufrechterhaltung des Gießereibetriebs notwendige Eingang der Massengüter vollzog sich ausschließlich über die Straße. Es handelte sich dabei um 1.000 Transporte im Jahr.

- Das Werk Geislingen lag in einem engen Talkessel mitten in einem Wohngebiet. Es war abzusehen, daß durch Änderungen des Schmelzbetriebs oder andere genehmigungspflichtige Neubauten große Risiken auf das Unternehmen zukommen würden.

b Mußte eine neue Gießerei erstellt werden?

Der Bereich Entwicklung und Konstruktion kam nach sorgfältiger Prüfung zu der Aussage, daß der wesentliche Ausgangswerkstoff für unsere Druckmaschinen auch in absehbarer Zukunft weiterhin Grauguß und Sphäroguß sein würde. Der für die Beschaffung von Teilen zuständige Kaufmann kam zu der begründeten Auffassung, daß vor allem die Beschaffung von Großteilen (Grundgestelle, Seitenwände, Zylinder) in hoher und gleichbleibender Qualität und mit der notwendigen jederzeitigen Liefersicherheit mit großem Risiko verbunden wäre. Diese Aussage galt auch angesichts nicht ausgelasteter Giesserei-Kapazitäten im In- und Ausland.

c Konnte die mechanische Fertigung der Großteile nicht in das Hauptwerk Wiesloch integriert werden?

Gegen diesen Plan sprachen nicht nur die mit der Verlagerung verbundenen hohen Sozialplankosten. Ausschlaggebend für einen neuen Standort in der Nähe von Geislingen war der hohe Qualifikationsstand der Geislinger Belegschaft, für die auf dem Arbeitsmarkt in Wiesloch kein Ersatz zu finden gewesen wäre.

d Welche Arbeitszeit pro Tag sollte zugrunde gelegt werden? Produktionstechnik und Personal erzielten Konsens, daß Drei-Schicht-Betrieb vermieden werden sollte.

e Welche Kapazitätsgröße und welche größte Teiledimension für Seitenwände, Grundgestelle u. a. muß von den neuen Maschinen und Anlagen gefertigt werden können? Diese Fragen mußten gemeinsam von Entwicklung und Marketing beantwortet werden.

Für die endgültige Meinungsbildung im Vorstand und für die anschließende Entscheidung im Aufsichtsrat wurden eine Planbilanz und eine Plan-G+V für die Jahre 1979 bis 1985 erstellt. Hier ergab sich die besondere Schwierigkeit, daß es sich in Geislingen um ein Werk mit nahezu abgeschriebenem Anlagevermögen handelte; die Belastung des Jahresüberschusses mit Abschreibungen und sonstigen Anlagekosten war in der IST-Bilanz 1979 kalkulatorisch zu niedrig. Die Belastung der Planabschlüsse mit degressiven Abschreibungen auf ausschließlich neue Anlagen war aus kalkulatorischer Sicht überhöht.

Die Rechnung zeigte trotzdem, daß auch in den Plan-Handelsbilanzen für die Alternative eines stagnierenden Umsatzes das neue Werk aus eigenen Mitteln finanziert werden konnte (= Aufrechterhaltung des finanzwirtschafltichen Gleichgewichts). Der Break-even-point der Planungsrechnung auf Grundlage der bilanziellen Ergebnisse lag trotz nicht unerheblich gestiegener Fixkosten unterhalb eines um 20 % niedrigeren angenommenen Umsatzes.

Die Entscheidung für das Projekt als Ganzes konnte also ohne größere Korrekturen am Gesamtvolumen positiv ausfallen.

Die Maßnahmen zur Risikobegrenzung erstreckten sich anschließend auf die Einzelschritte der Ausführungsplanung. Wie gesagt, sollte vor allem in der Mechanischen Fertigung moderne Produktionstechnik mit hoher Rechnerintegration für die Fertigung von insgesamt rund 250 Großteilen eingesetzt werden.

Eine sorgfältige Planung war erforderlich, um die technische Funktionsfähigkeit und die terminliche Sicherheit zu gewährleisten. Simulationsrechnungen in Zusammenarbeit mit der Universität Aachen unterstützten den Entscheidungsprozeß für die Maschinenausstattung der Spannkreise/Fertigungslinien und für die Organisation des Materialflusses.

Für die Auswahl aus möglichen Alternativen war neben der technischen und terminlichen Sicherheit die Untersuchung der Wirtschaftlichkeit maßgebend. Nicht nur die Wahl der günstigsten Kostenrelation zwischen Kapital und Arbeit (=Automatisierungsgrad) mußte getroffen, sondern auch der Grad der anzuwendenden Informationsverarbeitung festgelegt werden. Hierfür mußten zum Beispiel die Erträge aus niedrigen Beständen und hoher Durchlaufgeschwindigkeit oder aus Vermeidung von Dispositionsaufwand abgewogen werden gegen Planungs- und Realisierungsaufwand für Rechnerunterstützung und Organisation. Am Beispiel der Informationstechnik wird in *Abbildung 9* dargestellt, zu welchem Ergebnis wir bei der Auswahl der jeweils einzusetzenden DV-Unterstützung in den verschiedenen Fertigungslinien gekommen sind.

Während der Planungszeit im Jahre 1980 und während der Ausführungszeit 1982 wurde jeweils ein Herstellkostenvergleich Geislingen-IST mit Amstetten-SOLL für repräsentative mechanische Teile erarbeitet. Hierbei wurde, anders als in der bilanziellen Betrachtung, von kalkulatorischen Werten ausgegangen, das heißt, für die Abschreibung des alten Werkes wurden die Anlagen aufgrund von Wiederbeschaffungswerten und unter Null errechnet. Für die Personalkosten wurde eine genaue Personalbedarfsrechnung nach Kostenplätzen im neuen Werk erarbeitet. Für den Bereich der Instandhaltung wurde festgestellt, daß gegenüber dem bisherigen Kostenanfall eine Einsparung von durchschnittlich 25 % möglich sein würde.

Beide Rechnungen zeigten ein befriedigendes Ergebnis - eine Korrektur der Planung wurde deshalb nicht erforderlich.

Auch die heutige IST-Kalkulation - 2 $^{1}/_{2}$ Jahre nach Inbetriebnahme des Werkes - kommt in der Herstellkostennachkalkulation zu sehr ähnlichen Ergebnissen. Für ein repräsentatives Spektrum der Druckwerkseitenwände liegen die Bearbeitungskosten heute 28 % unter den Bearbeitungskosten in Geislingen. Die Einsparung der Bearbeitungskosten für Zylinder liegen durchschnittlich 3 % unter den vergleichbaren Geislinger Zahlen. Die Herstellkosten des neuen Werkes für das Kilo Guß liegen dagegen leicht höher als die vergleichbaren, preisinduzierten Herstellkosten in Geislingen. Dieses letztere Ergebnis geht zu Lasten der hohen Aufwendungen für die Humanisierung der Arbeitsplätze, vor allem in der Gießerei. Erwähnt sei nur der hohe Aufwand für eine Luftumwälzung von stündlich rund 2 Mio m^3 Luft, die ein gesundes Klima und saubere Fußböden und Wände in der Gießerei garantiert.

Zusammenfassend kann gesagt werden, daß die erfolgreiche Abwicklung des Projekts Amstetten von einer guten Zusammenarbeit zwischen Ingenieur und Kaufmann begleitet war. Die gemeinsame Arbeit zur Bewertung und Beurteilung des Projekts führte dazu, daß Amstetten, ein von der Größenordnung her risikoreiches Projekt, von allen Bereichen des Hauses positiv getragen wurde. Die Arbeit zur Bewertung des Projekts war um so sinnvoller, als die quantifizierten Ziele nicht nur als einmalige Entscheidungsgrundlage, sondern als commitment für alle an der Planung und Ausführung Beteiligten dienten. In diesem Sinne wurden Wirtschaftlichkeitsbetrachtungen auch zu einer den Investitionsprozeß begleitenden Kalkulation.

Gemeinsam war auch das Wissen, daß Rechnungen und Bewertungen der geplanten Investition Risiken zwar sichtbar machen und einschränken konnten, daß aber letztlich eine subjektive Bereitschaft, Risiken einzugehen, Voraussetzung für unternehmerisches Handeln ist. "Die Notwendigkeit zu entscheiden reicht weiter als die Möglichkeit zu rechnen." (H. J. Bullinger).

Abschließend soll kurz auf eine wichtige, das Risiko der Investitionsplanung begrenzende Maßnahme im Projekt Amstetten hingewiesen werden. Gemeint ist die rechtzeitige Information der Mitarbeiter und die umfassende Einübung in neue Technik. Hierzu stand im alten Werk Geislingen eine Teststrecke zur Verfügung. In einem verketteten Spannkreis mit vier Maschinen der neuen Generation wurden repräsentative Teile mit neuer Steuerungstechnik von wechselnden Mitarbeitergruppen bearbeitet. Für die bisher nur an NC-Technik gewöhnten Mitarbeiter war das Lernziel Beherrschung der neuen Technologie und Beherrschung der neuen komplexen Abläufe durch qualifizierte Einbindung des Menschen in das neue Informationssystem und zugleich Abbau bisheriger überzogener Arbeitsteilung (Vorgangsintegration aufgrund von Datenintegration).

Unsere Erfahrung aus Amstetten: Eine solche Ausbildung kann nicht intensiv genug betrieben werden. Nach Aussage des heutigen Betriebsleiters in Amstetten beruhten anfängliche Ausfälle nur selten auf Hardware-Störungen. Die Nutzung der neuen Anlage stieg eindeutig mit dem Einarbeitungsgrad der Mitarbeiter. Die in Amstetten gewonnenen Erfahrungen nutzen wir in unserem neuen Großprojekt der Zentralmontage in Wiesloch intensiv.

Literatur:

/1/ Zimmerer, Carl: Der Vorsitzende der Zukunft, Blick durch die Wirtschaft, 30 Nr. 157

/2/ Zimmerer, Carl: Rechenknechte ins zweite Glied, Wirtschaftswoche, 33 (1987) S. 33

/3/ Reutner, Friedrich: Turnaround, Verlag Moderne Industrie (1987) S. 27

/4/ Reutner, Friedrich: a.a.O., S. 26

/5/ Wildemann, Horst: Investitionsplanung und Wirtschaftlichkeitsrechnung für Flexible Fertigungs-Systeme (FFS), Forschungsbericht, o.J. S. I - 1

/6/ Hanusch, Horst: Nutzen-Kosten-Analyse, Verlag Vahlen (1987) S. 175

/7/ Holz, Bodo: Neue Wertmaßstäbe zur Wirtschaftlichkeitsbeurteilung von Fertigungssystemen, ZfB Ergänzungsheft 1 (1986) S. 200

/8/ Holz, Bodo: a.a.O., S. 209

/9/ VDMA Arbeitskreis des Ausschusses Betriebswirtschaft: Prozeßwirtschaftlichkeit rechnergestützter Fertigungssysteme, zur Zeit im Druck, S. 6

/10/ Steih, Marco: Risikoanalyse - Methoden, Einsatzmöglichkeiten und Bedeutung, Diplomarbeit Universität Frankfurt, (1987) S. 12

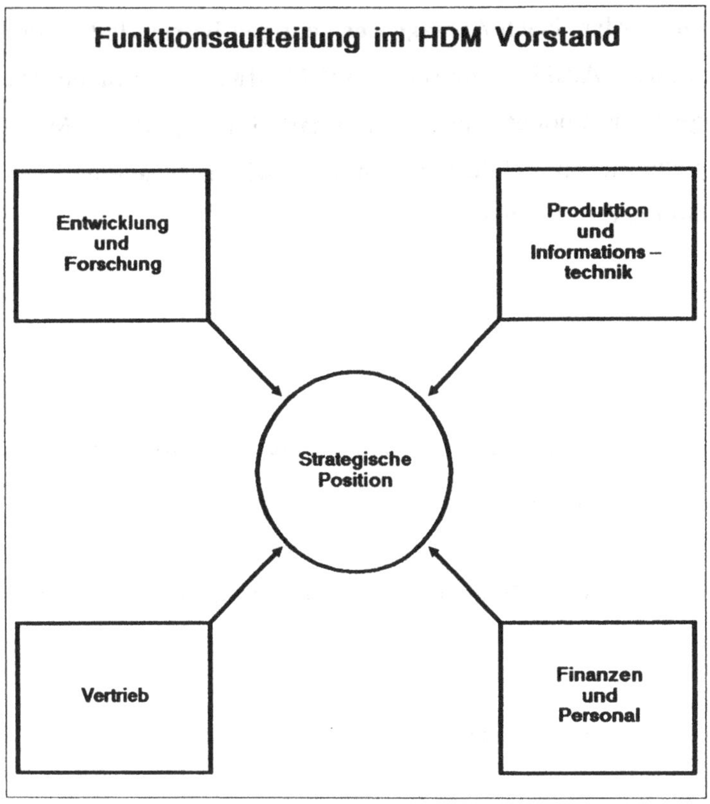

Abb. 1 Funktionsaufteilung im HDM Vorstand

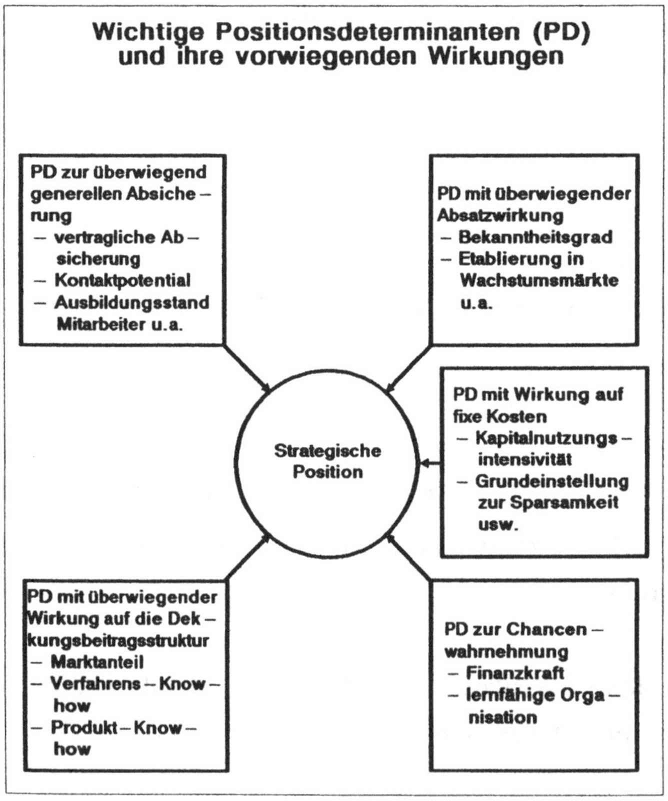

Abb. 2 Wichtige Postitionsdeterminaten (PD) und ihre vorwiegenden Wirkungen

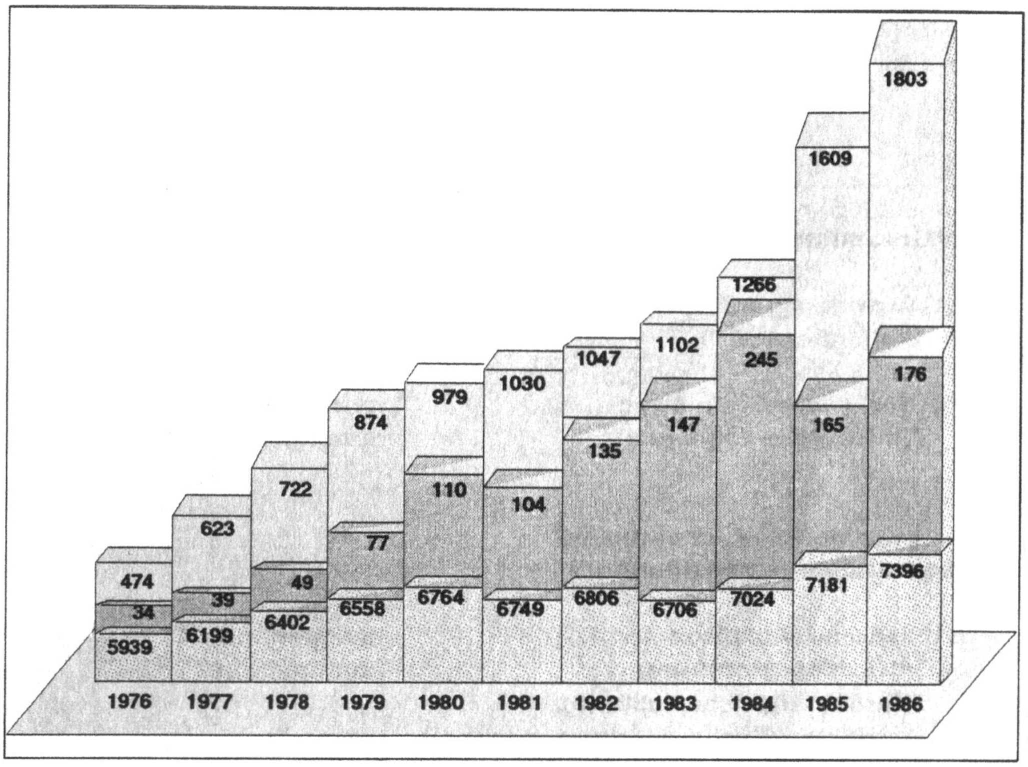

Abb. 3 Umsatz, Investitionen und Beschäftigte

I. Für Gesamtinvestitionsbudget	
(1) Auswirkung auf finanzielle Verträglichkeit	**regelmäßig durchgeführt**
(2) Break-even-Analyse (Bilanzielles Ergebnis)	**regelmäßig durchgeführt**
II. Für Investitions-Einzelobjekte ("stand alone-Investitionen")	
(1) Statische Verfahren der Investitionsrechnung (Kostenvergleichsrechnung, Gewinnvergleichsrechnung u.a.)	**gelegentlich durchgeführt**
(2) Dynamische Verfahren der Investitionsrechnung Kapitalwertmethode und Amortisationsrechnung	
– bei Ersatz-/Erweiterungs-investitionen	**nicht im Einsatz**
– bei Rationalisierungs-investitionen	**regelmäßig durchgeführt (Objekte > 100 TDM)**
III. Für komplexe, strategische Investitionsobjekte	
(1) Dynamische Verfahren der Investitionstechnik	**regelmäßig durchgeführt**
(2) Nutzwertanalyse	**gelegentlich durchgeführt**
(3) Risikoanalyse	**nicht im Einsatz**

Abb. 4 Methoden der Investitionsbeurteilung (bei HDM praktiziert)

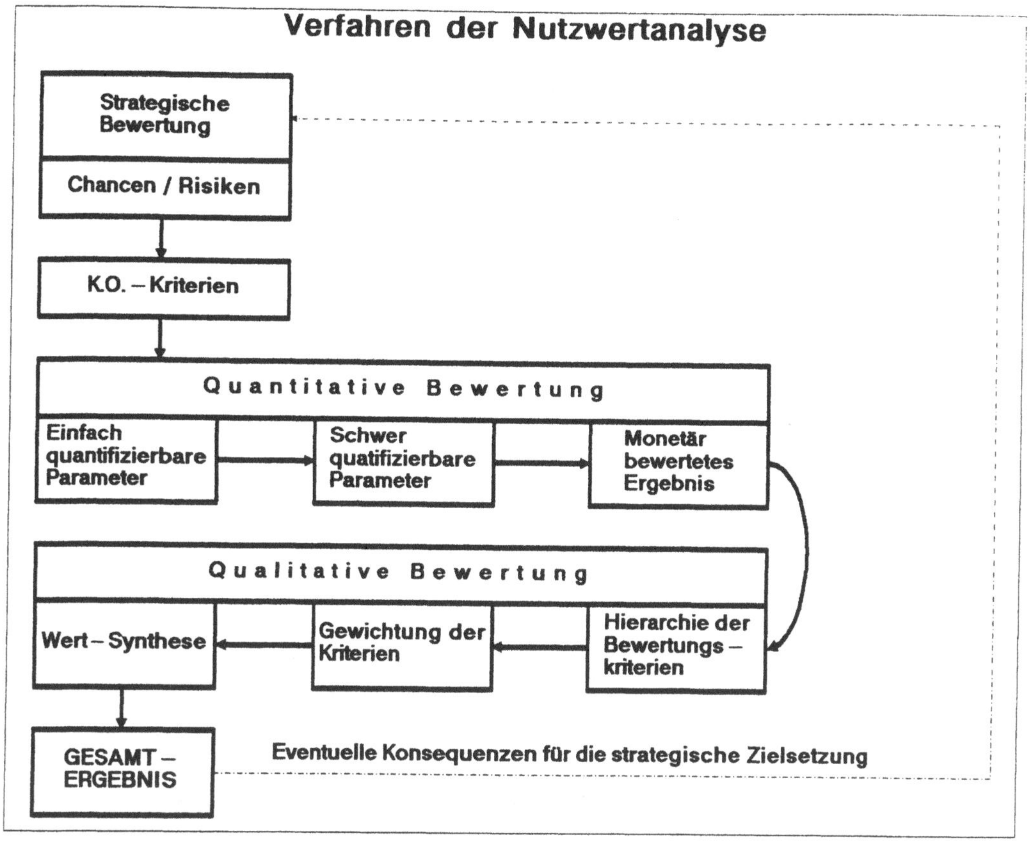

Abb. 5 Verfahren der Nutzwertanalyse

1	2	2 in % zu
Bilanzsumme per 31.12.78	geplante Investitions – summe	1
426 Mio DM	434 Mio DM	102
Anlagevermögen per 31.12.78		
127 Mio DM	434 Mio DM	342
Umsatz 1987		
722 Mio DM	434 Mio DM	60
Cash flow 1978		
93 Mio DM	434 Mio DM	466

Abb. 6 Investitionssumme Amstetten in % zu ausgewählten Zahlen des Entscheidungszeitpunkts/–zeitraums

Bilanzpositionen	1 Werte Bilanz 31.12.78 Mio DM	2 Investitionsplan Mio DM	2 in % zu 1
Grundstücke und Gebäude	42	201	478
Maschinen und maschinelle Anlagen	59	170	288
Betriebs- und Geschäfts-ausstattung	24	63	262
Anlagen im Bau	2	–	–
	127	434	342

Abb. 7 Investitionssumme Amstetten nach Bilanzpositionen in % der Bilanzwerte per 31.12.78

	Mio DM
Medien- und Energieversorgung Bauablauforganisation	11
Organisationsplanung Mechanische Fertigung Lagereinrichtungen Hebezeuge Gießerei	7
DV-Projekte	20
Umzugsaktivitäten	15
	53

Abb. 8 Investitionsaufwand Amstetten (Fremdleistungen)

Auswahlkriterien für die Nutzung der DV – Unterstützung nach Fertigungslinien

	DV – Einsatz für					
	1. Ablaufsteuerung in der Fertigung		2. Bereitstellung von Betriebsmitteln		3. Materialfluß	
Aufgabe	a) Steuerung komplizierter Abläufe, viele Varianten	b) Steuerung einfacher Abläufe; bei allen Teilen etwa gleich	a) Bereitstel – lung für viele unter – schiedliche Betriebsmit – tel in ge – nauer zeit – licher Rei – henfolge	b) Bereitstel – lung von wenigen Betriebs – mitteln	a) Steuerung eines stark voneinander abweichen – den Durch – laufs mit unter – schiedlichen Taktzeiten; kompli – zierter Ma – terialfluß	b) Steuerung eines weit – gehend gleichen Durchlaufs aller Teile, gut ausge – taktet
Anwendung	vermaschte Fertigung von je 2 Seitenwän – den mit Be – arbeitung Innen – und Außenseiten	Zylinder	Spannkreis der Seiten – wandlinie (24 NC – Programme, 12 Bohr – köpfe, 8 Spannwür – fel)	Spannkreis Zylinderfer – tigung (2 NC – Pro – gramme, 2 Bohrköpfe)	Flachteile Linie 2 und 7	Seitenwände Linie 1, Zy – linder Linie 3 und 4
Lösung	Steuerung der Ferti – gungsab – läufe durch Rechner	manuelle Steuerung	automati – sche Be – reitstellung, von DV ge – steuert	manuelle Steuerung	stark auto – matisiert	keine DV – Unterstüt – zung

Abb. 9 Auswahlkriterien für die Nutzung der DV–Unterstützung nach Fertigungslinien

MÜNCHENER KOLLOQUIUM '88
WETTBEWERBSVORTEILE DURCH INTEGRATION
IN PRODUKTIONSUNTERNEHMEN
24. UND 25. MÄRZ 1988
MÜNCHEN

WETTBEWERBSVORTEILE DURCH INVESTITION IN PERSONAL, ORGANISATION UND ANLAGEN

Prof. Dr.-Ing., Dr. h.c., Dr.-Ing. E.h. Günter Spur
Technische Universität Berlin

TECHNISCHE UNIVERSITÄT MÜNCHEN
INSTITUT FÜR WERKZEUGMASCHINEN
UND BETRIEBSWISSENSCHAFTEN

Wettbewerbsvorteile durch Investition in Personal, Organisation und Anlagen

---

1. Einführung

Die Weiterentwicklung unserer Produktionsunternehmen erfordert von Ingenieuren und Kaufleuten ein weitsichtiges unternehmerisches Entscheidungsverhalten. Investitionsentscheidungen sind zweifellos Entscheidungen unter Risiko, sie stützen sich auf sorgfältige Analysen und Prognosen über zukünftige Entwicklungen. Solche Prognosen sind bestenfalls teilweise zutreffend. Zur unternehmerischen Zukunftsentscheidung gehört daher trotz bester Entscheidungsvorbereitung eine Dosis intuitiven Erfassens der Gesamtsituation. Diese Einschätzung kann niemals von einer Disziplin allein getragen werden. Neben der fundierten Kenntnis und Innovationskraft des Technikers ist der wirtschaftliche Sachverstand gefordert.

Der volle Nutzen aus der Einführung der rechnerintegrierten Fertigung kann nur gezogen werden, wenn die Technologieentscheidungen als Teil der gesamten Unternehmensstrategie behandelt werden. Sie ist mit allen anderen strategischen Zielsetzungen abzustimmen. Das traditionelle Produktionsmanagment ist für die rechnerintegrierte Fabrik der Zukunft nur begrenzt geeignet. Neue Verbundkonzepte sind erforderlich für Entscheidungsprozesse /1/.

In aller Deutlichkeit muß auf das Strukturierungsproblem der Organisation und der Informationsflüsse hingewiesen werden. Trotz aller Vielfalt der in der Produktion entstehenden und benutzten Informtionen ist eine durchgängige Nutzung der Datenmengen nur dann möglich, wenn alle beteiligten Abteilungen sich auf die verbindenden Konventionen und Abläufe umstellen, wenn sie eine einheitliche Produktionssprache entwickeln und benutzen.

Die neue Fabrik erfordert neue Kooperationsfelder zwischen den Unternehmensbereichen. Dieses anspruchsvolle Ziel der Neustrukturierung unserer Fabriken kann allerdings nur verwirklicht werden, wenn auch alle Bereiche mitwirken. Interdisziplinäre Operationsgruppen müssen gebildet werden. Sie wirken als strukturierende Elemente und lösen Wechselwirkungen aus.

Dies macht aber nicht nur Investitionen erforderlich, sondern in ganz besonderem Maße muß dieser Prozeß auch von qualilfiziertem Personal begleitet sein. Hinter der data-driven-factory, der datengetriebenen Fabrik, steht das Wissen der Mitarbeiter, stehen Kenntnisse des Menschen, stehen die Erfahrung und die Fähigkeit und besonders die Kreativität des Menschen.

Die technologische Herausforderung muß auch im Detail bewältigt werden. Für Risiken in Ausführbarkeit und Wirtschaftlichkeit von Konzepten sollte ein ausreichender Ausgleichsspielraum mitgeplant werden. Hier ist insbesondere der Kaufmann angesprochen, der die Abwägung der unkalkulierbaren Faktoren in den zu erwartenden Kosten und Erlösen rechenbar unterbringen muß.

Die kostenbezogene Bewertung von CIM-Investitionen wird mit konventionellen Kriterien Schwierigkeiten bereiten. Es muß der Nutzen der Investition im Gesamtzusammenhang erfaßt werden. Entscheidend für die Gesamtleistung einer solchen informationstechnisch integrierten Produktionsfabrik ist sowohl eine Erhöhung der Nutzungszeiten, also der besseren kapazitiven Ausnutzung der Produktionsnanlagen, als auch eine Verkürzung der Durchlaufzeit sowie die Verringerung der Bestände. Hinzu kommen Verbesserungen der Qualität und Flexibilität. Der Übergang zu CIM wird in der Wirtschaftlichkeitsbewertung als Übergang von einer Kostenorientierung zu einer Nutzenorientierung gesehen werden müssen. Die globale Nutzenbewertung von Investitionen setzt aber eine umfassende Information und damit eine Transparenz des jeweiligen Produktionszustandes eines Fabrikbetriebes voraus. Geschwindigkeit und Genauigkeit dieser produktionstechnischen Information für das Management sind wichtig für den Erfolg und für die Qualität von Entscheidungen. Somit ist CIM auch als strategische Weiterentwicklung des Produktionsbetriebes aufzufassen, das in einer Art Top-down-Entwicklung vom Management nach unten getragen werden muß. Andererseits wird ohne die Kopplung zur Basis ein wirkliches Zusammenwachsen der Integrationsbemühungen nicht möglich sein (*Bild 1*).

Nur wenn dies gelingt, werden sich die Hoffnunngen auf eine höhere Produktivität der rechnerintegrierten Fertigung einlösen. Allgemein erwartet man durch CIM eine:

- Verminderung der Liege-, Stillstands- und Rüstzeiten von Produktionssystemen durch raschere Bereitstellung von Rechnerprogrammen,

- Optimierung des Bearbeitungsablaufs mit Hilfe von Simulationsprogrammen,

- Verminderung der Durchlaufzeiten von Konstruktion und Arbeitsplanung durch CAD,

- Erleichterung der Kooperation zwischen unterschiedlichen Abteilungen, beispielsweise durch frühzeitige Präsentation von Konstruktionszeichnungen, so daß Anforderungen der Produktion oder der Qualitätssicherung Berücksichtigung finden können.

- Erhöhung der Fertigungsqualität durch Rechnersteuerung, Planung, Überwachung und Protokollierung auch von sehr komplexen Prozessen,

- Einführung der rechnergesteuerten flexiblen Montage,

- Transformation von personengebundenem, organisationsgebundenem und im Aufbau von Anlagen und Maschinen gebundenem Wissen in ein explizites, dokumentiertes und verfügbares Wissen,

- Einbindung aller betrieblichen Aktivitäten in einen kontinuierlichen, transparenten Strom von Informationen, Handlungen und Prozessen und

- Einbindung von Zulieferern in das betriebliche Informationsnetz.

Vor der Einführung von CIM und der Diskussion der CIM-Strategie steht die Betrachtung aller strategischen Möglichkeiten, die dem Unternehmen in technologischer und organisatorischer Hinsicht zur Verfügung stehen. Die hier zu treffenden Entscheidungen beeinflussen die technologische Leistungsfähigkeit ebenso wie die sogenannte Qualität der Arbeit, der insbesondere wegen der Verknüpfung logisch-funktionaler Zusammenhänge mit rein menschlichen Belangen - dem soziotechnischen System - Beachtung geschenkt werden muß.

Die Einführung von CIM beinhaltet das Aufstellen einer CIM-Strategie, die organisationsspezifisch modelliert und angepaßt werden muß. Diese modellierende Anpassung muß gleichermaßen organisatorische Veränderungen für die Einführung von CIM berücksichtigen.

Für die Einführung und Implementierung neuer Produktionstechnologien müssen Entscheidungsträger und Entscheidungsinhalte in Übereinstimmung gebracht werden. Weiterhin ist die Art der eingesetzten Automatisierungstechnologien von entscheidendem Einfluß auf die Organisationsstruktur.

Die CIM-Einführung bedarf einer simultanen Diskussion und Bewertung durch verschiedene Phasen und Bereiche des Entscheidungsprozesses. Im Anschluß an die rein planerischen und vorausschauenden Tätigkeiten steht der Versuch, die entwickelte Strategie in ein funktionierendes System zu überführen.

Das Erarbeiten von CIM-Strategien und das Aufstellen von CIM-Strukturen sind durch eine vorausschauende Informationserfassung in entscheidungsgeprägten Prozessen gekennzeichnet. Die Einführung neuer Technologien beeinflußt technische und menschliche Faktoren. Im Rahmen der vorausschauenden Informationserfassung müssen alle Parameter auf ihren Einfluß hinsichtlich der zukünftigen Flexibilität des Produktionssystems untersucht werden.

In den Entscheidungsprozessen zur Einführung von CIM-Strategien unterscheidet man Top-down- und Bottom-up-Vorgehensweisen. Nach der Top-down-Zielvorgabe für die CIM-Strategie ist eine Kooperation zwischen den funktionalen Bereichen erforderlich, wobei die beteiligten Personen Rückmeldungen an das Management über notwendige Veränderungen im Bottom-up-Verfahren geben. Der Kontakt zwischen funktionalen Bereichen soll sicherstellen, daß Prozeßerfahrung und Initiative genutzt werden.

Die Einführung der rechnerintegrierten Fertigung erfordert eine langfristige Analyse und Planung. Bis zu zehn Jahre können zwischen der ersten Rechneranwendung als Insellösung und der vollständigen Installierung eines durchgängigen Informationsflusses vergehen. Diese Zeiten werden benötigt, um stufenweise die Struktur der Fabrik an die Technologie anzupassen und das Management im Umgang mit ihnen zu schulen. Die einzelnen Schritte dieser Einführung können nicht ohne Gefahr schwerwiegender Fehlentscheidungen übersprungen werden. Jeder Schritt ist nicht nur in der Einführung durch Investition, Schulung und Veränderung der Organisation zu vollziehen, sondern benötigt auch Zeit zum Durchlaufen der Lernkurve. Erst dann können hinreichende Erfahrungen über Produktivität, Wirtschaftlichkeit und Qualität des jeweiligen Schrittes vorliegen und als Basis für die Planung der folgenden Einführungsschritte benutzt werden (*Bild 2*).

Die Vorträge dieses Halbtages geben ein Beispiel für eine vorbildlich geplante und gelungene Einführung einer rechnerintegrierten Fertigung. Sie zeigen, daß der Erfolg nur dann erreichbar ist, wenn sowohl auf der Planungs- wie auf Ausführungsebene mit der gebotenen Sorgfalt und mit Sachverstand langfristig an die Realisierung der nächsten und übernächsten Generation unserer Produktionsbetriebe gearbeitet wird.

2. Literatur

/1/ Spur.: CIM - Die informationstechnische Herausforderung. Vorträge des Produktionstechnischen Kolloquiuns Berlin 1986. Berlin: Fraunhofer IPK, 1986

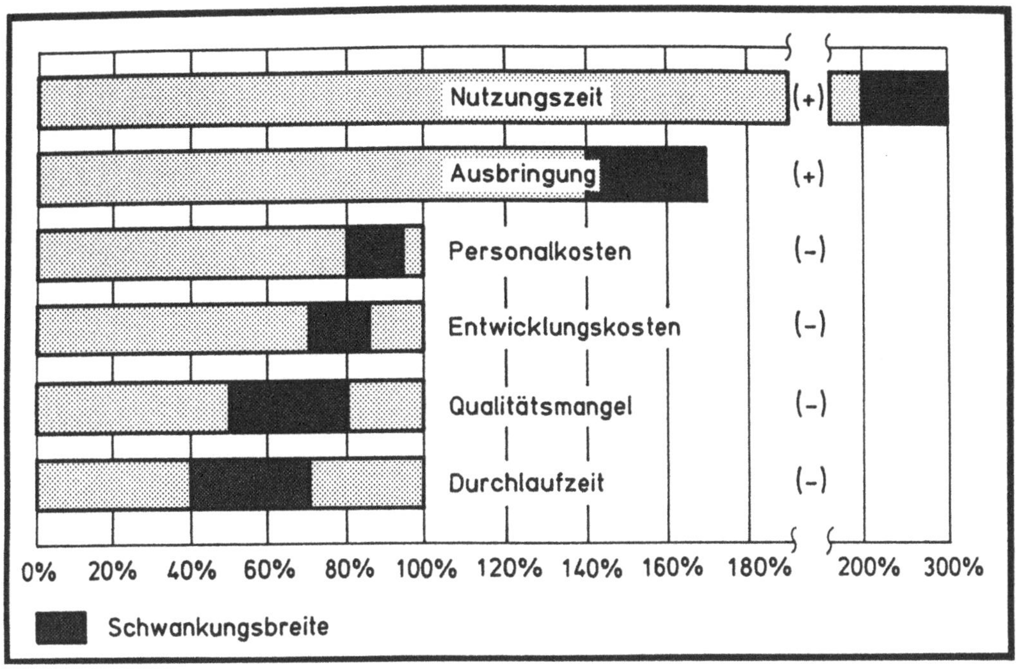

Bild 1 Verbesserungen durch CIM /NCR/

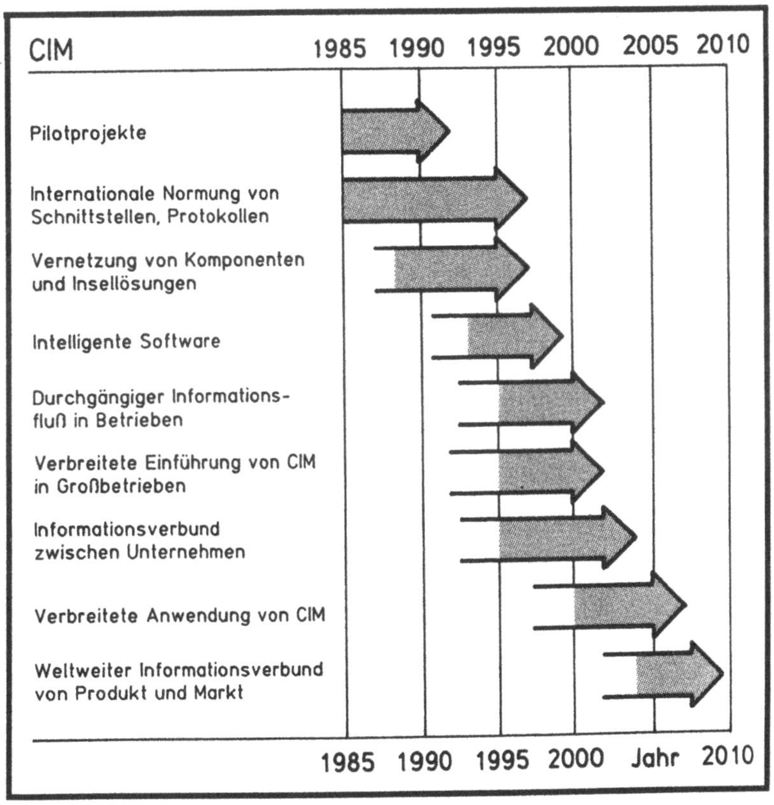

Bild 2 Einführungszeiten der rechnerintegrierten Fertigung (CIM)

MÜNCHENER KOLLOQUIUM '88
WETTBEWERBSVORTEILE DURCH INTEGRATION
IN PRODUKTIONSUNTERNEHMEN
24. UND 25. MÄRZ 1988
MÜNCHEN

ENTWICKLUNG UND FERTIGUNG – KONFRONTATION ODER KOOPERATION?

BEITRÄGE DER FERTIGUNG IM HINBLICK AUF ÜBERLEGENE PRODUKTEIGENSCHAFTEN

Dr.-Ing. E.h. Hans C. Koch
BMW AG

TECHNISCHE UNIVERSITÄT MÜNCHEN
INSTITUT FÜR WERKZEUGMASCHINEN
UND BETRIEBSWISSENSCHAFTEN

Entwicklung und Fertigung – Konfrontation oder Kooperation?
Beiträge der Fertigung im Hinblick auf überlegene Produkteigenschaften

---

1. Fortgeschrittene Fertigungstechnik – Freiraum für die Produktentwicklung
2. Zielkonflikte zwischen Entwicklung und Fertigung
3. Fertigungsplanung im Spannungsfeld konkurrierender Ziele
4. Lösungsansätze durch Kommunikation
5. Zusammenfassung

1. Fortgeschrittene Fertigungstechnik – Freiraum für die Produktentwicklung

Das Unternehmen BMW kann nur dann im internationalen Wettbewerb bestehen, wenn die Produkte den steigenden Ansprüchen des BMW-Kunden genügen. Das Image der Marke BMW – innovativ, sportlich, dynamisch, individuell – erfordert immer wieder neue Freiräume in der Entwicklung unserer Fahrzeuge und birgt damit schon im Ansatz den Konflikt mit der Fertigungstechnik. Der Enwicklungsingenieur ist dazu berufen, den Produktnutzen am Kundenanspruch zu maximieren. Der Fertigungstechniker hingegen strebt die Minimierung der Herstellungskosten an.

Ist die Konfrontation vorprogrammiert oder zwingt uns die gemeinsame Aufgabenstellung, ein harmonisch abgestimmtes Gesamtkonzept zum richtigen Zeitpunkt in den Verkaufsraum zu stellen, zur Kooperation?

Einleitend einige Beispiele aus der Sicht des Produktionsressorts, die dem Entwicklungsingenieur Spielräume öffnen, seine Innovationen im Rahmen der vorgegebenen Herstellungskosten zu realisieren.

(1) Minimierung des Produkterstellungsaufwandes durch Automatisierung dort, wo die Vorteile reproduzierbarer Fertigungsverfahren in bezug auf Qualität und Kosten meßbar sind, kombiniert mit flexiblen Systemen dort, wo die gewonnene Fertigungsflexibilität der Variantenvielfalt des Produkts zugute kommt (*Bild 1*). Der variantenflexible Rohbau des 3er Modells in München erreicht einen Automatisierungsgrad bis zu 95%.

(2) Absicherung eines gleichbleibenden hohen Qualitätsniveaus. Der Einsatz moderner Informationsverarbeitungssysteme ermöglicht die Steuerung der Fertigungsprozesse in neuer Dimension und sichert wiederholgenaue Bauteile bei gleichzeitig reduziertem Prüfaufwand. Verbleibende Prüfumfänge werden von automatischen Meßmaschinen durchgeführt, die eventuelle Abweichungen bereits im Vorfeld von Toleranzüberschreitungen durch direkten Eingriff in den Fertigungsprozeß verhindern (*Bild 2*).

(3) Verbesserung der Arbeitsplatzgestaltung. Der Produktionsfaktor Mensch ist in der Montage durch nichts zu ersetzen. Der in ein System von rechnergesteuerten Automaten integrierte Werker kann Höchstleistung und herausragende Qualitätsarbeit nur an einem menschenfreundlichen Arbeitsplatz verrichten. Die Gestaltung der Endmontage in unserem Regensburger Werk (*Bild 3*) reduziert einschneidend den Anteil der Überkopf-Arbeit. Der Werker läuft nicht mit der Karosse mit, sondern steht auf dem synchronisierten Plattenband. Die im Hause BMW entwickelten, höhenverstellbaren und motorisch angetriebenen Schwenkgehänge ermöglichen dem Werker die Durchführung der Montagearbeiten in natürlicher Körperhaltung. Die ergonomisch optimierten Arbeitsplätze erleichtern nicht nur die Arbeit, sie reduzieren auch die Fehlerquote.

(4) Verminderung der Lärm-, Wärme- und Schadstoffemissionen. Moderne und betriebswirtschaftlich optimierte Fertigungsanlagen wie die automatisierten Motorenprüfstände im BMW-Werk Steyr (*Bild 4*) müssen nicht den ökologischen Grundbedürfnissen des Menschen widersprechen. Im Gegenteil - durch konsequente Integration von emissionsreduzierenden Maßnahmen in die Planung lassen sich Arbeitsplatzbelastungen durch Lärm, Abwärme und Abgase auf das derzeit technisch machbare Mindestmaß reduzieren. Wenn wir dabei die Abwärme in das Energiesystem der Halle zurückführen, schließt sich der Kreis von der Ökologie zur Ökonomie.

(5) Materialflußoptimierung als integraler Bestandteil aller Planungen. Das Konzept für das Montagegebäude des Werkes Regensburg wurde aus der Integration von Materialfluß und Montage geboren (*Bild 5*). Der Warenstrom erfolgt von der Anlieferung über Wareneingangszonen, Zwischenlagerflächen und Vormontage direkt sozusagen eindimensional an das Endmontageband. Bei einer möglichen Erweiterung der Montagehalle wird dieses Materialflußkonzept erhalten bleiben.

2. Zielkonflikte zwischen Entwicklung und Fertigung

Sowohl die räumliche Nähe von Entwicklung und Fertigungstechnik als auch kooperative Ingenieursarbeit im Alltag kann sie nicht gänzlich verhindern, die an den unterschiedlichen Zielsetzungen heraufbeschworene Konfrontation. Der am

Käuferinteresse ausgerichtete Produktnutzen geht selten Hand in Hand mit optimierten Herstellungsverfahren und den damit verbundenen Kostenvorteilen. Die kostengünstige Herstellbarkeit ist auch für den Produktentwickler ein sehr wichtiger Teilaspekt - aber eben nur ein Teilaspekt. Andere Teilaspekte ergeben sich aus dem BMW-typischen Welmarktsegment (*Bild 6*). Eine Vielzahl divergierender behördlicher Vorschriften und Ausstattungsvarianten fordern die Kreativität des Entwicklungsingenieurs, aber auch die Phantasie des Fertigungstechnikers, der die Herstellkosten im Griff behalten muß.

Ein zweiter Gesichtspunkt soll angesprochen werden, der Konfliktstoff in sich birgt: Der Entwicklungsingenieur wünscht sich, daß seine Konzepte umgehend in die Serienproduktion einfließen. Er möchte eine stetige Technologieanpassung in kleinen Schritten. Der Fertigungstechniker will komplexe Fertigungsanlagen wirtschaftlich und damit langfristig nutzen, also große technologische Sprünge bei Neuanläufen, wenn große Investitionen ohnehin fällig sind.

3. Fertigungsplanung im Spannungsfeld konkurrierender Ziele

Die Fertigungsplanung, die die Vorgaben der Entwicklung in serienfähige Produktionseinrichtungen umsetzen muß, befindet sich ständig im Spannungsfeld der konkurrierenden Zielsetzungen aus Entwicklung und Fertigung. Aus den Zielen

- Maximierung der Produktauslegung,
- Minimierung der Herstellkosten,
- Variantenfähigkeit der Fertigungsabläufe

entsteht ein Spannungsfeld, das wir hier einmal als "magisches Dreieck" bezeichnen wollen (*Bild 7*). Diese drei Ziele können nämlich nie gleichzeitig vollständig erfüllt werden. Werden ein oder zwei Ziele optimal erreicht, läuft das dritte Ziel aus dem Ruder: Bestmögliche Produkteigenschaften bei hoher Produktvarianz führen zu erhöhten Herstellkosten.

Hierzu ein Beispiel: Die Toleranzeinengung bei der Dimensionierung der Brennräume des M70 - das ist unser 12-Zylindermotor - macht eine mechanische oder elektrochemische Nachbearbeitung der Brennräume erforderlich. Die Maximierung des Produktnutzens bei unserem Topmodell rechtfertigt diese Bearbeitung, die Erhöhung der Herstellkosten spricht gegen die Übertragung auf alle Motorentypen.

Der nächste Eckpunkt im "magischen Dreieck" sind die Herstellkosten: Eine Verminderung der Herstellkosten durch Automatisierung der Fertigung, ohne am Produktnutzen Abstriche zu machen, ist im allgemeinen nur möglich, wenn wir die Produktvarianz einschränken. Denn das Garantieren einer variantenfähigen Automatisierung läßt die Investitionskosten hochschnellen, führt zu großem Flächenbedarf und in der Folge zu hohen Herstellkosten.

Werden niedrige Herstellkosten mit hoher Produktvarianz kombiniert, muß entweder der Produktnutzen eingeschränkt werden, oder aber eine Steigerung der Produktkosten muß in Kauf genommen werden.

In diesem Spannungsfeld müssen die konkurrierenden Zielsetzungen jeweils abgewogen, kontrovers, jedoch sachorientiert diskutiert und entschieden werden. Diese ständige Konfrontation mit divergierenden Zielsetzungen kann aber im Endeffekt nur durch intensive Kommunikation, besser noch durch Kooperation mit Verständnis für die jeweiligen Einzelzielsetzungen der Gesprächspartner gelöst werden.

4. Lösungsansätze durch Kommunikation

Um die intensive Kommunikation zwischen den Entwicklungs- und Planungsabteilungen im Verlauf der Produktentwicklung zu gewährleisten, haben wir bei BMW organisatorische und informationstechnische Voraussetzungen geschaffen, die bis hin zur räumlichen Zusammenlegung ressortunterschiedlicher Bereiche gehen.

4.1 Instrumente der Kommunikation während der Entwicklungs- und Anlaufzeit

Zur effizienten Umsetzung von Projekten und Entwicklungszielen setzt BMW im fertigungstechnischen Bereich ein erhebliches Potential an Methoden und Verfahren ein.

Da wären als erstes die Verbindungsingenieure der Planungsabteilungen zu nennen, welche als "Speerspitze" bereits in der frühesten Produktentwicklungsphase Informationen aus den Entwicklungsbereichen zusammentragen. Auf dieser Informationsbasis kann mit den jeweiligen Fachplanern gezielt diskutiert sowie die Machbarkeit abgeklärt werden, und es können, wenn erforderlich, ändernde Randbedingungen vorgegeben werden. Auf diese Weise wird bereits sehr früh im Zuge einer Wechselwirkung die Konstruktion des neuen Produktes beeinflußt.

Koordiniert werden solche Aktivitäten bei uns durch Projektteams. Projektteams werden im Planungsbereich bereits in der Frühphase der Entwicklung eines neuen Produkts gebildet. Für die Projektarbeit werden erfahrene Mitarbeiter abgestellt, die sich abgekoppelt vom Tagesgeschäft und somit befreit von Routinetätigkeiten ausschließlich der Planung und Vorbereitung eines neuen Produkts widmen.

Fertigungstechnik kann aber nicht nur am Schreibtisch und am Zeichenbrett entwickelt werden. Zur Erprobung neuer Fertigungstechniken, wie Lackierverfahren, Korrosionsschutzmethoden, Füge- und Umformtechniken oder Verfahren zur Kunststoffverarbeitung stehen uns eine Reihe von Labors zur Verfügung. Dort arbeiten wissenschaftlich ausgebildete Mitarbeiter mit Spezialisten aus der Serienproduktion zusammen. Ihre Aufgabe ist es, technisch mögliche zukunftsweisende Fertigungstechnologien darzustellen. Selbstverständlich sind wir uns im klaren, daß nicht alle "machbaren" Lösungen sinnvoll sind. Vor dem Einsatz eines neuen Verfahrens prüfen wir genauestens, ob dem nötigen Aufwand ein entsprechender Produktnutzen gegenübersteht.

Werden in den Labors neue Verfahren entwickelt, so wird die Umsetzung der Verfahren in die Serienproduktion im Pilotwerk erprobt. Das Pilotwerk, ein Werk im Werk, ist mit denselben Einrichtungen ausgestatttet, die auch später in der Serienfertigung verwendet werden. Das Produkt wird mit den Fertigungseinrichtungen optimiert. Mitarbeiter der Fertigung, der Qualitätssicherung, der beschaffenden Stellen und der Entwicklung machen das neue Produkt gemeinsam serienreif und gewährleisten auf diese Weise eine möglichst kurze Anlaufphase. Eine große Zahl von Vorserienfahrzeugen sichert ein höchstmögliches Qualitätsniveau von den ersten an Kunden ausgelieferten Fahrzeugen an. Beim Anlauf unseres neuen 5er Modells haben wir 600 Einheiten für die hausinterne Erprobung gefertigt.

Der schnelle und unbürokratische Informationsaustausch und der Einsatz von CAD/CAM setzt uns in die Lage, bis kurz vor Serienanlauf noch sehr viele Verbesserungen in das neue Produkt einbringen zu können. Durch intensive Kommunikation erreichen wir bereits mit den ersten unter Serienbedingungen gefertigten Kundenfahrzeugen einen sehr hohen Reifegrad.

4.2 Alternative Werkstoffe – Kommunikation im Vorfeld der Serienentwicklung und Serienplanung

Intensive Kommunikation zwischen Entwicklung und Fertigung muß schon im Vorfeld der Serienentwicklung und -plannung gewährleistet sein. Denn die hohen langfristig angelegten Investitionen bedeuten ein großes Risiko der technischen Veralterung. Dem ist nur durch eine sorgfältige, weit vorausschauende Entwicklung der Fertigungstechnik entgegenzusteuern. Ein besonderes Augenmerk muß die Fertigung mittlerweile auf die Verarbeitung alternativer Werkstoffe richten.

Für einen Fertigungstechniker sind Trends, wie sie sich beispielsweise in Richtung Kunststoffverwendung abzeichnen, genau zu beobachten – speziell die Verwendung von Thermoplasten im Außenhautbereich. Auch der Einsatz von Aluminium für Fahrwerks- und Motorteile sowie die Substitution von konventionellen Karosseriestählen durch höherfeste Stähle im Karosseriebau werden bei unseren langfristigen fertigungstechnischen Planungen beachtet.

Unser "Z1" trägt viele dieser "alternativen" Merkmale in seinem Konzept (*Bild 8*). Wir verwenden Thermoplaste als reversible, recyclingfähige Außenhautteile und faserverstärkte Kunststoffe nur im Bereich der Klappensysteme. Mit diesem Projekt haben wir einen zielführenden Weg zu neuen Karosseriestrukturen beschritten. In der Kleinserie sammeln wir fertigungstechnische Erfahrungen mit neuen Technologien und sind uns sicher, sie bei ihrer Einführung in die Großserie zu beherrschen.

Thermoplaste setzen wir allerdings nicht nur beim Z1 ein, der sich durch seine geringen Stückzahlen deutlich von den Merkmalen der Großserie abhebt, sondern auch bei unseren anderen Modellen finden Thermoplaste zunehmend Anwendung. Aufgrund ihres hohen Energieaufnahmevermögens sind sie für den Einsatz im Stoßfängerbereich prädestiniert. Im Werk Landshut hat BMW mit den in Wagenfarbe lackierten Stoßfängern vor eineinhalb Jahren begonnen, qualitativ hochwertige Außenhautteile aus thermoplastischen Werkstoffen in der Großserie herzustellen.

4.3 Zielführende neue Fertigungsstrukturen mit hoher Verfügbarkeit

Die Notwendigkeit der Zusammenarbeit zwischen Entwicklung und Fertigung wurde während der letzten zehn Jahre immer wieder hervorgehoben, um automatisierungsgerechte Produkte zu erzielen. Insbesondere eine nicht montagegerechte Produktgestaltung wurde für den niedrigen Automatisierungsgrad in der Montage verantwortlich gemacht. In der Diskussion über technische Möglichkeiten der Montageautomatisierung wurde aber bisweilen vergessen, danach zu fragen, ob das technisch machbare auch sinnvoll ist. Wann ist es sinnvoll zu automatisieren und wann ist es sinnvoll, der Produktkonstruktion Beschränkungen aufzuerlegen?

Automatisierung ist sinnvoll, wenn damit die Qualität des Produkts im Interesse unserer Kunden gesteigert wird und wenn eine ausreichende Kosten-/Nutzen-Relation gewahrt ist. In den Fällen, in denen sinnvollerweise automatisiert wird, muß es auch möglich sein, die Produktkonstruktion im Detail in Frage zu stellen. Einschränkungen für die Entwicklung dürfen aber keine Einschränkungen für den Kunden bedeuten.

Drei Beispiele, die einen sinnvollen Automateneinsatz belegen:

1. Ca. 80 Prozent der Karosserieaußenhaut werden bei BMW im Füller- und Decklackbereich durch Flächenautomaten beschichtet, der Rest (an für den Flächenautomaten nicht zugänglichen Stellen) von Hand bzw. durch Roboter. Der in *Bild 9* dargestellte Flächenautomat, der für Metallic-Lackierungen eingesetzt wird, ist mit drei in vier Achsen frei programmierbaren Spritzmaschinen (zwei Seiten- und eine Dachspritzmaschine) ausgerüstet. Die Steuerung, eine RCM3, macht es möglich, daß Karossen im Typenmix durch die Lackiererei gefahren werden kön-

nen, ohne Einbußen am Lackierergebnis hinzunehmen. Denn die Spritzpistolen werden auch bei unterschiedlichsten Karosseriekonturen stets in konstantem Abstand über die Oberfläche geführt. Die Spritzpistolenachse ist dabei immer senkrecht zur Oberfläche gerichtet. Dank dieser Automaten können wir den hohen Ansprüchen, die in unserem Hause an alle lackierten Karosserieoberflächen gestellt werden, bei einer hohen Direktläuferquote - und damit hoher Wirtschaftlichkeit - genügen.

2. Qualitätsaspekte geben in vielen Fällen den Ausschlag, wenn es um die Entscheidung geht, Roboter in der Montage einzusetzen. Als Beispiel sei das Kleben der Front- und Heckscheiben in die Karossen genannt. Die Kleberraupe wird durch einen Sechsachsengelenkroboter mit großer Gleichmäßigkeit auf die Scheibe aufgebracht, wesentlich gleichmäßiger als dies ein Werker in der Produktion schaffen könnte (*Bild 10*).

3. Auch Humanisierungsmaßnahmen kommen der Qualität unserer Produkte zugute, so, wenn wir durch Automatisierung schwere und ergonomisch ungünstige manuelle Arbeiten beseitigen. Eine beträchtliche Reduzierung der Überkopfarbeit wurde bei BMW, wie bereits erwähnt, mit Hilfe von Schwenkgehängen erreicht. Einen weiteren wesentlichen Teil ergonomisch ungünstiger Tätigkeiten eliminierten wir im Werk Regensburg durch Vormontage eines kompletten Fahrwerk-/Antriebsstrangmoduls mit anschließendem automatischen Fügevorgang (*Bild 11*). Der Motor, die Achsen und die Gelenkwelle werden auf einem speziellen Trägerrahmen zusammengebaut und als geschlossene Einheit automatisch von unten in das Fahrzeug eingefahren.

In unseren modernen Fabriken steht aber weniger die Automatisierung von Montageprozessen im Vordergrund als vielmehr die Transportautomatisierung. Der Materialtransport nimmt ja gerade in der Montage eine Schlüsselstellung ein. Einerseits kommt es darauf an, daß die Fördersysteme optimal an die Montagevorgänge angepaßt sind, andererseits, daß die Fertigungsstrukturen flexibel genug sind, um den Anforderungen der Produktvarianten gerecht zu werden. Daneben haben Transportsysteme entscheidenden Einfluß auf die Verfügbarkeit komplexer Fertigungssysteme. Eine hohe Verfügbarkeit verketteter Einzelsysteme wird u. a. durch die ausreichende Dimensionierung von Pufferstrecken erreicht.

Effiziente, schnell änderbare Systeme mit hoher Verfügbarkeit benötigen wir gerade in der Endmontage, wo alle Produktvarianten beherrscht werden müssen. Das Beispiel der Motorenmontage im BMW-Werk Steyr soll die Auslegung eines variantenfähigen Transportsystems veranschaulichen. Die Produktphilosophie des individuellen Angebots für den Kunden spiegelt sich bei BMW traditionsgemäß auch in einer breiten Motorenpalette wider. Einen großen Teil unseres Motorenspektrums werden wir auf einer flexiblen Montageanlage fertigstellen, die Mitte letzten Jahres mit Anlauf unseres neuen Vierzylindermodells in Betrieb ging (*Bild 12*). Kennzeichnend für diese Anlage ist eine Kombination von Friktionsrollenband und induktiv geführtem Flurfördersystem (FTS). Auf je einem Friktionsrollenband werden der Zylinderkopf und der Motorrumpf montiert. Insgesamt wurden in diesem Bereich 30 Automatikstationen realisiert. Eine wirtschaftliche Automatisierung war möglich bei einer Auslegung für 2 Grundtypen in 15 Varianten. 5 Grundtypen in 110 Varianten lassen sich in der FTS-Zone fertigstellen. Die variantenbestimmenden Teile werden manuell angebaut. Automatikstationen im FTS-Bereich wurden nur dort eingerichtet, wo es die Montagequalität erforderte und wirtschaftlich vertretbare Lösungen gefunden werden konnten.

Die Verlagerung der variantenbestimmenden Montagevorgänge an das Ende des Fertigungsprozesses hat den Effekt einer entscheidenden Verringerung der umlaufenden Materialbestände sowie der Pufferlagerkapazitäten. Taktverlustzeiten können minimiert werden, da die variantenabhängigen, zeitunterschiedlichen Montagevorgänge in flexiblen stationären Fertigungsinseln mit Zwischenpuffern ausgeführt werden. Automatisierungsmaßnahmen konnten im starr verketteten variantenarmen Montagebereich leichter unter wirtschaftlichen Bedingungen realisiert werden.

Voraussetzung dafür, daß diese Montagestruktur - Trennung in relativ variantenarmen und variantenreichen Montagebereich - überhaupt ermöglicht wurde, war eine entsprechende Produktstruktur. Diese Produktstruktur wurde in intensiver Zusammenarbeit zwischen Fertigungsplanern und Entwicklern geschaffen. Das Ergebnis dieser Kooperation waren auch Standards, die über die vorliegende Modellreihe hinaus Gültigkeit behalten werden. So hat man sich auf die Einhaltung von Stichmaßen geeinigt, die eine Nutzung von Automatikanlagen - übrigens auch in der Teilefertigung - für das Nachfolgemodell sicherstellen.

4.4 Durchgängige Information

Die enge Abstimmung zwischen Entwicklern und Fertigungsplanern ist die Grundbedingung, um das komplexe Gesamtsystem Produkt und Produktion zu optimieren. Der Abstimmprozeß ist mit dem Austausch und der wechselseitigen Nutzung bzw. Weiterverarbeitung von Informationen verbunden, die in den Entwicklungs- und Planungsabteilungen erarbeitet werden. Entscheidend für die Effizienz des Abstimmprozesses und damit für die Qualität des Ergebnisses ist daher die Leistungsfähigkeit des Informationssystems, mit dem die Mitarbeiter der unterschiedlichen Abteilungen arbeiten.

Die Integration der Informationssysteme führt zu einem für die Entwicklungs- und Planungsbereiche gemeinsam nutzbaren Datenbestand mit den Vorteilen

- einer sehr frühen Planung der Fertigungsprozesse und Fertigungsmittel,

- einer sehr frühen Optimierung der Geometrie gemeinsam durch Planer, Stylist und Konstrukteur sowie

- einer effizienten Entwicklungs- und Planungstätigkeit.

Aufgrund der CAD/CAM-Durchgängigkeit von 3D-Karosseriekonstruktionen werden heute gegenüber einer konventionellen Vorgehensweise rund 30 Prozent der Gesamtzeit, gerechnet vom Entwicklungsbeginn bis zum Serienanlauf, eingespart (*Bild 13*). Diese Zeitersparnis wird nicht erreicht, weil die Entwicklungs- und Planungstätigkeit durch CAD/CAM-Systeme im selben Maß rationalisiert werden, sondern, weil früher strikt hintereinander geschaltete Entwicklungs- und Planungstätigkeiten heute zeitlich überlappend durchgeführt werden können. Der Modellbau kann beginnen, bevor die Bauteileentwicklung abgeschlossen ist. Noch während der Modellbau am Werk ist, können die Fräsprogramme für die Werkzeuge erstellt werden. Nicht nur Zeitersparnis ist ein wesentlicher Effekt, die Abstimmung zwischen den Beteiligten wird besser, die Abstimmphasen werden kürzer und als Folge: erhebliche Qualitätssteigerungen.

Die CAD/CAM-Durchgängigkeit macht es möglich, Änderungen, vor allem technische Verbesserungen, noch bis kurz vor Serienanlauf durchzuführen. So gelang es uns, unsere neuesten Modelle, den Siebener und den Fünfer, mit einem beachtlichen Reifegrad auf den Markt zu bringen, obwohl diese beiden Autos an die Fertigung höchste Ansprüche stellen.

5. Zusammenfassung

Durch hohe Investitionen gibt die Fertigung den Rahmen vor, in dem sich Konstrukteure fertigungstechnisch zu bewegen haben. Technologieabbrüche sind teuer. Deshalb wird der technologische Entwicklungsrahmen langfristig gemeinsam abgesteckt. Dabei schafft innovative Fertigungstechnik auch Freiraum für innovative Produkttechnik.

Die Fertigungsplanung ist noch stärker gefordert, technologische Leitlinien zu ziehen; sie muß zur Informationsquelle für den Konstrukteur werden. Durch die Diskussion produktionstechnischer Möglichkeiten werden Ideen angeregt, die auch den Produktnutzen erhöhen können.

Obwohl der Produktnutzen Priorität gegenüber der Fertigungsoptimierung hat, wird eine konsequente, fertigungsgerechte Konstruktion im Detail gefordert.

Im kreativen Spannungsfeld zwischen Entwicklung und Fertigungstechnik werden natürliche Konflikte aufgelöst durch gemeinsam getragene Lösungen, die dem sehr hohen Anspruch an Produkt und Qualität bei BMW gerecht werden müssen.

Entwicklung und Fertigung - Konfrontation und Kooperation!

Punktschweißen mit Industrieroboter

Bild 1

Karosse auf CNC-Meßmaschine

Bild 2

90°-Schwenkgehänge in der Unterbodenmontage

Bild 3

Motorenprüfstand

Bild 4

Montage, Werk 6.1
Materialfluß, Geb. 50.0

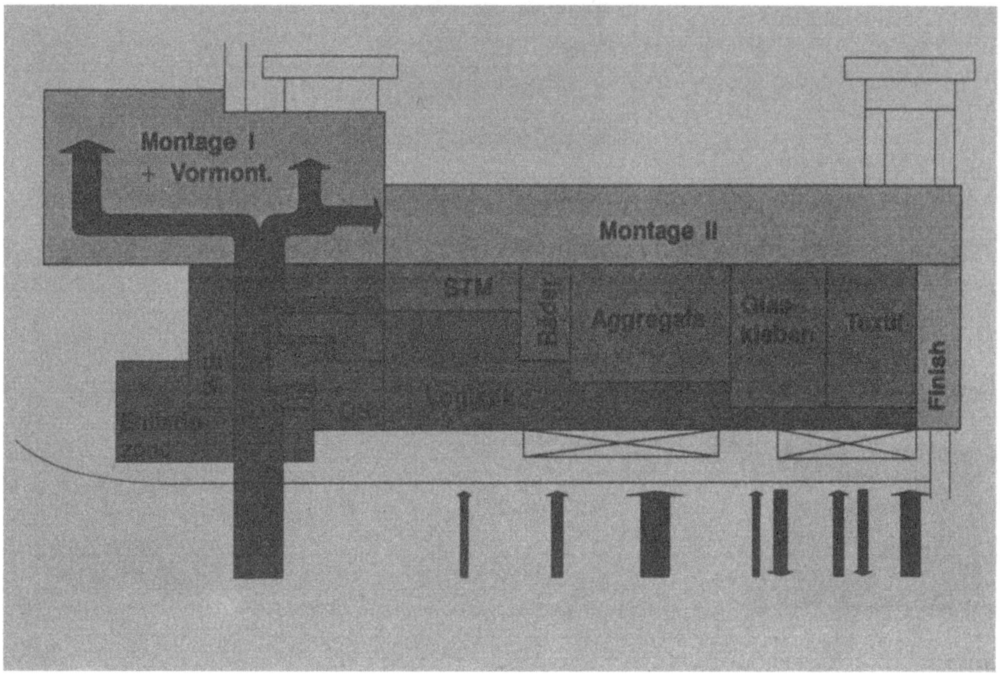

Bild 5

BMW Marktsegment

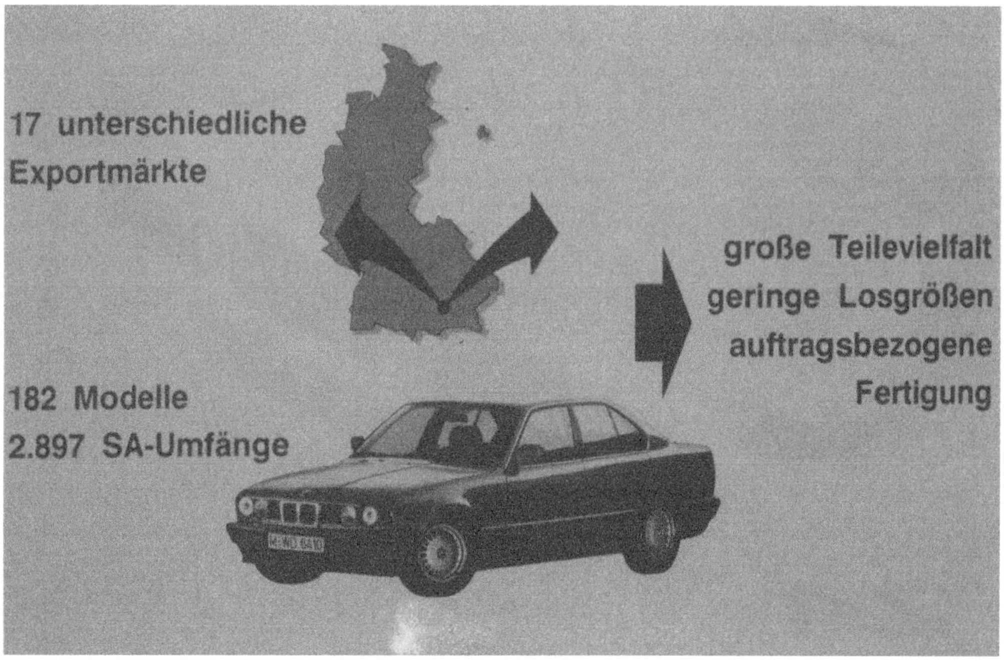

Bild 6

Magisches Dreieck

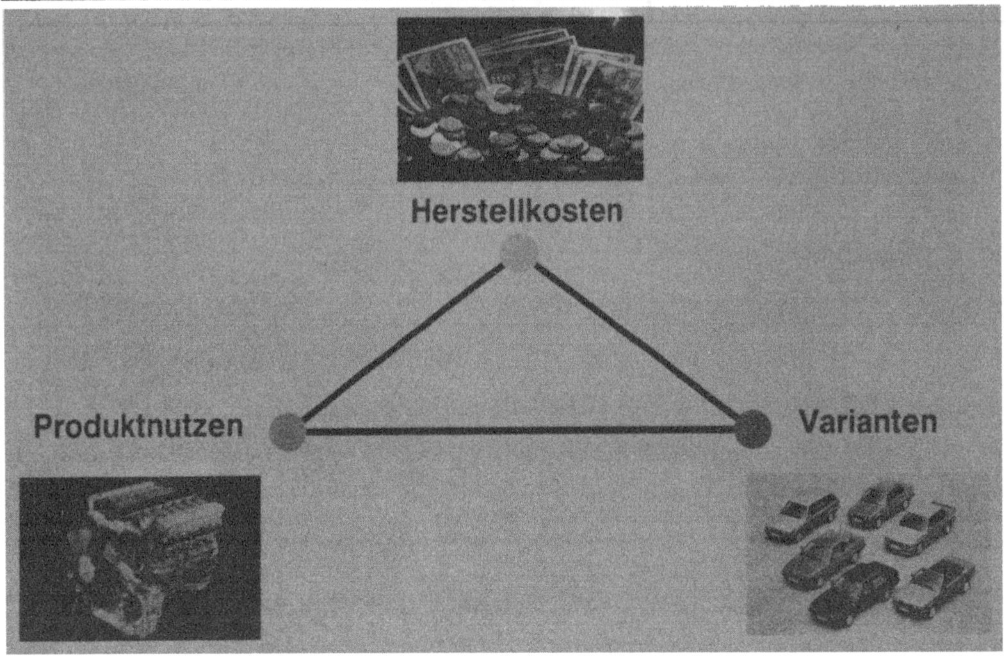

Bild 7

Z1 - Chassis und Außenhautteile

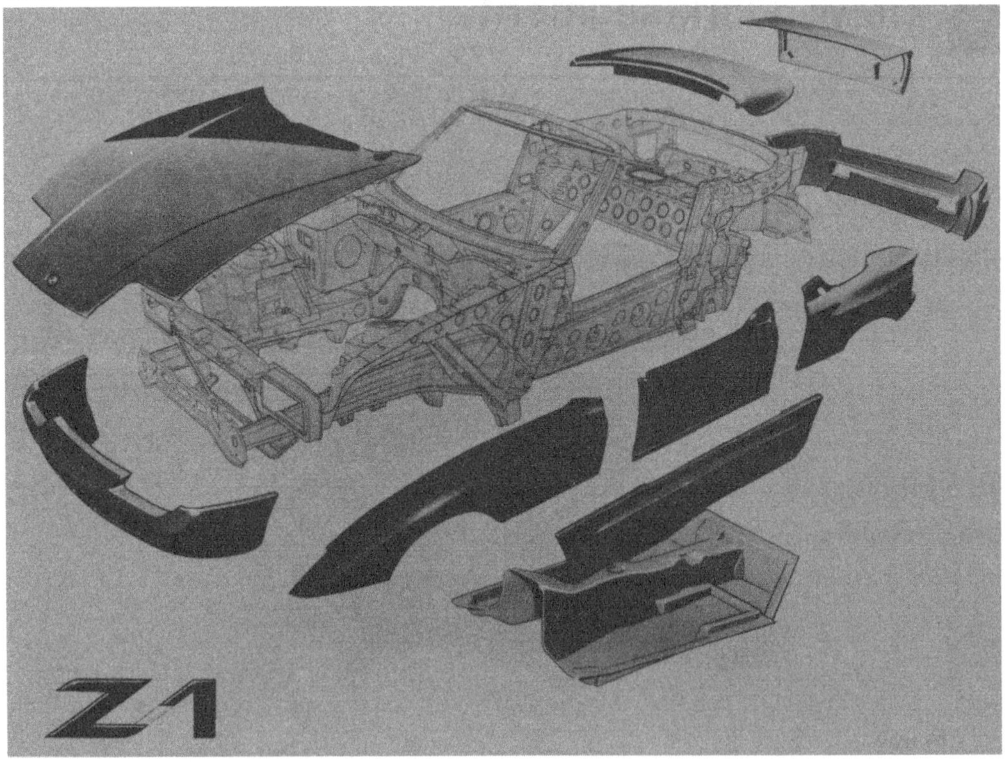

Bild 8

Freiprogrammierbarer Lackierautomat

Bild 9

Klebstoffauftrag mit Industrieroboter

Bild 10

Einbau von Fahrwerk und Antriebsstrang

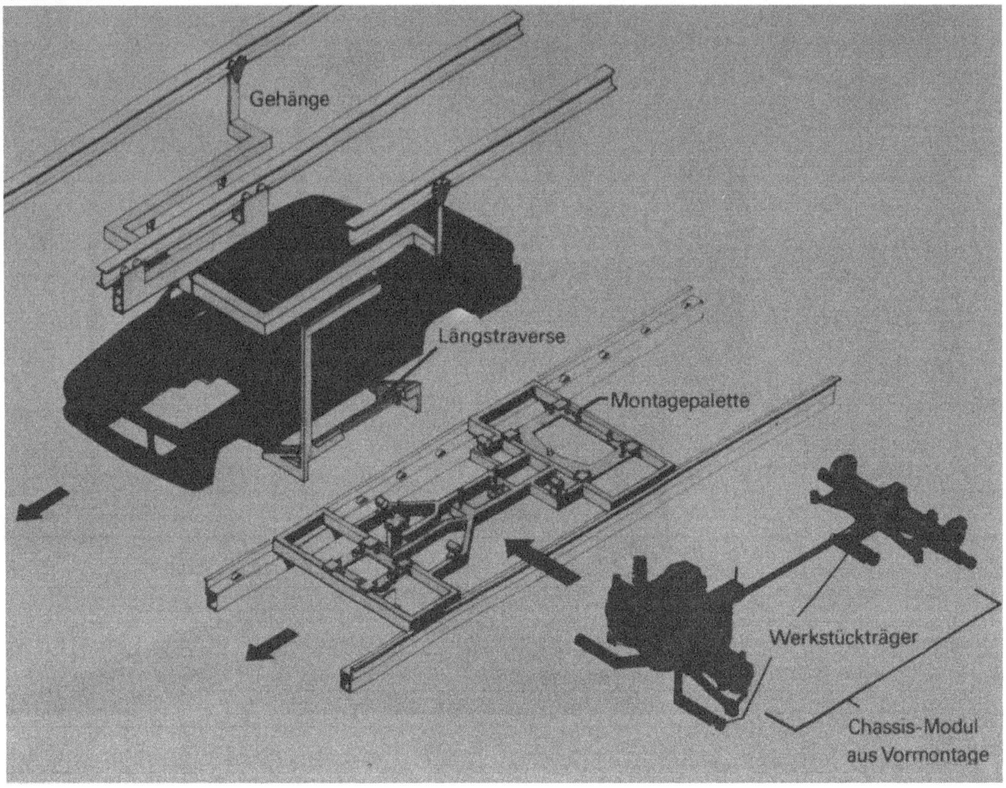

Bild 11

Motorenmontage im Werk Steyr

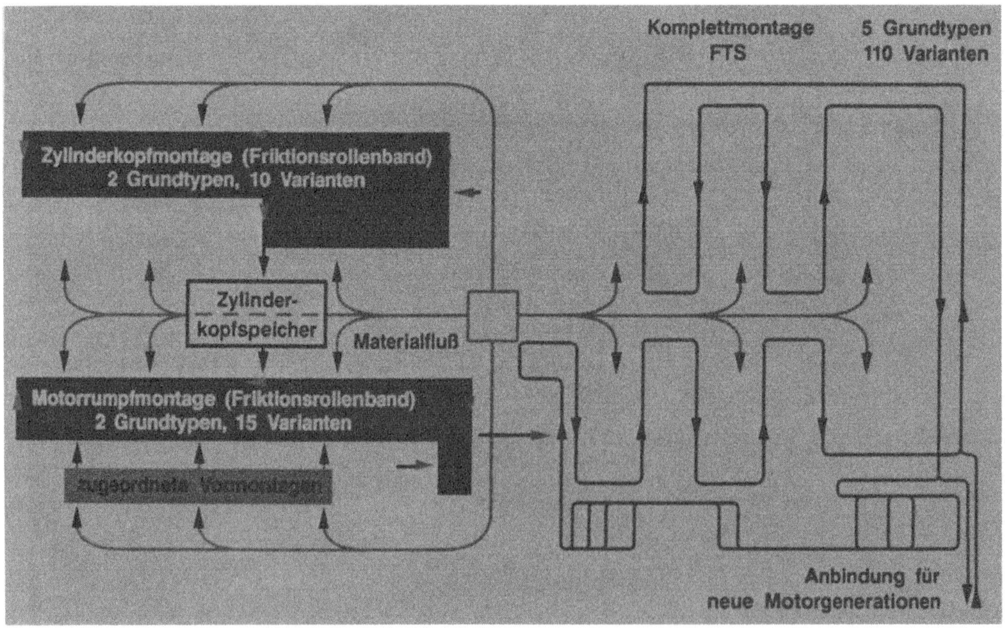

Bild 12

Verkürzung der Zeit zwischen Entwicklungsbeginn und Serienanlauf durch CAD/CAM

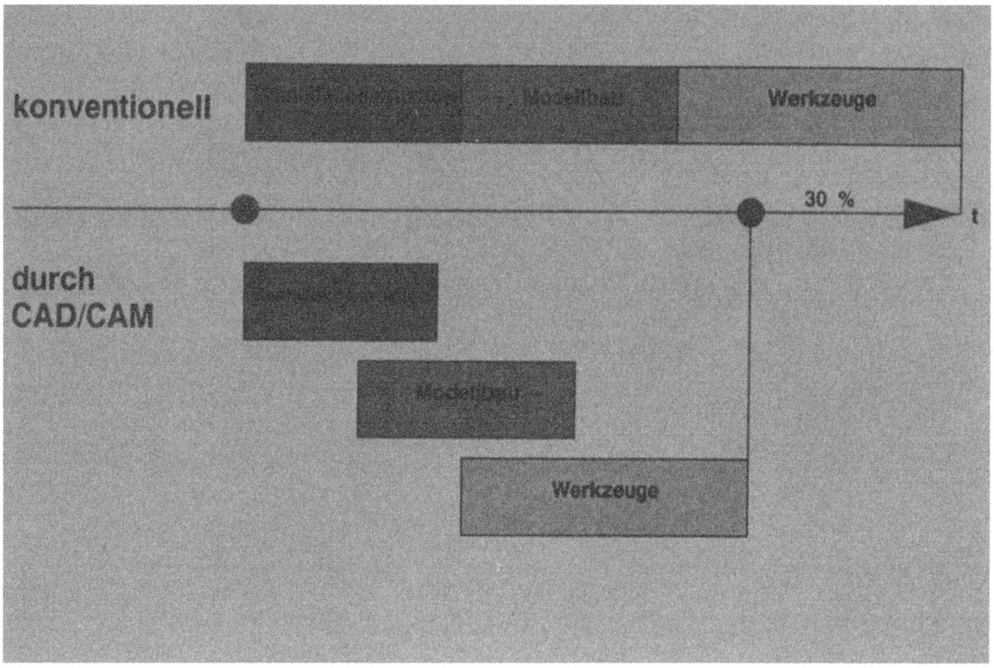

Bild 13

MÜNCHENER KOLLOQUIUM '88

WETTBEWERBSVORTEILE DURCH INTEGRATION

IN PRODUKTIONSUNTERNEHMEN

24. UND 25. MÄRZ 1988

MÜNCHEN

ENTWICKLUNG UND FERTIGUNG – KONFRONTATION ODER KOOPERATION?

BEITRÄGE DER ENTWICKLUNG IM HINBLICK AUF BEHERRSCHBARE UND WIRTSCHAFTLICHE FERTIGUNGSPROZESSE

Dr.-Ing. Wolfgang Reitzle

BMW AG

TECHNISCHE UNIVERSITÄT MÜNCHEN

INSTITUT FÜR WERKZEUGMASCHINEN

UND BETRIEBSWISSENSCHAFTEN

Entwicklung und Fertigung – Konfrontation oder Kooperation?
– Beiträge der Entwicklung im Hinblick
auf beherrschbare und wirtschaftliche Fertigungsprozesse

---

1. Einleitung
2. Das Automobil – Anspruchsvoll in Anforderungen und Realisierung
3. Zusammenarbeit Entwicklung – Fertigung
   – Eine nicht nur unlösbare Konfliktsituation
4. Forschungs- und Ingenieur-Zentrum – Die BMW Lösung "unter einem Dach"
5. Schlußbemerkung

1. Einleitung

Die Fertigung ist der auf die Produktentwicklung direkt folgende Schritt industrieller Tätigkeit - wie ist da die Frage "Konfrontation oder Kooperation" zu verstehen? Das Gesamtunternehmen muß sich am Markt durchsetzen und darf seine Kräfte nicht bei internen Auseinandersetzungen verbrauchen.

Eine genaue Analyse der Aufgaben und Tätigkeiten beider Unternehmensbereiche zeigt jedoch, daß hier durchaus Konfliktsituationen bestehen :

- Der typische Entwickler ist fast immer geneigt, sein Produkt, dem neuesten Stand der Technik entsprechend, mit möglichst vielen und anspruchsvollen Funktionen auszustatten, und das bei optimaler Qualität und Zuverlässigkeit.

- Der Fertigungstechniker andererseits denkt ebenfalls an eine gleichbleibend hohe Qualität seiner Produkte. Er hat dabei aber immer deren wirtschaftliche Realisierung im Auge, und damit die vielfältigen, teilweise sehr empfindlichen Prozesse vom Rohmaterial bis zum Endprodukt, bei denen trotz größter Sorgfalt doch so manche Fehler auftreten können.

Diese Problematik ist gerade beim Automobil, dem komplexesten, in großen Serien hergestellten und damit erschwinglichen, vielleicht in der Formel

HighTech - LowCost - HighVolume

charakterisierbaren Konsumgut unserer Zeit von besonderer Bedeutung.

2. Das Automobil - Anspruchsvoll in Anforderungen und Realisierung

Das Automobil hat sich, aus einfachsten Anfängen heraus, vor allem in den letzten Jahrzehnten zu einem hochkomplexen System aus i.allg. 10 bis 20 000 Einzelteilen entwickelt, das viele hundert, zum Teil gegenläufige Anforderungen zu erfüllen hat, und in dem die unterschiedlichsten physikalisch-technischen Effekte wirksam sind.

Die Komplexität zeigt sich auch bei den vielfältigen Zielen, Einflußfaktoren und Randbedingungen (siehe *Bild 1*) sowie der großen Zahl daraus folgender Zielkonflikte, die bei der Entwicklung anspruchsvoller, für große Serien geeigneter Fahrzeuge zu berücksichtigen sind. Im vorliegenden Beitrag werden, dem Thema entsprechend, schwerpunktmäßig die beiden Bereiche

- Funktionsprinzipien, Werkstoffe, Produkttechnologien

sowie

- Fertigungstechnologien

behandelt.

Trotz des nach mehr als 100 Jahren erreichten Standes ist die Entwicklung der Anforderungen und der Realisierungsmöglichkeiten noch lange nicht am Ende angelangt.

So wird beispielsweise der Energieverbrauch ohne Benachteiligung der Transportleistung weiter abnehmen (*Bild 2*) - der spezifische Energieverbrauch heutiger Motoren beträgt übrigens nur noch 20 % derjenigen der Anfangszeit.

Auch bei der aktiven oder der passiven Sicherheit (*Bild 3*) ist heute schon ein hoher Stand erreicht; weitere Fortschritte, wie z.B. beim Seitenschutz, zeichnen sich ab.

Die Schadstoff-Emissionen konnten in den letzten 15 Jahren drastisch verringert werden (*Bild 4*); weitere Verbesserungen sind fast nur noch mit großem Aufwand erzielbar.

Die Notwendigkeit, die vielfältigen Teilfunktionen der Fahrzeuge an die jeweiligen Betriebsbedingungen optimal anpassen zu können, hat in den letzten 20 Jahren zu einem fast explosionsartigen Anstieg des Elektronikeinsatzes geführt (*Bild 5 und 6*). Es gibt heute kaum noch eine wichtige Funktion, bei der die Elektronik nicht mehr beteiligt ist.

Schließlich will sich der Mensch im Fahrzeug auch subjektiv wohlfühlen - die verschiedenen Aspekte des Fahrkomforts haben deshalb einen früher für undenkbar gehaltenen Stand erreicht (*Bild 7*).

Ist es da ein Wunder, daß der Entwickler permanent auf der Suche ist nach immer besseren konstruktiven Lösungen, nach neuen Werkstoffen, nach immer gezielterer Anpassung des Fahrzeugs an die so unterschiedlichen Einsatzbedingungen durch Steuerungen und Regelungen, mit der Konsequenz, daß das Fahrzeug laufend komplizierter wird?

Oder ist es da ein Wunder, daß der Fahrzeughersteller zur Befriedigung der steigenden Kundenansprüche immer neue Modellvarianten anbieten muß (*Bild 8*), was der Fertigung neben der Steigerung der Komplexität ebenfalls zusätzliche Aufgaben und Probleme bringt?

3. Zusammenarbeit Entwicklung - Fertigung - Eine nicht nur unlösbare Konfliktsituation (*Bild 9*)

Ein wohl typisches Beispiel für eine komplexe Konstruktion im Automobilbau stellt der neue BMW 12-Zylinder-Motor dar (*Bild 10*). Schon kleine Bauteil-Fehler könnten dabei gravierende Auswirkungen haben. Jahrzehntelange Zusammenarbeit von Entwicklung und Fertigung haben, ausgehend von einfachen Anfängen, den heutigen Stand, der hochstehende Funktion mit wirtschaftlicher Fertigung vereint, ermöglicht.

Anspruchsvolle Werkstoffe führen nicht selten zu Bearbeitungsproblemen, wie das Beispiel eines Bauteils aus tiefgezogenem Aluminium zeigt (*Bild 11*); auch hier führt nur die gemeinsame Weiterentwicklung hinsichtlich Konstruktion (Bauteilgeometrie), Werkstoffe (Legierungen) und Bearbeitung (Tiefziehwerkzeuge, Tribologie) zu verbesserten Lösungen.

Als Beispiel für die Montageproblematik sei der Einbau des Antriebsaggregates in das Fahrzeug (*Bild 12*) erwähnt. Eine besonders fertigungsfreundliche Lösung ist hier die Anbringung des Aggregates und des gesamten Antriebsstranges an der Fahrzeug-Unterseite; vom Standpunkt optimaler Karosserieeigenschaften ist jedoch eine Bodengruppe mit voll integrierter Trägerstruktur zu bevorzugen, eine Lösung, die das "Einfädeln" des Aggregates von oben in den Motorraum erforderlich macht.

Zur Lösung dieses Zielkonfliktes kommen vor allem verschraubbare Trägerelemente infrage, bei denen die statischen und dynamischen Steifigkeiten (in allen 3 Raumrichtungen!) denjenigen verschweißter Träger entsprechen. Da derartige Schraublösungen sehr teuer sind, muß in solchen Fällen genau geprüft werden, ob höhere Kosten für die Konstruktion oder andererseits für die Fertigung aufgewendet werden sollen.

Es zeigt sich also, daß zweifellos vorhandene Konfliktsituationen zwischen Entwicklung und Fertigung durch die an sich schon lange bekannte

- fertigungsgerechte Konstruktion,

die in enger Kooperation zwischen beiden Funktionsbereichen entwickelt wird, bewältigt werden kann.

Der Fertigungsplaner ist dabei für den Konstrukteur einerseits

- kritischer Beurteiler,

(vor allem hinsichtlich Termin- und Kostendisziplin), andererseits aber auch

- wohlwollender Ratgeber

und strengt sich seinerseits an, den anspruchsvollen Terminplan mit dem festgelegten Serienanlauftermin (*Bild 13*) einzuhalten.

Schwierigkeiten bereiten manchmal die sog. "Änderungen", die den gesamten Entwicklungsprozeß begleiten, und nicht immer auf Gegenliebe bei Fertigungstechnikern und Kostenverantwortlichen stoßen.

Zu diesem Thema sei folgendes festgestellt:

Die Entwicklung komplexer Systeme ist nun einmal ein iterativer Optimierungsprozeß, der wegen der (besonders beim Automobil) fast unüberschaubar großen Zahl von Zielkonflikten nicht allein am Zeichenbrett oder am Computer ablaufen kann. Viele Feinheiten, z.B. die Fahrwerksabstimmung oder die Lebensdauer nichtmetallischer Bauteile, können dabei erst in der Hardware-Phase, manchmal erst nach längerer Erprobung erkannt und dann entsprechend modifiziert werden.

Änderungen stellen somit für Entwicklung und Fertigung notwendige Feinschliffmaßnahmen zur Erreichung einer hohen Produktqualität schon zum Serienanlauf dar.

Die intensive Zusammenarbeit beider Bereiche hat aber noch einen weiteren wichtigen Vorteil:

- Prozeßinnovation ermöglicht nämlich nicht selten erst Produktinnovation!

Je frühzeitiger der Konstrukteur erfährt, daß im Hause ein neues Gießverfahren, eine neue Oberflächenbehandlung oder ein unkonventionelles Fügeverfahren zur Serienreife gebracht wurde, umso eher kann er die neuen Verfahren bei seinen Konstruktionen berücksichtigen.

Ein Beispiel hierzu zeigt die hintere Radhausgestaltung des neuen 5er BMW (*Bild 14*). Bisher mußte die Umlaufkante am Radhausfalz relativ weit überstehen, damit für die Gegenelektrode der Schweißzange genügend Raum vorhanden war.

Durch die Einführung des Laserschweißens kann diese Kante deutlich verkürzt werden, was funktionale und stilistische Vorteile mit sich bringt.

Ein weiteres Beispiel stellt die akustisch und gewichtsmäßig optimierte Ölwanne des 12-Zylinder-Motors in Sandwichbauweise (Blech/Kunststoff) dar (*Bild 15*).

Ein für BMW klassisches Beispiel für die Realisierung von Produktinnovationen als Folge von Prozeßinnovationen, zeigt die Instrumententafel in Kunststoff-Integralbauweise (*Bild 16*). Erst die Kunststoff-Technologie ermöglicht die integrierte Realisierung von mehreren Bauteilen unterschiedlicher Funktionen (insbesondere Ergonomie und Aufprallschutz) bei optisch und haptisch besonders ansprechender Gestaltung.

Aber auch die Entwicklung bemüht sich fortlaufend, ihre "Hausaufgaben" immer besser zu erledigen.

Das beginnt mit der frühzeitigen Absicherung neuer Funktions- und Konstruktions-Lösungen in Forschung und Vorentwicklung, und wird mit gründlicher Konstruktionsarbeit, unterstützt durch umfangreiche rechnerische Vorausoptimierung (Beispiele CAE-Einsatz in *Bild 17*) in der Serienentwicklung fortgesetzt. Sobald erste Hardware vorliegt, werden sofort Laborversuche (*Bild 18*) und Straßenerprobung mit Versuchsträgern aufgenommen. Im Prototypen- und Musterbau schließlich werden alle Gesichtspunkte der Montage und der Maßhaltigkeit gemeinsam mit der Fertigungsplanung optimiert. Die letzte Stufe schließlich ist das Pilotwerk, in dem die Serienfertigung unter Realbedingungen geprobt und optimiert wird.

Einen wichtigen Beitrag kann die Entwicklung für die Fertigung durch Vermeidung extremer Toleranzforderungen leisten. Als Beispiel aus dem Karosseriebereich des neuen 5er BMW seien hierzu "gutmütige" Dichtungssysteme genannt (*Bild 19*), die zwar konstruktiv aufwendiger sind als herkömmliche Dichtungen, dafür aber an kritischen Stellen etwas großzügigere Toleranzen ohne Zunahme an Undichtigkeit und Windgeräusch erlauben.

Die Entwicklung schafft oder vermeidet Fertigungsprobleme nicht nur in Details, sondern auch in Fragen des gesamten Fahrzeugkonzeptes.

Ein in dieser Hinsicht immer wichtiger werdender Aspekt betrifft den Aufbau der Karosserie aus Vormontage-Einheiten (*Bild 20*), eine Richtung, die eine Reihe von Vorteilen aufweist, wie z.B.

- gute Zugänglichkeit, und damit entweder günstige Montage-Automatisierungs-Möglichkeiten oder gesteigerte Arbeitsergonomie für die Werker

- Prüfbarkeit der Teilsysteme schon vor der Endmontage

- gute Voraussetzungen für die Realisierung von Modellvarianten.

Vorteile, die sowohl der Flexibilität der Fertigung als auch der Qualität der Produkte zugutekommen.

Je größer die Zahl der Varianten und Modellfamilien, umso bedeutungsvoller wird für den Hersteller die Verwendung von "Gleichteilen" bzw. "Bauteilfamilien". So erstrebenswert Gleichteile vom wirtschaftlichen Standpunkt aus sind, es dürfen die einzelnen Modelle, wenn überhaupt, dann nur unwesentlich vom jeweiligen Optimum abweichen; das bedeutet, daß der kleinste Typ nicht durch Überdimensionierung Gewichts- und Kostennachteile aufweisen darf, genausowenig wie das leistungsfähigste Modell zu schwach dimensioniert sein darf.

Nach diesen Beispielen, die die Möglichkeiten der Zusammenarbeit Entwicklung - Fertigung aufzeigen, soll aber nicht verschwiegen werden, daß es auch Bereiche gibt, in denen die Entwicklung der Fertigung nicht oder nur unwesentlich entgegenkommen kann. Das gilt z.B. für einige Partien der Rohkarosserie, bei denen Strukturelemente aus Funktionsgründen ziehtechnisch ungünstige Querschnittsverläufe aufweisen müssen (Beispiel in *Bild 21*).

Bisher konnten auch einige schwierige Montagevorgänge noch nicht erleichtert werden. Ein wohl typisches Beispiel hierfür ist die Montage des Kabelbaumes (*Bild 22*), der stellenweise aus bis zu 500 Einzelleitungen und aus bis zu 2000 Einzelteilen besteht, und eine große Zahl von Verzweigungen aufweist. Die Verlegung dieses verzweigten Netzwerkes muß sich den Konturen der Karosseriestruktur sowie dem Bauraumbedarf wichtiger Komponenten anpassen. Der weiter zunehmende Umfang an Elektrik und Elektronik im Fahrzeug läßt dieses Problem, das schon heute zu den schwierigsten Fertigungsproblemen im Automobilbau gehört, immer gravierender werden. Es wird deshalb intensiv an neuen Technologien gearbeitet, die zumindest einen Teil der Problematik lösen sollen.

Neben funktionalen Ursachen gibt es manchmal auch stilistische Gründe, die der Fertigung Schwierigkeiten bereiten. Ein zwar für jedermann sichtbares, aber nur dem Fachmann bekanntes Beispiel ist die BMW typische Türgriffmulde (*Bild 23*), die aus der großflächigen Türaußenhaut gezogen wird. Da das Material aus der Fläche in die Mulde "hineinfließen" muß, ist die Einhaltung einer einwandfreien Oberfläche, bei der schon Abweichungen von 5/100 Millimeter optisch stören würden, eine anspruchsvolle Aufgabe.

Nach diesen produktbezogenen Beispielen der Zusammenarbeit soll noch kurz auf die Bedeutung moderner EDV-gestützter Arbeitsmethoden, wie CAD/CAM und damit CIM als unternehmensweit integriertes System hingewiesen werden, da hierüber in den letzten Jahren sehr viel berichtet und diskutiert wurde.

Diese Informationstechnologien mit der dazu notwendigen Hard- und Software stellen sozusagen die 1. Schiene des gesamten Informations- und Kommunikations-Flusses im Unternehmen dar.

So unverzichtbar und wichtig diese Methoden heute auch geworden sind, sie können jedoch keinesfalls die 2. Schiene, also die direkte Kommunikation der "Lifeware" ersetzen. Denn nur von "Mensch zu Mensch" können grundlegende Fragen, insbesondere der Unternehmensstrategie oder der Bewältigung grundlegender Zielkonflikte, behandelt und gelöst werden.

BMW hat hierzu ein eigenes Konzept entwickelt, das im folgenden behandelt werden soll.

4. Forschungs- und Ingenieur-Zentrum - Die BMW Lösung "unter einem Dach"

In der Automobilindustrie sind bisher üblicherweise nur die Abteilungen eines Ressorts, wie z.B. des Forschungs- und Entwicklungsbereiches, mehr oder weniger räumlich zusammengefaßt.

Das BMW Konzept dagegen sieht vor, daß diejenigen Funktionseinheiten, welche intensiv zusammenarbeiten, auch ressortübergreifend räumlich zusammengeführt sind (*Bild 24*).

Es handelt sich um Abteilungen der

- Forschung
- Entwicklung
- Fertigungsplanung
- Zentrallogistik

also Funktionen, welche die Kette vom Produktentwicklungs-Prozeß bis zur Produktion im Werk bilden.

Dies ist der Grundgedanke des von BMW bereits zu einem guten Teil realisierten und bezogenen "Forschungs- und Ingenieurzentrums" (*Bild 25*), in dem in der Endausbaustufe mehr als 6000 Mitarbeiter gemeinsam tätig sein werden.

Im neuen "FIZ" sitzt also der Konstrukteur, der beispielsweise für die Türkonstruktion zuständig ist, seinem Partner von der Fertigungsplanung direkt gegenüber. Ihr Arbeitsplatz liegt unmittelbar neben dem des Designers und in der Nähe des Prototypenbaues bzw. dem Rohbau des Pilotwerkes, damit sie ihre Arbeitsergebnisse möglichst direkt kontrollieren und optimieren können.

Das "Forschungs- und Ingenieurzentrum" ist für BMW damit die Idee, das Mittel und die Voraussetzung, um die Ziele eines effizienten Gesamtablaufs zur Entwicklung und Fertigung optimaler Automobile der Zukunft besser und schneller zu erreichen.

5. Schlußbemerkung

Gerade bei einem so komplexen Produkt wie dem Automobil ist die intensive Zusammenarbeit von Entwicklung und Fertigung ein Schlüsselfaktor für den Erfolg des Unternehmens. Unter Einsatz des gesamten heutigen Technik-know-hows und aller organisatorischer Möglichkeiten kann das Problem der fertigungsgerechten Konstruktion als weitgehend lösbar und in wichtigen Bereichen als gelöst betrachtet werden. BMW hat darüberhinaus ein Gesamtkonzept entwickelt und zur Realisierung gebracht.

Ausgehend von der konsequenten Nutzung verschiedener, an sich bekannter Prinzipien und Methoden, wie

- vorausoptimiertes Fahrzeugkonzept
- fertigungsgerechte Bauteilkonstruktion
- montagefreundliche Aggregatekonstruktion
- ressortübergreifender Einsatz computergestützter Informationssysteme,

werden alle betroffenen Abteilungen und Arbeitsabläufe durch eine entsprechende räumliche Integration so zusammengefaßt, daß Zeitverluste, Informationslücken und Abstimmungsprobleme so gering wie nur möglich gehalten werden.

BMW ist sicher, daß dieses Konzept zum Erfolg führen wird.

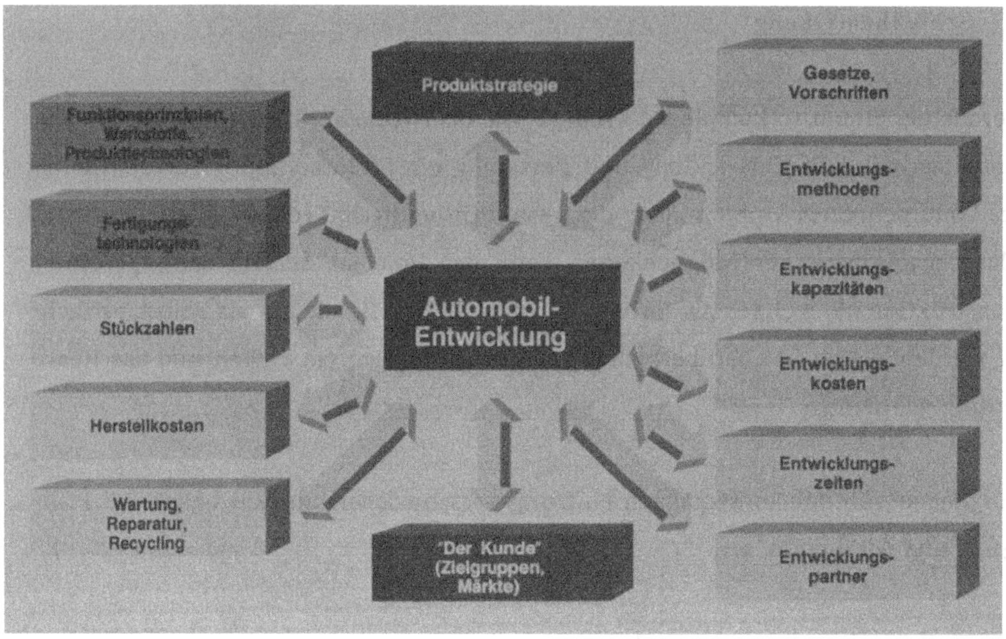

Bild 1 *Automobil-Entwicklung, Problembewältigung im Spannungsfeld einer n-dimensionalen Komplexität von Zielen und Einflußfaktoren*

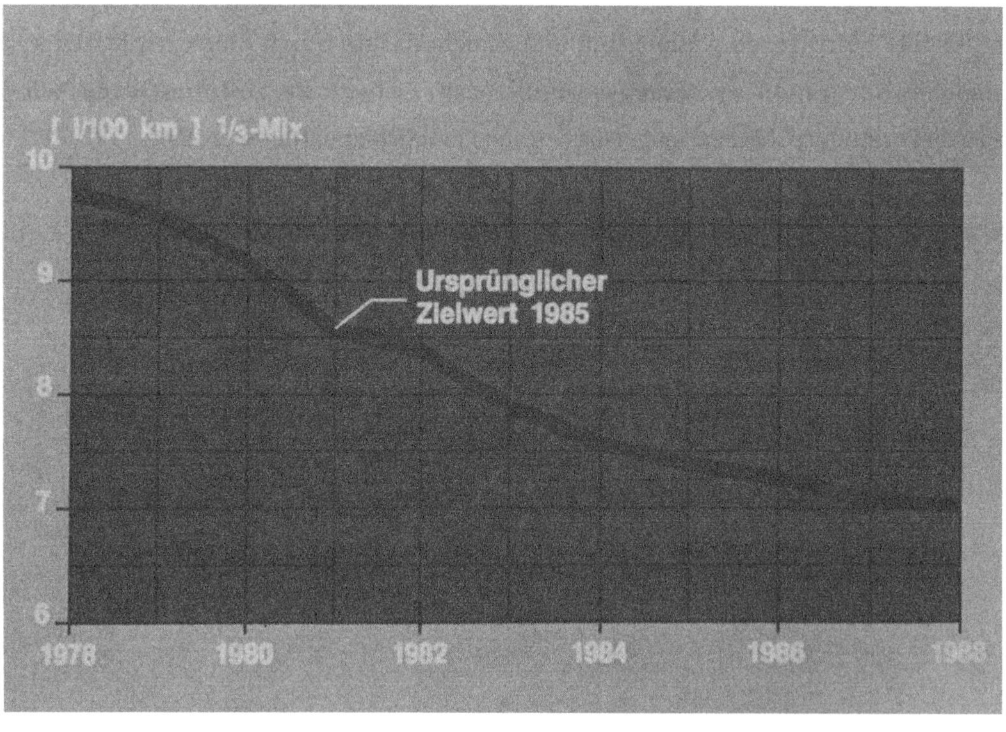

Bild 2 *Entwicklung des Kraftstoffverbrauchs*

Bild 3 35 mph Frontal-Crash – BMW 5er-Reihe

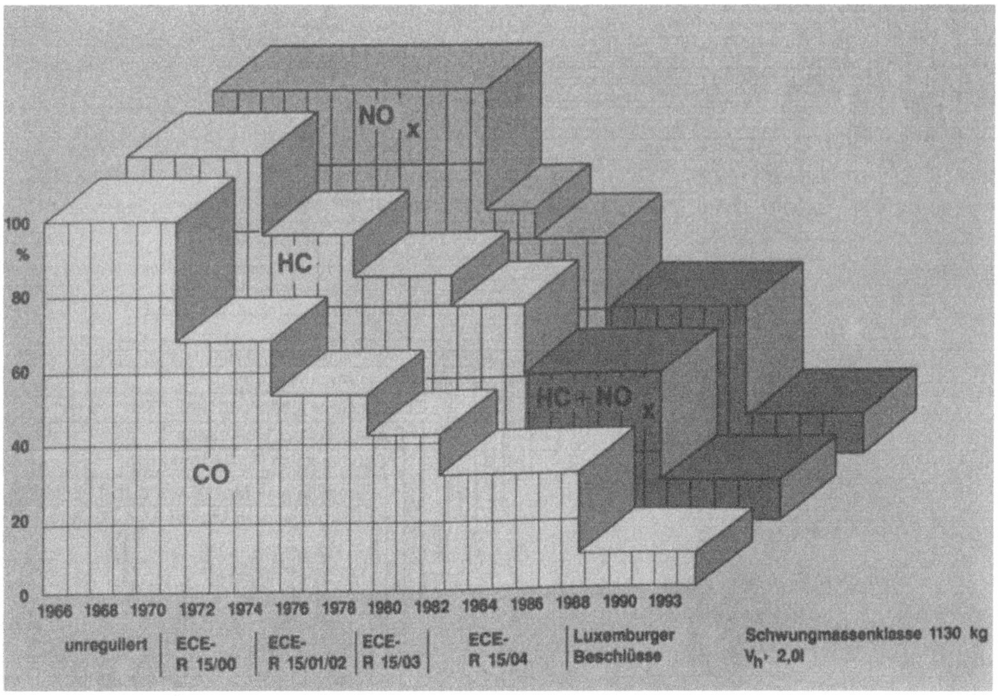

Bild 4 Reduktion der Abgasgrenzwerte

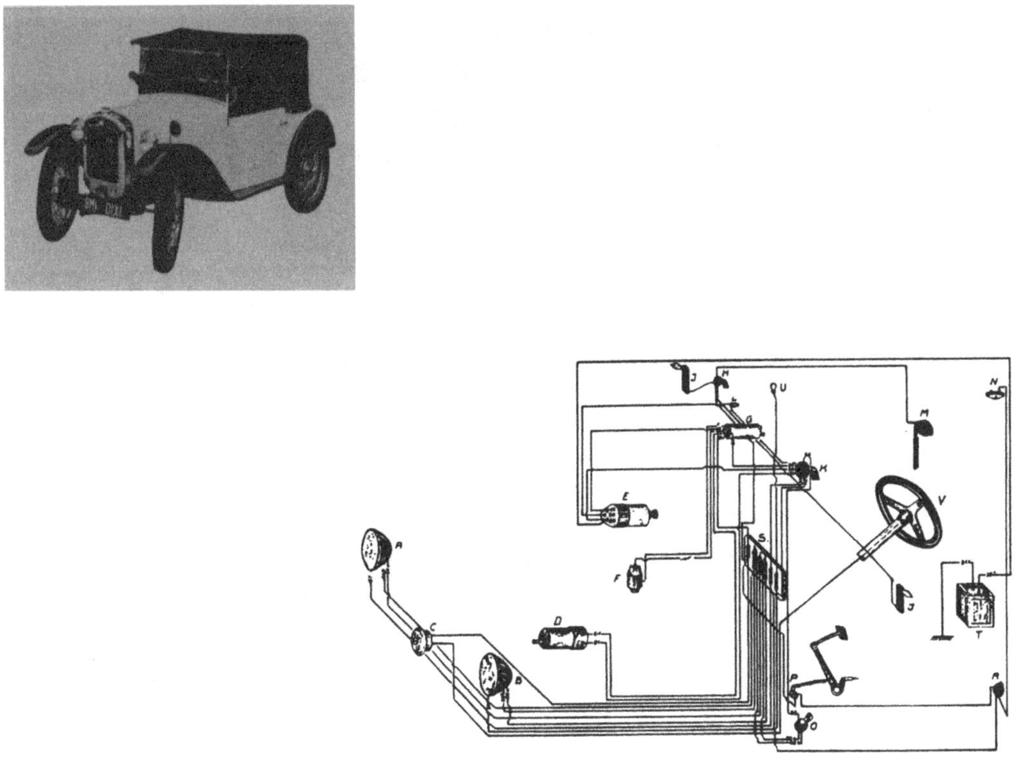

Bild 5 Fahrzeugelektrik Anfang der 30er Jahre – BMW Dixi

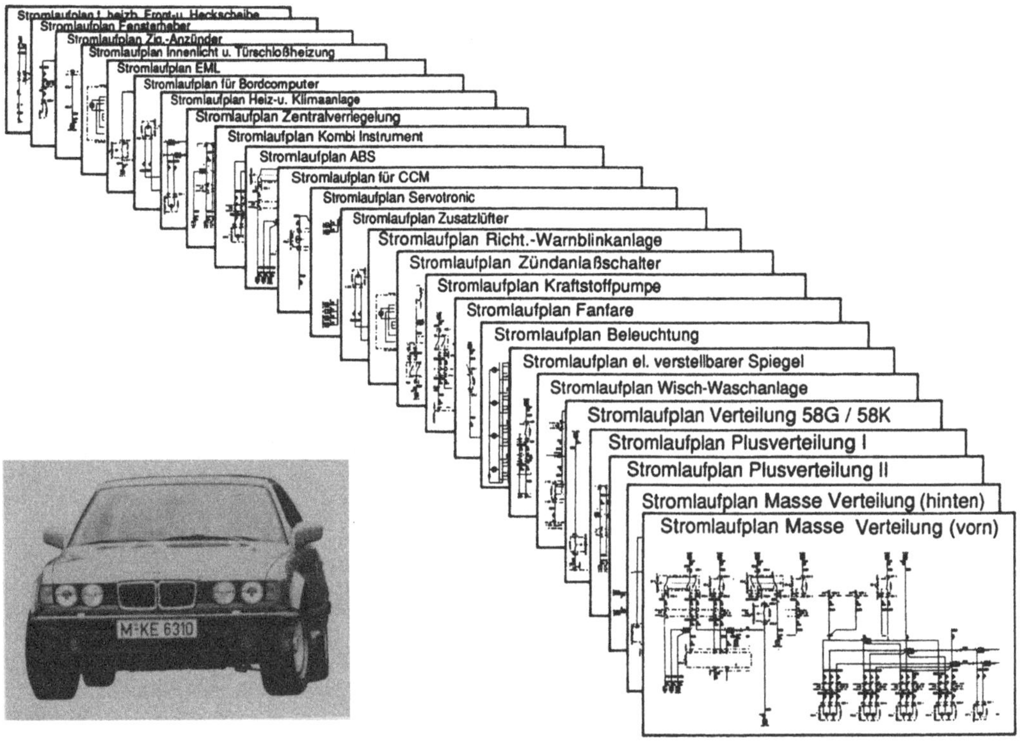

Bild 6 Fahrzeugelektrik heute – BMW 750iL

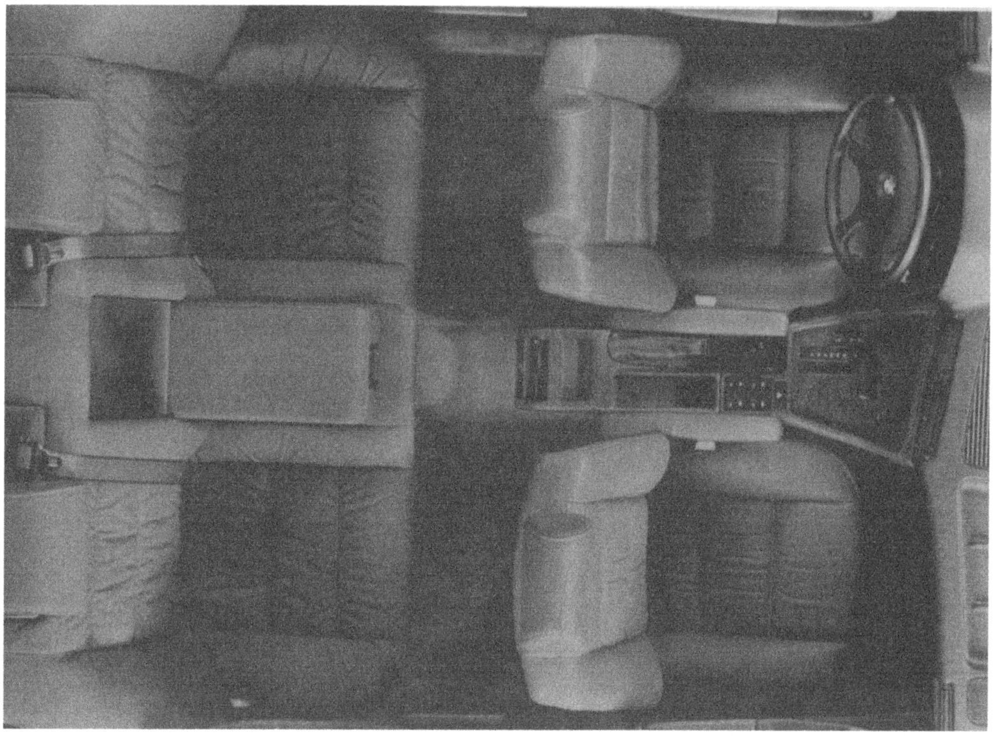

Bild 7 Komfort im BMW 750iL

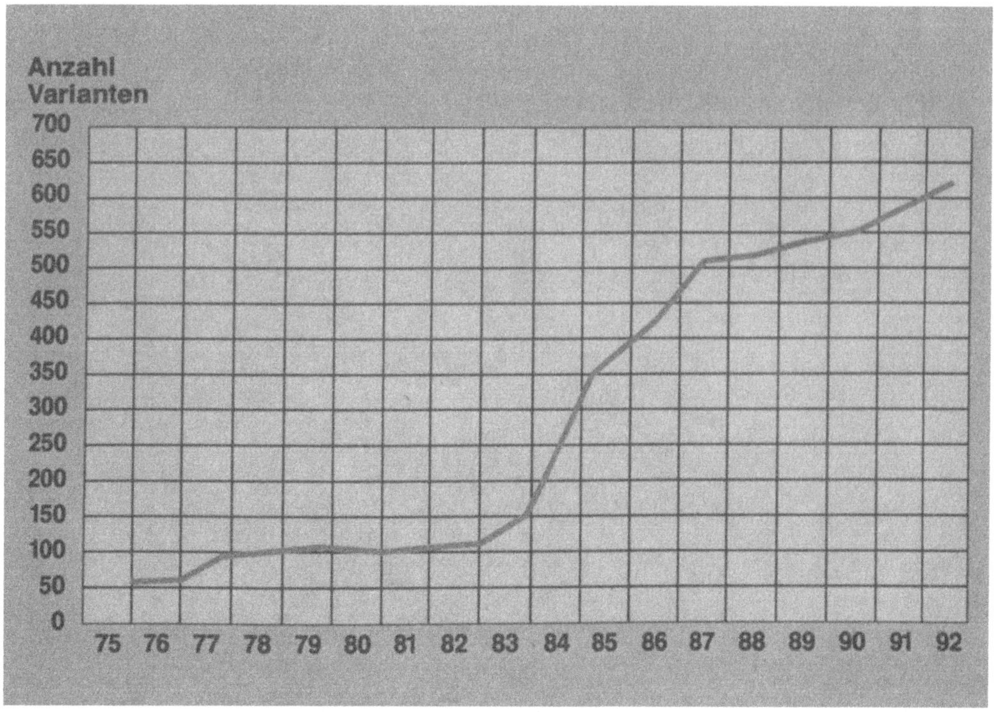

Bild 8 Zunahme der Variantenvielfalt

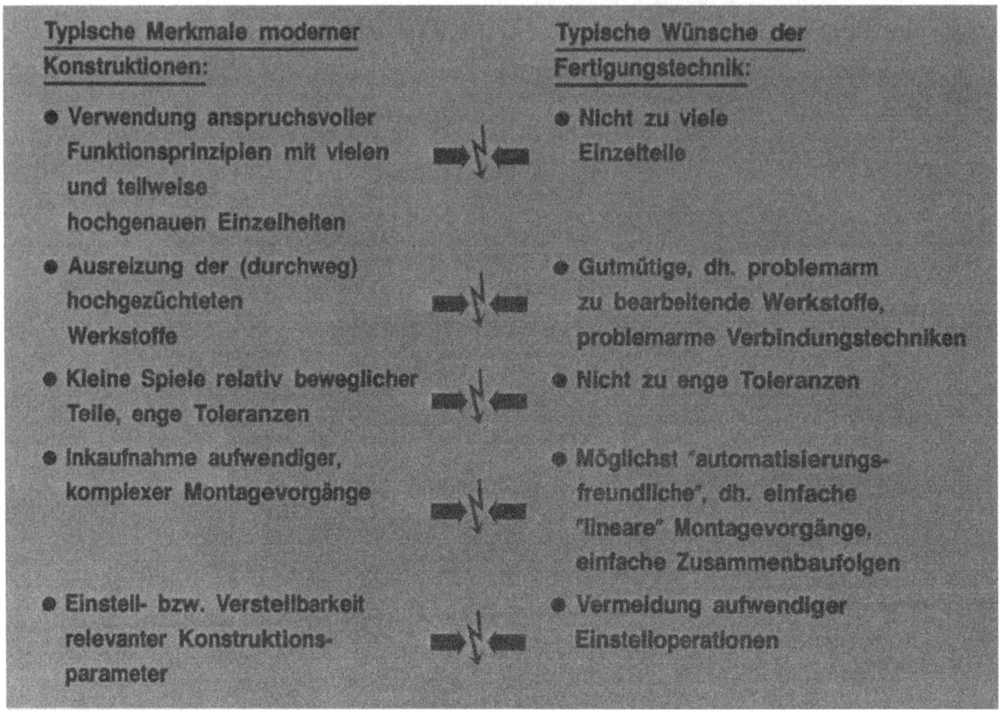

Bild 9 Konstruktion und Fertigung – Beispiel für Zielkonflikte

Bild 10 BMW 12-Zylinder-Motor

Bild 11 Fließfiguren eines Aluminiumtiefziehteiles

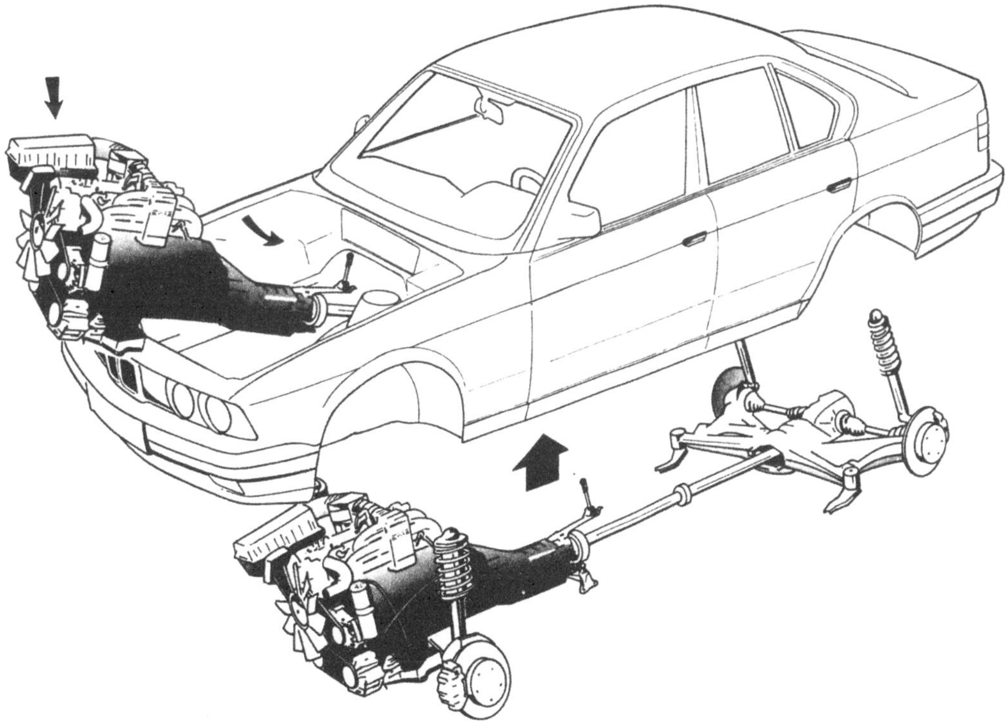

Bild 12 Montageproblematik beim Einbau des Antriebsstranges

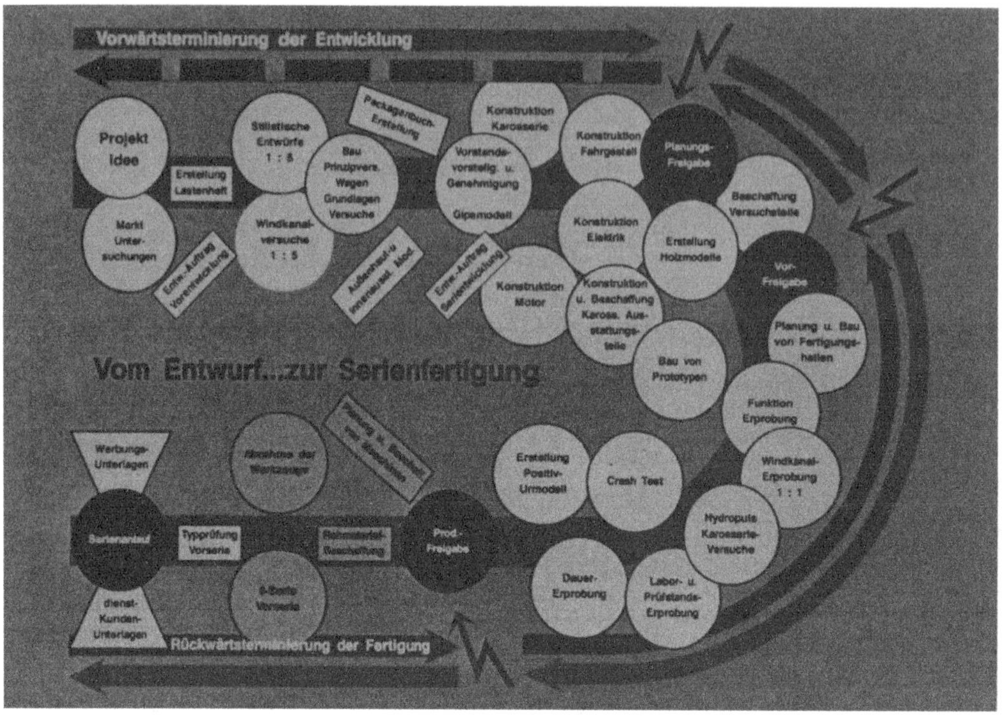

Bild 13 Meilensteinplan der Fahrzeugentwicklung und der Fertigungsplanung

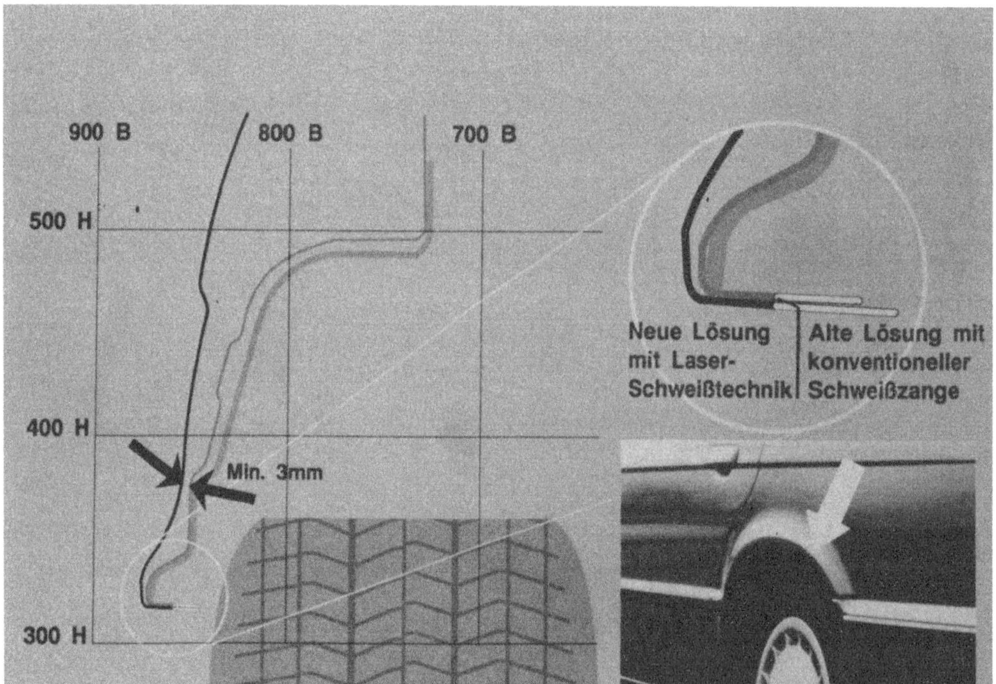

Bild 14 Verkürzung des Schweißflansches durch Einsatz der Laserschweißtechnik am Beispiel Radhaus BMW 5er-Reihe

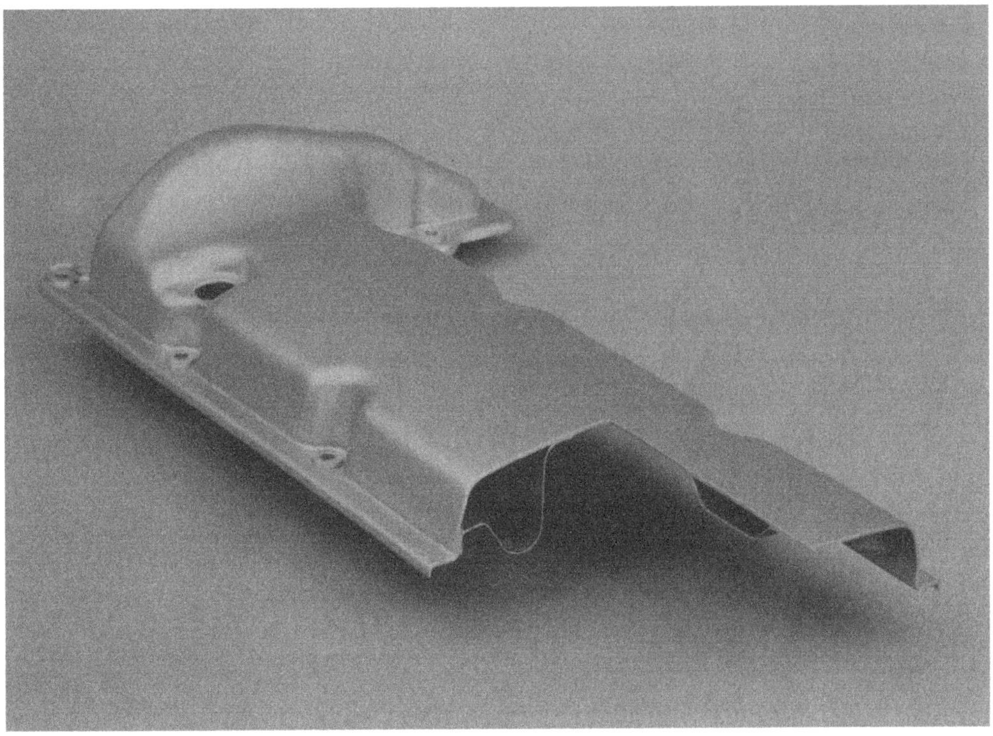

Bild 15 Sandwichbauweise der akustisch optimierten Ölwanne – BMW 12-Zylinder-Motor

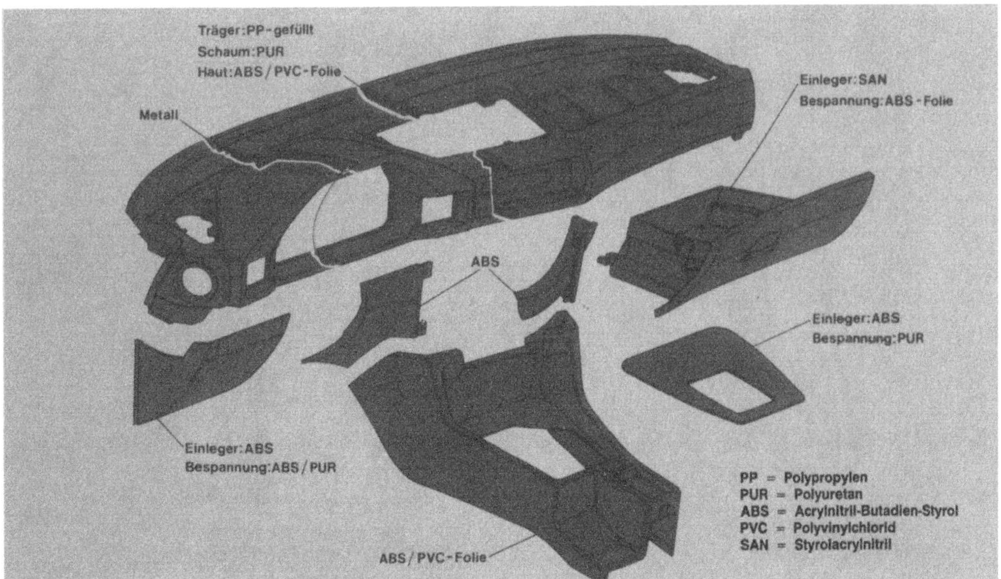

Bild 16 Instrumententafel und Ablagefächer – BMW 5er-Reihe

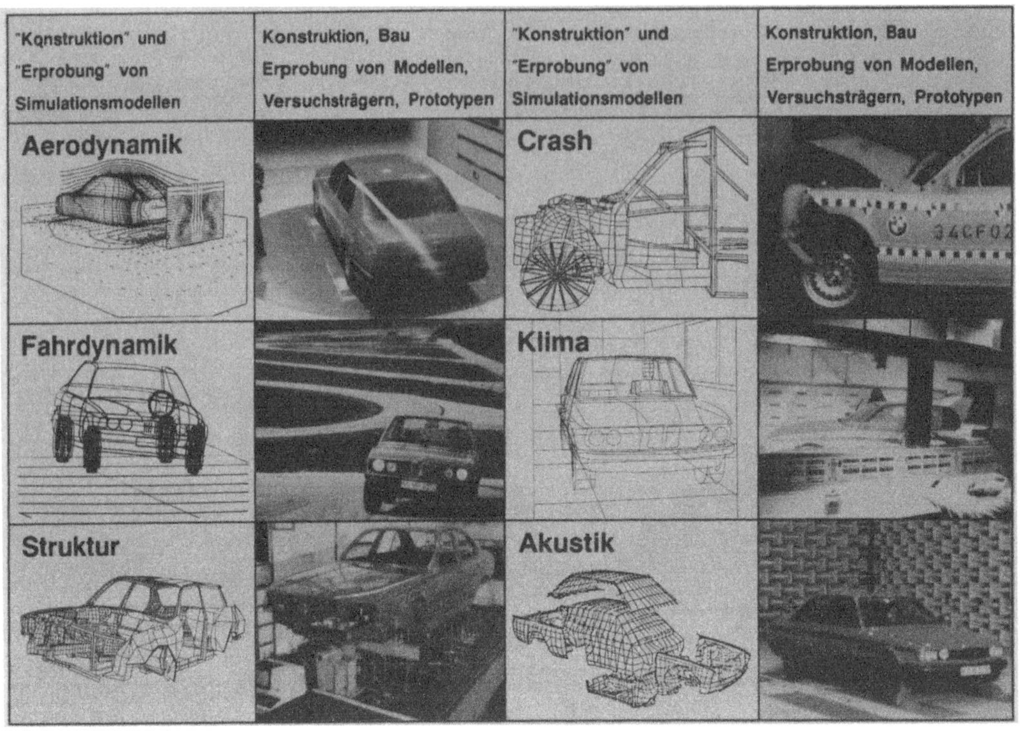

Bild 17 CAE–Einsatz bei BMW

Bild 18 Fahrdynamischer–Räder–Prüfstand (FDRP)

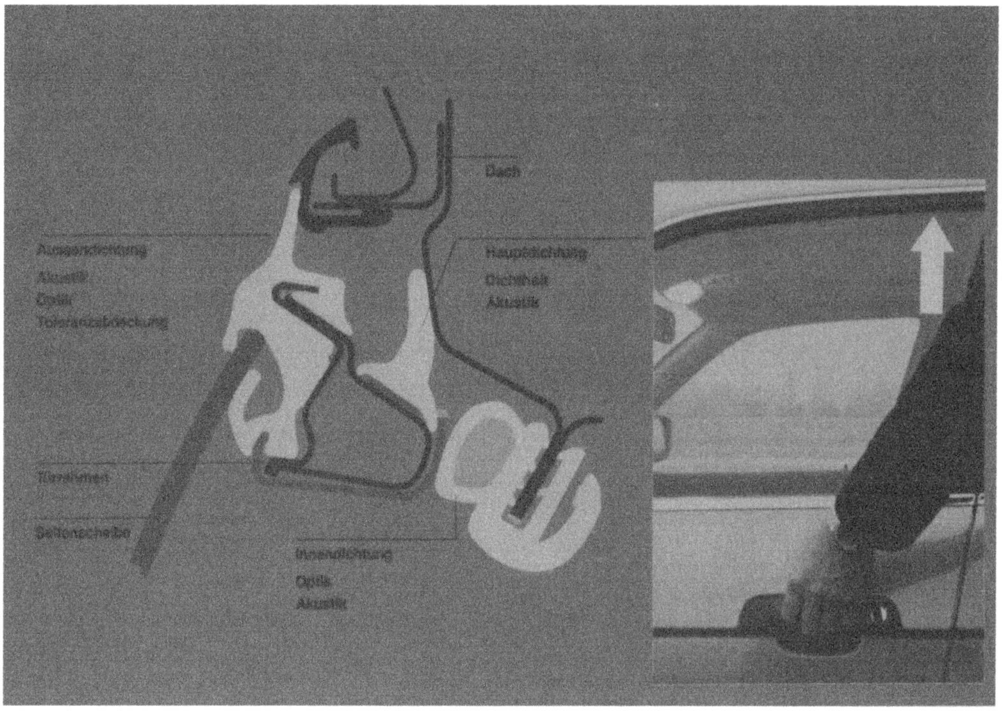

Bild 19 Dreifach Türdichtungen BMW 5er–Reihe

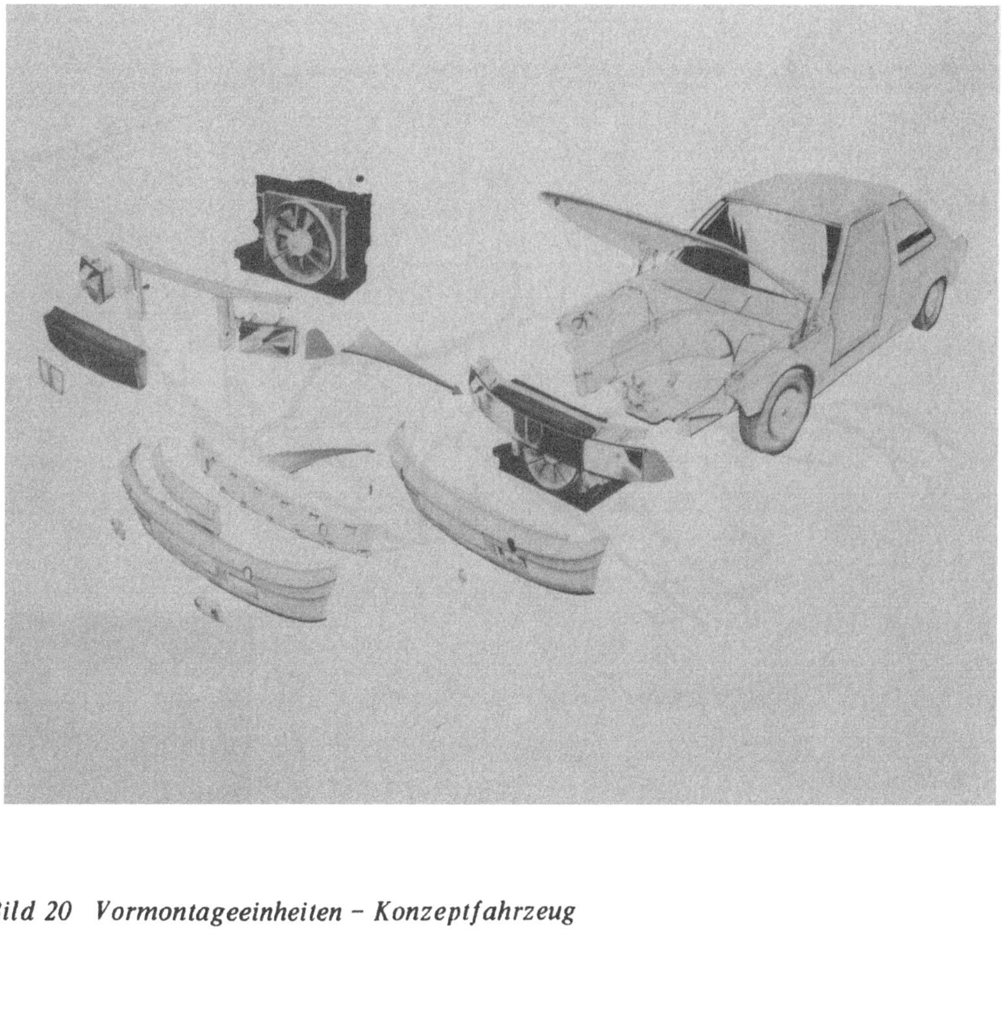

Bild 20 Vormontageeinheiten – Konzeptfahrzeug

Bild 21 U-Profilträger mit Querschnittsverjüngung

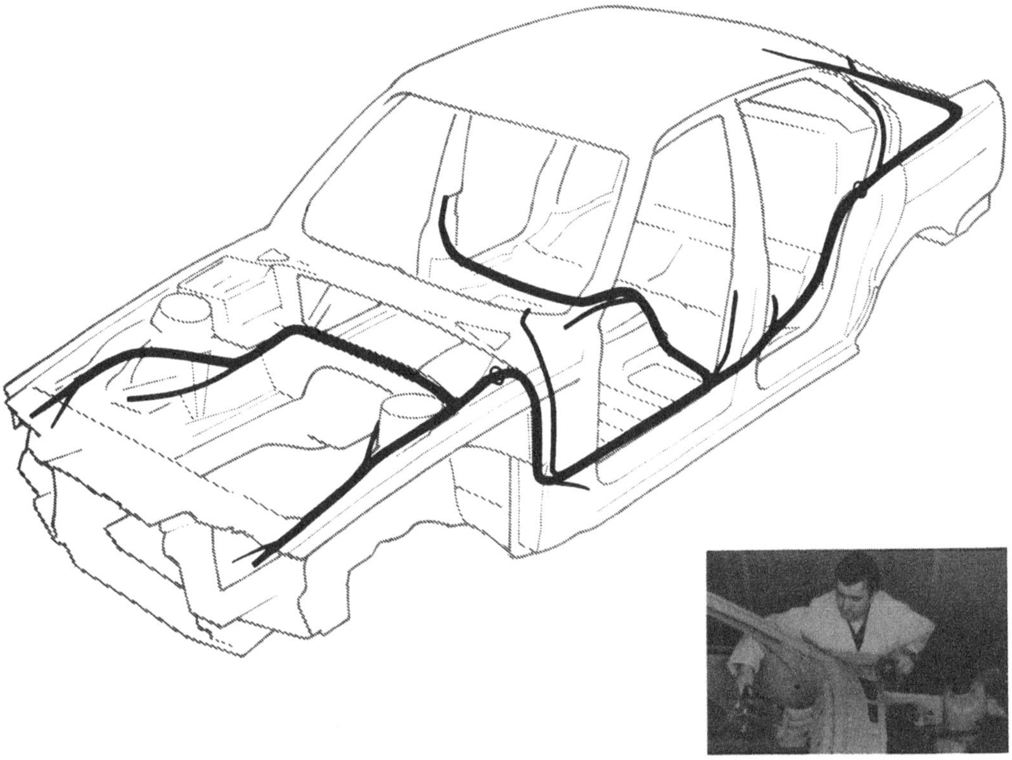

Bild 22 Automatisierungsunfreundliche Kabelbaummontage

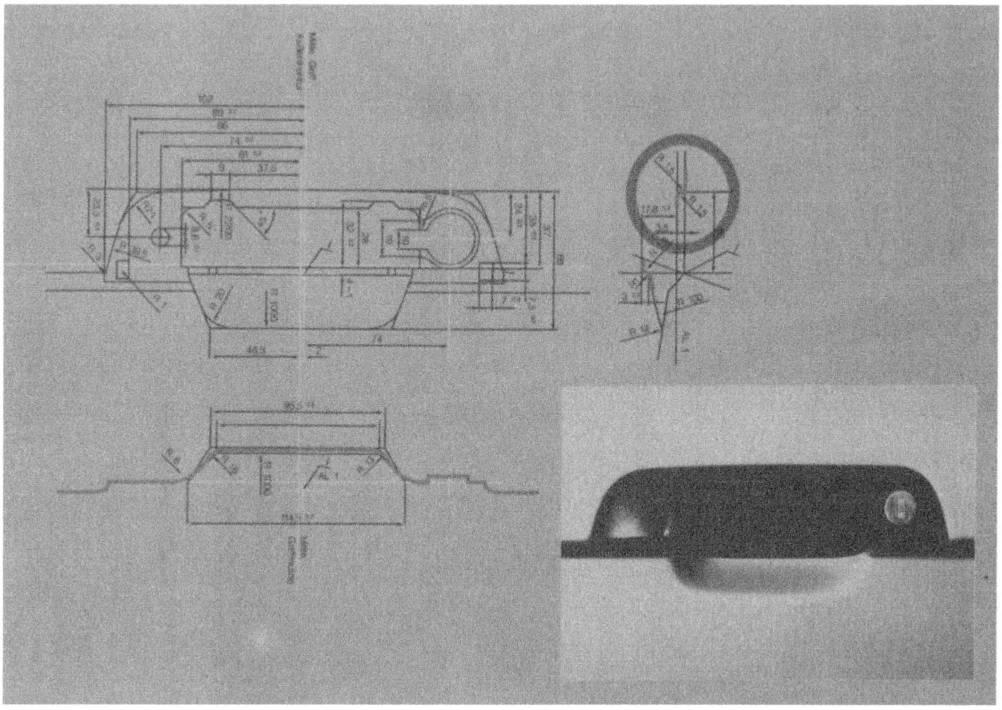

Bild 23 Hohe Ansprüche an die Fertigung am Beispiel der BMW Türgriffmulde

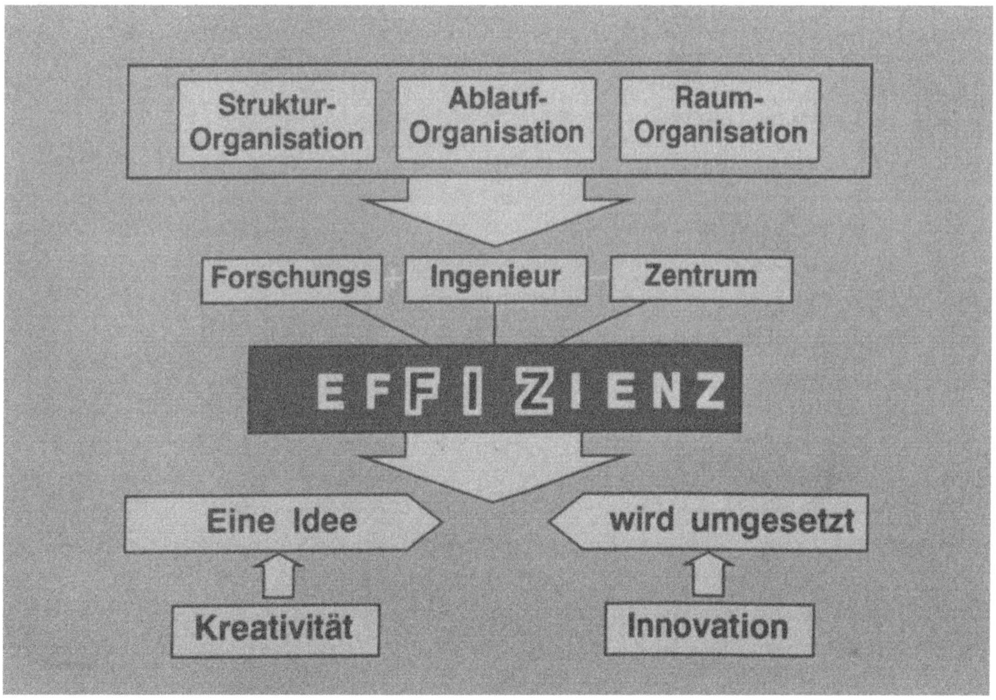

Bild 24 BMW Forschungs- und Ingenieur-Zentrum

Bild 25 BMW Forschungs– und Ingenieur–Zentrum

GPSR Compliance

The European Union's (EU) General Product Safety Regulation (GPSR) is a set of rules that requires consumer products to be safe and our obligations to ensure this.

If you have any concerns about our products, you can contact us on ProductSafety@springernature.com

In case Publisher is established outside the EU, the EU authorized representative is:

Springer Nature Customer Service Center GmbH
Europaplatz 3
69115 Heidelberg, Germany

Batch number: 10874900

Printed by Printforce, the Netherlands